Entscheidungen
des Reichsgerichts
in Zivilsachen

Sammlung der noch wichtigen Entscheidungen nach Fachgebieten geordnet

Herausgegeben

von

Professor Dr. **L. Auerbach,** Berlin; Präsident des Reichspatentamtes a. D. Dr. **Johannes Eylau,** München, Rechtsanwältin **Charlotte Graf,** Berlin; Ministerialdirektor z. Wv. Senatspräsident Dr. **Ernst Knoll,** Berlin; Rechtsanwalt **Erich Kummerow,** Berlin; Rechtsanwalt **Hermann Reuß,** Berlin; Rechtsanwalt Dr. **Walter Schmidt,** Düsseldorf; Landgerichtsdirektor **Alexander Swarzenski,** Berlin; Rechtsanwalt Dr. **Werner Vahldiek,** Berlin.

Gruppe I Bürgerliches Recht

Gesamtregister

Berlin 1953

Walter de Gruyter & Co.

vormals G. J. Göschen'sche Verlagshandlung / J. Guttentag, Verlagsbuchhandlung / Georg Reimer / Karl J. Trübner / Veit & Comp.

Gesamtregister

zur Gruppe I

Bürgerliches Recht

Bearbeitet

von

Erika Schimmelpfennig

Assessorin

Berlin 1953

Walter de Gruyter & Co.

vormals G. J. Göschen'sche Verlagshandlung / J. Guttentag, Verlagsbuchhandlung / Georg Reimer / Karl J. Trübner / Veit & Comp.

Archiv Nr. 28 17 53

Satz und Druck: Deutsche Zentraldruckerei AG., Berlin SW 11

Inhaltsverzeichnis

Verzeichnis der aufgenommenen Entscheidungen 1

Inhalt der einzelnen Bände ... 19

Sachregister 27

Berichtigungen 215

Verzeichnis
der aufgenommenen Entscheidungen

Fette Ziffern bedeuten alte Entscheidungssammlung
Magere Ziffern bedeuten Auswahlsammlung

† Entscheidung ist gekürzt wiedergegeben
* Entscheidung enthält nur Leitsatz

AllgT	= Allgemeiner Teil	FamR	= Familienrecht
SchR	= Schuldrecht	ErbR	= Erbrecht
SaR	= Sachenrecht	NebenG	= Nebengesetze

Die Entscheidungen betr. EG.BGB, Preuß.AG.BGB
und Landesrecht sind unter AllgT 1 zitiert.

RGZ	Band	Seite
1, 49	NebG 1	201
1, 247	NebG 1	204
2, 196	AllgT 1	222
5, 73	NebG 1	209
7, 50†	NebG 1	212
8, 30	NebG 1	213
8, 51†	NebG 1	218
11, 61	NebG 1	222
11, 146	NebG 1	223
14, 25	NebG 1	225
16, 19	NebG 1	226
19, 189†	NebG 1	229
29, 42	NebG 1	231
34, 1	SchR 7	18
35, 4	NebG 2	1
38, 162	NebG 1	232
41, 102†	NebG 2	297
44, 27	NebG 1	235
46, 112	AllgT 2	70
47, 72°	FamR 1	375
48, 27	NebG 3	218
49, 38†	SchR 3	21
49, 72	SchR 1	1
49, 127†	NebG 3	145
50, 16	ErbR 2	304
50, 60	SchR 9	1
50, 92	NebG 1	239
50, 96	FamR 2	116
50, 138	SchR 4	316
50, 188	SchR 4	322
50, 191	AllgT 2	77
50, 203	AllgT 1	253
50, 208	SchR 2	242
50, 219†	SchR 9	7
50, 238†	ErbR 2	72
50, 255	SchR 3	24
51, 66	AllgT 1	297
51, 83	SaR 1	333
51. 115	SaR 2	265
51, 179	SchR 2	253
51, 210	SchR 5	357
51, 218	AllgT 1	1

RGZ	Band	Seite
51, 281	AllgT 2	82
51, 403†	SchR 3	236
51, 422	AllgT 3	388
52, 1	SchR 2	255
52, 35	SchR 6	249
52, 133	SchR 1	5
52, 172	SchR 5	359
52, 193	FamR 2	117
52, 202	SaR 3	215
52, 236	SchR 9	12
52, 240	FamR 2	246
52, 254	SchR 7	321
52, 360	SaR 2	270
53, 53	SchR 9	15
53, 59	AllgT 3	291
53, 62	SchR 3	35
53, 70	SchR 4	324
53, 75	SchR 1	8
53, 150	NebG 3	149
53, 161	SchR 4	328
53, 218	SaR 3	218
53, 274	AllgT 4	91
53, 276	AllgT 1	299
53, 294	SchR 4	37
53, 298	NebG 3	1
53, 312	SchR 9	20
53, 403	SchR 7	338
54, 42*	AllgT 1	257
54, 44	FamR 1	375
54, 73	SchR 9	23
54, 80	SchR 4	334
54, 85	SaR 1	39
54, 103	SchR 6	251
54, 137†	SchR 8	186
54, 165	SchR 8	83
54, 219†	SchR 4	337
54, 233	SaR 2	159
54, 237	SchR 1	12
54, 255	NebG 2	176
54, 282	FamR 2	1
54, 289	ErbR 1	341

RGZ	Band	Seite
54, 343	ErbR 2	443
54, 369	SaR 2	272
54, 378†	SaR 1	303
54, 396	SaR 1	338
54, 404	NebG 1	243
55, 24†	SchR 9	25
55, 49	FamR 2	140
55, 224	SaR 2	277
55, 314	AllgT 1	209
55, 329	SchR 1	14
55, 345	AllgT 1	2
55, 367	AllgT 2	84
55, 402	SchR 3	38
56, 58	SaR 1	42
56, 63	AllgT 3	392
56, 81	SchR 7	120
56, 104	AllgT 3	398
56, 124	NebG 3	223
56, 166	SchR 4	341
56, 173	SchR 4	347
56, 200	SchR 4	176
56, 267	SchR 1	18
56, 271†	SchR 9	29
56, 423	AllgT 2	88
57, 1	SchR 4	351
57, 69	FamR 2	120
57, 93	AllgT 1	304
57, 95	AllgT 2	89
57, 97	SchR 4	1
57, 105	SchR 3	39
57, 277	NebG 3	9
57, 337	SchR 3	311
57, 342	SaR 2	282
57, 358	AllgT 2	91
57, 372	AllgT 4	120
57, 392	SchR 7	220
57, 399	SchR 4	357
57, 414	SaR 3	221
57, 418†	NebG 2	180
57, 432	ErbR 1	414
58, 94	NebG 3	126

RGZ	Band	Seite	RGZ	Band	Seite	RGZ	Band	Seite
58, 139	FamR 2	143	**60, 294**	SchR 9	67	**62, 201**	AllgT 2	136
58, 162	SaR 3	223	**60, 300***	SchR 9	70	**62, 225**	SchR 5	361
58, 200	SchR 8	110	**60, 313†**	SchR 9	70	**62, 248**	AllgT 1	437
58, 204	SchR 8	190	**60, 334**	AllgT 2	115	**62, 259**	SchR 3	238
58, 233	AllgT 2	95	**60, 340**	AllgT 4	124	**62, 267**	AllgT 3	298
58, 273	AllgT 3	402	**60, 369**	SchR 4	42	**62, 273**	SchR 5	301
58, 357	SchR 9	42	**60, 371**	AllgT 2	119	**62, 282**	AllgT 2	140
58, 387	AllgT 2	98	**60, 392**	NebG 3	17	**62, 300**	SchR 4	371
58, 393	SchR 9	46	**60, 415**	SchR 4	181	**62, 331**	SchR 1	30
58, 406	AllgT 2	100	**60, 423**	SaR 1	46	**62, 337**	NebG 2	15
58, 419*	SchR 3	48	**61, 1**	SaR 2	143	**62, 346**	SchR 1	34
59, 8	SchR 9	53	**61, 14**	ErbR 1	348	**62, 375**	NebG 3	27
59, 14	SchR 3	402	**61, 37**	SaR 2	289	**62, 379**	AllgT 1	16
59, 25†	FamR 1	378	**61, 54†**	SchR 9	71	**62, 386**	SchR 5	305
59, 49*	SchR 9	55	**61, 56**	NebG 1	246	**62, 400**	AllgT 1	20
59, 60	ErbR 2	74	**61, 65**	SchR 3	318	**62, 411**	SchR 2	261
59, 94	AllgT 2	103	**61, 78**	FamR 1	305	**62, 431**	SchR 4	373
59, 97	SchR 3	341	**61, 87**	SchR 3	48	**63, 11**	SchR 7	347
59, 104	SchR 9	55	**61, 139**	ErbR 2	226	**63, 16**	SaR 1	341
59, 150	SchR 4	359	**61, 145**	NebG 3	153	**63, 18**	AllgT 1	26
59, 190	SchR 7	224	**61, 153**	SchR 7	323	**63, 23**	ErbR 2	310
59, 207†	SchR 7	340	**61, 157**	SchR 7	344	**63, 42**	SchR 4	183
59, 221	SchR 1	21	**61, 164**	NebG 2	6	**63, 57**	SchR 4	375
59, 232	SchR 4	180	**61, 171**	SchR 4	366	**63, 74**	SaR 2	299
59, 236†	SchR 9	57	**61, 188***	SaR 1	48	**63, 76**	FamR 2	250
59, 245	AllgT 2	104	**61, 207**	AllgT 3	406	**63, 116**	SchR 1	38
59, 296	AllgT 3	294	**61, 250**	SchR 9	72	**63, 129**	AllgT 1	226
59, 305*	SchR 9	58	**61, 264**	SchR 2	258	**63, 146**	SchR 9	83
59, 326	SchR 9	59	**61, 273**	ErbR 2	444	**63, 230**	SaR 2	300
59, 337	AllgT 1	257	**61, 279**	SchR 3	50	**63, 280**	SchR 7	226
59, 341	ErbR 2	365	**61, 284**	AllgT 2	121	**63, 297**	SchR 1	40
59, 374*	SchR 8	163	**61, 318**	SchR 8	112	**63, 323**	SchR 6	231
59, 378	SchR 3	316	**61, 348**	SchR 3	52	**63, 332**	NebG 1	254
59, 381	SaR 3	190	**61, 353**	SaR 2	295	**63, 346**	SchR 8	206
60, 1	SchR 9	61	**61, 366**	SchR 9	75	**63, 356**	AllgT 1	28
60, 9	AllgT 2	106	**61, 414**	AllgT 2	122	**63, 411**	AllgT 2	143
60, 21	AllgT 2	109	**61, 430**	SchR 9	79	**63, 416**	AllgT 1	440
60, 24	SchR 8	193	**62, 1**	NebG 3	157	**63, 423**	SchR 8	214
60, 33	SchR 1	23	**62, 49**	AllgT 2	125	**64, 52†**	NebG 2	184
60, 84	SchR 1	26	**62, 51**	SchR 6	365	**64, 108**	SchR 8	140
60, 94†	AllgT 1	306	**62, 78**	AllgT 3	297	**64, 159**	AllgT 2	145
60, 126	ErbR 1	417	**62, 109**	ErbR 2	369	**64, 173**	ErbR 2	449
60, 138	SchR 9	65	**62, 119†**	SchR 7	122	**64, 181**	AllgT 2	148
60, 146	FamR 2	4	**62, 126**	AllgT 2	126	**64, 266**	AllgT 2	149
60, 160	SchR 1	27	**62, 140**	NebG 3	22	**64, 291**	SchR 3	321
60, 234	SchR 4	363	**62, 145**	NebG 2	12	**64, 294†**	SchR 7	122
60, 238†	SchR 5	298	**62, 149**	AllgT 2	130	**64, 323**	FamR 1	310
60, 273	AllgT 2	111	**62, 178**	AllgT 4	125	**64, 344**	SchR 9	88
60, 284	SchR 8	198	**62, 184**	AllgT 2	133	**64, 363**	SaR 1	198

RGZ	Band	Seite
64, 366	SchR 3	406
64, 381	SchR 5	364
64, 385	SaR 1	1
65, 5	ErbR 1	422
65, 29	SchR 5	367
65, 46	SchR 3	58
65, 86	AllgT 2	152
65, 98	NebG 3	30
65, 103	SchR 9	90
65, 113	NebG 2	17
65, 142	FamR 2	145
65, 164	SchR 3	242
65, 199	FamR 2	252
65, 204†	NebG 2	22
65, 214	ErbR 2	149
65, 245†	AllgT 4	92
65, 260	SaR 2	305
65, 268	AllgT 4	130
65, 270†	ErbR 2	77
65, 277	AllgT 1	260
65, 290	SchR 9	93
65, 357	AllgT 1	32
65, 390	SchR 2	265
65, 398*	AllgT 4	131
65, 414	SaR 2	310
66, 21	AllgT 2	156
66, 24	SchR 1	41
66, 30	ErbR 2	371
66, 48	AllgT 4	132
66, 54	SchR 3	374
66, 61	SchR 4	380
66, 88	AllgT 1	446
66, 103	ErbR 2	82
66, 107	SchR 11	1
66, 115	SchR 4	390
66, 122	AllgT 2	159
66, 139	AllgT 2	162
66, 153	AllgT 2	165
66, 251	SchR 9	94
66, 258	SaR 3	227
66, 279	SchR 3	379
66, 285	SaR 1	49
66, 289	SchR 4	391
66, 316	SchR 4	393
66, 332	SchR 7	350
66, 344	SchR 3	61
66, 356	AllgT 1	447
66, 365†	AllgT 4	136
66, 385	AllgT 2	166
66, 402	SchR 1	44
66, 425†	SchR 3	66
66, 427	AllgT 2	171
67, 5	SchR 3	68
67, 8*	SchR 4	45
67, 13†	SchR 6	254
67, 51	AllgT 3	411
67, 56	FamR 1	244
67, 61	AllgT 3	415
67, 65	ErbR 2	85
67, 79†	AllgT 1	230
67, 95	SaR 2	315
67, 101†	SchR 3	71
67, 128	SchR 4	259
67, 146	SchR 4	396
67, 169	AllgT 2	173
67, 214	SaR 3	235
67, 260	SchR 4	263
67, 262†	SchR 8	115
67, 313	SchR 3	73
67, 321	SchR 8	218
67, 331	SaR 3	240
67, 408	FamR 2	256
67, 412	SchR 4	191
67, 416	NebG 3	130
67, 431	SchR 9	97
68, 6	AllgT 2	175
68, 15	AllgT 2	178
68, 17†	SchR 4	398
68, 32	SchR 1	49
68, 37	FamR 2	148
68, 41	SchR 3	324
68, 126	AllgT 2	179
68, 161	SchR 5	372
68, 163	SchR 1	51
68, 192	SchR 1	54
68, 203*	AllgT 1	36
68, 260	SchR 2	270
68, 305	SchR 1	56
68, 322	AllgT 2	182
68, 326	SchR 5	310
68, 329	SchR 3	80
68, 355	SchR 4	45
68, 386	SaR 1	4
68, 398	AllgT 2	185
68, 424	FamR 2	5
68, 429	SchR 9	100
69, 9	SchR 1	59
69, 13	AllgT 2	189
69, 36	SaR 2	320
69, 103	SchR 3	84
69, 130	AllgT 2	192
69, 137	SchR 1	63
69, 143	AllgT 2	195
69, 150	AllgT 1	449
69, 177	FamR 2	7
69, 197	SaR 1	7
69, 247	AllgT 1	190
69, 261	AllgT 2	200
69, 271	NebG 3	133
69, 274	ErbR 2	315
69, 355	SchR 3	88
69, 389	ErbR 2	373
69, 407	SchR 1	65
69, 413	ErbR 2	317
69, 422	SchR 9	102
69, 429	SchR 4	402
70, 1†	SchR 7	326
70, 32	Sch 6	259
70, 48†	SchR 9	108
70, 55	AllgT 2	202
70, 59	FamR 1	94
70, 82	SchR 4	405
70, 88	SchR 4	47
70, 127	SchR 3	90
70, 163	SchR 4	4
70, 170	AllgT 1	218
70, 200	SaR 1	201
70, 234	NebG 3	35
70, 263	AllgT 1	231
70, 308	SaR 1	344
70, 332	ErbR 2	156
70, 339	AllgT 2	205
70, 353	SaR 2	327
70, 378	SaR 2	334
70, 391	ErbR 2	87
71, 7	SchR 1	68
71, 20	AllgT 1	196
71, 23	SchR 3	385
71, 30	SchR 4	50
71, 102	SchR 8	117
71, 133	ErbR 1	428
71, 162	FamR 2	259
71, 170	SchR 9	111
71, 173	SchR 7	124
71, 184	SchR 4	53
71, 187	SchR 3	95

RGZ	Band	Seite
71, 192	AllgT 2	209
71, 217	SchR 9	113
71, 240	AllgT 4	275
71, 248	SaR 1	9
71, 262	AllgT 1	265
71, 276	SchR 3	344
71, 289	SchR 5	312
71, 312	NebG 3	38
71, 324	SchR 3	248
71, 366	ErbR 1	431
71, 380	ErbR 1	351
71, 415	SchR 7	353
71, 418	SchR 5	374
71, 432†	SchR 9	115
72, 12	FamR 2	11
72, 107†	NebG 2	26
72, 116	SchR 2	272
72, 133	AllgT 2	211
72, 138	SchR 7	354
72, 165	FamR 1	381
72, 175	SchR 9	119
72, 177	SchR 7	126
72, 179	AllgT 4	138
72, 199	FamR 1	248
72, 204	ErbR 2	319
72, 209	ErbR 2	453
72, 213	SchR 4	56
72, 219	SchR 1	70
72, 251	AllgT 4	278
72, 260	ErbR 1	354
72, 362	SaR 2	335
72, 377	SchR 4	6
72, 379	ErbR 2	375
72, 385	SchR 2	274
72, 412†	NebG 3	163
72, 437	NebG 1	254
73, 21	SchR 1	71
73, 26	ErbR 2	232
73, 50	SaR 1	52
73, 69	SchR 2	245
73, 125	SaR 1	55
73, 136	AllgT 2	215
73, 138	SchR 4	8
73, 143	SchR 8	222
73, 146	SchR 7	127
73, 154	NebG 3	41
73, 187	AllgT 1	316
73, 210	SchR 4	409
73, 220	SchR 6	369
73, 238	FamR 1	384
73, 257*	SchR 4	411
73, 262	SchR 7	358
73, 270	SaR 1	209
73, 316	SaR 2	149
73, 333	SchR 1	73
73, 341	SchR 5	376
73, 347	AllgT 4	1
73, 369	ErbR 2	380
73, 372	ErbR 1	436
73, 379†	AllgT 1	36
73, 394	AllgT 4	140
74, 1	SchR 9	121
74, 21	AllgT 1	322
74, 27†	NebG 2	32
74, 35†	SchR 5	378
74, 51	FamR 1	389
74, 69	AllgT 2	217
74, 76	FamR 2	127
74, 87	SaR 1	211
74, 106	SaR 2	341
74, 110	FamR 1	20
74, 114	AllgT 1	269
74, 117	SchR 4	58
74, 124	SchR 1	411
74, 131	SchR 9	125
74, 139	SchR 5	315
74, 143	SchR 9	127
74, 150	AllgT 4	142
74, 158	SaR 1	61
74, 161	AllgT 4	143
74, 176	SchR 5	380
74, 197	SchR 7	129
74, 213	SaR 2	344
74, 215	ErbR 2	235
74, 224	SchR 9	130
74, 234	AllgT 2	57
74, 247	SchR 6	1
74, 249	SchR 9	135
74, 250†	SchR 9	136
74, 263	AllgT 4	7
74, 292	SchR 5	1
74, 332	AllgT 2	222
74, 339	SchR 8	119
74, 371	AllgT 1	324
74, 375	SchR 9	140
75, 7	NebG 1	258
75, 19	SchR 1	80
75, 116	SchR 6	2
75, 124	FamR 1	252
75, 142	SchR 4	61
75, 161	FamR 2	151
75, 251	SchR 9	142
75, 257	SchR 1	84
75, 259†	SchR 8	164
75, 286*	AllgT 4	144
75, 295	FamR 2	14
75, 302	SchR 9	147
75, 333	SchR 1	85
75, 335	SchR 1	87
75, 338	SchR 4	195
75, 350	SchR 3	99
75, 357	FamR 2	154
75, 361	SchR 8	224
75, 386	SchR 7	285
75, 433	FamR 1	255
75, 435	SchR 5	3
76, 1	SchR 4	201
76, 33	SchR 2	281
76, 59	SchR 4	41
76, 78	AllgT 2	225
76, 94	ErbR 2	322
76, 99	AllgT 2	227
76, 107	AllgT 2	229
76, 110	SchR 9	152
76, 116*	SaR 2	346
76, 133	FamR 1	392
76, 146	SchR 1	89
76, 150	SchR 3	102
76, 185	FamR 2	267
76, 191	AllgT 2	231
76, 215†	NebG 2	34
76, 225†	SchR 9	154
76, 239	SchR 8	177
76, 276	SchR 6	262
76, 303	SchR 7	360
76, 345†	SchR 7	233
76, 354	SchR 7	208
76, 357	SaR 1	308
76, 361	SchR 7	210
76, 364	AllgT 3	299
76, 367	SchR 6	5
76, 409†	SchR 9	156
76, 414†	NebG 2	302
76, 439	AllgT 2	234
77, 5	ErbR 2	91
77, 70	AllgT 2	235
77, 84	SaR 1	63

RGZ	Band	Seite	RGZ	Band	Seite	RGZ	Band	Seite
77, 111	ErbR 2	94	**79, 55†**	SchR 9	166	**81, 146**	SaR 2	362
77, 157	SchR 4	63	**79, 96**	AllgT 3	376	**81, 151**	ErbR 1	369
77, 162	FamR 2	157	**79, 101†**	SchR 9	171	**81, 166**	ErbR 2	239
77, 175	SaR 2	347	**79, 116**	SaR 1	214	**81, 175**	AllgT 2	279
77, 211	SchR 9	156	**79, 194**	SchR 9	175	**81, 200**	SchR 6	12
77, 223	SchR 6	267	**79, 201**	ErbR 1	361	**81, 204**	ErbR 2	388
77, 245	ErbR 1	358	**79, 212**	AllgT 4	11	**81, 206**	AllgT 1	337
77, 282	ErbR 2	382	**79, 240**	SchR 8	85	**81, 214**	SchR 1	108
77, 290	SchR 3	325	**79, 266**	ErbR 1	441	**81, 241**	FamR 2	128
77, 309	AllgT 2	236	**79, 282**	AllgT 4	15	**81, 250**	SchR 4	67
77, 317	SchR 4	264	**79, 288**	SchR 4	270	**81, 257**	AllgT 4	19
77, 324	AllgT 4	145	**79, 306**	SaR 3	242	**81, 261**	SchR 8	233
77, 336	SchR 7	294	**79, 312**	NebG 1	1	**81, 266**	SchR 5	5
77, 407	SchR 4	65	**79, 359**	SchR 4	13	**81, 273**	AllgT 1	61
77, 408†	SchR 7	20	**79, 366**	NebG 3	165	**81, 293**	ErbR 1	371
77, 423	NebG 3	44	**79, 371**	AllgT 2	259	**81, 303**	SchR 3	106
78, 14	SchR 9	158	**79, 409**	AllgT 1	329	**81, 325**	AllgT 4	23
78, 35	SaR 1	346	**79, 434**	AllgT 2	262	**81, 364**	ErbR 2	171
78, 37	SchR 4	204	**80, 29**	SchR 7	26	**81, 395**	AllgT 2	281
78, 41	SchR 8	226	**80, 30**	ErbR 2	159	**81, 413**	ErbR 2	455
78, 48	AllgT 1	45	**80, 62**	FamR 1	315	**81, 433**	AllgT 2	285
78, 52	AllgT 1	327	**80, 65**	FamR 2	160	**82, 25**	SchR 4	274
78, 55	AllgT 1	48	**80, 81**	FamR 1	1	**82, 70**	SchR 7	362
78, 60	SaR 3	196	**80, 92**	SchR 4	207	**82, 112**	SchR 9	178
78, 71*	SchR 8	231	**80, 135**	ErbR 2	385	**82, 206†**	SchR 9	181
78, 101	AllgT 1	271	**80, 183**	SchR 4	66	**82, 222**	AllgT 2	288
78, 107	SchR 9	162	**80, 189**	AllgT 1	332	**82, 273†**	SchR 4	210
78, 115	AllgT 2	240	**80, 208**	SchR 6	233	**82, 285**	SchR 7	27
78, 130	AllgT 4	152	**80, 217**	FamR 1	396	**82, 294**	AllgT 1	343
78, 137	SchR 1	93	**80, 219**	AllgT 2	266	**82, 299***	SchR 9	189
78, 163	Schr 8	122	**80, 229**	SaR 2	163	**82, 344**	SchR 2	289
78, 234	AllgT 1	53	**80, 247**	FamR 1	398	**82, 363**	SchR 6	15
78, 239	SchR 1	98	**80, 262**	AllgT 1	56	**82, 395**	SchR 6	279
78, 258	AllgT 2	245	**80, 268**	SchR 6	275	**82, 427†**	SchR 7	29
78, 270	SchR 1	100	**80, 281**	SaR 1	14	**82, 436**	NebG 1	8
78, 275	AllgT 4	155	**80, 285**	ErbR 1	367	**83, 32**	SchR 7	213
78, 282†	SchR 8	232	**80, 311†**	SaR 2	167	**83, 65†**	SchR 9	189
78, 298	AllgT 2	250	**80, 377**	ErbR 2	164	**83, 71**	SchR 1	110
78, 325	AllgT 1	198	**80, 393**	SchR 4	15	**83, 104**	AllgT 3	301
78, 334	SchR 1	102	**80, 395†**	SchR 6	9	**83, 109**	AllgT 2	290
78, 347	AllgT 2	254	**80, 400**	AllgT 2	272	**83, 125**	SaR 1	67
78, 382	SchR 4	11	**80, 416**	AllgT 4	17	**83, 137**	SchR 6	25
78, 385	SchR 1	104	**80, 439**	SchR 7	132	**83, 142**	SaR 1	218
78, 389*	SchR 9	166	**81, 13**	AllgT 2	276	**83, 184**	SchR 4	70
78, 421	SchR 6	271	**81, 30**	ErbR 1	443	**83, 214**	SchR 5	8
78, 432	SchR 7	22	**81, 71**	SaR 2	348	**83, 223**	SchR 5	319
79, 9	FamR 2	269	**81, 82**	SaR 2	358	**83, 241**	SchR 5	10
79, 32	ErbR 2	96	**81, 134**	SchR 2	283	**83, 245**	SchR 5	12
79, 36	SchR 3	327	**81, 141**	SaR 1	348	**83, 253**	ErbR 2	390

RGZ	Band	Seite
83, 279	SchR 7	134
83, 330	ErbR 1	373
83, 336*	SchR 11	6
83, 342	SchR 7	364
83, 343	SchR 1	114
83, 348	ErbR 2	243
83, 367	AllgT 1	64
83, 390	SaR 3	246
83, 401†	SchR 7	365
84, 45	FamR 1	403
84, 78	SaR 1	73
84, 92	SchR 11	6
84, 125	SchR 1	118
84, 131	SchR 1	123
84, 204	ErbR 2	393
84, 208	SchR 4	277
84, 284	AllgT 2	1
84, 286	SchR 4	75
84, 294	SchR 9	191
84, 306	AllgT 4	281
84, 317	NebG 3	135
84, 320	AllgT 3	304
84, 326	NebG 3	49
84, 395	ErbR 2	1
84, 415†	NebG 1	11
85, 1	FamR 2	18
85, 58	SaR 2	365
85, 72	SchR 7	371
85, 81	FamR 1	406
85, 108	SchR 1	127
85, 133	SchR 6	26
85, 157	SchR 6	283
85, 185	SchR 7	298
85, 221	AllgT 2	295
85, 242	AllgT 4	160
85, 276	NebG 3	228
85, 293	SchR 8	237
85, 296	SchR 6	30
85, 306	SchR 4	281
85, 320	SchR 5	15
85, 322	AllgT 2	298
85, 355	AllgT 1	347
85, 363†	SchR 7	374
85, 365	SchR 7	137
85, 372	SchR 1	137
85, 409	SchR 11	10
85, 416	FamR 2	275
85, 431	SaR 3	250
85, 440†	SchR 9	194

RGZ	Band	Seite
86, 28	SchR 3	333
86, 30	SchR 6	32
86, 75	AllgT 4	161
86, 96	AllgT 4	164
86, 102	SchR 11	14
86, 114	FamR 1	258
86, 135	SaR 2	170
86, 149	NebG 1	28
86, 152	NebG 2	190
86, 191	AllgT 2	302
86, 206	ErbR 2	99
86, 245	AllgT 4	165
86, 255*	SaR 3	206
86, 296	AllgT 2	306
86, 301	SchR 8	127
86, 305†	AllgT 2	310
86, 321	NebG 1	260
86, 323	AllgT 2	313
86, 326	AllgT 2	2
86, 343	SchR 8	240
86, 350	SchR 4	81
86, 366	AllgT 4	166
86, 399	SchR 1	139
86, 422	AllgT 4	169
87, 1	SchR 9	197
87, 33	ErbR 2	102
87, 36	SchR 8	246
87, 43	AllgT 2	6
87, 52	AllgT 4	171
87, 56	FamR 1	408
87, 68	SchR 4	84
87, 80	AllgT 2	316
87, 92	AllgT 2	318
87, 137	NebG 1	30
87, 190*	SchR 1	141
87, 256	SchR 5	17
87, 276	SchR 1	142
87, 281	AllgT 4	174
87, 284	NebG 3	52
87, 289	SchR 3	252
87, 301	SchR 5	325
87, 305	SchR 7	139
87, 335	SchR 5	21
87, 402	NebG 1	33
87, 420	SchR 4	87
87, 424	SaR 1	224
87, 426	NebG 3	138
87, 432	ErbR 2	248
88, 4	SchR 4	90

RGZ	Band	Seite
88, 21	SaR 2	368
88, 37	SchR 5	24
88, 71	SchR 1	143
88, 76	SchR 1	146
88, 83	NebG 3	57
88, 103	SchR 5	26
88, 116	ErbR 2	5
88, 118	AllgT 4	283
88, 122	SchR 4	283
88, 134	SchR 8	145
88, 137	SchR 3	256
88, 147	NebG 3	170
88, 160	SaR 2	375
88, 165	SchR 5	30
88, 171	SchR 11	17
88, 191	AllgT 1	67
88, 211	AllgT 4	285
88, 220	AllgT 2	320
88, 223†	SchR 7	140
88, 250	NebG 2	261
88, 254	SchR 3	108
88, 264	ErbR 1	376
88, 278	AllgT 2	322
88, 330	ErbR 2	104
88, 342	SchR 1	148
88, 345	NebG 3	65
88, 361	SaR 2	150
88, 370	AllgT 2	329
88, 389	SchR 1	151
88, 406	SchR 9	200
88, 410†	SchR 7	375
88, 412	AllgT 2	331
88, 430	AllgT 4	27
88, 433	SchR 9	203
89, 53	ErbR 2	174
89, 123	SchR 3	110
89, 163	AllgT 4	176
89, 176	SchR 6	288
89, 196	NebG 2	264
89, 289	SaR 3	258
89, 292	FamR 2	26
89, 330	NebG 2	38
89, 348	SaR 1	351
89, 360†	FamR 2	27
89, 367	AllgT 4	29
89, 401	SchR 3	413
89, 403	ErbR 2	7
89, 419	SchR 3	112

RGZ	Band	Seite
89, 426*	SchR 1	156
89, 426*	SaR 2	174
90, 18	SchR 7	143
90, 19	SchR 6	292
90, 27†	SchR 3	114
90, 65	SchR 9	207
90, 83	AllgT 4	177
90, 106	SchR 9	210
90, 129	SchR 7	237
90, 137*	SchR 8	252
90, 157	NebG 1	38
90, 166	AllgT 3	307
90, 171	SaR 2	379
90, 173	AllgT 1	350
90, 177*	SchR 7	376
90, 198	AllgT 2	13
90, 202	FamR 2	190
90, 211	SchR 8	171
90, 226	SchR 9	214
90, 232	SaR 3	261
90, 240	SchR 5	33
90, 248	SchR 4	94
90, 273	SchR 4	96
90, 288	FamR 2	33
90, 323	FamR 1	317
90, 328	SchR 6	37
90, 332	SchR 5	39
90, 335	AllgT 2	335
90, 350†	SchR 1	156
90, 411	AllgT 2	340
90, 415	SchR 7	376
90, 419	ErbR 2	11
90, 436	AllgT 2	342
91, 1	AllgT 1	353
91, 6	SchR 6	236
91, 30	SchR 1	160
91, 40	FamR 2	35
91, 60	SchR 9	216
91, 72	SchR 9	219
91, 80	SchR 9	226
91, 99	SchR 1	164
91, 110	SchR 5	41
91, 134†	SchR 1	168
91, 139	AllgT 1	69
91, 164	SchR 3	116
91, 204	SchR 3	117
91, 213	SchR 1	170
91, 218	SaR 2	380
91, 226	SchR 1	175
91, 260	SchR 1	180
91, 277	SchR 4	102
91, 305	SchR 5	44
91, 312	SchR 1	183
91, 341	SchR 11	19
91, 350†	AllgT 1	276
91, 359	AllgT 2	344
91, 390†	SchR 4	104
91, 398	SchR 9	229
92, 1	ErbR 2	396
92, 14	SchR 3	120
92, 27	ErbR 2	324
92, 38	NebG 1	41
92, 87	SchR 1	184
92, 105	SchR 4	108
92, 121	SchR 7	379
92, 125	SchR 9	233
92, 139	FamR 1	415
92, 143	SchR 4	288
92, 153	FamR 1	418
92, 158	SchR 7	32
92, 176	SchR 3	124
92, 197	SchR 7	242
92, 201	SchR 7	246
92, 212	SchR 3	125
92, 232	AllgT 3	310
92, 265	SaR 3	266
92, 268	SchR 3	131
92, 280	SaR 3	269
92, 283	SchR 1	186
92, 295*	SchR 5	46
92, 341	ErbR 1	378
92, 345	SchR 9	235
92, 359	SchR 9	238
92, 376*	SchR 1	191
92, 369	SchR 1	188
92, 398	SchR 6	294
92, 401†	SchR 9	243
93, 19	SchR 9	245
93, 39	SchR 1	191
93, 47	SchR 3	133
93, 68	SchR 11	22
93, 71	AllgT 4	180
93, 74	SchR 4	113
93, 96	SchR 4	296
93, 98	SchR 5	47
93, 100	SaR 2	30
93, 114	SaR 3	1
93, 121	SaR 3	9
93, 142	SchR 1	194
93, 144	SchR 6	40
93, 158	SchR 5	50
93, 166*	SchR 5	55
93, 175	AllgT 2	347
93, 180	SchR 3	136
93, 193	ErbR 2	402
93, 219	SchR 2	291
93, 227†	SchR 8	252
93, 230	SaR 1	353
93, 248	SaR 3	12
93, 271	SchR 8	252
93, 281	SaR 2	36
93, 285	SchR 3	139
93, 300	SchR 1	195
93, 302	SchR 9	249
93, 305	NebG 1	262
93, 334	AllgT 4	42
94, 1	SchR 9	252
94, 17	SchR 3	141
94, 29	SchR 7	144
94, 58	SchR 1	197
94, 80	AllgT 2	348
94, 85	SchR 8	1
94, 102	NebG 1	43
94, 123	FamR 1	24
94, 138	SchR 6	43
94, 140	SchR 1	201
94, 147	SchR 1	204
94, 154	SaR 3	16
94, 157	SchR 6	238
94, 162	AllgT 4	182
94, 166	SchR 7	34
94, 172	NebG 3	119
94, 178	AllgT 4	184
94, 191	SchR 1	210
94, 203	SchR 3	144
94, 220	SchR 9	256
94, 234	SchR 6	45
94, 253	SchR 8	253
94, 262	ErbR 2	406
94, 279	SchR 6	47
94, 285	SchR 5	55
94, 309	SchR 4	16
94, 314†	SchR 2	295
94, 318	AllgT 1	357
94, 322	SchR 5	329
94, 326	SchR 3	149

RGZ	Band	Seite
94, 327	SchR 5	58
94, 333	AllgT 2	350
94, 341	SaR 1	17
95, 2	SchR 7	145
95, 9	SchR 8	9
95, 16	SchR 1	214
95, 18	SchR 8	130
95, 45	SchR 5	63
95, 51	AllgT 3	313
95, 61	SchR 9	258
95, 83	AllgT 2	352
95, 105	SchR 5	67
95, 112	AllgT 2	354
95, 116	SchR 3	415
95, 126	SchR 8	256
95, 147	SchR 6	297
95, 160	SchR 1	217
95, 164	AllgT 1	72
95, 173	SchR 9	261
95, 175	SchR 6	51
95, 180†	NebG 2	41
95, 185	NebG 1	45
95, 188	AllgT 4	46
95, 199	SchR 3	346
95, 204	NebG 2	45
95, 238	SchR 9	262
95, 244	SchR 4	117
95, 249	SchR 1	221
95, 268*	AllgT 1	282
95, 278	ErbR 2	106
95, 283	SchR 9	265
95, 302	SchR 6	53
95, 307	SchR 5	70
95, 325	ErbR 2	15
95, 330	FamR 1	318
96, 20	SchR 1	222
96, 57	SchR 2	298
96, 68	NebG 1	48
96, 70	FamR 2	93
96, 119	SchR 1	229
96, 126	SchR 1	231
96, 133	SchR 8	12
96, 136†	SchR 4	299
96, 143	FamR 2	281
96, 156	AllgT 2	358
96, 158	SchR 1	234
96, 161	AllgT 3	315
96, 164*	SchR 11	25
96, 169	SchR 5	73
96, 171	SchR 3	150
96, 181	NebG 3	175
96, 224	SchR 9	267
96, 255	SchR 3	154
96, 258	SchR 5	74
96, 260	AllgT 3	318
96, 266	SchR 7	147
96, 273	AllgT 3	320
97, 2	AllgT 2	360
97, 4	SchR 7	37
97, 66	AllgT 4	186
97, 79	SchR 6	55
97, 115	FamR 2	162
97, 138	AllgT 2	362
97, 166	SchR 6	57
97, 177	NebG 1	265
97, 191	AllgT 3	325
97, 219	SchR 2	303
97, 223	SaR 3	19
97, 229	SchR 9	270
97, 253	AllgT 2	364
97, 269	SchR 5	77
97, 273	AllgT 2	368
97, 276	FamR 1	260
97, 286	FamR 1	322
97, 295	ErbR 2	327
97, 325	SchR 1	236
97, 329	SchR 2	308
97, 332†	SchR 1	240
97, 336	SchR 1	244
97, 340	FamR 1	95
97, 343	SchR 9	273
98, 13	FamR 1	4
98, 15	SaR 1	225
98, 25	ErbR 2	182
98, 44	SchR 5	81
98, 64	SchR 8	260
98, 70	SaR 3	271
98, 74	SchR 9	277
98, 78	AllgT 2	370
98, 88†	SchR 6	62
98, 122	AllgT 2	371
98, 124	SchR 5	333
98, 131	SaR 1	18
98, 173	ErbR 2	250
98, 176	AllgT 2	374
98, 200	SchR 4	120
98, 210	SchR 3	258
98, 215	AllgT 1	234
98, 231	SchR 5	88
98, 263	FamR 2	286
98, 279	SchR 3	261
98, 298	SchR	302
98, 330	SchR 2	311
98, 345	SchR 6	64
99, 1	SchR 1	247
99, 20	AllgT 2	377
99, 35	SchR 7	38
99, 52	AllgT 2	380
99, 65	SaR 1	312
99, 70	SchR 7	302
99, 72	FamR 2	291
99, 96	SchR 1	249
99, 105	SchR 2	315
99, 107	AllgT 2	384
99, 121	SchR 5	90
99, 142	SchR 4	122
99, 147	AllgT 2	388
99, 152	FamR 1	326
99, 161†	SchR 8	263
99, 214	AllgT 2	390
99, 230	SchR 6	65
100, 1	AllgT 1	361
100, 18	AllgT 4	187
100, 42	SchR 1	256
100, 46	SchR 7	149
100, 69	SaR 2	41
100, 102	SchR 11	25
100, 106	FamR 1	99
100, 112	SchR 1	259
100, 118	AllgT 4	191
100, 128	SchR 11	27
100, 129	SchR 1	261
100, 134†	AllgT 3	329
100, 147	AllgT 3	330
100, 175	SchR 9	282
100, 188†	SchR 11	29
100, 197	SchR 3	157
100, 205	AllgT 2	392
100, 279†	AllgT 4	196
101, 1	SchR 9	284
101, 5	SaR 2	174
101, 18	SchR 5	92
101, 47	SaR 3	275
101, 90*	SchR 3	160
101, 90*	SchR 5	93
101, 94	NebG 1	268
101, 97	AllgT 2	395

RGZ	Band	Seite
101, 107	AllgT 2	396
101, 155	SchR 11	31
101, 157	SchR 1	265
101, 169	AllgT 1	282
101, 185	ErbR 2	185
101, 217	SchR 1	268
101, 240	SchR 1	271
101, 248	SchR 1	274
101, 275	SchR 3	265
101, 304	SchR 3	269
101, 307	SaR 2	48
101, 320	SchR 5	93
101, 332	SchR 2	317
101, 335	SchR 9	286
101, 342	AllgT 4	96
101, 348	SchR 7	304
101, 389	SchR 1	276
101, 399	AllgT 2	398
101, 413*	SchR 5	95
101, 429	SchR 3	160
102, 24	AllgT 4	50
102, 26	NebG 3	70
102, 38	SchR 9	293
102, 51	SchR 8	14
102, 63	AllgT 2	400
102, 65†	SchR 3	272
102, 69	ErbR 2	109
102, 70	NebG 2	49
102, 77*	SchR 9	299
102, 110	SchR 7	40
102, 127	SchR 3	276
102, 155	SchR 8	147
102, 166	SchR 11	33
102, 223†	SchR 9	299
102, 225	AllgT 2	402
102, 227	AllgT 3	332
102, 231	SchR 6	68
102, 235	SchR 1	279
102, 307	SchR 5	95
102, 314	SchR 3	350
102, 324	NebG 2	55
102, 344	SchR 3	386
102, 370	AllgT 3	335
102, 372	SchR 9	301
102, 383	SchR 1	281
102, 396	AllgT 2	403
102, 398	SchR 6	72
102, 408	SchR 3	352
103, 9	SchR 7	306
103, 11	AllgT 3	338
103, 13	SchR 3	163
103, 21	ErbR 1	381
103, 23†	NebG 2	191
103, 33	SchR 1	282
103, 40	SchR 1	284
103, 47	SchR 1	286
103, 77*	SchR 5	99
103, 84	SchR 1	292
103, 95	AllgT 3	339
103, 99	SchR 3	335
103, 100	SaR 1	358
103, 126	FamR 1	422
103, 137	SaR 3	25
103, 144†	SchR 6	77
103, 154	SchR 2	320
103, 166	SchR 6	80
103, 174	SaR 2	54
103, 216	NebG 2	59
103, 263	SchR 7	309
103, 265	AllgT 1	363
103, 268	SchR 3	280
103, 285	SchR 3	419
103, 286	SchR 6	371
103, 289	SchR 6	82
103, 292	SchR 1	294
103, 295	SchR 2	327
103, 312	FamR 1	26
103, 349	SchR 6	83
103, 354	ErbR 2	192
103, 381	SchR 6	86
103, 399	AllgT 2	58
103, 406	SchR 1	295
103, 417*	AllgT 4	52
103, 419	SchR 9	304
104, 15	SchR 7	151
104, 26	SchR 6	89
104, 27	SchR 3	165
104, 39	SchR 3	168
104, 45	SchR 7	311
104, 50†	AllgT 2	405
104, 68	SaR 3	28
104, 81†	SaR 1	228
104, 93†	SchR 7	154
104, 102	SaR 1	81
104, 122	AllgT 2	407
104, 131	SchR 6	90
104, 141	SchR 11	40
104, 186	SchR 6	374
104, 235	AllgT 3	343
104, 236	SchR 2	336
104, 265	AllgT 3	344
104, 272	SchR 6	240
104, 275	SchR 5	99
104, 300	SaR 3	279
104, 335	FamR 1	30
104, 373	SchR 3	170
105, 8*	AllgT 3	348
105, 19	FamR 2	37
105, 29	SchR 8	269
105, 32	SchR 8	150
105, 48	SchR 8	153
105, 65	AllgT 2	409
105, 80	SchR 1	298
105, 125*	SchR 3	173
105, 137	SchR 2	338
105, 164	FamR 2	193
105, 167	SchR 3	174
105, 183	AllgT 4	52
105, 202	SchR 7	314
105, 213	SchR 6	92
105, 246	ErbR 2	252
105, 255	AllgT 3	348
105, 264	SchR 1	301
105, 266†	SchR 3	390
105, 270	SchR 8	272
105, 280	SchR 1	303
105, 285	SchR 1	306
105, 289	AllgT 4	55
105, 293	SchR 1	309
105, 336†	SchR 9	308
105, 340	AllgT 1	74
105, 349	SchR 5	103
105, 368	SchR 3	354
105, 387	SchR 3	176
105, 392	SchR 7	248
105, 406	AllgT 2	412
105, 408	SaR 3	282
105, 410	SchR 2	339
105, 413	SaR 1	23
105, 416	SchR 7	41
105, 417	AllgT 3	352
106, 1	SchR 3	282
106, 4	SaR 1	360
106, 16	SchR 1	311
106, 22	SchR 3	177
106, 26	SchR 8	158

RGZ	Band	Seite	RGZ	Band	Seite	RGZ	Band	Seite
106, 44	SchR 8	274	**108, 132**	SchR 6	103	**110, 311**	NebG 3	231
106, 46	ErbR 1	383	**108, 160**	AllgT 1	370	**110, 319**	SchR 2	367
106, 49	AllgT 2	16	**108, 185**	SchR 3	188	**110, 382**	AllgT 3	19
106, 68	AllgT 4	58	**108, 221**	SchR 1	330	**110, 391**	AllgT 3	21
106, 82	AllgT 1	77	**108, 230**	AllgT 1	285	**110, 404**	SchR 7	161
106, 89	SchR 3	182	**108, 241**	AllgT 1	80	**111, 5**	FamR 1	33
106, 93	SchR 6	243	**108, 259**	SaR 1	367	**111, 22**	SchR 7	48
106, 109	SaR 2	180	**108, 260**	SaR 2	57	**111, 23**	SchR 5	117
106, 128	SchR 6	306	**108, 269**	SaR 1	368	**111, 46**	SchR 4	129
106, 133	SchR 6	99	**108, 281**	FamR 2	44	**111, 98**	SchR 2	370
106, 135	SaR 1	27	**108, 289**	ErbR 2	257	**111, 151**	SchR 8	282
106, 185	FamR 2	293	**108, 297**	SchR 5	110	**111, 166†**	NebG 2	193
106, 200	AllgT 2	414	**108, 316**	SchR 5	112	**111, 185**	FamR 2	49
106, 242	FamR 2	42	**108, 329**	SaR 1	318	**111, 199†**	NebG 2	194
106, 270	SchR 6	101	**108, 369**	SchR 6	105	**111, 233**	AllgT 3	23
106, 283	SchR 9	310	**108, 397**	ErbR 2	332	**111, 239†**	SchR 2	374
106, 287	NebG 3	140	**108, 405**	AllgT 4	68	**111, 257**	AllgT 3	26
106, 293	SchR 7	43	**108, 410**	SchR 8	133	**111, 261**	ErbR 2	342
106, 294	SchR 5	104	**108, 419**	SchR 1	334	**111, 286**	FamR 2	167
106, 311	SchR 8	17	**108, 422**	ErbR 2	19	**111, 298**	SchR 8	286
106, 330	AllgT 3	1	**109, 22**	SchR 2	352	**111, 370**	AllgT 4	289
106, 372	FamR 2	131	**109, 54**	SchR 3	192	**111, 375†**	SchR 11	46
106, 381	FamR 1	424	**109, 104**	SaR 2	60	**112, 34**	SchR 7	49
107, 15	SchR 1	312	**109, 107**	SaR 1	233	**112, 58**	SchR 7	317
107, 23	SchR 1	316	**109, 128**	SchR 6	107	**112, 102**	SchR 6	310
107, 39	AllgT 3	4	**109, 137**	FamR 1	329	**112, 173***	AllgT 3	29
107, 110	SchR 1	320	**109, 184**	SchR 3	193	**112, 210**	SchR 5	339
107, 132	SchR 4	125	**109, 201†**	SaR 1	372	**112, 226**	AllgT 3	29
107, 156†	SchR 1	321	**109, 213**	AllgT 1	288	**112, 290**	SchR 1	341
107, 175	FamR 2	196	**109, 234**	SchR 1	337	**112, 368**	SaR 2	185
107, 192	ErbR 2	110	**109, 243**	FamR 2	219	**113, 33†**	NebG 2	198
107, 202	AllgT 3	6	**109, 261**	AllgT 3	355	**113, 45**	ErbR 2	411
107, 208	AllgT 3	11	**109, 295**	SchR 5	114	**113, 87†**	NebG 2	202
107, 233	SchR 1	324	**109, 331**	AllgT 4	71	**113, 159**	NebG 2	233
107, 240	SchR 1	327	**109, 334**	SchR 2	357	**113, 197**	NebG 2	207
107, 258	SaR 1	28	**109, 351**	SchR 2	359	**113, 223**	NebG 3	80
107, 337	SchR 9	314	**109, 368†**	NebG 3	178	**113, 234**	ErbR 2	416
107, 339	SchR 7	155	**110, 34**	AllgT 3	17	**113, 293**	SchR 9	323
107, 345	SchR 3	184	**110, 45**	FamR 1	103	**113, 355***	AllgT 4	119
107, 357	SchR 2	342	**110, 119***	SchR 5	117	**113, 403**	SaR 1	84
107, 386	AllgT 1	366	**110, 145**	AllgT 1	373	**113, 425**	SchR 7	318
108, 58	SchR 9	317	**110, 166**	ErbR 2	339	**113, 427***	AllgT 3	31
108, 60	SchR 2	350	**110, 173**	FamR 2	164	**114, 3**	SchR 3	196
108, 70	SaR 2	147	**110, 203**	NebG 3	75	**114, 35**	FamR 2	169
108, 86	SchR 9	319	**110, 214**	AllgT 4	73	**114, 73**	NebG 1	50
108, 102	AllgT 3	14	**110, 241**	SchR 2	362	**114, 112**	NebG 2	210
108, 105	SchR 8	276	**110, 268***	SchR 3	421	**114, 139**	SchR 3	393
108, 122	SaR 1	364	**110, 270**	ErbR 2	21	**114, 243**	SchR 6	110
108, 125	AllgT 4	64	**110, 297**	SchR 7	44	**114, 289**	SchR 1	347

RGZ	Band	Seite
114, 291	NebG 1	272
114, 298†	SchR 3	285
114, 327†	SchR 3	336
114, 351	AllgT 3	32
114, 375*	SchR 1	349
114, 405	SchR 5	119
115, 1	FamR 1	105
115, 27	ErbR 2	421
115, 31	SchR 1	350
115, 35†	SaR 2	64
115, 74†	SchR 9	327
115, 111	ErbR 2	346
115, 122	SchR 1	353
115, 135	SchR 1	358
115, 141	AllgT 3	34
115, 162	SchR 1	363
115, 185*	SchR 1	366
115, 266	AllgT 3	356
115, 286	SchR 5	122
115, 289	SchR 9	335
115, 303	SaR 3	36
115, 368	NebG 3	142
115, 416	SchR 9	342
116, 148	ErbR 2	112
116, 198*	SaR 3	284
116, 266	SchR 1	366
116, 281*	AllgT 4	199
116, 286	SchR 9	344
116, 321	ErbR 2	114
116, 382	NebG 2	235
117, 1	SchR 8	19
117, 12	NebG 1	275
117, 66†	SchR 1	368
117, 102	NebG 1	278
117, 112	SaR 2	67
117, 121	SchR 1	371
117, 176	AllgT 3	360
117, 180†	SaR 1	90
117, 287	SchR 2	379
117, 315	SchR 5	125
117, 332	SchR 8	182
117, 335	SchR 5	127
117, 423†	SchR 9	346
118, 5	SchR 5	131
118, 27	AllgT 4	200
118, 34	SaR 3	285
118, 84	AllgT 3	37
118, 91	SchR 9	349

RGZ	Band	Seite
118, 100	SchR 5	135
118, 126	SchR 1	375
118, 141	AllgT 1	84
118, 145	ErbR 1	387
118, 171*	AllgT 3	43
118, 185†	SchR 8	292
118, 244	ErbR 2	25
118, 250	SaR 3	291
118, 288	SchR 1	381
118, 295	SchR 6	312
118, 312	SchR 9	352
118, 335	AllgT 4	76
118, 358	SchR 8	22
118, 361	SaR 1	374
118, 365*	SchR 7	251
118, 388	FamR 2	55
119, 1	SchR 4	20
119, 13	NebG 2	215
119, 16	SchR 3	201
119, 44	AllgT 1	86
119, 90†	SchR 3	397
119, 163	SchR 8	294
119, 184	AllgT 1	375
119, 204	SchR 9	356
119, 211	SaR 2	188
119, 215*	SaR 1	378
119, 126	SaR 1	96
119, 237	SchR 3	288
119, 265	SchR 6	113
119, 291†	NebG 2	218
119, 332	SchR 8	300
119, 360	SchR 6	117
119, 418	SchR 4	213
119, 435	SchR 9	360
120, 114	SchR 2	386
120, 118	AllgT 3	43
120, 126	AllgT 3	45
120, 144	AllgT 3	49
120, 162	SchR 11	48
120, 166†	SchR 3	399
120, 170†	AllgT 2	60
120, 193	SchR 3	203
120, 280	SchR 8	306
120, 283	SchR 5	139
121, 24*	AllgT 1	90
121, 30	NebG 3	183
121, 38	AllgT 3	55
121, 118	SchR 4	216
121, 137	SchR 5	141

RGZ	Band	Seite
121, 173	SchR 11	50
121, 212†	NebG 2	237
121, 335	SaR 2	71
121, 345†	NebG 2	312
121, 400	SchR 9	363
122, 24	FamR 2	201
122, 38	SchR 7	53
122, 80	NebG 3	190
122, 131	SaR 3	42
122, 138	AllgT 3	59
122, 146	SchR 8	25
122, 211	FamR 1	109
122, 247	AllgT 3	380
122, 266	AllgT 1	378
122, 270	SchR 11	53
122, 274†	SchR 6	119
122, 327	SaR 3	45
122, 351†	SchR 1	386
122, 370	FamR 2	296
122, 378	SchR 5	144
123, 23	SchR 6	320
123, 40	NebG 2	62
123, 52	SchR 4	219
123, 169	SaR 3	50
123, 171	SchR 6	121
123, 212	SchR 5	149
123, 216	SchR 7	56
123, 235	FamR 1	111
123, 257	FamR 2	204
123, 265	SchR 6	124
123, 271	SchR 9	366
123, 348	SchR 4	24
123, 378	AllgT 4	201
124, 17†	NebG 2	221
124, 28	AllgT 3	63
124, 62	NebG 3	194
124, 111	NebG 1	54
124, 115	AllgT 3	66
124, 253	SchR 10	1
124, 322	NebG 3	235
124, 325	FamR 1	427
125, 11*	SchR 11	56
125, 98	SchR 11	56
125, 100†	SchR 4	224
125, 108	AllgT 4	291
125, 122	FamR 1	35
125, 123	SchR 6	128
125, 128	SchR 6	132
125, 131	SaR 1	326

RGZ	Band	Seite
125, 133	SaR 3	52
125, 209	AllgT 3	70
125, 236	SchR 1	387
125, 242	SaR 1	103
125, 256	SchR 1	390
125, 261	SaR 2	155
125, 265	AllgT 1	90
125, 347	FamR 2	57
125, 362	SaR 3	61
125, 380*	FamR 2	298
125, 401	FamR 1	431
125, 408*	SchR 4	131
125, 411*	SchR 10	10
126, 28	SchR 11	58
126, 103	FamR 1	437
126, 107	NebG 3	90
126, 121	SchR 8	27
126, 123	SchR 1	394
126, 137	NebG 1	284
126, 173	FamR 1	114
126, 183	SchR 4	131
126, 218	SchR 2	389
126, 243	SchR 1	397
126, 261	FamR 2	299
126, 272	SaR 3	68
126, 287	SchR 8	29
126, 308	SchR 5	152
126, 348	SaR 3	295
126, 362	SchR 11	63
126, 374	SchR 1	400
126, 383	SchR 1	404
127, 14	SchR 7	165
127, 29	SaR 2	73
127, 110	FamR 1	440
127, 126†	SchR 8	86
127, 130	SchR 5	159
127, 153*	SchR 11	66
127, 153*	FamR 2	172
127, 174	NebG 1	57
127, 179	NebG 1	62
127, 218†	SchR 3	291
127, 245	SchR 3	208
127, 309	SaR 3	76
127, 313	SchR 7	170
127, 337†	AllgT 3	73
127, 370	FamR 1	118
128, 74*	FamR 1	38
128, 76	AllgT 4	206
128, 92†	AllgT 3	74
128, 149	NebG 1	68
128, 187	ErbR 2	425
128, 191	AllgT 4	209
128, 211	AllgT 4	214
128, 218	NebG 1	290
128, 229	SchR 10	10
128, 246	SaR 1	112
128, 251	AllgT 3	80
128, 298	SchR 10	15
128, 309	FamR 2	301
129, 37*	SchR 11	66
129, 55	NebG 1	78
129, 63	SchR 4	26
129, 98	AllgT 1	96
129, 109	AllgT 3	363
129, 122	AllgT 3	87
129, 124	SaR 1	116
129, 128	NebG 1	83
129, 143	SchR 1	407
129, 199	SaR 2	79
129, 239†	ErbR 2	428
129, 280	SchR 5	160
129, 303	NebG 1	88
129, 316	SchR 1	410
129, 347	AllgT 3	89
129, 385	AllgT 4	218
130, 1	AllgT 3	92
130, 34	SchR 4	224
130, 52	SchR 6	135
130, 69	AllgT 2	61
130, 85	AllgT 4	221
130, 89	SchR 10	24
130, 101	SchR 7	61
130, 119	SchR 3	359
130, 124	AllgT 2	64
130, 131	ErbR 2	259
130, 143	SchR 6	136
130, 148	FamR 2	307
130, 162	NebG 1	93
130, 213	ErbR 2	117
130, 215	SchR 1	415
130, 227	SaR 3	79
130, 233*	AllgT 4	224
130, 258	SchR 10	28
130, 284	SchR 7	63
130, 310	SaR 1	379
130, 350	SaR 2	192
130, 367	SchR 1	417
130, 375	AllgT 1	380
130, 379	SchR 5	164
130, 390	SaR 1	119
131, 12*	SchR 11	67
131, 24	AllgT 3	385
131, 60	AllgT 1	239
131, 190	NebG 1	99
131, 274	SchR 6	140
131, 278	SchR 8	89
131, 323	SaR 3	81
131, 335	SaR 2	86
131, 337	AllgT 4	119
131, 343†	SchR 5	167
132, 1	ErbR 2	118
132, 9	SchR 1	424
132, 26	SchR 1	430
132, 29	SchR 6	323
132, 76	SchR 1	432
132, 81	ErbR 2	30
132, 106	SaR 1	122
132, 116	SchR 6	144
132, 131	SchR 2	393
132, 138*	ErbR 2	269
132, 174	NebG 2	241
132, 183	SaR 1	382
132, 218	SchR 7	330
132, 238†	SchR 8	309
132, 249	NebG 2	225
132, 257	AllgT 1	203
132, 262	NebG 1	101
132, 273	SchR 10	32
132, 287†	SchR 2	398
132, 305*	SchR 1	436
132, 311	NebG 3	238
132, 321	SaR 3	86
132, 416	AllgT 1	105
132, 419	SaR 1	128
133, 1	SchR 10	35
133, 7	FamR 2	313
133, 20	FamR 2	64
133, 51†	AllgT 3	96
133, 76	SchR 5	179
133, 84	SchR 7	251
133, 97	AllgT 3	103
133, 102*	NebG 3	125
133, 113	SchR 5	183
133, 126	SchR 1	437
133, 128	ErbR 2	270
133, 137†	SchR 11	67
133, 161	AllgT 1	108

RGZ	Band	Seite
133, 179	NebG 1	106
133, 221	SchR 1	438
133, 226	SchR 10	40
133, 234	SchR 4	133
133, 249*	SchR 11	67
133, 259	FamR 2	173
133, 263	ErbR 2	196
133, 270	SchR 10	41
133, 275	SchR 8	313
133, 279	NebG 3	97
133, 293	SchR 8	316
133, 351	FamR 2	67
133, 381	FamR 1	334
133, 388	SchR 10	45
134, 33	AllgT 3	107
134, 43	AllgT 3	111
134, 73	SchR 3	295
134, 83	SchR 5	187
134, 121	AllgT 4	98
134, 139	FamR 1	120
134, 141	SchR 8	319
134, 178	SchR 11	68
134, 181	SchR 7	173
134, 185†	AllgT 4	102
134, 195	AllgT 3	121
134, 221	SaR 3	90
134, 231	SaR 2	87
134, 237	SchR 11	71
134, 243	SchR 2	401
134, 257*	SaR 3	94
134, 272	SchR 5	193
134, 274	NebG 3	197
134, 283	AllgT 4	103
134, 296	ErbR 2	36
134, 311†	SchR 11	76
134, 325	AllgT 4	110
134, 375	AllgT 1	383
135, 9	SchR 10	50
135, 19	NebG 2	66
135, 85	SaR 1	387
135, 104	SchR 4	304
135, 149	NebG 1	110
135, 161	SchR 11	79
135, 174	AllgT 4	224
135, 219	FamR 2	210
135, 231	ErbR 2	431
135, 242	AllgT 1	385
135, 247	SchR 4	142
135, 272	SchR 4	147
135, 338	AllgT 3	124
135, 339	SchR 5	195
135, 357	SaR 3	95
135, 366	SaR 1	392
135, 378	SaR 1	133
136, 33	SchR 6	148
136, 40	SchR 8	35
136, 45	SchR 11	84
136, 49†	SchR 3	300
136, 60	SchR 10	52
136, 74	SaR 3	102
136, 80	SaR 3	107
136, 83†	NebG 1	120
136, 100	SchR 4	150
136, 127	SchR 1	442
136, 137	SchR 5	201
136, 142†	AllgT 1	113
136, 148†	SaR 1	140
136, 178*	SchR 8	39
136, 193	AllgT 4	226
136, 228	SchR 10	54
136, 232	SaR 3	206
136, 247	SchR 10	58
136, 275†	SchR 4	309
136, 345†	NebG 2	71
136, 353	ErbR 2	200
136, 359	AllgT 3	125
136, 361†	AllgT 1	117
136, 402	SaR 1	328
136, 427	AllgT 4	230
137, 20	SchR 11	87
137, 23	SaR 1	394
137, 29	SchR 2	404
137, 34	SchR 8	40
137, 48	FamR 1	122
137, 50	SchR 4	229
137, 83	SchR 7	68
137, 95	SaR 3	110
137, 153	SchR 11	90
137, 171	ErbR 2	456
137, 222†	NebG 3	244
137, 263	AllgT 1	243
137, 294	SchR 2	409
137, 297	SchR 5	206
137, 356	SchR 8	321
138, 1	NebG 1	122
138, 28	SchR 5	209
138, 37	SchR 7	74
138, 40	SchR 11	92
138, 45	SchR 8	323
138, 73	FamR 1	123
138, 122	SchR 8	329
138, 132	ErbR 2	277
138, 137	AllgT 3	127
138, 156	SchR 10	70
138, 165	SchR 10	78
138, 183†	SchR 4	314
138, 237	SaR 2	1
138, 243	AllgT 1	121
138, 265	SaR 2	7
138, 270	SchR 8	42
138, 296	SaR 2	92
138, 309	SchR 11	96
138, 320†	NebG 1	126
138, 327	SaR 2	96
138, 331	SchR 5	216
138, 373	AllgT 3	133
139, 29	SaR 1	236
139, 103	SchR 10	85
139, 114*	SaR 2	12
139, 131	SchR 1	446
139, 149	SchR 11	102
139, 199	SchR 4	234
139, 205	SchR 5	224
139, 208	SchR 4	240
139, 252	SchR 8	45
139, 255	SchR 7	77
139, 270†	AllgT 4	234
139, 289†	NebG 1	133
139, 302	NebG 1	137
139, 358	SchR 7	84
139, 393†	SchR 10	91
140, 1	SchR 2	1
140, 23	AllgT 1	389
140, 35†	SaR 1	144
140, 43*	SchR 11	107
140, 60	SaR 2	250
140, 67	SchR 2	8
140, 75	ErbR 2	437
140, 126	SchR 11	107
140, 129	SchR 11	109
140, 216	SchR 8	47
140, 264	AllgT 3	136
140, 345*	SaR 3	299
140, 378	SchR 3	212
140, 386†	NebG 1	139
140, 392	SchR 10	93
140, 403	SchR 10	102

RGZ	Band	Seite
141, 99	SchR 6	149
141, 104	AllgT 3	145
141, 129*	SaR 3	299
141, 169	SchR 2	12
141, 173	SchR 2	15
141, 227	SaR 2	100
141, 259	SchR 3	218
141, 262	SchR 10	103
141, 283	SchR 11	112
141, 287	SchR 3	302
141, 319	FamR 1	263
141, 353	SchR 11	115
141, 358	FamR 2	174
141, 365	SchR 2	19
141, 400	NebG 1	145
142, 8	SchR 2	23
142, 59	FamR 2	68
142, 70	AllgT 3	149
142, 116*	SchR 10	106
142, 139	SchR 4	155
142, 143	SchR 4	29
142, 171	ErbR 2	123
142, 175	SchR 4	31
142, 231	SaR 2	198
142, 258	SchR 6	153
142, 268	SchR 7	1
142, 280	SchR 10	107
142, 348	SchR 10	112
142, 353	SchR 2	27
142, 383†	SchR 2	31
142, 394	SchR 2	33
142, 402*	AllgT 3	150
142, 410	AllgT 3	150
142, 417	SaR 2	102
143, 1	AllgT 1	391
143, 14	SaR 2	12
143, 24	AllgT 3	156
143, 48	SchR 10	116
143, 70	SaR 3	112
143, 113	SaR 3	210
143, 154*	SchR 4	315
143, 159	SaR 1	149
143, 192	SchR 8	50
143, 212	AllgT 1	395
143, 219	SchR 2	36
143, 241	SaR 3	119
143, 278	SaR 3	128
143, 305	FamR 1	126

RGZ	Band	Seite
143, 350	ErbR 2	127
143, 374†	SchR 2	39
143, 419	ErbR 1	391
143, 429	AllgT 3	163
144, 1	FamR 2	321
144, 22	SchR 2	42
144, 24	SchR 8	332
144, 26	SaR 3	140
144, 31	NebG 2	77
144, 62	SchR 5	226
144, 80	SchR 2	44
144, 89	SchR 8	334
144, 93	SchR 8	336
144, 126	SchR 6	159
144, 133	SchR 8	136
144, 152	SaR 3	144
144, 217	SchR 4	245
144, 246*	FamR 2	176
144, 281	SaR 1	156
144, 289	AllgT 3	166
144, 339	NebG 3	200
144, 378	AllgT 4	237
144, 399	ErbR 2	282
145, 35	SchR 2	50
145, 40†	AllgT 4	79
145, 47	SaR 1	160
145, 79	SchR 3	364
145, 85	AllgT 1	124
145, 107*	SchR 10	124
145, 121*	AllgT 4	242
145, 167	SchR 8	53
145, 177†	NebG 1	150
145, 196	SchR 10	124
145, 229	SchR 8	56
145, 239	AllgT 4	242
145, 246	SchR 2	412
145, 274*	SchR 6	326
145, 284	FamR 2	326
145, 289	SchR 6	326
145, 311	AllgT 1	398
145, 316	ErbR 2	131
145, 390†	SchR 2	415
146, 67	SchR 8	60
146, 116	AllgT 3	169
146, 120	SchR 5	230
146, 155	NebG 3	208
146, 155*	SchR 11	119
146, 182	SaR 1	32

RGZ	Band	Seite
146, 190	SchR 7	334
146, 213	SchR 10	128
146, 231	FamR 2	177
146, 234	AllgT 3	172
146, 241	FamR 1	38
146, 282	FamR 2	72
146, 314	AllgT 4	113
146, 317	SchR 2	53
146, 334	SchR 6	161
146, 340	NebG 1	292
146, 343	ErbR 1	396
146, 355	SaR 1	163
146, 363	SaR 3	150
146, 376	AllgT 1	402
146, 398	SchR 4	158
147, 11	AllgT 1	406
147, 17†	SchR 2	60
147, 129†	SchR 11	120
147, 142	SchR 11	124
147, 144	SchR 11	127
147, 211	FamR 1	40
147, 220	FamR 2	229
147, 228†	SchR 3	337
147, 248	SchR 11	130
147, 275	SchR 10	132
147, 298	SaR 3	153
147, 310	FamR 2	236
147, 321	SaR 2	17
147, 344	AllgT 3	177
147, 390	SchR 7	176
147, 399	AllgT 1	126
148, 19	NebG 2	86
148, 48†	SchR 2	62
148, 65	SchR 8	63
148, 68	SchR 10	136
148, 105	SchR 5	238
148, 129	AllgT 4	247
148, 137†	SchR 2	71
148, 148	SchR 7	180
148, 154	SchR 10	140
148, 175°	NebG 3	125
148, 188	FamR 1	42
148, 218	ErbR 2	136
148, 236	SchR 5	344
148, 243	FamR 2	76
148, 251	SchR 11	135
148, 266	SchR 2	77
148, 278	SchR 6	332

RGZ	Band	Seite
148, 286	SchR 5	245
148, 303†	NebG 1	295
148, 321†	AllgT 2	68
148, 336	ErbR 2	141
148, 349	SaR 3	299
148, 354	SchR 7	216
148, 375	SchR 11	139
148, 385	ErbR 2	205
148, 395	FamR 1	44
149, 6	SchR 2	80
149, 19†	AllgT 4	115
149, 65	ErbR 2	211
149, 83	SchR 11	145
149, 88	SchR 6	166
149, 93	AllgT 1	129
149, 96	SchR 4	164
149, 114	SchR 10	150
149, 129	ErbR 2	39
149, 135	SchR 2	82
149, 140	SchR 8	95
149, 143	FamR 1	7
149, 167	SchR 11	149
149, 172	FamR 2	330
149, 187	SchR 3	221
149, 195	SchR 5	254
149, 205	SchR 7	257
149, 213	NebG 1	154
149, 235	AllgT 3	184
149, 275	SchR 11	151
149, 321*	SchR 10	156
149, 401	SchR 7	183
150, 15	NebG 3	248
150, 22	AllgT 2	18
150, 70	FamR 1	337
150, 77†	SchR 8	67
150, 81*	SchR 7	264
150, 129	SchR 3	304
150, 134	NebG 1	156
150, 140	SchR 11	154
150, 189	ErbR 2	44
150, 193	SchR 6	170
150, 283	AllgT 1	131
150, 315	ErbR 2	349
150, 321	SchR 6	180
150, 323	SchR 11	158
150, 344	ErbR 2	47
150, 348	SaR 3	157
150, 374†	AllgT 1	134
150, 397	SchR 5	258
151, 5*	NebG 1	161
151, 57†	NebG 3	255
151, 75	SaR 1	168
151, 78*	SaR 3	165
151, 101	FamR 2	131
151, 103	AllgT 1	141
151, 116	SchR 2	247
151, 123	SchR 8	339
151, 159	FamR 1	339
151, 184	SaR 2	27
151, 229	AllgT 1	411
151, 259	SchR 7	88
151, 296*	SchR 10	157
151, 298	NebG 1	301
151, 304*	SchR 3	369
151, 313	AllgT 1	146
151, 330	SchR 10	157
151, 345	AllgT 4	249
151, 357	SchR 2	87
151, 361	SchR 8	344
151, 379	SchR 8	68
151, 385†	SchR 11	164
151, 389	SaR 3	166
151, 395	NebG 3	101
152, 71	SchR 2	90
152, 91	AllgT 2	23
152, 100	SchR 6	182
152, 104	SaR 2	205
152, 111†	SchR 7	186
152, 115	SchR 10	162
152, 129†	SchR 10	166
152, 159	SchR 7	10
152, 175	SchR 3	309
152, 199	SchR 2	94
152, 208	SchR 10	175
152, 213	SaR 3	171
152, 222	FamR 1	346
152, 228	FamR 2	239
152, 251	AllgT 3	189
152, 283	NebG 2	314
152, 325	SchR 10	179
152, 349	FamR 1	445
152, 380	ErbR 2	50
152, 397	SchR 10	183
153, 29	SaR 2	211
153, 38	NebG 2	90
153, 59	AllgT 3	198
153, 65*	SchR 8	163
153, 78	FamR 1	48
153, 101*	SchR 2	96
153, 123	SchR 8	69
153, 139	NebG 2	267
153, 153	SchR 11	167
153, 167	SaR 3	178
153, 231	AllgT 2	31
153, 238	FamR 2	179
153, 257†	SchR 11	174
153, 338	SchR 8	74
153, 356	SchR 8	98
153, 361†	NebG 2	246
153, 375	AllgT 4	252
153, 395	SchR 3	369
154, 41	AllgT 3	200
154, 58	AllgT 4	82
154, 99*	AllgT 3	207
154, 110	ErbR 1	400
154, 117	SchR 11	176
154, 236	SchR 10	188
154, 253	FamR 1	129
154, 266	SchR 11	183
154, 330	ErbR 2	215
154, 334*	SchR 4	34
154, 343	AllgT 1	414
154, 355	SaR 1	171
154, 370†	SchR 4	247
155, 20	NebG 1	307
155, 26	SchR 4	170
155, 37†	SchR 2	96
155, 92	SchR 10	193
155, 133	AllgT 3	207
155, 148	SchR 2	98
155, 154	SaR 1	243
155, 172†	SchR 5	264
155, 186†	SchR 11	185
155, 211	NebG 3	261
155, 218†	SchR 11	189
155, 292	FamR 1	351
155, 300†	SchR 6	185
155, 327	SchR 10	195
155, 344	FamR 2	83
155, 348	FamR 2	244
155, 362	SchR 11	193
156, 63	SaR 2	109
156, 70†	ErbR 2	287
156, 82	NebG 3	212

RGZ	Band	Seite
156, 106	AllgT 1	150
156, 122†	SaR 1	185
156, 150	SchR 6	186
156, 172	ErbR 2	464
156, 187	SaR 1	248
156, 193	SchR 10	200
156, 208	SchR 2	104
156, 227	SchR 11	199
156, 328	AllgT 3	211
156, 334	AllgT 3	215
156, 347	NebG 2	99
156, 372	SchR 10	213
156, 392	NebG 1	161
156, 395*	SchR 8	360
157, 11	SchR 10	218
157, 14	SchR 10	221
157, 24	SaR 1	191
157, 40†	SchR 2	108
157, 89*	NebG 3	107
157, 173	SchR 6	191
157, 175	SchR 5	270
157, 193	NebG 1	165
157, 207	SchR 2	116
157, 228†	SchR 10	228
157, 243	SchR 7	219
157, 244	AllgT 2	36
157, 257	AllgT 1	155
157, 266	SchR 8	102
157, 297	SaR 3	182
157, 305	SaR 1	253
157, 363	SchR 6	192
157, 379*	AllgT 4	259
158, 40	SaR 2	110
158, 57	ErbR 2	54
158, 130	SchR 7	93
158, 141	SchR 5	350
158, 166	AllgT 3	220
158, 176	SchR 11	202
158, 185	AllgT 1	424
158, 199	FamR 1	132
158, 268†	FamR 1	53
158, 277	SchR 11	205
158, 294	FamR 1	354
158, 315	SchR 8	360
158, 352	SchR 10	237
158, 357	AllgT 4	259
158, 362	AllgT 2	38
158, 377	SaR 2	118
158, 380	FamR 1	361
158, 388	SchR 10	241
159, 21	SchR 1	247
159, 27	SchR 6	197
159, 58*	FamR 2	214
159, 65	SchR 7	16
159, 68	SaR 2	121
159, 99	NebG 2	274
159, 115	FamR 1	136
159, 121	AllgT 1	211
159, 141	NebG 2	106
159, 157	FamR 1	266
159, 180	FamR 1	142
159, 183	FamR 1	56
159, 193	SaR 2	219
159, 254†	AllgT 3	228
159, 257	SchR 2	121
159, 264	SchR 8	107
159, 268	SchR 7	188
159, 283	SchR 7	99
159, 296	ErbR 2	143
159, 300	NebG 3	268
159, 305	FamR 1	144
159, 312	NebG 1	168
159, 363	FamR 2	87
159, 374	AllgT 3	368
160, 1	SchR 2	128
160, 7†	SchR 4	253
160, 31	FamR 1	147
160, 52	AllgT 3	230
160, 88†	SchR 6	202
160, 92	FamR 2	95
160, 104	FamR 1	153
160, 119	SchR 2	129
160, 122	SchR 7	265
160, 129†	NebG 1	172
160, 134†	SchR 8	140
160, 144	FamR 1	157
160, 153	SchR 2	132
160, 166†	SaR 1	257
160, 189	FamR 1	161
160, 246	FamR 1	162
160, 250	FamR 1	365
160, 255	SchR 10	250
160, 273	FamR 1	166
160, 280	FamR 1	171
160, 300	FamR 1	59
160, 310	SchR 2	135
160, 349	SchR 10	251
160, 361	SchR 6	205
160, 373	FamR 1	176
160, 392	FamR 1	178
161, 52	SchR 8	363
161, 68	SchR 7	270
161, 76	NebG 2	111
161, 100	SchR 3	225
161, 106	FamR 1	182
161, 109*	SaR 2	30
161, 153	AllgT 3	236
161, 193	SchR 5	274
161, 199	SchR 11	211
161, 203*	AllgT 1	427
161, 216	FamR 1	184
161, 229	AllgT 3	244
161, 253	AllgT 3	248
161, 267†	SchR 2	141
161, 280*	SchR 7	277
161, 288	SchR 11	214
161, 296	AllgT 3	251
161, 321*	SchR 6	212
161, 330	SchR 5	276
161, 375	SchR 11	220
161, 378	ErbR 2	354
162, 1†	NebG 1	177
162, 24	SchR 11	222
162, 32	FamR 1	367
162, 52	SaR 2	254
162, 65*	SchR 10	253
162, 73	AllgT 3	255
162, 78	SchR 6	336
162, 116	FamR 2	185
162, 177	AllgT 3	372
162, 202	AllgT 1	427
162, 244*	SchR 2	418
162, 273	SchR 11	229
162, 298	FamR 1	274
162, 302*	AllgT 3	259
162, 329	AllgT 1	164
162, 349	SaR 1	278
162, 364	SchR 11	234
162, 388	SchR 6	341
162, 397	ErbR 2	61
163, 9	AllgT 4	263
163, 21	SchR 10	254
163, 40	NebG 1	309
163, 57†	ErbR 2	291

RGZ	Band	Seite
163, 62	SaR 2	128
163, 68	FamR 2	98
163, 77†	FamR 1	188
163, 87	SchR 11	238
163, 91	FamR 1	278
163, 121	SchR 11	240
163, 139	FamR 1	66
163, 142	SchR 5	286
163, 156	FamR 2	103
163, 244	FamR 1	189
163, 246	FamR 1	191
163, 280	FamR 1	284
163, 287	SchR 10	266
163, 292	SchR 10	270
163, 305	FamR 1	370
163, 315	FamR 1	68
163, 338	FamR 1	197
163, 344	FamR 1	202
163, 348	SaR 2	131
163, 367	AllgT 1	170
163, 377	SchR 7	277
164, 65	FamR 2	133
164, 79	SchR 2	146
164, 92	FamR 1	205
164, 106	FamR 1	71
164, 111	FamR 1	75
164, 125	NebG 1	180
164, 127	FamR 1	290
164, 196	SaR 2	235
164, 208	ErbR 2	218
164, 240	FamR 1	451
164, 244	FamR 1	79
164, 264†	SchR 2	152
164, 270	FamR 1	210
164, 341	NebG 1	181
164, 352	FamR 1	213
164, 366†	SchR 2	157
164, 385	NebG 3	107
165, 1	AllgT 3	260
165, 26†	SchR 10	275
165, 35	SchR 6	212
165, 41	SchR 7	191
165, 62	FamR 1	216
165, 91	NebG 2	121
165, 109	FamR 1	218
165, 121	FamR 1	83
165, 146	SchR 8	184
165, 155	SchR 10	279
165, 161†	SchR 2	418
165, 219	SchR 2	162
165, 236	NebG 2	135
165, 257	SchR 11	244
165, 309	SchR 2	165
165, 317	FamR 1	224
165, 336	SchR 7	108
165, 352	FamR 1	227
165, 365	SchR 11	247
165, 398	AllgT 1	179
166, 1	SchR 11	254
166, 40	AllgT 3	276
166, 61	SchR 10	284
166, 74	NebG 1	188
166, 113*	SchR 2	170
166, 150	SchR 10	287
166, 160	SchR 6	349
166, 166*	FamR 1	229
166, 379	FamR 1	293
167, 14†	SaR 1	288
167, 60	SchR 2	170
167, 76	SchR 2	174
167, 83	SchR 7	279
167, 92	NebG 2	250
167, 193†	AllgT 1	184
167, 199	SchR 5	353
167, 257	Schr 4	34
167, 265	FamR 1	229
167, 269	FamR 2	110
167, 298	SaR 3	304
167, 301	FamR 1	232
167, 385	NebG 2	141
168, 39	ErbR 2	439
168, 44	SchR 6	217
168, 56†	AllgT 4	272
168, 61	FamR 1	86
168, 86	SchR 2	182
168, 121	SchR 2	186
168, 177†	ErbR 2	292
168, 204	AllgT 3	285
168, 206†	SchR 7	114
168, 240†	SchR 2	192
168, 261†	SchR 3	230
168, 269	FamR 1	295
168, 321	SchR 2	195
168, 331	SchR 10	292
168, 361†	SchR 11	266
169, 38	ErbR 2	221
169, 59	FamR 1	236
169, 65†	SchR 3	1
169, 84	SchR 6	220
169, 147*	NebG 3	125
169, 172	AllgT 2	50
169, 180	SaR 2	242
169, 185	SchR 3	15
169, 213	SchR 2	203
169, 249	SchR 2	206
169, 267	SchR 1	210
169, 278	FamR 1	240
169, 282	FamR 2	114
169, 312†	SchR 11	268
169, 317	NebG 3	113
169, 321	SaR 3	307
169, 324*	SchR 2	214
169, 328	FamR 2	214
169, 376	SchR 10	296
169, 382	NebG 1	315
169, 394	SchR 10	301
170, 22	AllgT 1	433
170, 37	SchR 11	272
170, 45	SchR 10	302
170, 70	NebG 2	147
170, 72	FamR 1	11
170, 129	SchR 11	275
170, 174	SchR 10	305
170, 182	NebG 1	195
170, 246†	SchR 1	214
170, 265*	AllgT 1	291
170, 281	AllgT 4	88
170, 285*	AllgT 3	287
170, 311	SchR 11	282
170, 321	SchR 10	308
170, 380	AllgT 3	288
171, 1†	SchR 10	311
171, 22	NebG 2	283
171, 27	ErbR 2	359
171, 30*	AllgT 1	291
171, 58*	SchR 10	314
171, 67	AllgT 1	291
171, 79	FamR 1	89
171, 83	FamR 1	454
171, 104	NebG 1	317
171, 129	SchR 6	354
171, 137	NebG 1	320
171, 168	SchR 2	219
171, 173	NebG 2	150

RGZ	Band	Seite	RGZ	Band	Seite	RGZ	Band	Seite
171, 185	ErbR 2	65	**171, 393**	NebG 2	157	**172, 129***	AllgT 1	297
171, 198	SchR 11	286	**172, 1**	NebG 2	288	**172, 156**	NebG 1	326
171, 282	SchR 2	224	**172, 11**	SchR 11	288	**172, 195†**	SchR 2	239
171, 289	ErbR 2	362	**172, 20**	SchR 2	232	**172, 199**	ErbR 2	296
171, 292	SchR 2	228	**172, 47**	SaR 2	247	**172, 232**	FamR 2	216
171, 297	SchR 7	202	**172, 63**	NebG 2	256	**172, 242**	FamR 1	242
171, 354	NebG 1	322	**172, 83**	ErbR 2	147	**172, 244**	SchR 10	318
171, 358	ErbR 1	406	**172, 85**	NebG 2	163	**172, 252**	FamR 1	302
171, 380	SchR 10	314	**172, 101**	NebG 2	169	**172, 256†**	SchR 6	361

Inhalt der Bände

Einführungsgesetz und Preuß. Ausführungsgesetz zum Bürgerlichen Gesetzbuch Landesrecht

Einführungsgesetz

Allgemeine Vorschriften, Internationales Privatrecht 1
Verhältnis des Bürgerlichen Rechts zu den Reichsgesetzen 190
Verhältnis des Bürgerlichen Rechts zu den Landesgesetzen 196
Übergangsvorschriften 209

Preußisches Ausführungsgesetz 218

Landesrecht 222

Allgemeiner Teil des Bürgerlichen Gesetzbuches

Teil 1

Natürliche Personen 253
Juristische Personen 297
Sachen 437

Allgemeiner Teil des Bürgerlichen Gesetzbuches

Teil 2

Sachen (Fortsetzung) 1
Geschäftsfähigkeit 57
Willenserklärung 70

*

Allgemeiner Teil des Bürgerlichen Gesetzbuches

Teil 3

Willenserklärung (Fortsetzung) 1
Vertrag 291
Bedingung 376
Vertretung — Vollmacht 388

*

Allgemeiner Teil des Bürgerlichen Gesetzbuches

Teil 4

Vertretung — Vollmacht (Fortsetzung) ... 1
Einwilligung — Genehmigung ... 91
Fristen — Termine ... 119
Verjährung ... 120
Ausübung der Rechte — Selbsthilfe ... 275

Recht der Schuldverhältnisse

Teil 1

Allgemeiner Teil
Verpflichtung zur Leistung ... 1

Recht der Schuldverhältnisse

Teil 2

Allgemeiner Teil
Verpflichtung zur Leistung (Fortsetzung) ... 1
Verzug des Gläubigers ... 242
Begründung und Inhalt des Vertrages 253

Recht der Schuldverhältnisse

Teil 3

Allgemeiner Teil
Begründung und Inhalt des Vertrages (Fortsetzung) ... 1
Gegenseitiger Vertrag ... 21
Versprechen der Leistung an einem Dritten 236
Draufgabe — Vertragsstrafe ... 311
Rücktritt 341
Erfüllung ... 374
Hinterlegung 402

Recht der Schuldverhältnisse

Teil 4

Allgemeiner Teil
Aufrechnung 1
Erlaß ... 37
Übertragung der Forderung 42
Schuldübernahme ... 176
Mehrheit von Schuldnern und Gläubigern 259
Besonderer Teil
Kauf 316

Recht der Schuldverhältnisse

Teil 5

Besonderer Teil

Kauf (Fortsetzung) ... 1
Schenkung ... 298
Miete und Pacht ... 357

Recht der Schuldverhältnisse

Teil 6

Besonderer Teil

Miete und Pacht (Fortsetzung) ... 1
Leibrente ... 231
Gesellschaft und Gemeinschaft ... 249
Leihe und Darlehn ... 365

*

Recht der Schuldverhältnisse

Teil 7

Besonderer Teil

Leihe und Darlehn (Fortsetzung) ... 1
Dienstvertrag ... 18
Werkvertrag ... 120
Mäklervertrag ... 208
Auftrag und Geschäftsführung ohne Auftrag ... 220
Verwahrung und Einbringung von Sachen bei Gastwirten ... 285
Spiel und Wette ... 321
Bürgschaft ... 338

Recht der Schuldverhältnisse

Teil 8

Besonderer Teil

Bürgschaft (Fortsetzung) ... 1
Vergleich ... 83
Schuldversprechen — Schuldanerkenntnis ... 110
Anweisung ... 140
Schuldverschreibung auf den Inhaber ... 163
Vorlegung von Sachen ... 177
Ungerechtfertigte Bereicherung ... 186

Recht der Schuldverhältnisse

Teil 9

Besonderer Teil

Unerlaubte Handlungen 1

*

Recht der Schuldverhältnisse

Teil 10

Besonderer Teil

Unerlaubte Handlungen (Fortsetzung) 1

*

Recht der Schuldverhältnisse

Teil 11

Besonderer Teil

Staats- und Beamtenhaftung (§ 839 BGB.) 1

*

Sachenrecht

Teil 1

Besitz 1
Allgemeine Vorschriften über Rechte an Grundstücken 39
Inhalt des Eigentums 198
Erwerb und Verlust des Eigentums an Grundstücken 303
Erwerb und Verlust des Eigentums an beweglichen Sachen 333

*

Sachenrecht

Teil 2

Erwerb und Verlust des Eigentums an beweglichen Sachen (Fortsetz.) 1
Ansprüche aus dem Eigentum 30
Erbbaurecht 143
Vorkaufsrecht 149
Dienstbarkeiten 159
Reallasten 250
Hypothek 265

*

Sachenrecht

Teil 3

Hypothek (Fortsetzung) 1
Grundschuld und Rentenschuld 190
Pfandrecht 215

*

Familienrecht

Teil 1

Ehe

Verlöbnis ... 1
Nichtigkeit und Aufhebung der Ehe ... 20
Ehescheidung, Scheidungsgründe ... 94
Ehescheidung, Folgen der Scheidung ... 244
Wirkungen der Ehe im allgemeinen ... 305
Gesetzliches Güterrecht ... 375

*

Familienrecht

Teil 2

Ehe

Vertragliches Güterrecht 1

Verwandtschaft

Eheliche Abstammung ... 93
Unterhaltspflicht ... 116
Rechtliche Stellung der ehelichen Kinder ... 140
Uneheliche Kinder ... 189
Kindesannahme ... 219
Vormundschaft und Pflegschaft ... 246

Erbrecht

Teil 1

Erbfolge und rechtliche Stellung des Erben ... 341
Mehrheit von Erben ... 414

*

Erbrecht

Teil 2

Mehrheit von Erben (Fortsetzung) ... 1
Testament und Erbvertrag ... 72
Einsetzung eines Nacherben ... 149
Testamentsvollstrecker ... 226
Errichtung und Aufhebung eines Testaments ... 304
Pflichtteil ... 365
Erbunwürdigkeit, Erbverzicht, Erbschein, Erbschaftskauf ... 443

*

Nebengesetze

Teil 1

Kraftfahrzeuggesetz ... 1
Reichshaftpflichtgesetz ... 201

*

Nebengesetze

Teil 2

Reichsversicherungsordnung 1
Arbeitsrecht 176
Bau- und Wohnungswesen 233
Preisrecht 261
Verschiedene Gesetze 297

Nebengesetze

Teil 3

Grundbuchrecht 1

Freiwillige Gerichtsbarkeit 117
Allgemeines 119
Rechtshilfe 126
Gerichtliche und notarielle Urkunden 145
Beschwerde und weitere Beschwerde 218

*

Sachregister

Die Abschnitte der Gruppe I Bürgerliches Recht sind wie folgt abgekürzt:

Allgemeiner Teil	=	AllgT
Schuldrecht	=	SchR
Sachenrecht	=	SaR
Familienrecht	=	FamR
Erbrecht	=	ErbR
Nebengesetze	=	NebenG

Die erste Ziffer bedeutet den betreffenden Teil des Abschnitts, die letzte Ziffer die Seitenzahl des Bandes.

A

Abänderung, Annahme eines Vertragsantrages mit —en AllgT 3 S. 310
— eines formgerechten Kaufangebots eines Grundstücks vor Ablauf der Annahmefrist SchR 2 S. 317
—, Formlose Vereinbarung über — eines Grundstücksveräußerungsvertrages SchR 2 S. 265
— des Urteils nach § 323 ZPO. und Einheitlichkeit der nach § 843 BGB. zuerkannten Unfallrenten SchR 9 S. 125
— s. auch Änderung
Abänderungsklage nach § 323 ZPO. bei einem wegen Unfallsfolgen ergangenen Urteil SchR 1 S. 410
Abbröckeln, Abwehrklage nach § 1004 BGB., wenn Felsen durch — Nachbargrundstück beschädigt SaR 2 S. 87
Abfindung des Beschädigten durch den Versicherer des einen Ersatzpflichtigen und Wirkung gegen den anderen als Gesamtschuldner haftenden Ersatzpflichtigen SchR 4 S. 277
— des unehelichen Kindes mit dem Pflichtteilsbetrag FamR 2 S. 190
—, Renten und —szahlung bei Überbau SaR 1 S. 211
Abfindungsanspruch des Erben eines Gesellschafters einer oHG. SchR 6 S. 326
Abfindungskapital und Unterhaltsanspruch der minderjährigen unverheirateten Kinder FamR 2 S. 131
Abfindungsvereinbarung, Anfechtung einer — mit einem Angestellten wegen Irrtums AllgT 3 S. 255
Abhalten vom Bieten bei einer Versteigerung, Nichtigkeit eines solchen Vertrages AllgT 2 S. 111
Abhanden gekommen, Vom Besitzdiener eigenmächtig weggebene Sachen sind dem Eigentümer — — SaR 1 S. 9
Abhandenkommen, Über das — von zur Beförderung bestimmter Waren bei Fälschung der Frachtbriefe durch Angestellte SaR 1 S. 360
— von dem Schuldner belassenen Pfandsachen, Beweislast SchR 11 S. 90
Abhängigkeit gegenseitiger, letztwilliger Verfügungen in einem gemeinschaftlichen Testament ErbR 2 S. 104
Abkömmling, Erbrecht der entfernteren —e bei Ausschluß ihres Parens ErbR 1 S. 348
—, Einsetzung eines —s als Nacherben und Ausschluß der Vererblichkeit der Nacherbenanwartschaft ErbR 2 S. 221
—, Pflichtteilsrecht des entfernteren —s ErbR 2 S. 402
—, Entziehung des Pflichtteils gegenüber einem — ErbR 2 S. 439
—, Unterhaltspflicht der —e FamR 2 S. 117
Abkürzung, Gültigkeit des Protokolls bei — „v. g. u." NebenG 3 S. 149
Abladegeschäft im Binnenverkehr und Setzung einer Nachfrist SchR 3 S. 112
—, Bedeutung der Verladungsanzeige beim — SchR 1 S. 151
—, Unmöglichkeit der Leistung beim — SchR 1 S. 143
Ablehnung, Amtspflicht eines Notars und — der Beurkundung durch Notar SchR 11 S. 31
— einer Ersatzlieferung bei Gattungskauf SchR 5 S. 41
— einer Operation durch Verletzten SchR 1 S. 446
— der Zahlung einer unabänderlich vereinbarten Unterhaltsrente SchR 2 S. 170

Ablieferung, Zum Begriff der — i. S. v. § 377 I HGB. AllgT 1 S. 37
Ablösung von Teilen eines Gebäudes, § 836 BGB. SchR 9 S. 12, 314
Ablösungsrecht des Gläubigers bei Vollstreckungsgefahr SchR 2 S. 53
— und Rangfolge der Hypotheken SaR 3 S. 81
Abnahme der Kaufsache i. S. v. § 433 II BGB. SchR 4 S. 328
—, Leistungsklage auf — beim Gattungskauf mit sukzessiven Lieferungen SchR 4 S. 347
— des Werkes i. S. v. § 640 I BGB. SchR 7 S. 161
— des Werkes und Kenntnis des Fehlers, § 640 BGB. SchR 7 S. 183
— des Werkes und Schadensersatzansprüche wegen Nichterfüllung SchR 7 S. 143
Abnahmepflicht, Rücktrittsrecht des Unternehmers bei positiver Vertragsverletzung des Bestellers in Ansehung der — SchR 7 S. 202
— beim Werklieferungsvertrag SchR 7 S. 202
— einer zerstörten Zuckerraffinerie bzgl. Rohzuckers SchR 1 S. 387
Abnahmeverzug des Käufers und Anwendung des § 326 BGB SchR 3 S. 39, 131
Abrechnung, Bauvertrag und Anspruch auf — über geleistete Arbeiten SchR 7 S. 126
—, Begriff der — nach § 782 BGB. SchR 8 S. 130
—, Schuldanerkenntnis auf Grund einer — SchR 8 S. 117
Abschließende Beurteilung durch das Revisionsgericht SchR 7 S. 63
Abschluß des Vertrages s. Vertragsabschluß
Abschrift, Zur Gültigkeit des Bürgschaftsvertrages durch Erteilung einer — der Bürgschaftserklärung SchR 8 S. 27
Absonderungsberechtigter, Beteiligung — im Vergleichsverfahren SchR 8 S. 140
Abstammung, Eheliche — **FamR 2 S. 93—116**
Abstammungsklage betr. uneheliches Kind als verneinende Feststellungsklage FamR 2 S. 214
Abstimmung bei einem Verein AllgT 1 S. 332
Abstimmungsverträge und ausländische AG. AllgT 3 S. 251
Abstrakte Schadensberechnung SchR 1 S. 51, 104, 160
— beim Kauf zum eigenen Verbrauch SchR 1 S. 306, 309
— *bei Fehlen der Absicht des Weiterverkaufs auf Seiten des Käufers* SchR 1 S. 268
— beim Viehkauf SchR 1 S. 271
Abstrakter Schaden, Zeitpunkt der Berechnung SchR 1 S. 160
Abstraktes Schuldanerkenntnis, Wirksamkeit eines Vergleichs und — — SchR 8 S. 112
Abstraktes Schuldversprechen, Begriff SchR 8 S. 110
— eines Dritten gegenüber Gläubiger einer Forderung und Entstehen eines Gesamtschuldverhältnisses zwischen neuem und ursprünglichem Schuldner SchR 4 S. 259
Abstraktes Zahlungsversprechen, Bestätigung eines Akkreditivs und — — SchR 8 S. 136
Absuchen der Kartoffelfelder nach Kartoffelkäfern als Ausübung öffentlicher Gewalt SchR 11 S. 268
Abtrennung der Bürgschaft von Hauptforderung bei der Abtretung SchR 7 S. 374
Abtretbarkeit von Altenteilsansprüchen SaR 2 S. 250
Abtretung des Anspruchs auf Auflassung SchR 8 S. 286
—, Aufrechnung gegen den Zessionar und Kenntnis des Schuldners von der — SchR 4 S. 8
— eines Auseinandersetzungsguthabens SchR 6 S. 292
—, Abtrennung der Bürgschaft von der Hauptforderung bei — SchR 7 S. 374
—, Zur Klage des Ehemannes auf Schadensersatz der bei einem Zusammenstoß verletzten Ehefrau kraft — NebenG 1 S. 133

Abtretung der aus der Ausübung des Verkaufsrechts erwachsenen Ansprüche und Formvorschrift des § 313 BGB. SchR 5 S. 264
—, Eigentumserwerb am Frachtgut durch — des dinglichen Herausgabeanspruchs unter Übergabe des Ladescheines SaR 1 S. 378
— von Geschäftsanteilen einer GmbH. AllgT 2 S. 400
— des Anteils am Gesellschaftsvermögen SchR 6 S. 294
— von Ansprüchen auf einen Gewinnanteil SchR 6 S. 254
— einer Eigentümergrundschuld und Verbindlichkeit i. S. d. § 817 Satz 2 BGB. SchR 8 S. 222
— einer Grundschuld in blanco SaR 2 S. 300
— von Grundschulden, wenn Grundschuldbrief sich im mittelbaren Besitz des Grundschuldgläubigers befindet SaR 3 S. 250
—, Fiduziarische — einer Grundschuld SaR 2 S. 380
—, Guter Glaube bei — einer Grundschuld SaR 3 S. 36
—, Eigentumsübergang einer Sache durch — des Herausgabeanspruchs SaR 1 S. 392
— des Anspruchs auf Herausgabe einer Sache durch schlüssige Handlungen SaR 1 S. 387
— einer Briefhypothek durch Aushändigung einer Abtretungsurkunde an Zessionar SchR 4 S. 96
—, Notarhaftung bei — einer Briefhypothek SaR 3 S. 157
—, Scheingeschäft bei — einer Briefhypothek AllgT 4 S 95
— von Briefhypotheken und Nachweis der Vertretungsmacht des Vertreters eines Abtretenden durch öffentlich beglaubigte Urkunden SaR 3 S. 165
— einer Hypothek unter Garantieübernahme als Gegenwert für Eigentumsübertragung an einem Grundstück und § 313 BGB. SchR 2 S. 291
— der Hypothek und hypothekarische Haftung für Bestandteile und Zubehör SaR 2 S. 334
Abtretung einer Hypothek und Löschungsvormerkung an einer im Range vorgehenden Post SaR 3 S. 112
— einer Höchstbetragshypothek SchR 7 S. 251
—, Erlaß eines Grundurteils ohne Entscheidung über Aufrechnung des Beklagten und über Geltendmachung der — der Klageforderung AllgT 4 S. 88
— des Rechts aus dem Meistgebot und Haftung des Meistbietenden gegenüber Ersteher für Fehler des Grundstücks SchR 5 S. 258
— von Schadensersatzansprüchen, Sachbefugnis AllgT 4 S. 201
—, Anspruch auf Schuldbefreiung, Zulässigkeit der — SchR 4 S. 66
— des Anspruchs auf Übereignung nach erfolgter Übergabe SaR 1 S. 357
— eines auf Vertragsverletzung gestützten Schadensersatzanspruches, wenn Anspruch zugleich aus unerlaubter Handlung begründet SchR 2 S. 71
—, Einrede des nichterfüllten Vertrags seitens des Verkäufers trotz — des Zahlungsanspruchs bei einem Sukzessivlieferungsvertrag SchR 3 S. 108
— s. auch Forderungsabtretung
Abtretungsanzeige an Schuldner, Bedeutung SchR 4 S. 142
Abtretungsentgelt des an die Stelle des Käufers getretenen neuen Gläubigers als Grundlage für die Schadensberechnung SchR 3 S. 208
Abtretungserklärung, Beglaubigung einer ungültigen Hypotheken- — SaR 3 S. 36
Abtretungsurkunde, Aufrechnung mit einer bestrittenen Forderung und Aushändigung der — SchR 4 S. 4
—, Wirkung der Vorlegung einer — trotz Unwirksamkeit der Abtretung SchR 4 S. 131
Abtretungsvertrag (pactum de cedendo) SchR 4 S. 84
Abwägung mehrerer Schadensursachen bei Zusammenstoß mehrerer Kraftfahrzeuge NebenG 1 S. 137

Aktien, Ersatzanspruch der Aktionäre wegen Entwertung ihrer — SchR 9 S. 335
—, Gewährleistung beim Verkauf sämtlicher — einer Grundstücks-AG. SchR 5 S. 144
Aktiengesellschaft, Namensrecht einer ausländischen — AllgT 1 S. 288
—, Nationalisierung und Einklagung einer Forderung durch eine Liquidationsgesellschaft AllgT 1 S. 96
—, Öffentlicher Glaube des Grundbuchs, wenn Erwerber des Grundstücks — und Veräußerer deren Aktionäre SaR 1 S. 96
—, Öffentlicher Glaube des Grundbuchs bei Grundstückserwerb durch eine —, die als frühere OHG. ihre Rechtsform wechselte SaR 1 S. 119
Aktienvertretung, Vollmacht zur — in Generalversammlungen AllgT 4 S. 55
Aktivlegitimation der gütergemeinschaftlichen Ehefrau für Rechtsstreit, der sich auf Gesamtgut bezieht FamR 2 S. 4
— der gemeinschaftl. Testamentsvollstrecker bei Einklagung einer Nachlaßschuld gegen einen von ihnen ErbR 2 S. 250
— der nachgeheirateten Witwe im Verfahren gegen Eisenbahn NebenG 1 S. 201
— des Zedenten bei der Klage aus einem Darlehensversprechen SchR 4 S. 65
Alleineigentum, Pfandrecht des Vermieters und — des Mieters an den eingebrachten Sachen des Mieters SchR 6 S. 161
Allgemeine Anweisungen über Verwendung eingenommener Geldbeträge SchR 7 S. 237
Allgemeine Bedingungen der Rollfuhrunternehmer SchR 9 S. 293
Allgemeine Deutsche Spediteurbedingungen und Abkürzung der Verjährungsfrist AllgT 4 S. 224
Allgemeine Geschäftsbedingungen, Bindung des Vertragsgegners an veröffentlichte — — eines Speditionsgeschäfts SchR 1 S. 292
Allgemeine Gütergemeinschaft, Folgen der Aufhebung FamR 2 S. 18
—, Auseinandersetzung nach beendeter —r— FamR 2 S. 26, 72, 76
—, Auskunftpflicht des Mannes der Frau gegenüber über Gesamtgut FamR 2 S. 11
—, Besitz der Ehefrau bei —r — FamR 2 S. 37
—, Beschränkung des Ehemanns in Eingehung von Schuldverbindlichkeiten FamR 2 S. 1
—, Rechte des Erben eines Ehegatten bei Aufhebung der —n — infolge Todes FamR 2 S. 18
—, Erteilung einer Generalvollmacht durch Ehefrau an Ehemann FamR 2 S. 87
—, Grundstücksverkauf durch den Ehemann FamR 2 S. 49
—, Arglistige Vorspiegelung von Grundstückseigenschaften durch den Ehemann beim Verkauf eines zur —n — gehörigen Grundstücks SchR 5 S. 90
—, Zustimmung der Frau zu einem Grundstücksverkauf, Einfluß der Beendigung der —n — auf Rechtsstreitigkeiten über das Gesamtgut FamR 2 S. 44
—, Klage des Ehemanns nur auf Leistung an beide Ehegatten? SchR 8 S. 115
—, Klage auf Herausgabe gegen die in —r — lebende Ehefrau wegen eines zum Gesamtgut gehörigen Grundstücks FamR 2 S. 37
—, Führung von Rechtsstreitigkeiten durch Ehefrau im eigenen Namen FamR 2 S. 4
—, Begründung der —n — als Schenkung SchR 5 S. 325
—, Vermögensübertragung durch einen Gütergemeinschaftsgenossen FamR 2 S. 36
Allgemeine Vorschriften über Rechte an Grundstücken **SaR 1 S. 39—198**
Allgemeines Landrecht, Fensterrecht AllgT 1 S. 222
Altenteil, Begriff SaR 2 S. 254
—, Abtretbarkeit von —sansprüchen SaR 2 S. 250
—, Berechtigung u. Entschädigung in Geld AllgT 1 S. 218

Abwehrklage, § 1004 BGB., Voraussetzungen SaR 2 S. 73
— und Auskunftspflicht SaR 2 S. 118
—, wenn Felsen durch Abbröckeln Nachbargrundstück beschädigt SaR 2 S. 87
— gegen Nachbarn wegen Vertiefung des Nachbargrundstücks SaR 2 S. 54
—, Geltendmachung mitwirkender Verursachung SaR 2 S. 96
— s. auch Beseitigungsanspruch
Abweichung von Weisungen beim Akkreditivauftrag SchR 8 S. 158
— von der Anweisung beim Geschäftsbesorgungsauftrag SchR 7 S. 220
—, Vereinbarung von —en vom ehelichen Güterstand hinsichtlich einzelner Vermögensstücke FamR 2 S. 67
Abwendung einer durch eine Sache drohenden Gefahr AllgT 4 S. 275, 285
Abwesende, Schriftlicher Vertrag unter —n AllgT 2 S. 347
—, Notarieller Vertragsabschluß unter —n AllgT 3 S. 320
Abwesenheit i. S. v. § 1911 BGB. FamR 2 S. 286
— des Ehemanns und Entbehrlichkeit seiner Zustimmung FamR 1 S. 422
Abwesenheitspflegschaft für eine Partei in einem Ehescheidungsstreit FamR 2 S. 299
Abzahlungsgeschäft, Anwendung des Gesetzes betr. —e SchR 5 S. 201, 226
—, Verhülltes — zwischen Fabrik und Käufer bei Abschluß des Geschäfts mit einer von der Fabrik abhängigen Kraftwagenverkaufsgesellschaft NebenG 2 S. 314
—, Rückgewähr der beiderseitigen Leistungen aus § 1 des Gesetzes betr. —e und § 817 BGB. SchR 8 S. 206
—, Ausübung des Rücktrittsrechts SchR 5 S. 224
—, Rücktritt und Vergütung für Gebrauchsüberlassung beim — SchR 5 S. 209
Abzahlungsgeschäft, Verbotene Eigenmacht und Selbsthilfe wegen rückständiger Mietsrate beim — SaR 1 S. 32
—, Verstoß gegen gute Sitten, Wertminderung und Wert der Gebrauchsüberlassung AllgT 3 S. 177
—, Abtretung von Außenständen eines —s an Kreditinstitut als Verstoß gegen gute Sitten SchR 4 S. 133
— und Wechselhingabe SchR 5 S. 201
Actio pro socio SchR 6 S. 302
Adliger Name, Annahme eines —n — ns infolge Annahme an Kindes Statt oder Ehelichkeitserklärung FamR 2 S. 219
—, Übertragung — —n durch Annahme an Kindes Statt FamR 2 S. 229
Adoption s. Kindesannahmevertrag
Adressat, Anspruch des Postfiskus gegen —en einer Postanweisung aus ungerechtfertigter Bereicherung SchR 8 S. 193
Agentur für Aufführung dramatischer Werke u. Verstoß gegen gute Sitten AllgT 2 S. 250
Agenturvertrag, Wichtiger Grund zum Rücktritt AllgT 2 S. 152
Akkreditiv, Zusammenwirken mehrerer Banken beim — SchR 8 S. 153
—, Vereinbarung alsbaldiger Eröffnung eines —s als Bedingung des Vertrages SchR 8 S. 147
—, Bestätigung eines —s und abstraktes Zahlungsversprechen SchR 8 S. 136
—, Schadensersatz wegen Nichterfüllung ohne Nachfristbestimmung, wenn rechtzeitige Beschaffung eines —s unterblieb SchR 3 S. 154
—, Vertragsverhältnis innerhalb eines —s SchR 8 S. 145
Akkreditivauftrag, Abweichen von Weisungen beim — SchR 8 S. 158
Akkreditivstellung bei einer Bank als rechtzeitige Zahlung des Kaufpreises? SchR 3 S. 390

Altenteil, wenn auf einem städtischen Hause Recht auf freie Wohnung, Heizung und Vorgartenbenutzung eingetragen ist? SaR 2 S. 205
— und Zwangsversteigerung SaR 2 S. 254
Altenteilsvertrag als Leibrentenvertrag? SchR 6 S. 239
Alter Mieter, Forthaftung für den neueintretenden SchR 6 S. 72
Amerikanische Zahntechniker, Verstoß gegen gute Sitten bei Konkurrenzklausel zwischen —n —n AllgT 2 S. 205
Amortisationsfond als Zubehör eines Grundstücks SaR 3 S. 28
Amortisationshypothek u. dingliche Wirkung der Vereinbarung, daß erst nach Erreichung eines bestimmten Guthabens der betr. Hypothekenteil auf den zahlenden Eigentümer übergehen soll SaR 3 S. 28
Amt, Vertragsabschluß kraft vermeintlichen —es und § 177 BGB. AllgT 4 S. 17
Amtliche Belehrungspflicht, Verletzung der —n — durch Notar bei Beurkundung eines Knebelvertrages und mitwirkendes Verschulden oder Verstoß gegen die guten Sitten des geschädigten Gläubigers AllgT 3 S. 92
Amts wegen, Zulässigkeit der Klage der Berufsgenossenschaft, Prüfung von — — NebenG 2 S. 77
—, Berücksichtigung des Mangels der vorgeschriebenen Form von § 313 BGB. von — — SchR 2 S. 258
Amtshaftung, Zusammentreffen von Gefährdungs- und — NebenG 1 S. 181
— und Sozialversicherung NebenG 2 S. 150
— s. auch Amtspflichtverletzung
Amtslöschung einer Handelsfirma bei nachträglicher Veränderung der Umstände NebenG 3 S. 125
Amtspflicht städt. Beamter bzgl. von der Stadt verwalteter Stiftungen AllgT 1 S. 427
— des Notars, Verwahrung von Wertpapieren NebenG 3 S. 212
Amtspflichtverletzung eines Beamten SchR 11 S. 1—Ende
—, Schuldhafte — bei unwahren Angaben eines Beamten über einen Dritten an ausländische Behörde SchR 11 S. 176
— bei Grundbucheintragung in falscher Reihenfolge NebenG S. 9, 17
— des Nachlaßrichters ErbR 1 S. 376, 400
— des Notars durch Verbindung seiner Amtstätigkeit mit Privatangelegenheit NebenG 3 S. 200
—, Haftung des Richters für —, wenn Schaden erst durch hinzutretenden Fehler eines anderen Richters entstanden SchR 2 S. 31
—, Ausschluß der Reichshaftung für —en durch § 898 RVO. NebenG 2 S. 141
— des Vormundschaftsrichters FamR 2 S. 256, 275, 281
— eines Berufsvormundes FamR 2 S. 313
Amtsvormerkung gemäß § 18 GBO. NebenG 3 S. 75
Amtsvormundschaft, Irrtümliche Vollstreckung durch — bzgl. eines unterhaltspflichtigen Erzeugers wegen unrichtiger Auskunft der Ermittlungsstelle einer Stadtgemeinde SchR 11 S. 75
An- oder Aufschüttungen, Eigentumserwerb an — — — am Ufer öffentl. Flüsse AllgT 1 S. 239
Analogie, Zur Frage der Rechts— SchR 2 S. 418
Anbietungspflicht bzgl. eines Grundstücks, Formerfordernis, Unmöglichkeit der Leistung SchR 1 S. 175
Änderung der Gesetzgebung, Einfluß auf Vollstreckungstitel wegen Unterhalt SchR 10 S. 275
— des ein Vorkaufsrecht auslösenden Kaufvertrages SchR 5 S. 131
— der Summenzahl eines Geldvermächtnisses im eigenhändigen Testament ErbR 2 S. 342
—, Ungültige — des Vereinszwecks und deren Folgen AllgT 1 S. 375
— s. auch Abänderung

Androhung, Angebot des Grundstücks mit — seiner Preisgabe SchR 2 S. 245
Aneignung eines Grundstücks und Mietverhältnis SchR 6 S. 80
Anerkannte Forderung, Aufrechnung gegen eine zwecks Verpfändung — — SchR 4 S. 53
Anerkenntnis, Stillschweigendes — auf Grund einer Abrechnung gemäß § 782 BGB. SchR 8 S. 130
—, Vertragsmäßiges — eines verjährten Anspruches und Schriftform SchR 8 S. 122
Anerkenntnisurteil, Voraussetzungen bei Erlaß durch das Berufungsgericht SchR 6 S. 354
Anerkennung einer Ehescheidung, die 1924 in der UdSSR vor dem Standesbeamten erklärt worden ist AllgT 1 S. 113
— eines in der Russischen Sowjetrepublik ergangenen Ehescheidungsurteils AllgT 1 S. 90
— des kraft Gesetzes bestehenden Pflichtanteilsanspruchs und Anordnung eines Vermächtnisses, Unterschied ErbR 2 S. 428
—, Rechtliche Bedeutung der vertraglichen — eines nichtigen Testaments ErbR 2 S. 453
Anfall, Annahme der Nacherbschaft vor — ErbR 2 S. 164
—, Veräußerung der Nacherbschaft mit dinglicher Wirkung vor — ErbR 2 S. 185
Anfechtbares Rechtsgeschäft, Bestätigung AllgT 2 S. 119, 185
—, Ausschluß der strengeren Haftung nach § 819 BGB. SchR 8 S. 344
Anfechtbarkeit eines Rechtsgeschäfts und § 139 BGB. AllgT 2 S. 133
—, Nichtigkeit oder — von Gesellschaftsbeschlüssen einer GmbH. bei fehlender Angabe des Gegenstandes auf der Tagesordnung; bei Mitstimmen eines Gesellschafters über ein mit ihm vorzunehmendes Rechtsgeschäft AllgT 4 S. 29
Anfechtung der Abtretung einer Forderung SchR 4 S. 47
— der Versäumung der Ausschlagungsfrist ErbR 1 S. 391
Anfechtung, Ausübung des —rechts bei mehreren —sberechtigten AllgT 2 S. 88
—, Wirksamkeit einer bedingten — AllgT 2 S. 165
— der Ehe s. Aufhebung der Ehe
— einer Eidesweigerung AllgT 2 S. 200
— einer Erschaftsausschlagung AllgT 2 S. 405
— eines Erbvertrages AllgT 3 S. 133
—, Erfordernisse einer —serklärung AllgT 3 S. 220
— des Erfüllungsgeschäftes AllgT 2 S. 189 SaR 1 S. 103
— eines Kreditkaufs und Wirkung auf dingliches Erfüllungsgeschäft AllgT 2 S. 202
—, Schuldenhaftung bei Eintritt in das Geschäft eines Einzelkaufmanns und — des Gesellschaftsvertrages AllgT 2 S. 234
— eines Kaufs, wenn Parteien in verschiedenen Ländern wohnen AllgT 1 S. 72
— eines Kaufvertrages und Weiterveräußerung der Kaufsache SchR 1 S. 276
— eines Kindesannahmevertrages wegen Irrtums AllgT 3 S. 215 FamR 2 S. 236, 239, 244
— eines Auseinandersetzungsvertrages außerhalb des Konkurses ErbR 2 S. 39
— einer Erbschaftsausschlagung außerhalb des Konkurses ErbR 1 S. 341
— der Zuwendung an einen Dritten aus einem Lebensversicherungsvertrag durch Konkursverwalter im Nachlaßkonkurs des Versicherungsnehmers SchR 3 S. 236
—, Mahnung zur Erfüllung trotz vorheriger — des Vertrages SchR 1 S. 85
— des Mietvertrages und Zurückbehaltungsrecht des Mieters, § 556 II BGB. SchR 6 S. 26
— des Prozeßvergleichs bei Verletzung der Wahrheitspflicht im Rechtsstreit SchR 8 S. 163
— eines Putativgeschäfts AllgT 2 S. 202

Anfechtung eines Schuldenanerkenntnisses und § 812 II BGB. SchR 8 S. 112
— eines wechselseitigen Testaments durch zweite Ehefrau ErbR 2 S. 117, 118
— des Widerrufs eines Testaments ErbR 2 S. 109
—, Verlust des —srechts und Schadensersatz aus unerlaubter Handlung AllgT 2 S. 295
— wegen arglistigen Verschweigens wichtiger Umstände beim Kaufabschluß SchR 4 S. 371
— eines Vertrags und Wandlungsklage AllgT 2 S. 120, 358
— eines Vertrages, durch den mehrere gemeinschaftlich sich verpflichtet haben, und Haftung für Herausgabe der teilbaren Vorleistung SchR 4 S. 263
—, Erklärung des Wiederkaufrechts SchR 5 S. 77
—, Nichtübereinstimmung des Willens infolge Gebrauchs eines Phantasiewortes und — wegen Irrtums AllgT 2 S. 175

Anfechtung der Ehelichkeit, Beginn der Frist bei — — — eines Kindes FamR 2 S. 95, 98
— und Beweis durch Blutgruppenuntersuchung und erbbiologisches Gutachten FamR 2 S. 114
—, Versäumung der Jahresfrist zur — durch Verschulden des Prozeßbevollmächtigten und § 232 II ZPO. AllgT 4 S. 259
—, Örtliche Zuständigkeit FamR 2 S. 93
— durch Staatsanwalt FamR 2 S. 103
—, Übergang des Unterhaltsanspruchs des unehelichen Kindes auf den Ehemann der Kindesmutter, der dem Kinde bis zur — — — Unterhalt gewährt hat FamR 2 S. 216

Anfechtung letztwilliger Verfügungen, Beweislast ErbR 2 S. 147
— wegen Irrtums ErbR 2 S. 99, 136
— wegen Irrtums und Auslegung, Unterschied ErbR 2 S. 87
— wegen Irrtums über den Kreis der zur gesetzlichen Erbfolge berufenen Personen ErbR 2 S. 87
— durch Pflichtteilsberechtigten ErbR 2 S. 72, 74, 110, 118, 127

Anfechtung wegen arglistischer Täuschung AllgT 2 S. 91, 236, 392 AllgT 3 S. 89
— durch Dritte AllgT 3 S. 111
—, Arglisteinrede bei Versäumung der —sfrist SchR 1 S. 415
— und Gewährleistung nach § 463 BGB. SchR 5 S. 17
— des von einer juristischen Person geschlossenen Vertrags AllgT 2 S. 285
— und Anspruch auf Maklerlohn SchR 7 S. 208
— und Schadensersatz aus § 826 BGB. SchR 9 S. 121
— in einem Schriftsatz, Wirkung AllgT 2 S. 143
—, Teil— AllgT 3 S. 172
— der Übertragung eines Rechts auf einen Treuhänder AllgT 3 S. 211
— des Vaterschaftsanerkenntnisses FamR 2 S. 196
— durch einen Vertreter AllgT 2 S. 211, 229
— beim Abschluß eines Versicherungsvertrages AllgT 2 S. 276
— und in Verzug setzen AllgT 2 S. 225
— trotz widerspruchsloser Hinnahme eines Bestätigungsschreibens AllgT 3 S. 89
— s. auch Arglistige Täuschung

Anfechtung wegen Irrtums AllgT 2 S. 136, 149, 152, 236, 295 AllgT 3 S. 220
— der Abfindungsvereinbarung mit einem Angestellten AllgT 3 S. 255
— bzgl. Erklärungen, die während der Abwesenheit eines Kaufmanns von einem mit der Leitung beauftragten Angestellten abgegeben worden sind AllgT 2 S. 414
— trotz widerspruchsloser Hinnahme eines Bestätigungsschreibens AllgT 3 S. 89
— über Eigenschaften einer Person AllgT 2 S. 140, 402
— über verkehrswesentliche Eigenschaften juristischer Personen AllgT 3 S. 163
— über Eigenschaften einer Sache AllgT 2 S. 215
—, Erbschaftsausschlagung ErbR 1 S. 381

Anfechtung wegen Irrtums über Friedensmietertrag des Grundstücks, Grundschuldkauf AllgT 3 S. 184
— im internationalen Verkehr AllgT 1 S. 48
—, auf Grund eines Rechenfehlers in der Kalkulation AllgT 2 S. 84, 396
— über die Kaufkraft der Mark AllgT 3 S. 26
— über den Kurs beim Kauf von Wertpapieren AllgT 2 S. 362
— bei Mängeln der Mietsache SchR 6 S. 191
— über die Beschaffenheit eines Rechts AllgT 2 S. 354
— über Rechtsfolgen AllgT 2 S. 322
— und Sachmängelhaftung SchR 5 S. 195
—, Schadensersatz AllgT 2 S. 281
— stillschweigend abgegebener Erklärungen AllgT 3 S. 121
— bei Annahme eines Vertragsantrages mit Schreibfehler AllgT 2 S. 171
— über vertragsmäßige Beziehungen einer Person zu einem Dritten AllgT 2 S. 390
— über Vertrauenswürdigkeit eines Pächters AllgT 2 S. 402
— neben Wandlung SchR 4 S. 366
— bei übereinstimmendem, aber nicht erklärtem Willen der Beteiligten AllgT 2 S. 156
— über Zahlungsunfähigkeit des Käufers AllgT 2 S. 166

Anfechtung wegen widerrechtlicher Drohung AllgT 3 S. 276
— Aufhören der Zwangslage AllgT 2 S. 340
— eines Vergleichs AllgT 3 S. 29

Anfechtungsfrist, Beginn der — bei arglistiger Täuschung AllgT 2 S. 103, 152
—, Ablauf der — bei Schuldversprechen durch Drohung SchR 9 S. 175
—, Lauf der — gemäß § 2082 BGB. ErbR 2 S. 110, 118
— bei Testamenten, Hemmung ErbR 2 S. 127
—, Erfordernisse des „unverzüglich" bei der — AllgT 2 S. 145
—, Versäumung der — und Schadensersatz SchR 1 S. 123

Anfechtungsgegner i. S. v. § 143 BGB. AllgT 2 S. 310

Anfechtungsgesetz und § 826 BGB. SchR 9 S. 130
—, Sicherung des Rückgewähranspruchs aus § 7 — durch Eintragung einer Vormerkung in das Grundbuch SaR 1 S. 46

Angebot von Grundstücken und § 313 BGB. SchR 2 S. 261
— des Grundstücks mit Androhung seiner Preisgabe SchR 2 S. 245
— eines Lotterieloses zwecks Ankaufs AllgT 3 S. 294
—, Telegraphisches — und Verweisung auf nachfolgenden Brief AllgT 3 S. 348
— s. auch Vertragsangebot

Angestellte, Anfechtung der Abfindungsvereinbarung mit einem —n wegen Irrtums AllgT 3 S. 255
—, Einwirkung auf Arbeitgeber, seinen —n zur Aufgabe seines Stadtverordnetenmandats zu zwingen SchR 2 S. 62
—, Bestechung von —n AllgT 3 S. 111, 125, 244
—, Rechtswirksamkeit geschäftlicher Erklärungen eines kaufmännischen —n ohne Handlungsvollmacht auf Postkarten mit vorgedruckter Firma statt Unterschrift AllgT 4 S. 52
—, Gültigkeit eines Kaufvertrages bei Bestechung kaufmännischer —r AllgT 3 S. 11
—, Zur Frage der Verpflichtung des Geschäftsherrn einer Versicherungsanstalt durch Handlungen von —n AllgT 3 S. 103
—, Verstoß gegen gute Sitten bei Versprechen eines —n, sich des Wettbewerbs zu enthalten gegen Ehrenwort AllgT 2 S. 222

Angriff, Begriff des gegenwärtigen rechtswidrigen —s auf das Eigentum und zur Abwendung zulässige Mittel AllgT 4 S. 289
—, Zur Frage der Notwehr bei Möglichkeit, sich dem — durch Flucht zu entziehen AllgT 4 S. 281

Ankaufsrecht und seine Unterscheidung vom Verkaufs- und Wiederkaufsrecht SaR 1 S. 171

Ankündigung, Beschwerdefähigkeit der — der Erteilung eines Erbscheins NebenG 3 S. 244
— eines eingeschränkten Revisionsantrags ErbR 2 S. 200
Anlage zum Protokoll und Feststellungsvermerk über Verlesung NebenG 3 S. 175
Anlandungen, Rechtsverhältnisse bei — AllgT 1 S. 243
Anlegung von Mündelgeld, Verletzung der Amtspflicht bei — — — FamR 2 S. 256
—, Vormundschaftsgerichtliche Genehmigung betr. die — — — FamR 2 S. 301
— und Verpflichtung des Gegenvormundes FamR 2 S. 269
Anmeldung, Haftung für Geschäftsschulden eines Geschäftsunfähigen durch — zum Handelsregister SchR 8 S. 252
Annahme einer Abtretung von Baugeldern, Rechtswirkung SchR 4 S. 63
— eines mangelhaften Werkes und frühere Vorbehalte u. Rügen SchR 7 S. 127
— einer Nacherbschaft vor Anfall ErbR 2 S. 164
—, Stillschweigende — einer verspäteten Leistung und Vertragsstrafe SchR 3 S. 316
— und Beendigung des Amtes des Testamentsvollstreckers ErbR 2 S. 239
—, Zugehen von Willenserklärungen bei —verweigerung AllgT 3 S. 17
Annahme als Erfüllung nach § 363 BGB. SchR 3 S. 380, 385
—, Fehlen der zugesicherten Eigenschaft und — — —, Beweislast SchR 3 S. 379
— und Vorbehalt der Vertragsstrafe SchR 3 S. 311
Annahme an Kindes Statt **FamR 2 S. 219—245**
— eines ausländischen Kindes AllgT 1 S. 90
Annahme eines Vertragsangebots AllgT 2 S. 77
AllgT 3 S. 291, 363
Annahme eines Vertragsangebots unter Abänderungen AllgT 3 S. 310
—, Stillschweigende — AllgT 3 S. 304, 318, 335, 338
— und Genehmigung des Vormundschaftsgerichts AllgT 3 S. 299
—, Zugehen und — AllgT 2 S. 77
Annahmefrist, Abänderung eines formgerechten Kaufangebots eines Grundstücks vor Ablauf der — SchR 2 S. 317
Annahmeverzug, *Aufrechnung einer* mit einer Zurückbehaltungseinrede behafteten Forderung und — des Aufrechnungsgegners SchR 4 S. 16
— des Devisenausländers SchR 2 S. 247
— eines ausländischen Gläubigers und Rückzahlung auf Sperrkonto bei einer Devisenbank an Erfüllungsstatt SchR 2 S. 60
— beim Gattungskauf, Folgen SchR 3 S. 163
— des Käufers und Versteigerung der Kaufsache am unrechten Ort SchR 3 S. 421
— durch Geltendmachung der Unwirksamkeit des Kaufvertrages vor Angebot der Ware? SchR 2 S. 242
— und Selbsthilfeverkauf SchR 1 S. 201
—, Verkauf einer zur Hinterlegung nicht geeigneten Sache bei — des Gläubigers und Befreiung des Schuldners SchR 3 S. 406
— des Bestellers i. S. v. § 642 BGB. SchR 7 S. 149
Annullierung des Kaufs und Anwendung des § 326 BGB. SchR 3 S 39
Anrechnung des eigenen Arbeitsverdienstes SchR 2 S. 239
— der Buße SchR 9 S. 270
— von ererbten Einkünften auf Schadensersatzanspruch der Witwe des Getöteten NebenG 1 S. 254
— eines Geschenks und Ergänzung des Pflichtteilsanspruchs ErbR 2 S. 373
— der Schuld eines Schuldner-Miterben auf seinen Erbteil ErbR 1 S. 422

Anrechnung des Erwerbs der Witwe auf Schadensersatzrente nach § 844 BGB. SchR 10 S. 188

— der Leistungen der Unfallversicherung auf den vom Kraftwagenhalter zu zahlenden Schadensersatz SchR 2 S. 94

— der Versicherungs- und Ruhegeldansprüche auf Schadensersatzforderung (Unterhaltsrente) SchR 2 S. 15

— der Leistungen aus einer Unfallversicherung auf Schadensersatzanspruch gegen Staat wegen Amtspflichtverletzung eines Beamten SchR 11 S. 202

— der Witwen- und Waisenrente SchR 9 S. 243

— von Ruhe-, Witwen- oder Waisengeld auf Schadensersatzrente nach § 844 BGB. SchR 10 S. 28, 157

— einer Zahlung auf eine bestimmte Schuld und Bestimmungsrecht des Schuldners SchR 3 S. 374

Anschein s. Beweis des ersten —s

Ansprüche aus dem Eigentum **SaR 2 S. 30—143**

Anstandspflicht, Erfüllung einer nicht bestehenden Verbindlichkeit, die einer — entsprach, § 814 BGB. SchR 8 S. 231

Ansteckende Krankheiten, Beweis des ersten Anscheins bei —n — SchR 7 S. 108

Anstellung, Ablehnung der versprochenen — des Verletzten wegen nachfolgender Straftat SchR 2 S. 146

Anstiftung zu verbotswidrigem Schießen und tödliche Verletzung durch wider Willen sich lösenden Schuß SchR 10 S. 284

Anteil, Rechtlicher Charakter des —s des Abkömmlings an der fortgesetzten allgemeinen Gütergemeinschaft FamR 2 S. 57

—, Herabsetzung des —s eines Beteiligten bei der fortgesetzten Gütergemeinschaft FamR 2 S. 42

—, Abtretung des —s am Gesellschaftsvermögen SchR 6 S. 294

Anteil, Vormundschaftsgerichtl. Genehmigung bei Veräußerung des —s an einem Erwerbsgeschäft durch Minderjährige FamR 2 S. 296

— eines Miterben, Belastung desselben mit einer Hypothek SaR 2 S. 368

—, Eintragung des Pfandrechts am Miterben—srecht SaR 3 S. 261

—, Verpfändung des —s eines Miterben am ungeteilten Nachlaß SaR 3 S. 250

Anteilsmäßige Befriedigung aller Kunden, Verpflichtung dazu SchR 3 S. 141

Antrag s. Vertragsangebot

Anvertrautes Geld, Eigentumsübergang SaR 2 S. 48

Anwalt, s. Rechtsanwalt

Anwaltshonorar, Verstoß gegen gute Sitten bei übermäßigem — AllgT 2 S. 290

Anwaltskammervorstand, Schadensersatzpflicht bei beleidigenden Äußerungen in Eingaben an —? SchR 10 S. 392

Anwaltsverein, Tariffähigkeit NebenG 2 S. 215

Anweisung **SchR 8 S. 140—163**

—, Beschwerde gegen — bzgl. Löschung im Handelsregister NebenG 3 S. 228

—, Allgemeine —en über Verwendung eingenommener Geldbeträge SchR 7 S. 237

Anweisungsverkehr der Berufsgenossenschaft mit dem Postfiskus NebenG 2 S. 17

Anzahlung, Schadensersatz in Form der Rückzahlung einer — SchR 3 S. 201

Anzeige, Rechtsnatur der — des Gläubigers bei Zeitbürgschaft, § 777 BGB. SchR 8 S. 69

— der Verpfändung nach § 1280 BGB. SaR 3 S. 258

Apotheken, Verhältnis zu den Krankenkassen NebenG 2 S. 45

Apothekeninhaber, VO. betr. den Verkehr mit Arzneimitteln als Schutzgesetz zugunsten der — SchR 10 S. 15

Arbeiter, Haftung des Fabrikbesitzers nach § 2 RHpflG. für Verschulden eines —s NebenG 1 S. 213
—, Rechtsverhältnis zwischen Reichsautobahnen und —n der Bauunternehmer SchR 2 S. 165
Arbeiteraussperrung NebenG 2 S. 176, 180
Arbeiterleihverhältnis und §§ 898, 899 RVO. NebenG 2 S. 157
Arbeitgeber, Einwirkung auf —, seinen Angestellten zur Aufgabe seines Stadtverordnetenmandats zu zwingen SchR 2 S. 62
Arbeitgeberverband, Aussperrung eines Arbeiters durch — und Haftung für den dem Arbeiter entstandenen Schaden NebenG 2 S. 180
Arbeitsrecht NebenG 2 S. 176—232
Arbeitsstelle, Verlust der — als Schaden i. S. d. RHpflG. NebenG 1 S. 309
Arbeitsverdienst, Anrechnung des eigenen —es SchR 2 S. 239
Arbitrageklausel, Rechtliche Wirkung SchR 4 S. 411
Architekt, Fristlose Kündigung beim Dienstverhältnis eines bauleitenden —en SchR 7 S. 27
Architektenhonorar, kurze Verjährung AllgT 4 S. 161
Architektenvertrag und Gewährleistung für bestimmte Bausumme SchR 7 S. 68
Arglist, Gegeneinrede der — SchR 1 S. 123
— beim Betreiben der behördlichen Genehmigung eines nichtigen Grundstücksverkaufs SchR 1 S. 316
— des Geschäftsvermittlers SchR 9 S. 83
— und strengere Haftung nach § 819 BGB. SchR 8 S. 344
—, Rechtsverlust bei — SchR 1 S. 156
—, Durch — erschlichenes rechtskräftiges Urteil SchR 9 S. 166
—, Gegeneinwand der — gegenüber Verjährungseinrede AllgT 4 S. 120, 140, 152, 174, 214, 237, 242; SchR 1 S. 358; SchR 10 S. 107
Arglist, Zugehen von Willenserklärungen und — des Empfängers AllgT 2 S. 100
—, Ausdehnung der Bestimmungen über das Zurückbehaltungsrecht unter dem Gesichtspunkt der allgemeinen — SchR 1 S. 404
Arglisteinrede AllgT 2 S. 302
— gegenüber dem Aufrechnungsverbot SchR 1 S. 127
—, Bordellkauf SchR 9 S. 115
— gegen eine widerrechtlich erlangte Forderung SchR 9 S. 67
— gegen Geltendmachung eines Formmangels AllgT 3 S. 198 SchR 1 S. 371
— gegenüber Berufung auf Nichtigkeit eines Beschlusses der Gläubigerversammlung SchR 8 S. 171
— gegen Berufung auf Nichtigkeit des ganzen Vertrages AllgT 2 S. 344
— gegenüber Spieleinwand SchR 7 S. 334
— des Verkäufers gegenüber Schadensersatzanspruch wegen Verkaufs von Gift an Jugendliche SchR 10 S. 179
— und Beteiligung am Steuerbetrug durch zu niedrige Angabe des Kaufpreises SchR 2 S. 342
— bei Versäumung der Anfechtungsfrist wegen arglistiger Täuschung SchR 1 S. 415
Arglistige Täuschung, Aufhebung der Ehe wegen —r — FamR 1 S. 33
—, Verwirkung des Rechts auf Aufhebung der Ehe wegen —r — FamR 1 S. 66
—, Ausgleichung der beiderseitigen Ansprüche nach Aufhebung eines gegenseitigen Vertrages wegen —r — SchR 8 S. 186
— beim Hauskauf und Haftung eines Dritten, der als Mittäter oder Gehilfe teilgenommen hat SchR 2 S. 320
— über Hauptschuldner SchR 9 S. 226
— über Mangel einer Kaufsache und § 826 BGB. bei Kenntnis des Mangels SchR 9 S. 55
—, Mitgift und — — über Vermögensverhältnisse SchR 9 S. 200

Arglistige Täuschung, Schadensberechnung bei —r — des Käufers durch einen Dritten SchR 9 S. 72
— bei Spielschuld-Darlehn SchR 7 S. 326
— durch Verschweigen AllgT 2 S. 189
— s. auch Anfechtung wegen —r —
Arglistige Verleitung zum Vertragsbruch SchR 9 S. 304
Arglistige Vorspiegelung von Eigenschaften einer Kaufsache SchR 5 S. 46, 90
Arglistiges Verhalten des Vertreters bei Vertragsschluß AllgT 3 S. 406 SchR 5 S. 10
— des Vertreters u. Verstoß gegen gute Sitten AllgT 2 S. 254
Arglistiges Verschweigen beim Kaufabschluß AllgT 2 S. 130
— des Fehlens einer zugesicherten Eigenschaft SchR 4 S. 371
— des Rechts eines Dritten an einer Kaufsache SchR 5 S. 3
Armenrecht, Stellt Bewilligung des —s für aussichtslose Sache richterliche Amtspflichtverletzung dar? SchR 11 S. 189
—, Hemmung der Verjährung durch Versagung des —s AllgT 4 S. 234
Armenrechtsgesuch, Hemmung der Verjährung durch verzögerte Entscheidung über — AllgT 4 S. 171
Armenrechtsverfahren, Hemmung der Verjährung des Restanspruchs bei Einklagen eines Teilanspruchs im — AllgT 4 S. 263
Arrest, Verjährung des Schadensersatzanspruchs aus ungerechtfertigtem —, § 945 ZPO. SchR 9 S. 135 SchR 10 S. 221
Arresthypothek, Eintragung einer — auf mehreren Grundstücken als Gesamthypothek entgegen der Vorschrift des § 932 II ZPO. SchR 11 S. 240
Arzneimittel, Verbandstoff als — i. S. v. § 376 III RVO. NebenG 2 S. 45
Arzneimittel, VO. betr. den Verkehr mit —n als Schutzgesetz zugunsten der Apothekeninhaber SchR 10 S. 15
Arzt als Erfüllungsgehilfe SchR 1 S. 70
—, Nichtigkeit eines Konkurrenzverbotes zwischen —en AllgT 2 S. 342
—, Mitwirkendes Verschulden des gesetzlichen Vertreters durch nicht rechtzeitige Zuziehung eines —es SchR 10 S. 200
—, Pflichten des —es bzgl. Operationen SchR 7 S. 22, 37
—, Haftung einer Stadtgemeinde für —e u. Pflegepersonal in ihrem Krankenhaus SchR 1 S. 341
Arztboykott SchR 9 S. 249
Arzthaftung gegenüber Kind bei Zuziehung durch gesetzlichen Vertreter SchR 3 S. 309
— bei Eingriffen ohne Willen des Kranken SchR 7 S. 114
— für Mißlingen einer Operation SchR 2 S. 219
—, bei Röntgenverbrennung durch Unachtsamkeit einer Schwester SchR 7 S. 77
—, für die in seiner Wohnung abgelegte Garderobe SchR 7 S. 38
Ärztlicher Standesverein, Aufnahme eines Heims in die Cavete-Tafel eines —n —s, § 826 BGB. SchR 10 S. 24
Arztpraxis, Verstoß gegen gute Sitten beim Verkauf einer — AllgT 2 S. 162
—, Vormundschaftsgerichtl. Genehmigung betr. Verkauf einer — bei Beteiligung Minderjähriger FamR 2 S. 321
Aufbewahrung, Verpflichtung des Verkäufers zur sorgfältigen — der von der Käuferin zur Begleichung des Kaufpreises überreichten Zahlungsanweisung AllgT 4 S. 1
Aufbewahrungsraum, Zur Frage der Übergabe der Schlüssel zum — bei Erwerb von unter Verschluß gehaltener Sachen SaR 1 S. 358
Aufforderung an Lieferanten eines Kaufmanns, diesem nicht mehr zu liefern, sittenwidrig? SchR 9 S. 111

Aufführungsagenturvertrag und Verstoß gegen die guten Sitten AllgT 2 S. 250

Aufgebot zur Ausschließung eines Grundstückseigentümers, § 927 BGB. SaR 1 S. 308

— unbekannter Hypothekengläubibiger und Umschreibung der Hypothek auf Eigentümer SaR 2 S. 315

— der Nachlaßgläubiger und Haftungsbeschränkung des Erben ErbR 1 S. 373

Aufgeopferte, Rückgewähr des —n in Natur bei Bereicherungsanspruch? SchR 8 S. 240

Aufhebung eines Erlaßvertrages über eine Darlehnsschuld, Form? SchR 4 S. 41

— der allgemeinen Gütergemeinschaft infolge Todes, Rechte des Erben eines Ehegatten FamR 2 S. 18

— der häuslichen Gemeinschaft s. Häusliche Gemeinschaft

— der Nachlaßverwaltung und Beschwerderecht des Nachlaßverwalters? NebenG 3 S. 255

— der Pflegschaft, Antrag auf — durch den Pflegebefohlenen FamR 2 S. 252

— und Errichtung eines Testaments **ErbR 2 S. 304—364**

— eines gegenseitigen Vertrages und Ausgleichung der gegenseitigen Ansprüche SchR 8 S. 186

— eines Vertrages durch Briefwechsel AllgT 3 S. 318

Aufhebung der Ehe, Nichtigkeit und — — — **FamR 1 S. 20—93**

— wegen arglistiger Täuschung FamR 1 S. 33

— trotz Bestätigung durch Fortsetzung der Ehe FamR 1 S. 83

— wegen persönlicher Eigenschaften FamR 1 S. 30, 38

— wegen Irrtums über persönliche Eigenschaften, die schon in einem früheren Prozeß bekannt waren FamR 1 S. 38

— wegen Anlage zur Erbkrankheit FamR 1 S. 86

— wegen Irrtums über Erbkrankheiten eines Blutsverwandten des anderen Ehegatten FamR 1 S. 48, 53

Aufhebung der Ehe wegen Anlage zu geistiger Erkrankung FamR 1 S. 44, 59

— wegen krankhafter Veranlagung eines Ehegatten FamR 1 S. 35, 71

— und Schuldausspruch FamR 1 S. 68, 75, 79

— wegen syphilitischer Ansteckung FamR 1 S. 26

— wegen Unfruchtbarkeit der Frau FamR 1 S. 40

— und Unterhaltspflicht des früheren Ehemannes FamR 1 S. 244

— wegen Unterleibstuberkulose der Frau FamR 1 S. 38

—, Verwirkung des Rechts auf — FamR 1 S. 66

— wegen vorehelicher Mutterschaft FamR 1 S. 56

— wegen Mangel der Zeugungs- bzw. Gebärfähigkeit FamR 1 S. 24

Aufklärungspflicht einer beweispflichtigen Partei NebenG 1 S. 50

— des Verkäufers bei der Veräußerung von Spekulationspapieren AllgT 3 S. 23

—, Zwangsversteigerung eines Grundstücks durch Sparkasse als Hypothekengläubigerin und — gegenüber dem Schuldner SchR 11 S. 19

Aufkündigung, Nicht rechtzeitige — eines Genossen und Schadensersatzpflicht des Vorstandes SchR 9 S. 55

Auflage, Schenkung unter — SchR 5 S. 298, 305, 339

—, Verlagsrecht an allen —n AllgT 3 S. 29, 136

Auflassung, Zur Frage der — SaR 1 S. 303

—, Abgetretener Anspruch auf — SchR 8 S. 286

—, Formerfordernis SaR 1 S. 312

—, Formbedürftigkeit der Verlängerung der Frist zur — SchR 2 S. 281

—, Formfreiheit von rechtsgeschäftlichen Verfügungen über schuldrechtliche —sansprüche SchR 2 S. 350

—, Heilung der Formungültigkeit des Grundstückkaufvertrags und Kondiktion der — SchR 2 S. 370

Auflassung, Heilende Kraft der — und Eintragung, § 313 BGB. SaR 1 S. 95
—, Heilung eines nichtigen Vertrages durch — AllgT 2 S. 121
—, Kondiktion der — SchR 8 S. 294 SaR 1 S. 318
—, Wirksamkeit der —serklärung, die Alleinberechtigter zusammen mit vermeintlichen Mitberechtigten abgibt SaR 1 S. 326
—, Nichtiger Grundstücksveräußerungsvertrag und — SaR 1 S. 81
— bei Überführung eines Grundstücks aus dem Vermögen einer OHG. in das einer aus denselben Personen bestehenden Gesellschaft des bürgerlichen Rechts SaR 1 S. 328
—, Verjährung des —sanspruchs SaR 2 S. 92
—, Verjährung der Vergütung für die Übertragung von —srechten an Grundstücken AllgT 4 S. 201
—, Vormundschaftsgerichtliche Genehmigung der — und ihre Wirkung auf den schuldrechtlichen Vertrag FamR 2 S. 307
Auflassungserklärung, Urteil auf Abgabe einer — SchR 9 S. 156
Auflassungsvollmacht, Beschränkung einer — auf die Zeit nach dem Tode des Vollmachtgebers AllgT 3 S. 32
—, Formfreiheit der — SchR 2 S. 336
—, Nichtigkeit des Grundstücksveräußerungsvertrages und Einfluß auf die darin enthaltene — AllgT 2 S. 368 SchR 1 S. 204
—, Wirksamkeit der — in einem wegen unrichtiger Angabe des Kaufpreises nichtigen Grundstückskaufvertrag AllgT 3 S. 32
Auflassungsvormerkung, Grundbuchberichtigung als Bereicherungsanspruch des Inhabers eines durch — gesicherten Rechts SaR 1 S. 163
— zur Sicherung eines künftigen Anspruchs auf Grund eines formnichtigen Grundstückskaufvertrags SaR 1 S. 168
— für den jeweilgen Eigentümer eines anderen Grundstücks SaR 1 S. 112
Auflassungsvormerkung und stillschweigende Zustimmung des Vormerkungsberechtigten zur Eintragung einer Hypothek SaR 1 S. 171
—, Zum Vorrang einer — vor einer Grundschuld und Berufung auf den dieser zugrunde liegenden schuldrechtlichen Sachverhalt SaR 1 S. 149
—, Zurückbehaltungsrecht wegen Verwendungen auf das Grundstück und — SchR 2 S. 146
— in der Zwangsversteigerung SaR 1 S. 156
Auflösung der Gesellschaft und Vorabeinklagen einzelner dringlicher Ansprüche gegen Mitgesellschafter zur Vorbereitung der künftigen Auseinandersetzung SchR 6 S. 302
—, Verstoß gegen die guten Sitten bei Beschlußfassung über — der Gewerkschaft aus eigensüchtigen Interessen AllgT 3 S. 6
—, Vernichtung einer juristischen Person und —sverfügung SchR 8 S. 74
Aufnahme eines durch Tod eines Ehegatten unterbrochenen Rechtsstreits durch die an der fortgesetzten Gütergemeinschaft Beteiligten FamR 2 S. 76
Aufopferungsanspruch bei Vernichtung von Bienenvölkern durch Raucheinwirkung SaR 2 S. 121
— s. auch Aufgeopfert
Aufrechnung, Ausschließung SchR 9 S. 67
—, Vertragsmäßiger Ausschluß der — und — mit einer auf betrügerischem Verhalten beruhender Schadensersatzforderung SchR 4 S. 29
—, Bestehen einer Forderung, gegen die aufgerechnet wird. Voraussetzungen für die Möglichkeit einer — SchR 4 S. 31
—, Zur Einrede der Aufrechenbarkeit des Bürgen und Ausschluß der — gem. § 393 BGB. SchR 8 S. 40
— des Bürgen gegenüber Gläubiger mit einer dem Hauptschuldner gegen den letzteren zustehenden Gegenforderung SchR 7 S. 340

Aufrechnung gegen Bürgschaftsschuld SchR 7 S. 338
— des Hauptschuldners und Rechtswirkung für den Bürgen SchR 8 S. 25
—, Tilgung des Gehaltsvorschusses eines Beamten durch — mit unpfändbarem Gehaltsteil SchR 11 S. 67
— bei mangelnder Fälligkeit der aufzurechnenden Forderung SchR 6 S. 374
—, Gleichartigkeit der Forderungen AllgT 3 S. 230
—, Erlaß eines Grundurteils ohne Entscheidung über — des Beklagten und Geltendmachung der Abtretung der Klageforderung AllgT 4 S. 88
— und Leistung einer Nichtschuld, § 813 BGB. SchR 8 S. 306
— gegen Pachtzins und Kündigung SchR 6 S. 117
— des Schadensersatzanspruchs wegen mangelhafter Lieferung beim Gattungskauf SchR 4 S. 341
— gegen eine zwecks Verpfändung anerkannte Forderung SchR 4 S. 53
— gegen die Forderung einer Vorerbschaft ErbR 2 S. 159
— mit fremder Währung SchR 2 S. 170
—, Durch — gem. § 479 BGB. getilgte Kaufpreisforderung und Rückforderung der bereits gezahlten Zinsen SchR 8 S. 336
—, Zulässigkeit, wenn dem Aufrechnenden verschiedene Personen als Gläubiger und Schuldner gegenüberstehen SchR 4 S. 20
—, Zurückbehaltungsrecht bei einer Geldschuld und — SchR 1 S. 127
Aufrechnungsvertrag, Voraussetzungen SchR 4 S. 6
Aufschiebende Bedingung, Verhinderung des Eintritts AllgT 3 S. 376, 380
Aufschiebende Einreden nach §§ 2014, 2015 BGB. u. Verzug des Erben ErbR 1 S. 361
Aufsicht, Verschulden durch Vernachlässigung der —? NebenG 2 S. 41
Aufsichtspflicht, Schuldhafte Verletzung der elterlichen —, eine unerlaubte Handlung? SchR 9 S, 20, 142
—, Schadensersatzpflicht aus Gewerbebetrieb wegen schuldhaft verletzter — SaR 1 S. 357
— des Grundstückseigentümers hinsichtlich Streupflicht SchR 9 S. 323
— des Kraftwagenhalters SchR 10 S. 237 *NebenG 1 S. 68*
— des kaufmännischen Lehrherrn, § 832 BGB. SchR 9 S. 270
— des Lehrers, § 832 BGB. SchR 9 S. 93
—, Haftung des Nachlaßrichters für Verletzung der — ErbR 1 S. 376, 400
— nach § 834 BGB. beim Führen eines Bullen auf dem Schlachthof SchR 10 S. 292
Aufsichtsratsmitglied, Haftung der —er einer AG. für Entwertung der Aktien SchR 9 S. 335
—, Erteilung des Auftrags zur Übernahme des Amtes als Mitglied des —s einer AG. SchR 7 S. 248
Aufsichtsrecht des Staates bzgl. Stiftungen SchR 11 S. 214
Auftrag und Geschäftsführung ohne — **SchR 7 S. 220—285**
—, Beurteilung eines —s im internationalen Verkehr AllgT 1 S. 48
—, Zur Lehre vom — SchR 7 S. 237
— zur Lieferung von Vorkriegspfandbriefen z. Z. stärkster Geldentwertung SchR 2 S. 98
— siehe auch Geschäftsführung ohne —
Auftraggebergemeinschaft u. Widerruf SchR 7 S. 265
Auftragloser Vertreter, Zur Frage der Wahlschuld bei Ansprüchen auf Erfüllung und Schadensersatz gegen den —n — AllgT 4 S. 82
Auftragswidrige Handlungen des Beauftragten SchR 7 S. 237
Auftreten als Kaufmann und Anwendung der kurzen Verjährungsfrist AllgT 4 S. 176

Aufwendungen, Ersatz der — beim Auftrag und bei Geschäftsführung ohne Auftrag SchR 7 S. 257
— des Beauftragten beim Zahlungsauftrag AllgT 3 S. 313
—, Kündigung des Werkvertrages u. Ersparnis von — SchR 7 S. 129
Aufwertung, Öffentl. Glaube des Grundbuchs im Bereich der —, wenn Erwerber des Grundstücks eine AG. und Veräußerer deren Aktionäre SaR 1 S. 96
Aufwertungsvereinbarung zugunsten eines Dritten SchR 8 S. 86
Aufzug als wesentlicher Bestandteil eines Hotelgebäudes AllgT 2 S. 13
Ausbeutung i. S. v. § 138 II BGB. AllgT 2 S. 106, 306
Ausbietungsgarantie für eine Grundschuld SchR 5 S. 270
—, Inhalt und Rechtswirkung einer — für eine Hypothekenforderung SchR 1 S. 170
Ausbietungspflicht bzgl. einer für eine Forderung bestellten Hypothek, Berufung des Bürgen darauf SchR 7 S. 375
Auseinandersetzung nach beendeter allgemeiner Gütergemeinschaft FamR 2 S. 26, 72
—, Auflösung der Gesellschaft und Vorabeinklagen einzelner dringlicher Ansprüche gegen Mitgesellschafter zur Vorbereitung der — SchR 6 S. 302
— einer Innengesellschaft SchR 6 S. 349
— zwischen Miterben ErbR 2 S. 19
— zwischen Miterben und letztwillige Verfügung ErbR 2 S. 21
—, Ablehnung der — durch einen Miterben ErbR 2 S. 15
— und Kündigung bei einer oHG. SchR 6 S. 306
—, s. auch Erb—
Auseinandersetzungsguthaben, Abtretung eines —s SchR 6 S. 292
—, Übertragung des Anspruchs des Miterben auf das — ErbR 1 S. 417
Auseinandersetzungsverfahren, Geltendmachung von Ansprüchen gegen Gesellschafter aus besonderen Rechtsgeschäften außerhalb des —s SchR 6 S. 312
—, Schadensersatzansprüche wegen Verletzung des Gesellschaftsvertrages vor Einleitung des —s SchR 6 S. 320
Auseinandersetzungsvertrag, Anfechtung eines —es außerhalb des Konkurses ErbR 2 S. 39
Ausfall, Haftung einer Höchstbetragshypothek für einen evtl. — SaR 3 S. 90
— einer Hypothekenforderung in der Zwangsversteigerung und Nießbrauch an dieser SaR 2 S. 174
Ausfallbürge, Irrtum des —n über Höhe des zu erwartenden Ausfalls AllgT 2 S. 298
Ausfallbürgschaft SchR 7 S. 375
SchR 8 S. 53
Ausfallsicherungshypothek und Gesamthypothek SaR 3 S. 45
Ausführungsgesetz, Preußisches — zum BGB. **AllgT 1 S. 218—221**
Ausgeschiedene Mitglieder, Ausschluß bereits —r — aus einem Verein AllgT 1 S. 378, 391
Ausgeschlossener Nachlaßgläubiger, Haftungsbeschränkung des Erben gegenüber einem im Aufgebotsverfahren —n — ErbR 1 S. 373
Ausgleichung der beiderseitigen Ansprüche nach Aufhebung eines gegenseitigen Vertrages SchR 8 S. 186, 240
— der Mitbürgen untereinander SchR 4 S. 283
SchR 8 S. 19
— zwischen mehreren nach § 1 RHpflG Haftpflichtigen NebenG 1 S. 246
— der Schadensersatzverpflichteten nach § 17 KFG beim Zusammenstoß von Kraftwagen und Eisenbahn NebenG 1 S. 48
— und Ergänzung des Pflichtteils ErbR 2 S. 385
— zwischen Schuldnern bei Haftung aus unerlaubter Handlung und mitwirkendes Verschulden SchR 4 S. 309

Ausgleichung zwischen Vorteil und Nachteil bei Schadensersatzansprüchen SchR 1 S. 295
— zwischen Vorteil und Nachteil bei Schadensersatzansprüchen im Laufe einer Zwangsvollstreckung SchR 1 S. 430
— s. auch Gesamtschuldverhältnis

Ausgleichung unter Gesamtschuldnern SchR 4 S. 264, 270, 283, 288
— und Herausgabe eines dem Gläubiger bestellten Pfandes SchR 4 S. 274
—, die dem Verletzten auf Grund des Haftpflichtgesetzes in gleicher Weise schadensersatzpflichtig sind SchR 4 S. 296
— bei Haftung aus unerlaubter Handlung u. dem Kraftfahrzeuggesetz SchR 4 S. 288
—, Schadensersatz wegen in Verzugkommen des Ausgleichungspflichtigen SchR 4 S. 270

Ausgleichungsanspruch und Einrede der rechtskräftig entschiedenen Sache Schr 9 S. 102
— nach § 426 BGB. des zu Unrecht als Schuldner in Anspruch Genommenen gegen wirklichen Schuldner? SchR 10 S. 254

Ausgleichungseinrede, Verstoß gegen gute Sitten, wenn Versicherer des einen Ersatzpflichtigen sich die Rechte des Beschädigten gegen den Gesamtschuldner abtreten läßt, um diesem die — abzuschneiden SchR 4 S. 277

Ausgleichungspflicht unter eingesetzten Erben ErbR 2 S. 39
— unter Miterben ErbR 1 S. 428
— bei Haftpflichtversicherung SchR 2 S. 71
— der Ehefrau des Halters bei Zusammenstoß von Kraftwagen? NebenG 1 S. 122
— und Pflichtteilsrecht ErbR 1 S. 428
— unter mehreren Schädigern SchR 9 S. 142
—, Vertraglicher Ausschluß der — unter aus unerlaubter Handlung haftenden Gesamtschuldnern SchR 2 S. 27

Ausgleichungspflicht, Ausschluß der — durch Zuwendung eines Vorausvermächtnisses ErbR 2 S. 7
— bezügl. laufend gewährter Zuschüsse ErbR 1 S. 441

Ausgrabung einer Leiche, Gestattung AllgT 1 S. 196

Auskunft der Bank über einen Kunden SchR 10 S. 85
— einer staatlichen Baubehörde einer Bank gegenüber SchR 2 S. 214
—, Haftung für unrichtige — einer Depositenkasse AllgT 1 S. 357
—, Haftung der Preuß. Staatsbank für arglistig falsche — ihres Vertreters SchR 10 S. 228
—, Anspruch des pflichtteilsberechtigten Alleinerben gegenüber den vom Erblasser Beschenkten auf Auskunft und Herausgabe ErbR 2 S. 393
—, Verlangen des Nacherben auf — bei eigenmächtigen Verwaltungshandlungen des Vorerben ErbR 2 S. 211
— Anspruch des Generalvertreters auf — über vertragswidrig in seinem Bezirk von der Fabrik abgeschlossene Geschäfte SchR 7 S. 246
—, Recht des Gesellschafters einer Innengesellschaft auf — und Rechnungslegung SchR 6 S. 354
—, Haftung von assoziierten Rechtsanwälten für falsche — eines von ihnen SchR 1 S. 148
— als Rechtsgeschäft AllgT 1 S. 423
—, Haftung einer Stadtgemeinde für — ihres Bürgermeisters über Verwertbarkeit eines Grundstücks SchR 5 S. 245
—, Klage auf — gemäß § 2314 BGB. als Unterbrechung der Verjährung? ErbR 2 S. 421
— über Stand der Verwaltung im gesetzlichen Güterrecht FamR 1 S. 437
—, Irrtümliche Vollstreckung durch Amtsvormundschaft bzgl. eines unterhaltspflichtigen Erzeugers wegen unrichtiger — der Ermittlungsstelle einer Stadtgemeinde SchR 11 S. 275

Auskunft, Amtspflichtverletzung eines Zollbeamten wegen unrichtiger — über Zollpflichtigkeit von Waren SchR 11 S. 50
Auskunftei, Haftung für Auskünfte SchR 1 S. 353
—, Auskunft über erlittene Vorstrafen SchR 9 S. 342
Auskunftspflicht, Zur Frage der — SchR 1 S. 394
— gemäß § 260 BGB. SchR 1 S. 279 SchR 8 S. 252
— und Abwehranspruch nach § 1004 BGB. SaR 2 S. 118
— des Beleidigers über Personenkreis, dem er ehrenrührige Behauptungen hat zukommen lassen SchR 10 S. 102
— des Erben und Ergänzung des Pflichtteils ErbR 2 S. 380
— des Erben gegenüber dem Pflichtteilsberechtigten ErbR 1 S. 436 ErbR 2 S. 375
— des Erben gegenüber einem Pflichtteilsberechtigten und Inventarpflicht des Erben ErbR 2 S. 428
— des Erben gegenüber dem Pflichtteilsberechtigten und Voraus des Ehegatten ErbR 2 S. 369
— des Erben gegenüber Vermächtnisnehmer u. Pflichtteilsberechtigten ErbR 2 S. 428
—, Erbschaftsbesitz des Miterben und — ErbR 1 S. 371
— der Miterben untereinander über den Nachlaß ErbR 1 S. 443
— des Mannes der Frau gegenüber betr. Gesamtgut bei der allgemeinen Gütergemeinschaft FamR 2 S. 11
Ausland, Gültigkeit einer von Ausländern im — geschlossenen Ehe. Wirksamkeit der Scheidung einer Ehe zwischen einem Ausländer u. einer Inländerin bei Scheidung im — AllgT 1 S. 179
—, Unterbrechung der Verjährung durch Klageerhebung im — AllgT 4 S. 218
—, Unterhaltszahlung ins — SchR 2 S. 162
Ausländer, Annahmeverzug des Devisen—s SchR 2 S. 247
—, Beerbung von — AllgT 1 S. 28, 69
Ausländer, Beerbung von —n bzgl. unbeweglicher Sachen AllgT 1 S. 124
—, Eheschließung zwischen Deutschen u. —n AllgT 1 S. 67, 146
—, Nichtigkeit einer Ehe von —n AllgT 1 S. 53
—, Scheidung der Ehe eines —s u. Rechtsverhältnis des Kindes zu den Eltern AllgT 1 S. 164
—, Bekanntmachung der Verbürgung der Gegenseitigkeit bei Haftung des Staates gegenüber —n SchR 11 S. 145
—, Namensrecht des —s AllgT 1 S. 282
—, Schutz des Art. 131 RV SchR 11 S. 46
Ausländische Aktiengesellschaft u. Abstimmungsverträge AllgT 3 S. 251
— und Namensrecht AllgT 1 S. 288
— **Behörde**, Schuldhafte Amtspflichtverletzung bei unwahren Angaben eines Beamten über einen Dritten an — — SchR 11 S. 176
— **Ehegatten**, Unterhaltspflicht AllgT 1 S. 20
— **Grundstücke**, Formvorschrift bei der Übertragung AllgT 1 S. 26
— **Handelsgesellschaft**, Rechtsfähigkeit AllgT 1 S. 64
— **Staatsangehörigkeit**, Zuständigkeit für die Ehescheidungsklage beim Besitz deutscher u. —r — AllgT 1 S. 134
— —, Namenserteilung eines deutschen Ehemanns an das uneheliche Kind seiner Frau, das eine — — besitzt AllgT 1 S. 86
— **Währung**, Zahlung in —r — nach § 244 I BGB SchR 1 S. 320
Ausländisches Gericht, Berücksichtigung einer durch ein — — ausgesprochenen Entmündigung AllgT 1 S. 56
— Anwendung des § 1829 II BGB. auf die Genehmigung durch ein — Vormundschafts— FamR 2 S. 164
— **Kind**, Annahme an Kindes Statt AllgT 1 S. 90

Ausländisches Recht, Nachprüfung des Revisionsgerichts bzgl. Feststellungen des Berufungsgerichts über den Inhalt des —n —s AllgT 1 S. 117
— —, Unverjährbarkeit einer Forderung nach —m — u. Verjährbarkeit nach deutschem Recht AllgT 1 S. 77
— —, Verjährung eines Wechselanspruchs, für den — — gilt AllgT 4 S. 242

Auslegung eines Briefwechsels zwischen Zessionar und Schuldner SchR 4 S. 70
— einer Bürgschaftserklärung SchR 7 S. 364
— von Grundbucheintragungen SaR 3 S. 206
—, Anfechtung einer letztwilligen Verfügung wegen Irrtums u. —, Unterschied ErbR 2 S. 87
— eines Testaments ErbR 1 S. 406
— einer Urkunde AllgT 2 S. 272
— eines Vertrags bei fehlender Vereinbarung über Zuständigkeit des Gerichts AllgT 3 S. 228
— typischer Vertragsbedingungen AllgT 3 S. 207
— eines Werkvertrages SchR 7 S. 165

Auslegungsbeweis oder Einwand des anders als verabredet niedergeschriebenen Vertrages AllgT 2 S. 125

Ausscheiden, Festsetzung einer Vertragsstrafe nach — des Schuldners aus dem Vertragsverhältnis SchR 3 S. 336

Ausscheidender Gesellschafter, Befreiungsanspruch des —n —s SchR 6 S. 323

Ausschlagung der Erbschaft s. Erbschaftsausschlagung

Ausschlagungsfrist, Anfechtbarkeit der Versäumung der — ErbR 1 S. 391
—, Beginn der — für den Pflichtteilsberechtigten, der als Nacherbe eingesetzt ist ErbR 2 S. 365, 411
— und Verzug des Erben ErbR 1 S. 361

Ausschließung aus einem Verein AllgT 1 S. 316, 332
—, Erfordernisse des Beschlusse auf — AllgT 1 S. 406
— eines bereits ausgeschiedenen Mitglieds AllgT 1 S. 297, 378, 391
—, gerichtliche Nachprüfung AllgT 1 S. 347, 366, 389, 406

Ausschluß der Abtretung, Bedeutung einer solchen Vereinbarung; Berufung des Konkursverwalters des Zedenten darauf SchR 4 S. 81
— der Abtretung einer Forderung und Pfändung der Forderung SchR 4 S. 61
— der Amtshaftung bei Möglichkeit des Ersatzes aus Kranken- oder Unfallversicherung SchR 11 S. 211
— der Verantwortlichkeit einer Gemeinde für Beamte, die auf Gebühren angewiesen sind, Voraussetzungen SchR 11 S. 68
— eines gesetzlichen Erben und gesetzliche Erbfolge von dessen Abkömmlingen ErbR 1 S. 348
—, Vertraglicher — der Haftung für Flugzeugunfälle NebenG 1 S. 278

Ausschlußfrist, Beginn der — im Ehescheidungsverfahren FamR 1 S. 126
— des § 5 Tumultschädengesetz AllgT 4 S. 187

Ausschlußurteil, Wirkung des —s bei Eigenbesitz eines Grundstücks § 927 I 3 BGB. SaR 1 S. 308

Außenfläche, Selbsthilfe und Besitzstörungsklage wegen Besitzergreifung der — der gemieteten Geschäftsräume zu Reklamezwecken SaR 1 S. 14

Außenwände, Erstreckung der Miete von Geschäftsräumen auf —. Selbsthilfe und Besitzstörungsklage wegen Besitzergreifung der — gemieteter Geschäftsräume zu Reklamezwecken SchR 6 S. 8

Außergerichtlicher Vergleich und Formzwang, § 313 BGB. SchR 2 S. 352
—, Rücktritt vom —n — SchR 3 S. 369

Außergewöhnliche Härte i. S. v. § 47 Ehegesetz FamR 1 S. 59

Aussonderungsrecht im Konkurse u. Treugut SchR 7 S. 251

Ausspannen von Bezirksvertretern einer Feuerversicherung, § 826 BGB. SchR 10 S. 150

Aussperrung eines Arbeiters, Verstoß gegen gute Sitten? NebenG 2 S. 176

— durch Arbeitgeberverband und Haftung für den dem Arbeiter entstandenen Schaden NebenG 2 S. 180

Ausstattung, „Neutrale —" von Waren, Bedeutung der Abrede SchR 5 S. 164

—, Form eines Rentenversprechens, das Zwecken einer — dient SchR 6 S. 231

— als unentgeltliche Zuwendung FamR 1 S. 396

Ausstattungsversprechen und Formvorschrift des § 518 BGB. SchR 5 S. 301

— und Begriff der Leibrente FamR 2 S. 167

— und Schenkungsversprechen FamR 2 S. 174

Aussteller einer Urkunde i. S. d. § 126 BGB. AllgT 2 S. 231

Aussteuer, Verweigerung der — wegen unsittlichen Lebenswandels FamR 2 S. 157

Aussteuerpflicht, Zulässigkeit einer Leistungsklage FamR 2 S. 143

Austritt aus einem Verein aus wichtigem Grunde AllgT 1 S. 380

— bei anhängigem ehrengerichtlich. Verfahren AllgT 1 S. 370

Ausübung der Rechte — Selbsthilfe **AllgT 4 S. 275—295**

Ausübung öffentlicher Gewalt oder bürgerlich-rechtliche Verpflichtung bei ärztlicher Behandlung eines Strafgefangenen AllgT 1 S. 198

— im Sinne der Vorschriften über die Haftung der öffentlichrechtlichen Körperschaften SchR 11 S. 254

—, Haftung für die Amtspflichtverletzung eines Kreiskommunalbeamten, der staatliche Geschäfte besorgte SchR 11 S. 107

—, wenn Polizeibeamter Dienstwagen eines Offiziers fährt? SchR 11 S. 185

Ausübung öffentlicher Gewalt durch Polizeibeamte und Haftung des Staates, wenn dabei eine Person überfahren wird SchR 11 S. 56

— durch Schrankenwärter der Reichsbahn? SchR 11 S. 234

— bei Betreuung der Unternehmerarbeiter an der Reichsautobahn SchR 11 S. 266

—, Mitführen einer Dienstpistole durch uniformierten Grenzzollbeamten als — — — SchR 11 S. 193

— oder wirtschaftliche Maßnahmen, Unterschied SchR 5 S. 245

Auswahl eines Erben durch einen Dritten ErbR 2 S. 143

— s. Sorgfältige —

Auswechslung von Forderungen nach § 1180 BGB. SaR 3 S. 42

Automat, Rücktrittsrecht wegen Wegfall der Geschäftsgrundlage beim Kauf von Waren—en SchR 2 S. 232

B

Bahndamm, Höhere Gewalt bei Abrutschen des —s NebenG 1 S. 317

Bahnhofsräume, Überlassung von —n zum Betriebe eines Wechselgeschäfts: Miete oder gemischter Vertrag? SchR 6 S. 105

Bahnübergang, Beweislast im Falle des § 1 RHpflG. bei Unfall am schrankenlosen — NebenG 1 S. 232

—, Ursächlicher Zusammenhang zwischen dem Betrieb des Kraftfahrzeugs und Verletzung des Schrankenwärters am — NebenG 1 S. 83

—, Zusammenstoß von Kraftwagen und Eisenbahn am unbeschrankten — SchR 10 S. 296

—, Verkehrsreich i. S. v. § 18 EBBO. NebenG 1 S. 295

Bank, Zusammenwirken mehrerer —en beim Akkreditiv SchR 8 S. 153

—, Auskunft einer staatlichen Baubehörde einer — gegenüber SchR 2 S. 214

Bank, Haftung der — bei Fälschung von Zahlungsaufträgen SchR 2 S. 135
—, Haftung der Zentrale einer — für die von ihrer Filiale abgeschlossenen Geschäfte AllgT 3 S. 315
—, Über Geschäftsverbindung eines Geschäftsunfähigen mit einer — und ungerechtfertigte Bereicherung SchR 8 S. 198
—, Gutgläubiger Erwerb eines Pfandrechts an Wertpapieren durch — SchR 6 S. 312
—, Gesteigerte —haftung für das vom Testamentsvollstrecker bei ihr begründete Nachlaßkonto ErbR 2 S. 282
—, Entstehung des Pfandrechts einer — an einem zur Diskontierung gegebenen Wechsel SaR 3 S. 295
—, Überlassung eines Schrankfachs in der Stahlkammer einer — SchR 6 S. 149
—, Veruntreuung von Geldern u. Zusammenbruch der — SchR 2 S. 19
Bankauskunft über einen Kunden SchR 10 S. 85
Bankdepotgesetz und Verpfändung von Wertpapieren SaR 3 S. 215
Bankkonto, Zahlungen auf —, Rechtswirksamkeit SchR 3 S. 393
Banküberweisung, Rechtliche Natur SchR 3 S. 295
— gegen Duplikatfrachtbrief SchR 8 S. 150
—, Anspruch des Gläubigers, zu dessen Gunsten die — erfolgt, gegen Bank SchR 3 S. 302
Bau, Beseitigungsanspruch des Eigentümers wegen fremden —es auf seinem Grundstück SaR 2 S. 86
Bau- und Wohnungswesen **NebenG 2 S. 233—260**
Baubehörde, Auskunft einer staatlichen — einer Bank gegenüber SchR 2 S. 214
Baubeschränkungen, Öffentlich-rechtliche — und Sachmängelhaftung SchR 5 S. 274
Baugeld, Annahme einer Abtretung von —ern, Rechtswirkung SchR 4 S. 63
Baugeld, Entfremdung von — NebenG 2 S. 250
—, Gesetzwidrige Verwendung von — SchR 10 S. 70
Baugeldempfänger, Haftung SchR 9 S. 219
Baugeldhypothek, Vorrangseinräumung SaR 1 S. 67
—, Vormerkung einer — als Belastungsbeschränkung gemäß § 77 Reichsversorgungsgesetz SchR 7 S. 173
Baugenossenschaft, Grundstückserwerb der Genossen einer eingetr. — m. beschr. Haftpflicht SchR 2 S. 389
Baugewerbe und § 2 RHpflG. NebenG 1 S. 218
Baulastpflichtige, Fahrlässige Brandstiftung als Schutzgesetz zugunsten des —n SchR 9 S. 181
Bauliche Änderungen, Miete einer Schankwirtschaft und Verpflichtung des Vermieters zur Vornahme der von der Baupolizei verlangten —n— SchR 6 S. 43
— **Arbeiten,** Haftung des Vermieters für — — eines Erfüllungsgehilfen SchR 6 S. 68
— **Mängel** einer Mietsache, Haftung des Mieters gegenüber Drittem SchR 6 S. 25
Baumittelstücke als Zubehör eines Grundstücks AllgT 2 S. 1
Baumschulen, Wesentliche Bestandteile in — AllgT 1 S. 446
Baupolizei, Miete einer Schankwirtschaft und Verpflichtung des Vermieters zur Vornahme der von der — verlangten baulichen Änderungen SchR 6 S. 43
Bauschaden, Begriff i. S. v. § 836 BGB. SchR 9 S. 314
Bauunfallversicherung, Zulässigkeit des Rechtswegs zur Entscheidung über Zahlungsverpflichtung von Prämienbeiträgen NebenG 2 S. 1
Bauunternehmer, Rechtsverhältnis zwischen Reichsautobahnen und Arbeitern der — SchR 2 S. 165
Bauverein, Grundstückserwerb der Genossen einer eingetr. Genossenschaft (gemeinnütziger —) SchR 2 S. 362

Bauvertrag und Anspruch auf Erteilung einer Abrechnung über geleistete Arbeiten SchR 7 S. 126
—, Verstoß gegen gute Sitten beim — über ein Bordell AllgT 2 S. 209
Beamten- und Staatshaftung SchR 11 S. 1—Ende
Beamtenhaftung gegenüber Staat wegen Amtspflichtverletzung bei Arbeitsüberlastung SchR 11 S. 63
— u. Haftung aus unerlaubter Handlung SchR 9 S. 136 SchR 11 S. 176
— u. Voraussetzungen des § 839 I 2 BGB. SchR 11 S. 27
Beamter, Begriff nach § 1 preuß. Staatshaftungsgesetz SchR 11 S. 165
—, Einziehungsermächtigung bei —n-Ansprüchen SchR 4 S. 158
—, Tilgung des Gehaltsvorschusses eines —n durch Aufrechnung mit unpfändbarem Gehaltsteil SchR 11 S. 67
—, Haftung gegenüber Hinterbliebenen bei Tod des —n infolge Verletzung der dem Staate obliegenden Fürsorgepflicht SchR 7 S. 48
—, Beiderseitiger Irrtum im öffentlichen Recht bei Entlassung eines —n SchR 1 S. 397
—, Haftung des Reichsfiskus für — des Kanalamts SchR 9 S. 171
—, Verhältnis des KFG. zum Reichshaftungsgesetz für — NebenG 1 S. 43
—, Pflicht des —n der Gemeindekasse, vorgelegte Quittungen des angewiesenen Zahlungsempfängers auf Echtheit der Unterschrift zu überprüfen AllgT 4 S. 1
—, Unfall des —n und Mitverschulden der Betriebsverwaltung NebenG 1 S. 83
—, Haftung des Staates für unerlaubte Handlungen seiner —n AllgT 1 S. 198
—, Herabsetzung der einem ausscheidenden —n vertraglich zugesicherten Unterhaltsbeiträge durch das Gericht SchR 2 S. 77
Beamter, Vorbeugende Unterlassungsklage zur Verhütung von Anzeigen gegen — bei der vorgesetzten Dienstbehörde SchR 10 S. 1
Beaufsichtigung, Zur Frage der — des Unternehmerbetriebs durch Berufsgenossenschaft NebenG 2 S. 147
Bebauung, Über Rechtsansprüche bei — zweier Grundstücke mit zusammenhängenden Fabrikgebäuden, wenn der Kaufvertrag über ein Grundstück ungültig SaR 1 S. 235
Bedingte Aufrechnung SchR 4 S. 31, 34
— Einsetzung eines Nacherben ErbR 2 S. 106
— Hypothekenbestellung und Löschungsvormerk SaR 3 S. 1
—r Vertragsschluß und Gegenbestätigung AllgT 3 S. 385
Bedingung AllgT 3 S. 376—388
—, Vereinbarung alsbaldiger Eröffnung eines Akkreditivs als — des Vertrages SchR 8 S. 147
—, Wirksamkeit der Anfechtung unter einer — AllgT 2 S. 165
— beim Erbbaurecht SaR 2 S. 143
—, Nießbrauch unter der auflösenden — der Befriedigung des Berechtigten für eine Forderung SaR 2 S. 180
Bedürfnisse, Zeitpunkt der Entstehung des Schadensersatzanspruchs wegen Vermehrung der —, § 3 a RHpflG. NebenG 1 S. 301
Bedürftigkeit bei Unterhaltsansprüchen FamR 2 S. 120
Beendigung der Nachlaßverwaltung ErbR 1 S. 354
— des Amtes des Testamentsvollstreckers ErbR 2 S. 239
Beerbung von Ausländern AllgT 1 S. 28, 69
— von Ausländern bzgl. unbeweglicher Sachen AllgT 1 S. 124
Beerdigungskosten nach § 844 BGB., Grabmal SchR 10 S. 91
— nach § 844 BGB., Grabunterhaltung SchR 10 S. 250
—, Ersatz von standesmäßigen oder notdürftigen — im Falle fahrlässiger Tötung ErbR 1 S. 390

Beförderung, Schadenshaftung bei — mit Kraftwagen, § 8 I KFG. NebenG 1 S. 99

Beförderungsvertrag, Ausgleichung bei Haftung des einen Gesamtschuldners auch aus — NebenG 1 S. 246

— zugunsten eines Dritten SchR 3 S. 252

—, Haftung für Erfüllungsgehilfen bei einem — SchR 1 S. 114

Befreiter Vorerbe, Hypothekenbestellung durch —n —n ErbR 2 S. 196

—, Einziehung der Nachlaßhypotheken durch —n —n ErbR 2 S. 156

—, Löschungsantrag des —n —n bzgl. Nachlaßhypothek ErbR 2 S. 149

Befreiung von der Lieferpflicht bei verspäteter Geltendmachung von Käuferrechten SchR 5 S. 70

—, Verkauf einer zur Hinterlegung nicht geeigneten Sache bei Annahmeverzug des Gläubigers und — des Schuldners SchR 3. S. 406

Befreiungsanspruch des Bürgen, § 775 BGB. SchR 8 S. 50, 67

— des ausscheidenden Gesellschafters SchR 6 S. 323

Befriedigung durch den Eigentümer bei einer Hypothek SaR 3 S. 128

—, Rückgabe der Pfandsache und — des Gläubigers SaR 3 S. 269, 299

Beginn der Ausschlagungsfrist für einen durch Nacherbschaft usw. beschwerten Pflichtteilserben ErbR 2 S. 411

— für den Pflichtteilsberechtigten, der als Nacherbe eingesetzt ist ErbR 2 S. 365

Beginn der Verjährung der Kaufpreisforderungen von Kaufleuten AllgT 4 S. 125

— des Pflichtteilsanspruchs ErbR 2 S. 371, 416, 431, 437

— bei Schadensersatzanspruch wegen Nichterfüllung AllgT 4 S. 206

— nach § 852 BGB bei Übergang des Anspruchs auf Berufsgenossenschaft AllgT 4 S. 249

Beglaubigte Abschrift, Vorlegung einer —n — der Vollmachtsurkunde und § 172 BGB. AllgT 4 S. 27

Beglaubigung einer ungültigen Hypothekenabtretungserklärung SaR 3 S. 36

Beglaubigungsanspruch bzgl. Grundschuldabtretung und fiduziarische Abtretung der Grundschuld SaR 3 S. 95

Begrenzung, Zeitliche — einer Rente, § 843 BGB. SchR 9 S. 189

— des Schadensersatzes nach § 12 KFG. bei mitwirkendem Verschulden NebenG 1 S. 33

— eines im Vergleichswege erklärten Verzichts auf alle künftigen Ansprüche aus einer Körperbeschädigung SchR 8 S. 89, 107

Begründung und Inhalt des Vertrags **SchR 2 S. 253—421** **SchR 3 S. 1— 20**

Behauptung, Begriff der — i. S. v. § 824 BGB. SchR 9 S. 286

— von Tatsachen bei Veröffentlichung wissenschaftlicher Untersuchungen und § 824 BGB. SchR 9 S. 191

Beherbergungsvertrag und Verkehrssicherung SchR 6 S. 220

Behördliche Genehmigung, Heilung des Formmangels nach § 313 Satz 2 BGB. bei fehlender —r —? SchR 2 S. 374

Beiderseitiger Irrtum im öffentlichen Recht SchR 1 S. 397

Beiderseitiges Verschulden bei Scheidung der Ehe aus § 48 EheG. FamR 1 S. 178

— und Unmöglichkeit der Leistung SchR 3 S. 95

Beiträge und Gesellschaftsvermögen als Voraussetzungen der Gesellschaft des bürgerlichen Rechts SchR 6 S. 275

— für Sozialversicherung. Ordentlicher Rechtsweg bei Streit über Zahlungspflicht? NebenG 2 S. 106

Beitragspflicht der Frau zum ehelichen Aufwand FamR 1 S. 408

Beitragsrückstände, Konkursvorrecht der Berufsgenossenschaften für — NebenG 2 S. 49
Beitreibung, Pflicht zur ordnungsmäßigen — einer Hypothekenforderung bei der Sicherheitszession SchR 7 S. 233
Bekanntmachung der Verbürgung der Gegenseitigkeit bei Haftung des Staates gegenüber Ausländern SchR 11 S. 145
Belastung, Einwilligung eines Nacherben in die — eines Nachlaßgrundstücks ErbR 2 S. 205
— mit Schulden kein zu ersetzender Schaden im Sinne der §§ 249, 839 BGB.? SchR 11 S. 130
Belastungsbeschränkung, Vormerkung einer Bauhypothek und — gemäß § 77 des Reichsversorgungsgesetzes SaR 1 S. 133
Belehrungspflicht des Grundbuchbeamten NebenG 3 S. 113
Belehrungspflicht des Notars AllgT 2 S. 68
SchR 11 S. 120, 167
— gegenüber mitanwesenden Dritten NebenG 3 S. 190
— bei Unterschriftsbeglaubigung NebenG 3 S. 208
Beleidiger, Auskunftspflicht des —s über Personenkreis, dem er ehrenrührige Behauptungen hat zukommen lassen SchR 10 S. 102
Beleidigung, Privatrechtsschutz bei — SchR 10 S. 93
—, Rücktritt vom Vertrage wegen — SchR 3 S. 352
— durch Schriftwerke SchR 9 S. 327
—, Verpflichtung zum öffentlichen Widerruf AllgT 2 S. 316
Beleuchtung, Verpflichtung des Eisenbahnunternehmers zur — der Zufahrtsstraße SchR 9 S. 15
Belohnende Schenkung und nachträglich bewilligtes Entgelt für bereits geleistete Dienste, Unterschied SchR 5 S. 329
Bemessung des Schmerzensgeldes bei Amtshaftung SchR 11 S. 238
— des Zeitpunktes des Schadensersatzes SchR 1 S. 281
Benachrichtigung des persönlichen Schuldners durch Hypothekengläubiger im Falle der Zwangsversteigerung des Grundstücks; Beweislast SaR 2 S. 272
Berechnung der Bereicherung bei Veräußerung mit anderen Sachen zu einem Gesamtpreis SchR 8 S. 224
—, Haftung des Notars für zu hohe — eines Stempels SchR 11 S. 84
— der Revisionsbegründungsfrist AllgT 4 S. 119
—, Maßgebender Zeitpunkt für — des Schadens bei Schadensersatzanspruch wegen Nichterfüllung SchR 2 S. 82
— des Schadensersatzes wegen Nichterfüllung beim Werkvertrag SchR 7 S. 186
— des Schadensersatzanspruchs wegen Nichterfüllung auf Grund freihändigen Verkaufs der Ware SchR 3 S. 50
Berechnung des Pflichtteils ErbR 2 S. 375
— bei ungewissen und unsicheren Rechten ErbR 2 S. 390
— unter Berücksichtigung von Zuwendungen aus dem Gesamtgut ErbR 2 S. 406
Berechtigter i. S. v. § 878 BGB. SaR 1 S. 133
Berechtigtes Interesse i. S. v. § 824 Satz 2 BGB. SchR 9 S. 194
Bereicherung bei Schenkungen SchR 5 S. 305, 310
—, siehe auch Kondiktion und Ungerechtfertigte —
Bereicherungsanspruch nach § 816 BGB. gegen Erwerber einer gestohlenen Sache SchR 1 S. 350
—, Gegenstand und Inhalt des —s SchR 8 S. 292
— einer im Grundbuch als Rechtsinhaberin eingetragenen Ehefrau gegen ihren Ehemann, wenn sie nach Grundbuchrecht nicht ohne seine Zustimmung darüber verfügen konnte, obwohl es Vorbehaltsgut war FamR 1 S. 454
—, Grundbuchberichtigung als — SaR 1 S. 163
— aus § 951 I BGB. im Verhältnis zum Rechte der Hypothekengläubiger AllgT 1 S. 440

Bereicherungsanspruch gegen Nachhypothekar, wenn eine vorgehende Hypothek auf Grund einer Löschungserklärung gelöscht ist, der ein die Anfechtbarkeit nicht begründender Irrtum zugrunde liegt AllgT 2 S. 322
— nach § 816 II BGB. und Leistung des Schuldners an den bisherigen Gläubiger SchR 8 S. 360
— bei Ausübung eines gesetzlichen Rücktrittsrechts SchR 3 S. 359
—, *Saldotheorie bei —en aus nichtigen* Knebelungsverträgen SchR 4 S. 240

Bereicherungseinrede gegenüber Anspruch aus selbständigem Schuldversprechen SchR 8 S. 133
— gegenüber dem Zessionar eines selbständigen Schuldversprechens SchR 8 S. 127

Bergbauschaden, Grunddienstbarkeit betr. Verzicht auf —ersatz SaR 2 S. 192
—, Erstreckung der Hypothek auf Schadensersatzforderung wegen — AllgT 1 S. 190

Bergwerk i. S. v. § 2 RHpflG. NebenG 1 S. 229
—, Bestandteile des —eigentums SaR 1 S. 48

Bergwerksbetrieb i. S. v. § 148 Preuß. Allg. Berggesetz SaR 2 S. 73
—, Beschränkte persönliche Dienstbarkeiten über Duldung der Einwirkungen eines —es SaR 2 S. 188
—, Grunddienstbarkeit betr. Verzicht auf Bergschädenersatz SaR 2 S. 192
—, Ersatzansprüche wegen Raucheinwirkungen aus —, § 906 BGB., § 26 GewO. SaR 1 S. 236

Berichtigung des Grundbuchs, Miteigentum nach Bruchteilen und — — — SaR 1 S. 39
— und Eintragungsbewilligung des bisher eingetragenen Eigentümers NebenG 3 S. 41
—, Zurückzahlungsrecht wegen Verwendungen gegenüber der Klage auf — SaR 2 S. 64, 128

Berichtigungsanspruch, Rechtskraftwirkung des einen — zuerkennenden Urteils SaR 2 S. 110

Berufsfeuerwehr, Schadenszufügung durch — NebenG 1 S. 88

Berufsgenossenschaft, Zur Frage der Beaufsichtigung des Unternehmerbetriebs durch die — NebenG 2 S. 147
—, Ersatzanspruch der — gegen Unternehmer bei Bestellung eines Betriebsleiters NebenG 2 S. 55
—, Schadensersatzanspruch bei Weiterbezug des Gehalts des durch Unfall Verletzten und Übergang auf —? NebenG 2 S. 135
—, Konkursvorrecht der —en für Beitragsrückstände NebenG 2 S. 49
—, Rechtsverhältnis der — zum Postfiskus, § 726 RVO. NebenG 2 S. 17
—, Rückgriffsanspruch der — durch Vorsitzenden des Vorstandes NebenG 2 S. 66
—, Tariffähigkeit NebenG 2 S. 210
— und Unfallverhütungsvorschriften NebenG 2 S. 26, 41
—, Beginn der Verjährung nach § 852 BGB. bei Übergang des Anspruchs auf — AllgT 4 S. 249
—, Mitverschulden, Verjährung der Ansprüche des Verletzten und Ersatzanspruch der — NebenG 2 S. 86
—, Klage auf Feststellung eines Ersatzanspruchs aus § 1 RHpflG. zwecks Unterbrechung der Verjährung NebenG 2 S. 6
—, Zulässigkeit der Klage der —, Prüfung von Amts wegen NebenG 2 S. 77

Berufsvereinigung, Unterlassungsanspruch der — bei unzulässiger Einwirkung des Arbeitgebers auf Vereinigungsfreiheit der Angestellten NebenG 2 S. 198

Berufsvormund, Haftung einer Stadtgemeinde für pflichtwidriges Verhalten des —es AllgT 1 S. 203

Berufung, Verzicht auf — im Ehescheidungsprozeß FamR 1 S. 94

Berufungsanwalt, Erinnerung des —s an Nachweisfrist aus § 519 VI ZPO. SchR 2 S. 104
—, Verkehrsanwalt, Erfüllungsgehilfe des —s SchR 2 S. 104

Berufungsfrist, Haftung des als Armenanwalt tätigen Rechtsanwalts für Versäumung der — SchR 1 S. 375
Berufungsgericht, Zurückverweisung an das — AllgT 3 S. 198
Berufungsinstanz, Geltendmachung eines bei der Entscheidung übergangenen Anspruchs in der — SchR 7 S. 1
Beschädigung, Haftung des Gastwirts für — der in der Gaststube Verkehrenden SchR 7 S. 298
—, Haftung des Mieters für —en durch Erfüllungsgehilfen SchR 6 S. 99
Bescheinigung, Haftung aus — Dritten gegenüber SchR 1 S. 347, 400
Beschlagnahme von Feindeshand und Gefahrtragung SchR 5 S. 119
—, Einfluß der — beim Kauf auf Zahlungs- und Abnahmepflicht des Käufers SchR 1 S. 229
— von Mietzinsen, Erfordernis eines dinglichen Schuldtitels des Hypothekengläubigers? SaR 2 S. 346
— von Mietzinsen nach §§ 1123, 1124 BGB.; Rechte des Nießbrauchers dagegen SaR 2 S. 362
— i. S. v. §§ 1123, 1124 BGB. und Mietpfändungen auf Grund dinglichen Titels SaR 3 S. 25
— einer Ware während Übersendung und Tragen von Transportgefahr SchR 1 S. 311
Beschränkte Gattungsschulden, Ersatzherausgabe bei —n — SchR 1 S. 194
Beschränkte persönliche Dienstbarkeit, Instandhaltung von Anlagen, die einer —n —n — dienen SaR 2 S. 185
— über Duldung der Einwirkungen eines Bergbaubetriebes SaR 2 S. 188
— und Überlassung der Ausübung an einen anderen SaR 2 S. 219
Beschränkung der Haftung des Erben, Entscheidung darüber ErbR 1 S. 358
—, Beschluß der Gläubigerversammlung über — von Rechten der Gläubiger SchR 8 S. 164
Beschränkung der wirtschaftlichen Freiheit, Zulässigkeit AllgT 3 S. 260
Beschwerde und weitere Beschwerde **NebenG 3 S. 218—273**
—, Weitere — gegen Grundbucheintragung NebenG 3 S. 35
—, Zuständigkeit des Reichsgerichts für weitere —, § 79 II GBO. NebenG 3 S. 70
— einer geschäftsunfähigen Person gegen Anordnung einer Pflegschaft FamR 2 S. 326
Beschwerdefähigkeit der Ankündigung des Nachlaßrichters, einen Erbschein zu erteilen NebenG 3 S. 244
Beschwerderecht des als Erzeuger Inanspruchgenommenen, § 57 I Nr. 9 FGG. NebenG 3 S. 268
— des Nachlaßverwalters bzgl. Aufhebung der Nachlaßverwaltung NebenG 3 S. 255
Beschwerter Pflichtteilserbe, Beginn der Ausschlagungsfrist für einen durch Nacherbschaft —n —n ErbR 2 S. 411
Beschwertsein des Scheidungsklägers, der Klage auf die §§ 1568 u. 1565 BGB. stützte und obsiegendes Urteil auf Grund von § 1568 BGB. erlangte? FamR 1 S. 105
Beseitigungsanspruch des Eigentümers wegen eines fremden Baus auf seinem Grundstück SaR 2 S. 86
— siehe auch Abwehrklage
Besicht, Kauf auf — SchR 5 S. 99
—, Mängelhaftung beim Spezieskauf auf — SchR 5 S. 55
Besichtigungsrecht des Vermieters für Kauflustige SchR 6 S. 101
Besitz **SaR 1 S. 1—198**
—, Zur Frage der condictio possessionis SchR 8 S. 263
—, Auslegung des § 837 BGB. SchR 9 S. 53
— der Ehefrau am Gesamtgut bei der allgemeinen Gütergemeinschaft FamR 2 S. 37
—, Erkennbarkeit des —es beim Fahrnispfandrecht SaR 3 S. 227
—, Über —verhältnis beim Pfändungspfandrecht SaR 1 S. 17

Besitz des Bestellers am Werk und Abnahme desselben nach § 640 I BGB. SchR 7 S. 161
—, Zur Frage des — es an Sachen, die ohne Wissen des Wohnungsinhabers in die Wohnung gelangt sind SaR 1 S. 27
Besitzaufgabe, Mittelbarer Besitz und — des unmittelbaren Besitzes SaR 1 S. 23
Besitzdiener, Begriff SaR 1 S. 9
— oder unmittelbarer Besitzer bei gepfändeten, im Gewahrsam belassenen Sachen? SaR 1 S. 17
Besitzer, Verwendungsanspruch des —s SaR 2 S. 102
Besitzergreifung s. Besitzstörungsklage
Besitzerlangung, Unentgeltliche — nach § 988 BGB. bei Nichtigkeit des Grundstückskaufvertrages SaR 2 S. 131
Besitzerwerb, Guter Glaube bei — SaR 1 S. 23
Besitzkonstitut, Gutgläubiger Erwerb des Eigentums durch — SaR 1 S. 394
—, Verschaffung von Miteigentum durch — SaR 2 S. 12
Besitzstörungsklage wegen Besitzergreifung der Außenfläche der gemieteten Geschäftsräume zu Reklamezwecken SaR 1 S. 14
Besitzübertragung, Eigentumserwerb im guten Glauben bei — durch den Konkursverwalter SaR 1 S. 348
—, Auslegung des Willens der Übereignung und — SaR 1 S. 374
Besitzverlust, Wiedereinräumung des Zurückbehaltungsrechts und — SchR 1 S. 59
Besondere Vertreter nach § 30 BGB. AllgT 1 S. 353, 423
Bestand, Haftung für den — einer verkauften Hypothek SchR 5 S. 5
Bestandteil eines Gebäudes AllgT 2 S. 38
— bei beweglichen Sachen AllgT 2 S. 36
— einer Kohlenabbaugerechtigkeit SaR 1 S. 48
Bestandteil, Hypothekarische Haftung an —en u. Zubehör u. Abtretung der Hypothek SaR 2 S. 334
—, Maschinen, die nur zu einem vorübergehenden Zweck eingefügt sind als — des Gebäudes AllgT 2 S. 31
—, Sachen, die Nießbraucher mit Gebäude verbindet, als — des Grundstücks AllgT 2 S. 16
—, Wesentlicher — eines Fabrikgrundstückes AllgT 1 S. 440
—, *Wesentlicher — in einem Neubau* AllgT 1 S. 337
Bestätigung nach § 141 BGB., Erfordernisse AllgT 2 S. 405
— eines anfechtbaren Rechtsgeschäftes AllgT 2 S. 119, 185
— eines wegen Formmangels nichtigen Vertrages SchR 2 S. 258
— und bedingter Vertragsschluß AllgT 3 S. 385
— der Ehe durch Fortsetzung und Verlust des Aufhebungsrechts FamR 1 S. 83
Bestätigungsschreiben, Beweiskraft SchR 3 S. 415
— als Erfüllung der gesetzlichen Schriftform? AllgT 2 S. 104
—, Anfechtung eines Vertrages wegen Irrtums oder arglistiger Täuschung trotz widerspruchsloser Hinnahme eines —s AllgT 3 S. 89
—, Wirkung des Stillschweigens auf ein —, wenn Empfänger irrtümlich annimmt, daß sein Inhalt sich mit seinem Willen deckt AllgT 3 S. 325
Bestechung von Angestellten AllgT 3 S. 111, 125, 244 SchR 10 S. 49
—, Gültigkeit eines Kaufvertrages bei — kaufmännischer Angestellter AllgT 3 S. 11
— eines Angestellten des Käufers durch Verkäufer u. Rücktritt des Käufers vom Vertrage SchR 3 S. 221
Besteller, Fristsetzung nach § 643 BGB. bei Unmöglichkeit der vom — vorzunehmenden Handlung SchR 7 S. 144

Bestellung eines Pflegers für einen Minderjährigen, wenn die Eltern ihm Eigentum an ihren beweglichen Sachen bei Vorbehalt des Nießbrauchs daran übertragen FamR 2 S. 330
— zu einer Verrichtung i. S. v. § 831 BGB. SchR 9 S. 235
Bestellungskosten und Wirtschaftsjahr SaR 2 S. 100
Bestimmbarkeit der Forderung bei Abtretungen SchR 4 S. 94, 120
— des Abtretungsgegenstandes bei der Abtretung künftiger Forderungen SchR 4 S. 150, 155
Bestimmte Dauer, Begriff der auf eine — — eingegangenen Gesellschaft, Kündigung einer solchen SchR 6 S. 279
Bestimmte Zeit, Auf — — eingegangenes Dienstverhältnis SchR 7 S. 63
Bestimmungsrecht, Anrechnung einer Zahlung auf eine bestimmte Schuld und — des Schuldners SchR 3 S. 374
Bestrittene Forderung, Aufrechnung mit einer —n — und Aushändigung der Abtretungsurkunde SchR 4 S. 4
Beteiligter i. S. v. § 39 GBO. NebenG 3 S. 101
— i. S. v. § 830 BGB. SchR 9 S. 42, 363
Betrieb einer Eisenbahn, § 1 RHpflG., Begriff NebenG 1 S. 204
— eines Kraftfahrzeugs, § 7 KFG., Begriff NebenG 1 S. 101, 172
—, Beim — eines Kraftomnibusses zugezogene Verletzungen durch Rettung anderer Fahrgäste NebenG 1 S. 180
—, Unfall beim — der Reichsbahn und Reichspost durch Verletzung eines Fahrgastes auf dem Bahnsteig durch Postkarren NebenG 1 S. 284
—, Schadloshaltungsanspruch aus § 26 GewO. und Anspruch auf Einstellung des —es aus § 907 BGB. SaR 1 S. 228
—, Unfall „beim —" eines stillstehenden Kraftfahrzeugs SchR 11 S. 53
Betrieb, Ursächlicher Zusammenhang eines Unfalls mit dem — eines Kraftfahrzeugs NebenG 1 S. 83
Betriebsaufseher i. S. d. Gewerbeunfallversicherung NebenG 2 S. 141
Betriebsfeuerwehr, Schutz der Mitglieder der — durch § 899 II RVO.? NebenG 2 S. 141
Betriebsleiter, Ersatzanspruch der Berufsgenossenschaft gegen Unternehmer bei Bestellung eines —s NebenG 2 S. 55
Betriebsstörungsabrede in einem Vertrag, Begriff und Bedeutung AllgT 2 348
Betriebsunfall, Begriff, seelische Einwirkungen NebenG 1 S. 265
— in einem anderen Betrieb desselben Unternehmers und Unfallversicherung NebenG 2 S. 22
Betriebsunternehmen i. S. v. § 1 RHpflG., Begriff NebenG 1 S. 258, 292
Betriebsunternehmer, Unterlassung der Unfallanzeige seitens des —s SchR 9 S. 265
Betriebsweise, Über zunehmende Einwirkung eines Steinbruchbetriebes auf Nachbargrundstück durch Änderung der — SaR 1 S. 278
Betrogener Verkäufer, Schadensersatzanspruch SchR 5 S. 12
Betrug, Klage aus § 823 II BGB. und Klage auf Schadensersatz wegen Nichterfüllung aus § 463 Satz 2 BGB., Unterschied SchR 4 S. 396
—, Haftung des Postfiskus für Vermögensschaden der dem Inhaber eines Postscheckkontos durch — eines Dritten und eines Angestellten erwachsen ist SchR 11 S. 40
—, Vertragsmäßiger Ausschluß der Aufrechnung mit einer auf — beim Vertragsschluß beruhenden Schadensersatzforderung SchR 4 S. 29
—, Schadensersatz wegen —s beim Verkaufe eines Geschäfts SchR 1 S. 100
—, Durch — erlangtes Wucherdarlehen und § 817 Satz 2 BGB. SchR 8 S. 237

Beurkundeter Vertrag und entgegenstehende mündliche Abreden AllgT 2 S. 125

Beurkundung von Antrag und Annahme eines Vertrages je von einem anderen Notar an verschiedenen Orten AllgT 3 S. 320

— bei Bürgschaft für den Grundstücksverkäufer? SchR 8 S. 47

— des Verpflichtungs- und Erfüllungsgeschäfts beim Erbschaftskauf, § 819 BGB. ErbR 2 S. 456

—, Feststellung der Persönlichkeit bei — NebenG 3 S. 194, 212

— bei Protokollanlage NebenG 3 S. 153

—, Verlesung der Vollmacht als Protokollanlage bei — NebenG 3 S. 163

—, Verabredung der — eines Vertrages AllgT 3 S. 297

—, Gerichtliche od. notarielle — von Verträgen; Erfordernisse gemäß § 128 BGB. AllgT 2 S. 192

—, Amtspflichtverletzung des Prozeßrichters bei — eines Vergleichs durch Versäumung der Prüfung der Vollmacht des' Vertreters SchR 11 S. 66

—, Wirkung der unrichtigen — eines Rechtsgeschäfts AllgT 2 S. 109

Bevollmächtigter des Betriebsunternehmers nach § 899 RVO. NebenG 2 S. 71

—, Zur Frage der Wirksamkeit eines Vertragsschlusses, der durch einen —n des Vertreters namens des Vertretenen vorgenommen wird AllgT 4 S. 52

— oder Schreibgehilfe bei Unterzeichnung einer Willenserklärung mit Namen des Vollmachtgebers AllgT 2 S. 227

Bewahrungspflicht bei Pfandsachen, die der Vollziehungsbeamte für Steuern gepfändet, aber nicht weggeschafft hat SchR 11 S. 92

Beweggrund, Irrtum im — AllgT 2 S. 136

Bewegliche Sachen, Erwerb und Verlust des Eigentums an —n — **SaR 1 S. 333 bis Ende** **SaR 2 S. 1—30**

—, Bestandteile bei —n — AllgT 2 S. 36

Bewegliche Sachen, Unwesentliche Bestandteile eines Grundstücks als — —? AllgT 2 S. 38

—, Erwerb —r — in der Zwangsvollstreckung und Rechte des Eigentümers dieser Sachen SchR 8 S. 360

Beweis über den ursächlichen Zusammenhang zwischen Eisenbahnbetrieb und Unfall NebenG 1 S. 272

Beweis des ersten Anscheins SchR 11 S. 71

— und — durch Anzeichen SchR 10 S. 254

— bei ansteckenden Krankheiten SchR 7 S. 108

Beweisaufnahme, Richterliche Amtspflichtverletzung bei überflüssiger — mit Haftungsfolgen? SchR 11 S. 189

Beweislast bei Klage auf Auszahlung eines versprochenen Darlehns, wenn Beklagter einen vom Kläger über die Darlehnssumme ausgegebenen Wechsel in Händen hat SchR 4 S. 45

— bei der condictio indebiti SchR 8 S. 313

— beim Schadensersatzanspruch aus Dienst- oder Werkvertrag SchR 7 S. 180

— bei den Schutzmaßnahmen nach § 618 BGB. SchR 7 S. 74

— bei Zustimmung zum Ehebruch FamR 1 S. 122

—, Eigentumsvermutung des § 1006 BGB. und — SaR 2 S. 109

— bei Annahme einer Sache als Erfüllung, der die zugesicherten Eigenschaften fehlen SchR 3 S. 379

— für mangelhafte Beschaffenheit der Ware SchR 5 S. 104

— bzgl. des Verschuldens einer mangelhaft gelieferten Sache beim Gattungskauf SchR 4 S. 391

— bei Behauptung des Grundstückseigentümers, daß Hypothek keine Forderung zugrunde liegt SchR 5 S. 333

Beweislast bzgl. der Benachrichtigung des persönlichen Schuldners durch Hypothekengläubiger b. Zwangsversteigerung des Grundstücks SaR 2 S. 272
— bei konkurrierendem Verschulden, § 1 RHpflG. NebenG 1 S. 232
— nach §§ 7 und 17 KFG. NebenG 1 S. 177
— beim Zusammenstoß zweier Kraftfahrzeuge NebenG 1 S. 50
— bei Verletzung der Pflichten aus dem Personenbeförderungsvertrag NebenG 1 S. 284
— beim Personenbeförderungsvertrag über verkehrssicheren Zugang zum Zuge NebenG 1 S. 260
— bzgl. Entschädigungsanspruch, wenn beim Schuldner gelassene Pfandsachen abhanden gekommen sind SchR 11 S. 90
— bei Rückforderung des zur Erfüllung einer Verbindlichkeit angeblich unter Vorbehalt Geleisteten SchR 8 S. 329
— bei der Stundung einer Kaufpreisforderung SchR 1 S. 56
—, wenn Nichtigkeit eines äußerlich ordnungsmäßigen Testaments behauptet wird ErbR 2 S. 322
— bei Anfechtung einer letztwilligen Verfügung ErbR 2 S. 147
— in betreff der Wahrheit der verbreiteten Behauptungen SchR 9 S. 75
— bei der Wandelungsklage SchR 4 S. 357
Beweisvertrag, Unterschied zwischen —, Schiedsrichtervertrag und Schiedsgutachtervertrag SchR 2 S. 298
Beweiswürdigung beim Schadensersatz SchR 1 S. 51
Bezeichnung der mitwirkenden Personen in einem Protokoll über die Errichtung eines Testaments ErbR 2 S. 304
Bezugsberechtigung, Widerruf der — bei einer Lebensversicherung SchR 3 S. 300
BGB., Haftung nach — neben Haftung aus KFG. NebenG 1 S. 1
Bienenhalter, Haftung SchR 10 S. 241
Bienenvölker, Vernichtung durch Raucheinwirkung und Schadensersatz- bzw. Aufopferungsanspruch SaR 2 S. 121
Bierabnahmevertrag, Rücktritt wegen vereinzelter schlechter Lieferungen SchR 1 S. 40
— Sittenwidrigkeit eines —es AllgT 3 S. 189
—, Eingriff in einen —, § 826 BGB. SchR 9 S. 158
Biersteuer, In Rechnung stellen der — durch Brauerei gegenüber Gastwirt SchR 3 S. 337
Bierverleger, Haftung für Verlust von leihweise erhaltenen Bierflaschen SchR 7 S. 16
Bietungsabkommen zwischen Ersteher und Hypothekengläubiger in der Zwangsversteigerung SchR 9 S. 46
Billigkeitsanspruch aus § 829 BGB., wenn Schädiger weder Vermögen noch Einkommen hat SchR 10 S. 301
Billigung der Ware beim Kauf auf Probe SchR 5 S. 206
Bindung des Käufers eines Grundstücks an ein vereinbartes dingliches Vorkaufsrecht SaR 1 S. 63
— des ordentlichen Gerichts an Entscheidung der Versicherungsbehörde NebenG 2 S. 71, 77, 163
— des Vorkaufsberechtigten an die Erklärung des Vorkaufsrechts SchR 5 S. 179
— s. auch Lange —
Bisheriger Gläubiger, Bereicherungsanspruch nach § 816 II BGB. und Leistung an den —n — SchR 8 S. 360
Blankoabtretung einer Grundschuld SchR 4 S. 44
Blankobeglaubigung, Aushändigung durch Notar SchR 11 S. 14
Blankoindossament, Übergang der Schadenersatzansprüche bei Übergabe der mit — versehenen Teilschuldverschreibungen SchR 8 S. 171
Blankozession einer Grundschuld SaR 2 S. 300
Bleihaltiges Wasser, Haftung der Gemeinde für — — SchR 1 S. 249
SchR 10 S. 166

Blutentnahme, Ablehnung der — bei dem Mündel und Beschwerderecht des als Erzeuger Inanspruchgenommenen NebenG 3 S. 268

Blutgruppenuntersuchung als Beweis im Prozeß wegen Anfechtung der Ehelichkeit FamR 2 S. 114

Bordell, Kauf zu —zwecken und § 817 BGB. SchR 8 S. 206, 232

Bordellgrundstück, Verstoß gegen gute Sitten beim Bauvertrag über ein — AllgT 2 S. 209

—, Verlangen der Herausgabe eines —s und § 826 BGB. AllgT 2 S. 302

Bordellkauf und Einrede der Arglist SchR 9 S. 115

Börsentermingeschäft SchR 7 S. 334

—, Herausgabe wegen Ungültigkeit des —s und Wegfall der Bereicherung SchR 8 S. 329

—, Saldoanerkenntnis und Berufung auf Unwirksamkeit von in der Abrechnung enthaltenen —en SchR 7 S. 330

—, Einwand der Unklagbarkeit von —en, Haftung des Anwalts für Unterlassung des Einwandes SchR 7 S. 84

Börsenverein der Deutschen Buchhändler, Maßnahmen gegen Preisunterbietung SchR 9 S. 29

Bösliche Verlassung, Scheidung FamR 1 S. 166

Bösliche Schenkung nach § 2287 BGB. ErbR 2 S. 91, 94

Bote, Über Schenkung von Wertpapieren, die nach dem Tode des Schenkers durch dessen —n dem Beschenkten überbracht werden SaR 1 S. 350

Boykottierung Gewerbetreibender durch Arbeiterkoalitionen, Verstoß gegen gute Sitten? NebenG 2 S. 184

Brand, Ersatz des durch — in einer Kühlhalle entstandenen Schadens Dritter SchR 2 S. 214

Brandstiftung, Fahrlässige — als Schutzgesetz zugunsten des Baulastpflichtigen SchR 9 S. 181

Brauerei, Haftung für Verlust von leihweise erhaltenen Bierflaschen gegenüber — SchR 7 S. 16

Bremser, Pflichten des —s des zweiten Anhängers eines Lastkraftwagens SchR 10 S. 200

Briefgeheimnis, Verletzung des —ses als Schutzgesetz SchR 9 S. 252

Briefgrundschuld, Öffentlicher Glaube des Grundbuchs bei Erwerb einer — vor Eintragung des Veräußereres im Wege von §§ 1117, 1154 BGB. SaR 1 S. 144

Briefhypothek, Abtretung einer — durch Aushändigung einer Abtretungsurkunde an Zessionar AllgT 2 S. 335

—, Gesamthypothek als — und Buchhypothek SaR 2 S. 347

—, Gutgläubiger Erwerb einer nicht valutierten — SaR 3 S. 110

—, Scheingeschäft bei Abtretung einer — AllgT 4 S. 95

—, Veräußerungsverbot AllgT 2 S. 335

—, Über Rückgabe des Gegenwerts der — bei Erlöschen der Hypothek im Zwangsversteigerungsverfahren SchR 8 S. 214

Briefwechsel, Aufhebung eines Vertrages durch — AllgT 3 S. 318

—, Auslegung eines —s zwischen Zessionar und Schuldner SchR 4 S. 70

Bringschulden, Geldschulden sind — auch im Platzverkehr SchR 1 S. 93

Bruchteilseigentum, Umwandlung des Gesamthandseigentum der Erbengemeinschaft in — der Miterben ErbR 1 S. 414

—, Eintragung des Nacherbenrechts auf das dem Vorerben bei der Auseinandersetzung mit seinen Miterben zugeteilte — am Nachlaßgrundstück ErbR 2 S. 175

Bruchteilseigentümer, Eintragung von in Errungenschaftsgemeinschaft lebenden Eheleuten als — im Grundbuch FamR 2 S. 83

Bucheigentümer, Klage auf Beseitigung einer Hypothek von wirklichem Eigentümer gegenüber — SaR 2 S. 71, 110

Buchgesamthypothek, Pfändung SaR 2 S. 299

Buchhändler, Maßnahmen des Börsenvereins der Deutschen — gegen Preisunterbietung SchR 9 S. 29

Buchhypothek, Gesamthypothek als — und Briefhypothek SaR 2 S. 347

Buchungsfreies Grundstück, Übereignung eines bisher —n —s SaR 1 S. 185

—, Eintragungsgrundsatz bei Veräußerung, § 39 GBO. NebenG 3 S. 107

Bühnenverein, Bindende Vorschriften des —s über Höchstgagen für seine Mitglieder, Verstoß gegen die guten Sitten? AllgT 3 S. 74

Bürge, Anspruch des —n im Konkurse des Hauptschuldners SchR 7 S. 365

Bürgenhaftung, Einwendungen dagegen SchR 6 S. 365

Bürgermeister als Urkundsperson bei Kaufvertrag der Stadt mit Dritten NebenG 3 S. 149

Bürgschaft SchR 7 S. 338 bis Ende SchR 8 S. 1—82

—, Arglistige Täuschung über Hauptschuldner SchR 9 S. 226

—, Aufrechnung gegen —sschuld SchR 7 S. 338

— und Erfüllungsübernahme SchR 3 S. 242

—, Erlöschen der — durch Wegfall des Schuldners SchR 8 S. 63, 74

—, Form AllgT 1 S. 16

—, Gültigkeit bei Formnichtigkeit eines Kaufvertrages AllgT 3 S. 388

— und Wegfall der Geschäftsgrundlage AllgT 1 S. 402 AllgT 3 S. 220

— für den Grundstücksverkäufer u. § 313 BGB. AllgT 3 S. 135

— bei Schwarzkauf eines Grundstücks SchR 2 S. 401

—, Ausgleichung unter Mitbürgen, die Gesellschafter einer GmbH. sind und für eine Schuld der Gesellschaft die — übernommen haben SchR 4 S. 283

Bürgschaft und kummulative Schuldübernahme SchR 4 S. 180

— für eine Unterhaltsverpflichtung geschiedener Ehegatten FamR 1 S. 278

Bürgschaftserklärung, Auslegung SchR 7 S. 347

—, Zur Gültigkeit des Bürgschaftsvertrages durch Erteilung einer Abschrift der — SchR 8 S. 27

Bürgschaftsübernahme als Bestandteil eines gegenseitigen Vertrages SchR 3 S. 66

Bürgschaftsurkunde, Erfordernisse SchR 7 S. 362

— und Bezeichnung des Gläubigers SchR 8 S. 56

Bürovorsteher, Vorbereitung eines notarischen Aktes durch — SchR 11 S. 223

—, Haftung des Notars für falsche Rechtsauskünfte seines —s SchR 11 S. 223

—, Haftung des Rechtsanwalts für — als Erfüllungsgehilfen SchR 1 S. 274

Buße, Anrechnung SchR 9 S. 270

C

C & F-Geschäft, Verzicht auf Übersendung SchR 3 S. 120

Cavete-Tafel, Aufnahme eines Heimes in die — eines ärztlichen Standesvereins, § 826 BGB. SchR 10 S. 24

Clausula rebus sic stantibus, Allgemeine Berufung darauf SchR 1 S. 327

—, Anwendung wegen veränderter Leistung bei gegenseitigem Vertrag SchR 1 S. 261

— s. Geschäftsgrundlage und Veränderte Umstände

Condictio indebiti, Beweislast SchR 8 S. 313

— **possessionis** SchR 8 S. 263 SaR 1 S. 18

Contrahieren mit sich selbst AllgT 3 S. 398

— eines Geschäftsführers einer GmbH. AllgT 3 S. 388

Contrahieren mit sich selbst beim Testamentsvollstrecker ErbR 2 S. 226
— bei einem Vertreter AllgT 3 S. 411
—, wenn ein Pfleger mehrere Minderjährige bei einer Erbteilung vertritt, Zulässigkeit AllgT 3 S. 415
— eines Vormunds für mehrere Mündel auf Ermächtigung des Vormundschaftsgerichts hin? AllgT 3 S. 418
Culpa in contrahendo s. Verschulden beim Vertragsschluß

D

Dampfschiffahrtsgesellschaft, Haftung der — für verkehrssicheren Zustand des Geländes an der Anlegestelle SchR 9 S. 349
Darlehn und Leihe **SchR 6 S. 365—Ende SchR 7 S. 1—18**
—, Rechtsnatur SchR 6 S. 371
—, Beweislast bei Klage auf Auszahlung eines versprochenen —s, wenn Beklagter einen vom Kläger über die —ssumme ausgestellten Wechsel in Händen hat SchR 4 S. 45
—, Nichtigkeit des —sgeschäfts bei Nichtigkeit der zur Sicherheit erfolgten Pfandbestellung AllgT 2 S. 313
—, Preistreiberei durch übermäßigen Verdienst des —sgebers NebenG 2 S. 274
—, Sittenwidriger —svertrag AllgT 3 S. 80
— zu Spielzwecken SchR 7 S. 326
—, Umwandlung der Werklohnforderung in eine —sforderung SchR 8 S. 9
—, Zugesagter —svertrag und Verzugszinsen SchR 1 S. 186
—, Abtretung des Anspruchs aus einem —svorvertrag SchR 4 S. 45
—, Wahlschuld bei Rückzahlung des —s in holländischer oder deutscher Währung SchR 1 S. 442
Darlehen, Wertersatz bei Unwirksamkeit eines —svertrages für genossene Kapitalnutzung nach Bereicherungsgrundsätzen SchR 8 S. 339
—, Zurückforderung des Kapitalbetrages bei einem gegen übermäßiges Entgelt gewährten, nach § 138 BGB. nichtigen — SchR 8 S. 363
Darlehnsschuld, Form der Aufhebung eines Erlaßvertrages über eine — SchR 4 S. 41
—, Form der Umwandlung einer verjährten Schuld in eine — AllgT 4 S. 154
—, Umfang der Vertragsfreiheit bei Erlaß einer — SchR 4 S. 37
Darlehnsversprechen, Klage aus —, Aktivlegitimation des Zedenten SchR 4 S. 65
Dauer eines Dienstverhältnisses SchR 7 S. 63
— der minderjährigen Kindern zu gewährenden Rente NebenG 1 S. 212
Dauernde Geschäftsverbindung, Zurückbehaltungsrecht SchR 1 S. 102
Dauerndes Dienstverhältnis mit festen Bezügen SchR 7 S. 88
Deckungszusage, Auslegung einer vorläufigen — AllgT 3 S. 103
Deflorationsanspruch FamR 1 S. 7, 11
— bei Beiwohnung vor dem Verlöbnis FamR 1 S. 4
Depotschein, Rechtsnatur eines an Order gestellten —s SaR 3 S. 285
Deutscher Sprachgebrauch, Nachprüfung durch Revisionsgericht AllgT 3 S. 352
Devisen, Annahmeverzug des —ausländers SchR 2 S. 247
—, Annahmeverzug eines ausländischen Gläubigers und Rückzahlung auf Sperrkonto bei einer —bank an Erfüllungsstatt SchR 2 S. 60
—, Schadensersatz wegen Nichterfüllung mangels Genehmigung der —behörde SchR 3 S. 230
Diebstahl, Haftung des Gastwirts für — von Wertsachen SchR 7 S. 294

Diebstahl in Gasthäusern, höhere Gewalt SchR 7 S. 285
—, Haftung des Lagerhalters SchR 7 S. 304
—, Haftung des Rollfuhrunternehmers dem Käufer gegenüber SchR 9 S. 293
— und Schwarzfahrt NebenG 1 S. 126
—, s. auch Gestohlene Sache

Dienstbarkeiten **SaR 2 S. 159—250**
— s. auch Beschränkte persönliche —

Dienste, Schadensersatz nach § 845 BGB. für entgehende — der Ehefrau SchR 10 S. 175
—, Nachträglich bewilligtes Entgelt für geleistete — und belohnende Schenkung, Unterschied SchR 5 S. 315, 329
— des Kindes im Hauswesen oder Geschäft der Eltern FamR 2 S. 185
—, Fristlose Kündigung bei —n höherer Art SchR 7 S. 26
—, Haftung beim —verschaffungsvertrag SchR 7 S. 29

Dienstleistungen, Verstoß gegen gute Sitten bei Schädigung von Gläubigern durch unentgeltliche — AllgT 2 S. 173

Dienstreise, Haftung der Reichspost für Verschulden ihrer Beamten auf —n in beamteneigenen Kraftwagen SchR 11 S. 247

Dienstverhältnis, Auf bestimmte Zeit eingegangenes — SchR 7 S. 63
—, Begriff des dauernden —ses mit festen Bezügen AllgT 3 S. 169

Dienstvertrag **SchR 7 S. 18—120**
—, Anwendung des § 323 BGB. auf — SchR 3 S. 124
—, Kündigung von auf unbestimmte Zeit eingegangenen gesellschaftsähnlichen und —sähnlichen Vertragsverhältnissen SchR 6 S. 271
—, Teilnichtigkeit eines —es AllgT 3 S. 169
—, Form der Zusicherung eines Ruhegehalts in einem — SchR 6 S. 233, 238

Dienstwaffe, Mitführen einer — durch uniformierten Grenzzollbeamten als Ausübung öffentlicher Gewalt SchR 11 S. 193

Dienstwagen, Ausübung öffentlicher Gewalt, wenn Polizeibeamter — eines Offiziers fährt? SchR 11 S. 185

Differenzgeschäfte — Kassageschäfte SchR 7 S. 321

Dingliche Surrogation beim Erwerb für Vorbehaltsgut FamR 1 S. 415

Dingliche Wirkung der Vereinbarung, daß erst nach Erreichung eines bestimmten Guthabens bei einer Amortisationshypothek der betreffende Hypothekenteil auf den zahlenden Eigentümer übergehen soll SaR 3 S. 28

Dinglicher Schuldtitel, Erfordernis eines —n —s des Hypothekengläubigers zur Beschlagnahme von Mietzinsen SaR 2 S. 346

Dingliches Erfüllungsgeschäft, Anfechtung AllgT 2 S. 189
—, Wirkung der Anfechtung auf — — AllgT 2 S. 202
— **Rechtsgeschäft**, Nichtigkeit des —n —s bei Wucher AllgT 2 S. 89
— **Vorkaufsrecht** und Formerfordernis des § 313 BGB.; Heilung durch Eintragung SaR 2 S. 155
—, Berufung des Vorkaufsverpflichteten dem Käufer gegenüber auf Ausübung des Vorkaufsrechtes SaR 2 S. 150
—, Umdeutung eines —n —s in ein durch die Bestellung einer Auflassungsvormerkung zu sicherndes schuldrechtliches Vorkaufsrecht AllgT 2 S. 407

Dispensehe, Österreichische —, Rechtsgültigkeit AllgT 1 S. 146

Dissens u. Irrtum, Unterschied AllgT 2 S. 95
AllgT 3 S. 313
— s. auch Versteckter —

Dolmetscher, Zuziehung bei Beurkundung NebenG 3 S. 197

Doppelbuchung eines Grundstücks SaR 1 S. 42

Doppelehe infolge Nichtanerkennung einer im Ausland ausgesprochenen Scheidung im Inland AllgT 1 S. 179
Draufgabe, Vertragsstrafe **SchR 3 S. 311—340**
Dritter, Versprechen der Leistung an einen —n **SchR 3 S. 236—311**
— i. S. v. § 839 BGB. bei Amtspflichtverletzung von Handelsregisterführern SchR 11 S. 66
—, Aufrechnung mit der einem —n zustehenden Gegenforderung SchR 4 S. 11
—, Übertragung der Auftragsausführung an einen —n SchR 7 S. 270
—, Über Aufwertungsvereinbarung zugunsten eines —n SchR 8 S. 86
—, Bereicherungsanspruch gegen —n als Ausgleich für das Aufgeopferte des Bereicherten SchR 8 S. 240
—, Wegfall der Bereicherung durch Zahlung an —n SchR 8 S. 260
—, Haftung aus Bescheinigung —n gegenüber SchR 1 S. 347, 400
—, Beschwerderecht — gegen Beschluß des Vormundschaftsgerichts? NebenG 3 S. 223
—, Eigentumsübertragung zugunsten eines —n SchR 3 S. 261
—, Auswahl eines Erben durch einen —n ErbR 2 S. 143
—, Erfüllung durch Leistung an —n und Bereicherung SchR 8 S. 246
—, Über die Zulässigkeit, in einem Grundstücksveräußerungsvertrag einen —n zur Festlegung des Grundstücks zu bestimmen SchR 2 S. 418
—, Haftung des Verkäufers wegen der Rechte — auf die Kaufsache, § 440 III BGB. SchR 5 S. 103
—, Makler als — i. S. v. § 123 II BGB. AllgT 2 S. 395
—, Eingriff eines —n in den Mietbesitz SchR 9 S. 59
—, Haftung des Mieters wegen baulicher Mängel der Mietsache gegenüber —n SchR 6 S. 25
—, Haftung des Grundstückseigentümers —n gegenüber, wenn Mieter Verkehr in den Mieträumen eröffnet hat SchR 5 S. 372
Dritter, Belehrungspflicht des Notars gegenüber mitanwesenden —n NebenG 3 S. 190
—, Ansprüche — bei öffentlich-rechtlichen Verhältnissen SchR 1 S. 341
—, Vertrag über den Pflichtteil eines noch lebenden —n ErbR 2 S. 411
—, Anspruch aus dem Rechte eines —n SchR 1 S. 30
—, Schadensbegründung aus der Person eines —n SchR 1 S. 191
—, Geltendmachung des Schadens eines —n SchR 5 S. 33
—, Ersatz des Schadens —, denen die Vertragspartei nicht ersatzpflichtig ist SchR 2 S. 214
—, Haftung des Tierhalters für Verletzungen eines —n SchR 8 S. 377 SchR 9 S. 7
—, Ansprüche — bei Tötung des Unterhaltspflichtigen SchR 9 S. 140
—, Haftung des Verkäufers für Rechte — SchR 5 S. 26
—, Verschulden des ersatzberechtigten —n, §§ 844, 845 BGB. SchR 9 S. 25
—, Vertrag zugunsten — AllgT 3 S. 73
—, Schadensersatzansprüche — bei Verletzung der Pflichten aus einem Werkvertrage SchR 7 S. 188
Drohende Gefahr, Abwendung einer durch eine Sache —n — AllgT 4 S. 285
Drohung, Nichtigkeit eines durch — zustandegekommenen Rechtsgeschäftes AllgT 2 S. 370
—, Rechte des Schuldners eines durch — erzwungenen Schuldversprechens nach Ablauf der Anfechtungsfrist SchR 9 S. 175
—, Anfechtung eines Vergleichs wegen rechtswidriger — AllgT 3 S. 29
—, Begriff der Widerrechtlichkeit der — i. S. v. § 123 BGB. AllgT 3 S. 14, 19, 276
—, Anfechtung wegen —, Aufhören der Zwangslage AllgT 2 S. 340
Duldung eines Notweges SaR 1 S. 214

Duplikatfrachtbrief, Banküberweisung gegen — SchR 8 S. 150

Durchgehen eines Pferdegespanns und typischer Geschehensablauf SchR 11 S. 71

E

Echtheit der Unterschrift, Prüfungspflicht des Beamten einer Gemeindekasse auf — bei Vorlage von Quittungen AllgT 4 S. 1

Ehe, Wirkungen der — im allgemeinen **FamR 1 S. 305—374**

—, Nichtigkeit und Aufhebung der — **FamR 1 S. 20—93**

—, Gültigkeit einer — von Ausländern im Ausland geschlossen AllgT 1 S. 179

— zwischen Deutschen und Ausländern AllgT 1 S. 67

—, Sowjetehe AllgT 1 S. 55

—, Nichtigkeit einer — von Ausländern AllgT 1 S. 53

—, s. auch Scheidung der —

Eheähnliche Lebensgemeinschaft der geschiedenen Ehefrau als Grund zur Versagung des Unterhaltsanspruchs FamR 1 S. 290

Eheanfechtung s. Aufhebung der Ehe

Eheaufhebung s. Aufhebung der Ehe

Ehebrecher, Schadensersatzpflicht des —s wegen der Unterhaltspflicht des Ehemanns gegenüber einem im Ehebruch erzeugten, während der Ehe geborenen Kindes, dessen Ehelichkeit nicht mehr anfechtbar ist SchR 10 S. 183

Ehebruch, Anfechtung eines Ehescheidungsurteils, das auf — gestützt ist FamR 1 S. 103

—, Anwendung des § 43 Satz 2 EheG. auf — FamR 1 S. 210

—, Feststellung FamR 1 S. 188

—, Legitimation eines im — erzeugten Kindes durch nachfolgende Ehe FamR 2 S. 204

—, Scheidung FamR 1 S. 153

—, Unterlassungsklage FamR 1 S. 339

—, Zustimmung zum —, Beweislast FamR 1 S. 122

Ehefrau, Klage der — aus § 12 BGB. Ehesache? AllgT 1 S. 285

—, Widerlegung der Eigentumsverwendung für die zum persönlichen Gebrauch der — bestimmten Gegenstände FamR 1 S. 326

—, Vergütungsanspruch der — für die Führung des Geschäfts ihres im Kriege befindlichen Ehemannes FamR 1 S. 334

—, Geschäftsübertragung an — und nachfolgende Scheidung SchR 2 S. 206

—, Eintragung eines Grundstücks als Gesamtgut ohne Mitwirkung der — NebenG 3 S. 49

—, Mitarbeit der — im Geschäft des Mannes und Erträgnisse daraus FamR 1 S. 310

—, Mitarbeit der — im Geschäft des Mannes und Vergütungsanspruch FamR 1 S. 361

—, Verlangen des Schädigers auf unentgeltliche Mitarbeit der — des Verletzten SchR 10 S. 318

—, Schlüsselgewalt der — bei Beschaffung von Kleidern nur für ihren eigenen Bedarf FamR 1 S. 305

—, Stellung der — nach § 1356 BGB. FamR 1 S. 346

—, Verstoß gegen gute Sitten bei Kaufgeschäften, bei denen — zur Täuschung des Ehemannes Verkäufer zur Ausstellung unvollständiger Rechnungen veranlaßt hat AllgT 2 S. 398

—, Anspruch der — bei gleichzeitiger eigener Verletzung und Tötung ihres Ehemanns auf Geldrente aus §§ 483, 844 BGB. SchR 10 S. 305

—, Schadensersatz nach § 845 BGB. für entgehende Dienste der — SchR 10 S. 175

—, Umfang der Haftung des Kraftfahrzeughalters bei Verletzung einer — NebenG 1 S. 78

—, Schadensersatzanspruch der — gegen ihren Ehemann wegen eines Unfalls, den sie bei Benutzung des ihr von ihm zur Verfügung gestellten Kraftwagens erlitten hat NebenG 1 S. 122

Ehefrau, Schadensersatzanspruch einer im gesetzlichen Güterstand lebenden —, die den ehelichen Haushalt aus ihrem Vorbehaltsgut bestritten hat und durch einen Unfall unfähig geworden ist, ihre Tätigkeit im Hauswesen fortzusetzen FamR 1 S. 406

—, Zur Klage des Ehemanns auf Schadensersatz der bei einem Zusammenstoß verletzten — kraft Abtretung NebenG 1 S. 133

—, Wohnsitz AllgT 1 S. 257

— s. auch Ehemann und Selbständiges Erwerbsgeschäft der —

Ehegatten, Eigentumserwerb unter — gemäß § 930 BGB. SaR 1 S. 364

—, Örtliches Recht bei Trennung v. Tisch und Bett bei —n fremder Staatsangehörigkeit AllgT 1 S. 2

—, Unterhaltspflicht ausländischer — AllgT 1 S. 20

—, Unterhaltsabkommen zwischen — für die Zeit nach der Scheidung AllgT 3 S. 228, 368

—, Unterhaltsabkommen zwischen getrennt lebenden — AllgT 3 S. 17

—, Bürgschaft für eine Unterhaltsschuld geschiedener — SchR 2 S. 146

—, Form des gemeinschaftlichen Testaments ErbR 2 S. 319

—, Widerruf eines gemeinschaftlichen Testaments durch einen — ErbR 2 S. 77

Eheherstellungsklage italienischer Staatsangehöriger AllgT 1 S. 131

Eheliche Abstammung **FamR 2 S. 93—116**

— **Gemeinschaft,** Bedeutung der —n —, wenn den Ehegatten Getrenntleben gestattet ist FamR 1 S. 318

—, Zulässigkeit einer Feststellungsklage über Bestehen oder Nichtbestehen der —n — FamR 1 S. 337

— s. auch Herstellung der ehelichen Gemeinschaft

— **Kinder,** Rechtliche Stellung **FamR 2 S. 140—189**

Ehelicher Güterstand, Vereinbarung von Abweichungen vom —n — hinsichtlich einzelner Vermögensstücke FamR 2 S. 67

Eheliches Güterrecht in der Provinz Westfalen SaR 2 S. 110

Ehelichkeitsanfechtung s. Anfechtung der Ehelichkeit

Ehelichkeitserklärung und Recht der unehelichen Mutter an dem Kinde FamR 2 S. 193

—, Klage der unehelichen Mutter auf Herausgabe des Kindes gegen den Vater wegen Fehlens wesentlicher Voraussetzungen der — FamR 2 S. 201

Ehemann, Haftung des —es aus § 831 BGB. für Arbeiten der Ehefrau, zu denen sie nach § 1356 II BGB. verpflichtet ist SchR 10 S. 179

—, Haftung für Schädigung durch geisteskranke Ehefrau SchR 9 S. 108

—, Haftung des —s für Schaden, den die Ehefrau bei Ausübung ihrer Tätigkeit in seinem Geschäft erleidet NebenG 1 S. 295

—, Schadensersatzpflicht des —s für schädigendes Verhalten seiner Frau FamR 1 S. 346

—, Mitwirkendes Verschulden des —s bei Unfall der Ehefrau, Anrechnung auf ihren Schadensersatzanspruch SchR 10 S. 91

—, Geltendmachung des Schmerzensgelds der Ehefrau im eigenen Namen SchR 9 S. 207

—, Übergang des Unterhaltsanspruchs des unehelichen Kindes auf den — der Kindesmutter, der bis zur Anfechtung der Ehelichkeit dem Kinde Unterhalt gewährt hat FamR 2 S. 216

—, Verwaltung und Nutznießung des —s an der Geldrente, die er seiner von ihm getrennt lebenden Ehefrau zu gewähren hat FamR 1 S. 317

— s. auch Ehefrau

Ehemännliche Verwaltung und Auskunftsverlangen der Frau im gesetzl. Güterrecht FamR 1 S. 437

— **Zustimmung,** Entbehrlichkeit der —n — FamR 1 S. 422

Ehenichtigkeitsklage zwischen Ausländern AllgT 1 S. 105
Ehescheidung s. Scheidung
Eheschließung eines Deutschen mit einer Ausländerin AllgT 1 S. 146
—, Nichtigkeit wegen vorübergehender Störung der Geistestätigkeit FamR 1 S. 20
Eheschließungsform für eine von Ausländern verschiedenen Heimatsrechts im Ausland eingegangenen Ehe AllgT 1 S. 108
Eheverfehlungen, Beiderseitige — u. Ausschluß des Scheidungsrechts FamR 1 S. 229
— s. Scheidung wegen —, Ehewidriges Verhalten und Zerrüttung der Ehe
Eheversprechen einer verheirateten Person FamR 1 S. 11
Ehevertrag, Form des —s für zwischen Ehegatten vereinbarte Beitragspflicht der Frau FamR 1 S. 408
—, Erfordernisse des —s i. S. v. § 30 II TestGes. FamR 2 S. 64
Ehewidriges Verhalten, Anfechtung eines Urteils, das auf Ehebruch und nicht auf — — gestützt war FamR 1 S. 105
—, Scheidung wegen —n —s FamR 1 S. 123
—, Scheidung nur wegen —n —s trotz Stützens der Klage auf Ehebruch FamR 1 S. 105
— durch Vernachlässigung des Hauswesens FamR 1 S. 114
— s. auch Eheverfehlung und Zerrüttung der Ehe
Ehrengerichtliches Verfahren, Austritt aus einem Verein bei anhängigem —n — AllgT 1 S. 370
Ehrenrührige Behauptungen, Auskunftspflicht des Beleidigers über Personenkreis, dem er — — mitgeteilt hat SchR 10 S. 102
Ehrenwort, Verstoß gegen gute Sitten bei Verpflichtung auf — AllgT 2 S. 288
—, Verpfändung des —s im Dienstvertrag AllgT 2 S. 245
—, Verstoß gegen gute Sitten bei Versprechen eines Angestellten, sich des Wettbewerbs zu enthalten gegen — AllgT 2 S. 222
Ehrverletzungen durch irrtümliche tatsächliche Aufstellungen in einem Buch AllgT 1 S. 276
—, Schmerzensgeld SchR 10 S. 106
Eigenbesitz, Auslegung des § 837 BGB. SchR 9 S. 53
—, Wirkung des Ausschlußurteils bei — eines Grundstücks, § 927 I 3 BGB. SaR 1 S. 308
Eigene Erzeugnisse, Verpflichtung einer Fabrik zur Lieferung —r — SchR 1 S. 231
— **Gefahr,** „Handeln auf — —" bei Gefälligkeitsfahrt SchR 10 S. 103, NebenG 1 S. 154
—, Handeln auf — — der Zuschauer bei Kraftwagenrennen NebenG 1 S. 93
— **Verfehlung** des Scheidungsklägers im Scheidungsverfahren FamR 1 S. 132
Eigener Name, Wirksamkeit einer Abtretung, wenn Abtretender Forderung noch im —n —n einziehen kann SchR 4 S. 96
—, Mietvertrag über fremdes Grundstück im —n —n SchR 6 S. 9
—, Ermächtigung zur Prozeßführung im —n —n SchR 4 S. 104
— **Nutzen,** Verfügungen des Testamentsvollstreckers zu —m — ErbR 2 S. 235
— **Verbrauch,** Abstrakte Schadensberechnung beim Kauf zum —n — SchR 1 S. 306, 309
Eigenes Geschäft, Mitbesorgen eines —n —s mit fremdem Geschäft SchR 7 S. 257
— **Verhalten** des Verletzten und Grundsatz über mitwirkendes Verschulden bei der Entstehung von Schadensersatzansprüchen SchR 11 S. 282
— **Wachstum,** Verjährung der Forderung eines Weingutsbesitzers aus Verkauf —n —s AllgT 4 S. 224
Eigenhändige Namensunterschrift nach § 126 BGB., Erfordernis AllgT 2 S. 98
Eigenhändiges Testament, Formerfordernisse ErbR 2 S. 310, 339, 346

Eigenhändiges Testament, Änderung der Summenzahl eines Geldvermächtnisses in —m — ErbR 2 S. 342
—, Widerruf ErbR 2 S. 317
Eigenschaften der Person i. S. v. § 119 BGB. AllgT 2 S. 390
Eigensüchtige Interessen, Verstoß gegen die guten Sitten bei Auflösung der Gewerkschaft aus —n — AllgT 3 S. 6
Eigentum, Inhalt des —s **SaR 1 S. 198—303**
—, Ansprüche aus dem — **SaR 2 S. 30—143**
—, Erwerb und Verlust des —s an Grundstücken **SaR 1 S. 303—333**
—, Erwerb und Verlust des —s an beweglichen Sachen **SaR 1 S. 333—Ende** **SaR 2 S. 1—30**
— Begriff des gegenwärtigen rechtswidrigen Angriffs auf das — und die zur Abwendung zulässigen Mittel AllgT 4 S. 289
—, Schutz des —s eines anderen und § 823 I BGB. SchR 9 S. 299
— s.- u. Rechtsverhältnisse bei einem Gebäude auf der Grenze zweier Grundstücke SaR 1 S. 201
—, Eingebaute Sachen des Mieters und Übertragung des —s an einen Dritten SaR 1 S. 372
Eigentümer, Befriedigung durch den — bei einer Hypothek SaR 3 S. 128
—, Gleichzeitige Haftung des —s und Entleihers als Halter des Kraftfahrzeugs NebenG 1 S. 57
—, Haftung des —s bei Weitervermietung SchR 9 S. 238
—, Rechte des —s einer beweglichen Sache, die in der Zwangsvollstreckung gegen einen Dritten ersteigert wird SchR 8 S. 360
Eigentümergrunddienstbarkeit SaR 2 S. 198
Eigentümergrundschuld, Abtretung einer — und Verbindlichkeit i. S. v. § 817 Satz 2 BGB. SchR 8 S. 222
—, Nichtige Hypothek und Entstehung einer — SaR 2 S. 327
—, Vorläufige — und Übergang in Gläubigerhypothek SaR 3 S. 178
Eigentümergrundschuld, Verzicht auf Hypothekenvormerkung und Entstehung einer — SaR 2 S. 305
—, Tilgungshypothek und Entstehung einer — SaR 3 S. 112
—, Übernahme einer —, Tilgung oder Sicherung der Kaufpreisschuld? SchR 3 S. 399
—, Inanspruchnahme von —en für Konkursmasse SaR 3 S. 94
—, Unwiderruflichkeit der bei Gericht eingereichten Löschungsbewilligung einer — SaR 1 S. 49
—, Pfändung einer vorläufigen — SaR 3 S. 19
—, Strafzinsen und Entstehung von — SaR 3 S. 102
—, Zur Frage der Zulässigkeit einer Vormerkung zur Sicherung des Vorrangs vor einer künftigen — SaR 1 S. 73
—, Vorrangseinräumung für die dem Eigentümer zustehende —, falls der betr. Sicherrungshypothek für Baugelder der Vorrang eingeräumt worden ist SaR 2 S. 289
Eigentums-Verfallklausel bei Hypotheken SaR 3 S. 79
Eigentumsansprüche bei Veräußerung der herauszugebenden Sache vor Rechtshängigkeit SchR 2 S. 39
Eigentumserwerb an An- oder Aufschüttungen am Ufer öffentlicher Flüsse AllgT 1 S. 239
— unter Ehegatten gem. § 930 BGB. SaR 1 S. 364
— mittels Ladescheins SaR 1 S. 378
— an unterschlagenem Geld durch bösgläubigen Darlehnsempfänger SchR 6 S. 371
— von abhanden gekommenen Sachen durch Verarbeitung und Anspruch auf Herausgabe der Bereicherung SaR 1 S. 360
— an Wertpapieren für Kommittenten durch Kommissionär SaR 3 S. 284
— s. auch Gutgläubiger —
Eigentumsfreiheitsklage, s. Abwehrklage und Beseitigungsanspruch
Eigentumsklage und Schadensersatzklage gegen Staat wegen Einziehung eines Gewehrs SaR 2 S. 57

Eigentumsrückübertragung ohne Übergabe SaR 1 S. 338

Eigentumsstörung durch Abbröckelung von Gestein auf Nachbargrundstück SchR 7 S. 257

— s. auch Abwehrklage

Eigentumsübergang, Zur Frage des Einigseins über den — SaR 1 S. 372

— an anvertrautem Geld SaR 2 S. 48

— beim Versendungskauf SchR 9 S. 293

Eigentumsübertragung eines bisherigen buchungsfreien Grundstücks SaR 1 S. 185

— zu Gunsten eines Dritten SchR 3 S. 261

— einer Sache durch Abtretung des Herausgabeanspruchs SaR 1 S. 392

— durch Vertrag des Vertreters mit sich selbst SaR 1 S. 341

—, Erlaß einer einstweiligen Verfügung zur Sicherung eines künftigen Anspruchs auf — durch Eintragung einer Vormerkung SaR 1 S. 61

Eigentumsvermutung des § 1006 BGB. und Beweislast SaR 2 S. 109

—, § 1362 BGB. FamR 1 S. 403

—, Widerlegung der — bzgl. der zum persönlichen Gebrauch der Frau bestimmten Sachen FamR 1 S. 326

— bzgl. Gegenstände, die sich im Besitz d. Ehegatten befinden FamR 1 S. 315

Eigentumsvorbehalt, Gefahrübergang beim Kauf unter — SchR 5 S. 15

—, Nachträgliche Vereinbarung des —s an verkaufter und übergebener Sache SaR 1 S. 338

—, Zulässigkeit des —s bis zur Befriedigung aller aus der Geschäftsverbindung stammenden Forderungen SaR 2 S. 17

—, Maschinen als wesentlicher Bestandteil eines Gebäudes und — AllgT 1 S. 440, 449 AllgT 2 S. 31

Eigentumsvorbehalt, Mittelbarer Besitz bei — und verbotene Eigenmacht SaR 1 S. 7

—, Kauf unter — und Rücktrittsrecht SchR 5 S. 226

—, Sicherungsabtretung von Forderungen beim Kauf unter — SchR 4 S. 164 170

—, Verkauf einer Kraftdroschke unter — an Droschkenführer zum selbständigen Droschkenbetrieb und polizeiliche Genehmigung u. Zulassung zum Droschkenbetrieb NebenG 1 S. 30

—, Tragweite eines beim Verkauf eines Kraftwagens vereinbarten —s SaR 2 S. 12

—, Rechtsmängelhaftung beim Verkauf einer Sache unter — SchR 5 S. 8

—, Tragweite eines beim Verkauf vereinbarten —s SchR 5 S. 226

—, Übergabe- und Übereignungspflicht des Verkäufers bei Verkäufen unter — SchR 5 S. 67

—, Rechtliche Wirkung der Zwangsvollstreckung seitens des Verkäufers in unter — verkaufte Sachen SchR 3 S. 61

Eigentumswechsel, Fruchterwerb des obligatorisch Berechtigten bei — am Grundstück, § 956 BGB. SaR 1 S. 346

— am Grundstück und Bestellung einer Hypothek SaR 3 S. 178

Eilbedürftigkeit der Arbeit und Unfallverhütungsvorschriften NebenG 2 S. 169

Einbringung von Sachen bei Gastwirten **SchR 7 S. 285—321**

Eindeckung beim Kauf bei Säumnis des Verkäufers SchR 3 S. 160

Eingebaute Sache des Mieters und Übertragung des Eigentums an einen Dritten SaR 1 S. 372

— des Mieters und Zurückerlangen der Mieträume durch Vermieter SchR 6 S. 107

Eingebrachte Sachen, Schadensersatzanspruch des Verpächters gegen Pächter wegen widerrechtlicher Entfernung —r — SchR 6 S. 64

Eingebrachtes Gut, Verfügung der Ehefrau über — — FamR 1 S. 375
—, Erwerb eines Grundstücks mit Mitteln des —n —s durch Ehemann FamR 1 S. 445
—, Passivlegitimation für einseitige Rechtsgeschäfte betr. — — FamR 1 S. 431
—, Rechtsstreit über — — FamR 1 S. 451
—, Prozeßführung über — — und Wirkung für und gegen die Frau FamR 1 S. 418
— der Ehefrau, Schmerzensgeld SchR 9 S. 207
—, Verfügungsmacht des Mannes über — — FamR 1 S. 427
—, Versicherung —n —s durch den Ehemann FamR 1 S. 392
Eingemeindungsverträge, Rechtsnatur SaR 2 S. 219
Eingeschriebener Brief, Kündigung mittels —n —s AllgT 2 S. 235
Eingetragener bzw. nichteingetragener Verein, Namensrecht AllgT 1 S. 265
Einheitlichkeit des Unfallrentenanspruchs SchR 9 S. 125
Einheitshypothek, Zusammenfassung mehrerer im Rang unmittelbar aufeinanderfolgender Hypotheken desselben Gläubigers zu einer — SaR 1 S. 160
Einigsein über den Eigentumsübergang SaR 1 S. 372
Einigung über Vorkaufsrecht AllgT 4 S. 95
Einklagung einer Nachlaßforderung, Maßregel im Sinne des § 2224 II BGB.? ErbR 2 S. 250
Einrede des Bürgen SchR 7 S. 350
— des nicht erfüllten Vertrages und Leistungsverzug SchR 3 S. 125
— des nicht erfüllten Vertrages bei Mangelhaftigkeit der Ware SchR 4 S. 411
— des nicht erfüllten Vertrages bei teilweiser Nichterfüllung eines Sukzessivlieferungsvertrages SchR 4 S. 398
Einrede des nicht erfüllten Vertrags seitens des Verkäufers trotz Abtretung des Zahlungsanspruchs bei einem Sukzessivlieferungsvertrage SchR 3 S. 108
— des Eigentümers gegen dingliche Klage des Zessionars, wenn Gesamthypothek auf einem der verhafteten Grundstücke in das geringste Gebot aufgenommen wird SaR 2 S. 358
— des Eigentümers gegen Erwerber einer Hypothek SaR 2 S. 380
— der rechtskräftig entschiedenen Sache SchR 2 S. 224
— der rechtskräftig entschiedenen Sache gegenüber Ausgleichungsanspruch SchR 9 S. 102
— der Unzulänglichkeit bei der Vermögensübernahme SchR 4 S. 229
—, Einwand unzulässiger Rechtsausübung gegenüber der — der Verjährung in einer verneinenden Feststellungsklage SchR 2 S. 96
—, Verzicht auf Geltendmachung der dem Bürgen gesetzlich zustehenden —n SchR 8 S. 74
—, Verzicht des Ausstellers des Schuldversprechens im voraus auf — SchR 8 S. 133
— der Vorausklage, § 771 BGB. SchR 8 S. 53
Einreißen der Testamentsurkunde als Widerruf des Testaments ErbR 2 S. 317
Einrichtungsarbeiten in einer Fabrik und § 2 RHpflG. NebenG 1 S. 226
Einschränkung eines Klageantrages und Einfluß auf die Verjährung des dann geltend gemachten Anspruchs AllgT 4 S. 144
Einschreiten, Amtspflicht der Polizei zum — gegen Rechtsbrecher auch gegenüber Eigentümer der gefährdeten Sache SchR 11 S. 127
Einseitige und vertragsmäßige Verfügungen in einem Erbvertrag ErbR 2 S. 114
— Verpflichtung zum Erwerb eines Grundstückes ohne Verpflichtung der Gegenseite zur Übertragung des Eigentums und § 313 BGB. SchR 2 S. 283

Einseitiges Rechtsgeschäft, Passivlegitimation für — —, das eingebrachtes Gut betrifft FamR 1 S. 431
—, Zurückweisung eines —n —s des Vormundes und § 174 BGB. AllgT 4 S. 7
Einsetzung eines Nacherben **ErbR 2 S. 149—226**
—, Bedingte — eines Nacherben ErbR 2 S. 106
— eines Abkömmlings als Nacherben und Ausschluß der Vererblichkeit der Nacherbenanwartschaft ErbR 2 S. 221
Einsichtsrecht des ausgeschiedenen Gesellschafters in die Geschäftsbücher SchR 8 S. 182
Einsichtsvermögen eines neunjährigen Kindes SchR 9 S. 127
Einstellung, Schadloshaltungsanspruch aus § 26 GewO. und Anspruch auf — des Betriebes aus § 907 BGB. SaR 1 S. 228
Einsturz, Haftung nach § 837 BGB. SchR 9 S. 53
— eines Teils eines Gebäudes, § 836 BGB. SchR 9 S. 12
Einstweilige Verfügung zur Sicherung eines künftigen Anspruchs auf Eigentumsübertragung durch Eintragung einer Vormerkung SaR 1 S. 61
— betr. Kostenvorschußpflicht im Ehescheidungsprozeß FamR 1 S. 375
—, Einfluß einer —n — auf Amtshandlung des Grundbuchamts AllgT 3 S. 43
—, Erlöschen der Grundschuld an Feldfrüchten durch Entfernung vom Grundstück im Wege der —n — SaR 3 S. 144
Einteilungsverzug und Berechnung des Schadensersatzes SchR 3 S. 141
Eintragung im Grundbuch, Rechtsfolgen bei Aufhebung der eine — zurückweisenden Verfügung SaR 1 S. 133
—, Heilende Kraft der Auflassung und —, § 313 BGB. SaR 1 S. 95
Eintragung im Grundbuch, Weitere Beschwerde gegen — NebenG 3 S. 35
— als Teil der Erfüllung eines Grundstückskaufvertrages SchR 5 S. 135
— einer Fischereiberechtigung AllgT 1 S. 209
— des Verzinsungsbeginns einer Grundschuld SaR 3 S. 206
— einer Hypothek für nicht rechtsfähigen Verein SaR 3 S. 76
—, Erfordernisse bei — bzgl. Zinsermäßigung einer Hypothek SaR 2 S. 335
—, Unzulässige — NebenG 3 S. 80
—, Unzulässige — und Löschung von Amts wegen NebenG 3 S. 57
— des Nacherbenrechts auf das dem Vorerben bei der Auseinandersetzung mit seinen Miterben zugeteilte Bruchteilseigentum am Nachlaßgrundstück ErbR 2 S. 175
— des Pfandrechts am Anteil eines Miterben SaR 3 S. 261
— in falscher Reihenfolge NebenG 3 S. 9, 17
— eines Widerspruchs von Amts wegen NebenG 3 S. 30
Eintragung im Vereinsregister, Erlangung der Rechtsfähigkeit eines Vereins durch — trotz wirtschaftlichen Zwecks AllgT 1 S. 337
Eintragungsantrag eines im Grundbuch noch nicht eingetragenen Erstehers NebenG 3 S. 22
Eintragungsbewilligung NebenG 3 S. 27
— und Antrag bzgl. Auflassung SaR 1 S. 303
— des bisher eingetragenen Eigentümers und Grundbuchberichtigung NebenG 3 S. 41
Eintragungsfähiges dingliches Recht, Wird ein Mietrecht durch Vereinbarung, es im Grundbuch einzutragen, zum —n —n —? SaR 2 S. 159
Eintragungsgrundsatz bei Gesamtrechtsnachfolge einer Gemeinde NebenG 3 S. 52

Eintragungsgrundsatz bei Grundbuchberichtigung von Parzellenverwechslung NebenG 3 S. 97
— bei Veräußerung eines buchungsfreien Grundstücks NebenG 3 S. 107
Eintragungshindernis, Gerichtliches Erwerbsverbot eines Grundstücks, ein vom Grundbuchrichter zu beachtendes —? SchR 2 S. 379
Eintragungszwang und Erbeserbe des eingetragenen Berechtigten, *§ 40* GBO. NebenG 3 S. 1
Eintritt in das Geschäft eines Einzelkaufmanns SchR 8 S. 252
— in ein Mietverhältnis und Optionsrechte des Mieters SchR 6 S. 83
— in die Rechte und Pflichten aus dem Mietverhältnis bei Aneignung eines Grundstücks SchR 6 S. 80
Eintrittsrecht des Pfandgläubigers gegenüber dem Zollfiskus SaR 3 S. 235
Einverständnis, Zur rechtlichen Bedeutung des —ses mit allgemeinen Geschäftsbedingungen AllgT 4 S. 55
Einwand, Haftung des Anwalts für Nichtgeltendmachung eines —s SchR 7 S. 84
— aus § 826 BGB. gegenüber Berufung auf den öffentl. Glauben des Grundbuchs SaR 1 S. 90
Einwendungen eines Baugeldgebers gegen Zessionar SchR 4 S. 63
— des Hauptschuldners bei Übergang der Forderung auf Bürgen gegenüber diesem SchR 7 S. 371
— gegen einen Unterhaltsvertrag, der zwischen unehelicher Mutter als Vertreterin ihres Kindes und Vater abgeschlossen ist FamR 2 S. 210
— des Versicherers bei Abtretung des Anspruchs aus der Feuerversicherung gegen Zessionar SchR 4 S. 56
— des Schuldners gegen Zessionar SchR 4 S. 50
Einwilligung — Genehmigung **AllgT 4 S. 91—119**
— des gesetzl. Vertreters zum Vertragsschluß AllgT 2 S. 64
— des Nacherben in die Belastung eines Nachlaßgrundstückes ErbR 2 S. 205
— des Nacherben zur Löschung einer Nachlaßhypothek ErbR 2 S. 156
—, Vollmacht und — i. S. v. §§ 182 ff. BGB. AllgT 4 S. 55, 91
Einwirkung, Beschränkte persönliche Dienstbarkeiten über Duldung der —en eines Bergbaubetriebes SaR 2 S. 188
—, Unzulässige — auf Nachbargrundstück durch Anschüttung und dadurch bewirkte Hebung des Grundwasserspiegels? SaR 1 S. 243
—, Schadensersatz des Pachtbesitzers einer Gärtnerei wegen schädigender —en einer benachbarten gewerblichen Anlage SchR 6 S. 92
—, Zunehmende — durch Steinbruchbetrieb auf Fremdenhaus, §§ 906, 1004 BGB. SaR 1 S. 278
Einzelkaufmann, Eintritt in das Geschäft eines —s SchR 8 S. 252
—, Schuldenhaftung bei Eintritt in das Geschäft eines —s und Anfechtung des Gesellschaftsvertrages AllgT 2 S. 234
Einziehung, Abtretung einer Forderung zur — SchR 4 S. 122
—, Abtretung zur — und Schadensersatz wegen Verzugs des Schuldners SchR 4 S. 125
— des Abtretenden im eigenen Namen und Wirksamkeit der vorgenommenen Abtretung einer Forderung SchR 4 S. 96
— von Nachlaßhypotheken durch befreiten Vorerben ErbR 2 S. 156
—, Sicherungsabtretung und Recht zur — der Forderung SchR 4 S. 155
—, Wirksamkeit einer Sicherheitsabtretung, wenn Abtretender sich — der Forderung vorbehält SchR 4 S. 108

Einziehung einer Forderung zugunsten des Staates — Forderungsübertragung kraft Gesetzes? SchR 7 S. 186
—, Eigentumsklage oder Schadensersatzklage gegen Staat wegen — eines Gewehrs SaR 2 S. 57
Einziehungsermächtigung bei Beamtenansprüchen SchR 4 S. 158
Eisenbahn, Begriff i. S. v. § 1 RHpflG. NebenG 1 S. 204
—, Haftung für Erfüllungsgehilfen beim Beladen von Wagen der — SchR 1 S. 44
—, Zusammenstoß von Kraftwagen und — SchR 10 S. 296
—, Haftpflicht der — bei Schaden durch Pferd und Ersatzanspruch der Berufsgenossenschaft NebenG 2 S. 12
Eisenbahnbetriebsunternehmen, Begriff NebenG 1 S. 258
Eisenbahnfiskus, Haftung des — wegen unterlassener Streupflicht auf dem Bahnhofsvorplatz AllgT 1 S. 299
Eisenbahntunnel, Anlage und § 2 RHpflG. NebenG 1 S. 218
—, Höhere Gewalt bei Einsturz eines —s durch herabstürzenden Felsen NebenG 1 S. 262
Eisenbahnübergang, Unverschlossener — und Pflicht des Kraftfahrzeugfahrers NebenG 1 S. 165
Eisenbahnunternehmer, Verpflichtung des —s zur Beleuchtung der Zufahrtsstraße SchR 9 S. 15
Ekelerregende Krankheit, Scheidung FamR 1 S. 227
Elektrizitätswerk, Fernleitungen eines —s als Zubehör eines Grundstücks AllgT 2 S. 6
Elterliche Gewalt u. Getrenntleben der Ehegatten FamR 2 S. 140
Eltern, Haftung für Schaden durch Kinder SchR 9 S. 1
Empfangsstelle, Rechtsfolgen bei Einrichtung einer — von Schriftstücken in einem größeren Unternehmen AllgT 4 S. 78
Emtio spei und Kauf einer Sache, Unterschied SchR 5 S. 30
Entdeckung eines Schatzes SaR 1 S. 344
Enteignung des Erbbaurechts auf Grund der Verordnung zur Behebung der Wohnungsnot SaR 2 S. 147
— einer russischen AG. und Einklagung einer Forderung durch eine Liquidationsgesellschaft AllgT 1 S. 96
Entfernterer Abkömmling, Pflichtteilsrecht des —n —s ErbR 2 S. 402
Entfernung, Erlöschen der Grundschuld an Feldfrüchten durch — vom Grundstück im Wege der einstw. Verf. SaR 3 S. 144
— eines aufgedruckten Privatsiegels als Widerruf eines Testaments ErbR 2 S. 317
Entfremdung von Baugeld NebenG 2 S. 250
Entgangene Gebrauchsvorteile, Ersatz für — — bei Zerstörung eines Lastkraftwagens SchR 2 S. 228
Entgangener Gewinn, Verstoß gegen gute Sitten bei Geltendmachung —n —s SchR 1 S. 261
Entgegennahme von Geldbeträgen trotz Kenntnis der unredlichen Herkunft SchR 1 S. 210
—, Bedeutung der von einer Körperschaft zur — von Schriftstücken geschaffenen Stelle SchR 4 S. 142
Entgeltliche Überlassung und Schenkung, gemischter Vertrag SchR 5 S. 310
Entlassung, Einwirkung auf Arbeitgeber, seinen Angestellten unter Androhung der — zur Aufgabe seines Stadtverordnetenmandats zu zwingen SchR 2 S. 62
—, Beiderseitiger Irrtum im öffentlichen Recht bei — eines Beamten SchR 1 S. 397
—, Einschränkung der — des Testamentsvollstreckers wegen Pflichtverletzung durch Erblasser ErbR 2 S. 270
Entlastung, Rechtshilfe bei Vernehmung des volljährig gewordenen Mündels über — des Vormundes NebenG 3 S. 142

Entlastungsbeweis, Zulässigkeit des —es nach § 830 I 2 BGB. SchR 9 S. 363

— aus § 831 BGB. SchR 9 S. 15, 113, 162, 197

—, Über Haftung einer Stadtgemeinde für Verkehrssicherheit der Straßen und — nach § 831 BGB. SchR 8 S. 98

— des Tierhalters SchR 9 S. 154

— des Kraftfahrzeughalters nach § 7 II 2 KFG. NebenG 1 S. 28, 41

— des Kraftfahrzeughalters nach § 7 KFG., § 831 BGB. NebenG 1 S. 168

— nach § 1 RHpflG. bezügl. eigenen Verschuldens des Verletzten NebenG 1 S. 315

Entleiher, Ausschluß der Obhutpflicht AllgT 1 S. 211

—, Gleichzeitige Haftung des Eigentümers und —s als Halter des Kraftfahrzeugs NebenG 1 S. 57

Entmündigung der Ehefrau und Schenkung aus dem Gesamtgut FamR 2 S. 35

— wegen Geistesschwäche und § 817 Satz 2 BGB. SchR 8 S. 272

— wegen Geistesschwäche und Geisteskrankheit AllgT 1 S. 253

—, Berücksichtigung einer durch ein ausländisches Gericht ausgesprochenen — AllgT 1 S. 56

Entschädigung, Kündigungsrecht beim Mietvertrag und — im Falle der Ausübung derselben SchR 5 S. 376

— eines Miterben für Nutzungen eines Kapitals durch lebenslänglichen Anspruch auf Zinsen: Leibrentenversprechen? SchR 6 S. 236

— wegen unterlassener Mitwirkung des Bestellers und vereinbarte Vergütung SchR 7 S. 149

—, Staatliche —spflicht für hoheitsrechtliche Eingriffe SchR 11 S. 33

Entwertung, Ersatzanspruch der Aktionäre wegen — ihres Aktienbesitzes SchR 9 S. 335

Entziehung des Erbscheins, Rechtsmittel gegen die — ErbR 2 S. 444

— des Pflichtteils gegenüber einem Abkömmling ErbR 2 S. 439

—, Feststellungsklage auf das Recht zur — des Pflichtteils bei Lebzeiten des Erblassers ErbR 2 S. 396

— des Sorgerechts, Persönlicher Verkehr der Eltern oder der unehelichen Mutter mit dem Kinde nach der — FamR 2 S. 179

Erbanteil, Hypothek an einem — ErbR 2 S. 5

—, Pfandrecht an einem — ErbR 2 S. 1

—, Pfändung eines —s der im gesetzlichen Güterstand lebenden Ehefrau FamR 1 S. 389

—, Verkauf eines —s und Vorkaufsrecht der übrigen Miterben ErbR 2 S. 65

—, Übertragung des —s und Ausstellung eines Erbscheins ErbR 2 S. 449

Erbauseinandersetzung, Konversion von Erbschaftskauf in — AllgT 3 S. 87

—, Teilung der Früchte vor der — FamR 2 S. 128

—, Zur Frage der gesetzlichen Vertretung mehrerer Minderjähriger bei einem —svertrag. Unwirksamkeit des Vertrages wegen fehlender gesetzlicher Vertretung und § 139 BGB. AllgT 4 S. 42

— s. auch Auseinandersetzung

Erbbaurecht, Begriff SaR 2 S. 143

—, Anwendung der auf Grundstücke sich beziehenden Vorschriften auf — SaR 2 S. 147

Erbbiologisches Gutachten, Auswertung FamR 2 S. 110

— als Beweis im Prozeß wegen Anfechtung der Ehelichkeit FamR 2 S. 114

Erbe, Mehrheit von —n **ErbR 2 S. 1—71**

—, Abfindungsanspruch des —n eines Gesellschafters bei einer OHG. SchR 6 S. 326

—, Nachweis der —n im Grundbuchverkehr bei Generalvollmacht für den Todesfall NebenG 3 S. 65

Erbe, Ausschluß des Kündigungsrechts der Mieter—n SchR 6 S. 135
—, Kündigungsrecht der —n beim Tode eines von mehreren Mietern SchR 6 S. 37
—, Lebensversicherung zugunsten der —n SchR 3 S. 238
—, Nießbrauch an einem Nachlaßgrundstück und Zahlung der Zinsen einer Hypothek, die zur Begleichung der den —n treffenden Erbschaftssteuer auf Grundbesitz eingetragen worden ist SaR 2 S. 247
—, Rechte des —n eines Ehegatten bei der Aufhebung der allgemeinen Gütergemeinschaft infolge Todes FamR 2 S. 18
—, Unterhaltsanspruch des geschiedenen Ehegatten gegen —n FamR 1 S. 274
— s. auch Vererblichkeit u. Beerbung
Erbenauswahl durch einen Dritten ErbR 2 S. 143
Erbengemeinschaft, Unteilbarkeit des Rücktrittsrecht i. S. v. § 356 BGB. SchR 3 S. 369
—, Verwaltungsmaßnahmen einer — SchR 6 S. 361
Erbeserbe des eingetragenen Berechtigten und Eintragungszwang, § 40 BGO. NebenG 3 S. 1
—, Verfügung eines —n über seinen Erbteil, der noch zu einem ungeteilten Nachlaß gehört ErbR 2 S. 61
Erbfall, Aufstellung des Nachlaßverzeichnisses nach § 2121 BGB. nach der Zeit des —s ErbR 2 S. 218
Erbfolge und rechtliche Stellung des Erben **ErbR 1 S. 341—414**
—, Öffentl. Glaube des Grundbuchs und Vorwegnahme der — SaR 1 S. 140
— in deutsche Liegenschaften durch in Frankreich verstorbene franz. Staatsangehörige AllgT 1 S. 45
Erbkrankheit, Anlage zur — ist nicht ohne weiteres ein Eheaufhebungsgrund FamR 1 S. 86
— des Blutsverwandten eines Ehegatten als Grund für eine Eheaufhebungsklage FamR 1 S. 48, 53
Erbpacht und öffentl. Glaube des Grundbuchs AllgT 1 S. 234
Erbschaft, Rechtshilfe in Nachlaßsachen bzgl. Annahme der — NebenG 3 S. 133
Erbschaftsanspruch gegen einen Miterben ErbR 1 S. 371
— gegen Testamentsvollstrecker ErbR 1 S. 369
Erbschaftsausschlagung, Anfechtung der — wegen Irrtums ErbR 1 S. 381
—, Anfechtung der — außerhalb des Konkurses ErbR 1 S. 341
—, Gerichtsstand ErbR 1 S. 351
— durch gesetzlichen Vertreter und vormundschaftsgerichtliche Genehmigung ErbR 1 S. 387
— s auch Ausschlagungsfrist
Erbschaftsbesitz u. Pflicht zur Auskunfterteilung seitens eines Miterben ErbR 1 S. 371
Erbschaftskauf, Konversion von — in Erbauseindersetzung AllgT 3 S. 87
—, Beurkundung des Verpflichtungs- und Erfüllungsgeschäftes beim —, § 819 BGB. ErbR 2 S. 456
— bei geteiltem Nachlaß ErbR 2 S. 36
Erbschaftsveräußerung durch vertragliche Anerkennung eines nichtigen Testaments ErbR 2 S. 453
Erbschein, Beschwerdefähigkeit der Ankündigung der Erteilung eines —s NebenG 3 S. 244
— und Nacherbschaft ErbR 2 S. 215
—, Aufführen des Ersatzerben des Nacherben im — ErbR 2 S. 123
—, Rechtsmittel gegen die Entziehung eines —s ErbR 2 S. 444
— im Falle der Übertragung des Erbteils ErbR 2 S. 449
—, Zulässigkeit der Verweigerung der Zahlung einer Schuld bis zur Vorlegung eines —s ErbR 2 S. 443
Erbscheinsverfahren, Haupt- u. Hilfsanträge im — ErbR 2 S. 464
Erbteil s. Erbanteil ErbR 2 S. 449

Erbteilung, Freihändiger Verkauf eines Grundstücks durch Testamentsvollstrecker zwecks — ErbR 2 S. 257
—, Zulässigkeit des Contrahierens mit sich selbst, wenn ein Pfleger mehrere Minderjährige bei einer — vertritt AllgT 3 S. 415
Erbunwürdigkeit bei Fälschung des Testaments ErbR 2 S. 455
Erbvertrag und Testament **ErbR 2 S. 72—148**
—, *Anfechtung AllgT 3 S. 133*
—, Form des mit einem Ehevertrag verbundenen —s FamR 2 S. 64
—, Gemeinschaftliche —e mit einem Dritten ErbR 2 S. 85
—, Vertragsmäßige und einseitige Verfügungen in einem — ErbR 2 S. 114
—, Verkündung der Verfügungen des überlebenden Teils bei einem gemeinschaftl. Testament bzgl. — ErbR 2 S. 349
Erbverzicht ErbR 1 S. 428
Erbverzichtsvertrag, Erfordernisse der Beurkundung eines —s AllgT 2 S. 192
Erfüllung SchR 3 S. 374—401
— durch Leistung an Dritte und Bereicherung SchR 8 S. 246
— einer nicht bestehenden Verbindlichkeit, die einer Anstandspflicht entsprach, § 814 BGB. SchR 8 S. 231
—, Unmöglichkeit der — und Bereicherung SchR 8 S. 214
— i. S. v. § 17 K.O. im Sukzessivlieferungsvertrag AllgT 2 S. 295
—, Wahlschuld bei Ansprüchen auf — und Schadensersatz gegen den auftraglosen Vertreter AllgT 4 S. 82
— einer nicht bestehenden Vermächtnisschuld durch Testamentsvollstrecker ErbR 2 S. 252
— eines unwirksamen Vergleichs SchR 8 S. 85
Erfüllungsablehnung des Zessionars bzgl, einer Forderung aus einem gegenseitigen Vertrag SchR 3 S. 38
Erfüllungsanspruch, Schadensersatz- und — bei Verschulden bei Vertragsverhandlungen SchR 2 S. 87
—, Übergang vom — gegen den Vertreter ohne Vertretungsmacht zum Schadensersatzanspruch AllgT 3 S. 45
Erfüllungsgehilfe, Haftung des Arbeitgebers gegenüber Reinmachefrau für andere Frau als — SchR 7 S. 43
—, Haftung für —n bei einem Beförderungsvertrag SchR 1 S. 114
—, Haftung des Dienstberechtigten bei einem Dienstvertrage für Dienstverpflichteten als —n SchR 7 S. 20
—, Haftung für —n beim Beladen von Eisenbahnwagen SchR 1 S. 44
—, Lieferant des Verkäufers als — gegenüber dem Käufer SchR 1 S. 265, 330
—, Haftung einer Gemeinde für ihre Krankenhausangestellten als —n SchR 1 S. 168
—, Haftung des Mieters für Beschädigungen durch —n SchR 6 S. 99
—, Haftung des Mieters für Angestellte als —n bei Erfüllung der Mieterpflichten SchR 1 S. 142
— des Vermieters SchR 6 S. 68, 197
—, Vertreter des Vermieters als —n bei Überwachung des Verkehrs im Hause SchR 6 S. 77
—, Rechtsanwalt — des Auftraggebers? SchR 2 S. 174
—, Haftung eines Rechtsanwalts für Bürovorsteher als —n SchR 1 S. 274
—, Rechtsanwalt 1. Instanz als — der Partei im Verhältnis zum Anwalt 2. Instanz SchR 1 S. 366
—, Verkehrsanwalt — des Berufungsanwalts? SchR 2 S. 104
—, Schwester als — bei Röntgenbestrahlung SchR 7 S. 77
—, Haftung für —n im Rahmen des mitwirkenden Verschuldens des Verletzten SchR 1 S. 34, 70
—, Spediteur als — des Verkäufers beim Versendungskauf SchR 1 S. 363

Erfüllungsgehilfe bei Unterlassungsverbindlichkeiten SchR 1 S. 38, SchR 3 S. 327
—, Haftung für —n beim Vorlegen von Waren SchR 1 S. 98
—, Haftung für —n bei Vorverhandlungen SchR 1 S. 327
Erfüllungsgeschäft, Anfechtung SaR 1 S. 103
—, Grund- u. — SchR 2 S. 291
Erfüllungshalber ausbedungene Abtretung einer Forderung SchR 2 S. 128
— oder an Erfüllungsstatt, Leistung — bei Umwandlung einer Kaufpreisschuld in eine Darlehnsschuld SchR 3 S. 397
Erfüllungsinteresse, Verschulden bei Vertragsschluß und — AllgT 3 S. 189
Erfüllungsort SchR 5 S. 119
— für den Bürgen SchR 7 S. 358
—, Angebot der Ware am — Voraussetzung für Annahmeverzug? SchR 2 S. 242
—, Beurteilung eines gegenseitigen Vertrages im internationalen Verkehr bei verschiedenem — AllgT 1 S. 61
—, Gültigkeit der Vereinbarung über einen —, der außerhalb des Heimatstaates der Vertragskontrahenten liegt AllgT 1 S. 80
— für Miet- und Pachtzins SchR 2 S. 8
— für Vertragsstrafe SchR 1 S. 59
—, Zuständigkeit bei Vermerk über — auf Faktura SchR 1 S. 5
— u. Zuständigkeit des —s bei Gattungskäufen SchR 1 S. 1
Erfüllungsübernahme und Bürgschaft SchR 3 S. 242
— als Gegenstand eines abstrakten Schuldversprechens SchR 8 S. 110
— und selbständiges Recht des Gläubigers gegenüber Übernehmer SchR 3 S. 242
Erfüllungsverzug bei Grundstückskäufen SchR 3 S. 84
Erfüllungsweigerung, Erfordernisse der von der Nachfristsetzung befreienden — SchR 5 S. 99
Ergänzende Vertragsauslegung FamR 1 S. 454
Ergänzung des Pflichtteils und Ausgleichung ErbR 2 S. 385
— und Auskunftspflicht des Erben ErbR 2 S. 380
— unter Berücksichtigung eines Lebensversicherungsvertrages ErbR 2 S. 425
— und Anrechnung von Schenkungen ErbR 2 S. 373
— bei Schenkungen an Dritte ErbR 2 S. 388, 393
Erlaß **SchR 4 S. 37—42**
— einer Bürgschaft für Miet- oder Pachtzins SchR 8 S. 68
— einer Forderung in einem später angefochtenen Vergleich und Verjährung AllgT 4 S. 166
Erlöschen der Bürgschaft durch Wegfall des Schuldners SchR 8 S. 63, 74
—, Gesamthypothek und — der Mithaft SaR 3 S. 182
— der Hypothek bzw. Grundschuld an Feldfrüchten durch Entfernung vom Grundstück SaR 3 S. 119; im Wege einstw. Verfügung SaR 3 S. 144
— der Hypothek wegen Zinsrückständen SaR 3 S. 128
— einer Gesamthypothek b. Zwangsversteigerung eines der verhafteten Grundstücke auf den übrigen Grundstücken SaR 2 S. 358
— der Mitgliedschaft und Ausschließungsrecht aus einem Verein AllgT 1 S. 297
— des Pfandrechts bei Rückgabe des Pfandes SaR 3 S. 266
— des Rücktrittsrechts i. S. v. § 356 Satz 2 BGB. SchR 3 S. 369
— eines durch Fernsprecher gemachten Vertragsangebots durch Unterbrechung der Verbindung AllgT 3 S. 343
— eines schriftlich übergebenen Vertragsantrages AllgT 3 S. 301
— einer festen Offerte durch Zeitablauf AllgT 2 S. 360
Ermächtigung zur Prozeßführung im eigenen Namen SchR 4 S. 104
— des Testamentsvollstreckers durch Erben ErbR 2 S. 82
Ermäßigung des Pachtzinses und Vorteilsausgleichung SchR 6 S. 40

Ermessen, Rücktrittsrecht der Reederei vom Frachtvertrag nach — SchR 2 S. 315

Ermittlungsstelle, Irrtümliche Vollstreckung durch Amtsvormundschaft bzgl. eines unterhaltspflichtigen Erzeugers wegen unrichtiger Auskunft der — einer Stadtgemeinde SchR 11 S. 275

Ernennung sämtlicher Miterben zu Testamentsvollstreckern ErbR 2 S. 291

— von Schiedsgutachtern durch das Gericht NebenG 3 S. 119

Erneuerungsschein, Zins- und —e von Orderpapieren SchR 8 S. 119

Ernstlichkeit, Mangel der — einer Willenserklärung AllgT 3 S. 285

Eröffnung eines Testaments und Inkenntnissetzung der Beteiligten ErbR 2 S. 315

— eines gemeinschaftlichen Testaments oder Erbvertrags und Verkündung der Verfügungen des überlebenden Teils ErbR 2 S. 349

Errichtung eines Testamentes ErbR 2 S. 44

— und Aufhebung eines Testamentes **ErbR 2 S. 304—364**

Errungenschaftsgemeinschaft, Eintragung von in — lebenden Eheleuten als Bruchteilseigentümer im Grundbuch FamR 2 S. 83

— und Grundbucheintragung eines Grundstücks als Gesamtgut ohne Mitwirkung der Ehefrau NebenG 3 S. 49

— Erwerb eines Grundstücks und Bestellung einer Hypothek darauf durch Ehemann FamR 2 S. 7

— Führung von Rechtsstreitigkeiten durch Ehefrau im eigenen Namen FamR 2 S. 4

— Haftung des Mannes aus ungerechtfertigter Bereicherung des Gesamtguts infolge Darlehnsaufnahme durch die Frau; Gesamtgut FamR 2 S. 33

Ersatz für entgangene Gebrauchsvorteile bei Zerstörung eines Lastkraftwagens SchR 2 S. 228

— der Übergabe des Hypothekenbriefs SaR 3 S. 12

Ersatzanspruch bzgl. Aufwendungen zwecks Mängelbeseitigung und Verjährung SchR 7 S. 132

— Verjährung der —e des Vermieters SchR 6 S. 2

Ersatzerbe, Anführen des —n des Nacherben im Erbschein ErbR 2 S. 123

Ersatzherausgabe bei Unmöglichkeit der Leistung (§ 281 BGB.) infolge behördlicher Anweisung SchR 1 S. 180

— nach § 281 BGB. zugunsten des Sicherungseigners eines Fabrikzubehörstückes SchR 2 S. 108

— nach § 281 und Schadensersatzanspruch, Gattungsschuld SchR 3 S. 188

— wegen der infolge Beschlagnahme eingetretenen Unmöglichkeit der Lieferung zukünftiger Sachen SchR 1 S. 188

— bei beschränkten Gattungsschulden SchR 1 S. 194

— für eine gestohlene, inzwischen veräußerte Sache SchR 1 S. 350

Ersatzhypotheken auf früheren Miteigentumsanteilen SaR 3 S. 16

Ersatzlieferung, Ablehnung SchR 5 S. 41

— bei Gewährleistung wegen Mängel SchR 5 S. 58, 73

— beim Gattungskauf SchR 5 S. 47

Ersatzmöglichkeit, Anderweitige — i. S. v. § 839 I 2 BGB. SchR 11 S. 205, 254

—, Anderweitige — bei fahrlässiger Amtspflichtverletzung SchR 11 S. 222

—, Anderweitige —, wenn neben Haftung des Staates wegen Amtsverschulden eines Beamten zugleich Haftung des Beamten als Halter des schadenstiftenden Kraftfahrzeugs begründet ist SchR 11 S. 247

—, Anderweitige — aus einem Versicherungsvertrag SchR 11 S. 186, 286

Ersatzmöglichkeit, Bietet gegenüber Anspruch auf Schmerzensgeld Entschädigungsforderung aus Versicherungsvertrag anderweitige —? SchR 11 S. 272
—, Wegfall der Schadensersatzpflicht nach § 839 I 2 BGB. bei Nichtausschöpfung der — durch Versäumung der Berufung SchR 11 S. 158
Ersatznacherbe, Rechtstellung ErbR 2 S. 131
Ersatzpflicht, Umfang der —, § 842 BGB. SchR 9 S. 261
Ersatzwohnung, Mieterschutz bei Zusicherung einer — für Eigentümer NebenG 2 S. 256
Erschleichen eines rechtskräftigen Urteils u. § 826 BGB. SchR 9 S. 166 SchR 10 S. 270
— der Entscheidung des Reichsversicherungsamts durch Verletzten als Einwand gegenüber der Klage der Berufsgenossenschaft NebenG 2 S. 99
Erschütterung der Geschäftsgrundlage, Rechtsfolgen SchR 2 S. 186
Ersitzung, Geltendmachung von ungerechtfertigter Bereicherung gegegenüber — AllgT 2 S 61
— eines Rechts auf Gemeingebrauch an der Straße? AllgT 4 S. 291
Ersteher eines zwangsersteigerten Grundstücks und Eintragungsantrag NebenG 3 S. 22
Erwerb eines Grundstücks mit Mitteln des eingebrachten Gutes FamR 1 S. 445
— Einseitige Verpflichtung zum — eines Grundstücks ohne Verpflichtung der Gegenseite zur Übertragung des Eigentums und § 313 BGB. SchR 2 S. 283
—, Formbedürftigkeit des Vertrages einer Gesellschaft zum — von Grundstücken SchR 2 S. 270
— eines Handelsgeschäfts, Schuldenhaftung SchR 4 S. 45
— des Pfandrechts, Erfordernis der Gutgläubigkeit SaR 3 S. 223
— des Pfandes mit Konkursvorrecht SaR 3 S. 235
— einer beweglichen Sache in der Zwangsvollstreckung SchR 8 S. 360
Erwerb und Verlust des Eigentums an Grundstücken **SaR 1 S. 303—333**
— an beweglichen Sachen **SaR 1 S. 333—Ende** **SaR 2 S. 1—30**
Erwerbsfähigkeit, Umfang der Schadensersatzpflicht bei Wiedererlangung der —, aber Verlust der Arbeitsstelle NebenG 1, S. 309
—, Geldrente bei Schadensersatz wegen Beeinträchtigung der — des Verletzten, wenn abgeschlossener Schaden vorliegt? NebenG 1 S. 106
Erwerbsgeschäft, Gewährleistung wegen Mängel beim Verkauf eines —s, wenn Weiterbetrieb verhindert wird SchR 4 S. 402
—, Vormundschaftsgerichtliche Genehmigung betr. die Veräußerung des Anteils an einem — durch Minderjährige FamR 2 S. 296
— der Ehefrau s. Ehefrau und Selbständiges Erwerbsgeschäft
Erwerbsschaden, Ansprüche aus unerlaubter Handlung auf Ersatz von Heilungskosten und — SchR 2 S. 96
Erwerbsunfähigkeit i. S. d. § 3a RHpflG, Begriff NebenG 1 S. 225
—, Schadenersatz wegen — durch Kapitalabfindung SchR 9 S. 100
Erwerbsverbot eines Grundstückes, Gerichtliches — SchR 2 S. 379
— durch einstweilige Verfügung AllgT 3 S. 43
Erzeuger, Beschwerderecht des als — Inanspruchgenommenen, § 57 I Nr. 9 FGG NebenG 3 S. 268
—, Rechtshilfe bei Vernehmung des außerehelichen —s NebenG 3 S. 130
—, Rechtshilfe bei Vernehmung eines Minderjährigen als — eines unehelichen Kindes NebenG 3 S. 135, 138
Erzeugnisse, Gutgläubiger Eigentumserwerb von —n SaR 1 S. 368

Eventualerklärung, Ausübung des Wiederkaufsrechts durch — SchR 5 S. 77
Exekutionsintervention SchR 9 S. 79

F

Fabrik, Verpflichtung zur Lieferung eigener Erzeugnisse SchR 1 S. 231
—, Ersatzherausgabe bei Unmöglichkeit der Leistung (§ 281 BGB.) zugunsten des Sicherungeigners eines Zubehörstücks SchR 2 S. 108
— Zubehör bei einer — AllgT 1 S. 447
Fabrikant, Rechtsverhältnis zwischen — und Verbraucher SchR 9 S. 197
Fabrikationsgeschäft, Haftung des Verkäufers beim Verkauf eines —s für Beschränkungen hinsichtlich des Fabrikationsbetriebes SchR 5 S. 26
Fabrikbesitzer, Haftung des —s für Verschulden eines Arbeiters nach § 2 RHpflG. NebenG 1 S. 213
Fabrikbetrieb, Begriff i. S. v. § 2 RHpflG. NebenG 1 S. 226
Fabrikgebäude, Unmöglichkeit der Herausgabe des Grundstücks wegen Bebauung mit —, § 818 II BGB. SchR 8 S. 316
Fabrikgrundstück, Wesentliche Bestandteile eines —s AllgT 1 S. 440
—, Rohstoffvorräte als Zubehör eines —s AllgT 2 S. 2
Fabrikunternehmen, Klage des —s aus Versicherung gegen die Gefahr aus § 2 RHpflG. NebenG 1 S. 209
Fachmann, Verschulden durch Nichtzuziehung eines —s SchR 9 S. 181
Facultas alternativa, Einfluß der Unmöglichkeit der Leistung bzgl. — — auf Hauptschuld. Bedingte —, Einfluß auf Hauptschuld SchR 1 S. 197
Fahrerflucht als Schutzgesetz zugunsten der an einem Verkehrsunfall Beteiligten; Amtspflicht der Polizei zur Verhinderung der — SchR 11 S. 288
Fahrgast, Verletzung eines —s bei Rettung anderer aus einem Omnibus NebenG 1 S. 180
Fahrlässige Amtspflichtverletzung und anderweitige Ersatzmöglichkeit SchR 11 S. 222
—, Feststellungsklage gegenüber Beamten wegen —r —, (Klagebegründung) SchR 11 S. 87
— **Mitverursachung** des Schadens durch Betriebsunternehmer und Übergang des Schadensersatzanspruchs nach § 1542 RVO. NebenG 2 S. 90
— **Tötung,** Ersatz von standesmäßigen oder notdürftigen Beerdigungskosten ErbR 1 S. 390
Fahrlässigkeit, Begriff, Berücksichtigung des betr. Personenkreises SchR 1 S. 214
—, Berücksichtigung der — des Geschädigten beim Schadensersatz AllgT 1 S. 427
— im Eisenbahnverkehr beim Aussteigen NebenG 1 S. 320
—, Stillschweigender Ausschluß der Haftung für — bei Gefälligkeitsfahrt SchR 10 S. 10
—, Haftungsausschluß jeder — in allgemeinen Lieferungsbedingungen SchR 2 S. 195
—, Berücksichtigung des Grads der — bei Bemessung des Schmerzensgeldes SchR 10 S. 52
—, Haftung der Gesamtheit der Mitglieder für — des Vorstandes beim nicht rechtsfähigen Verein AllgT 1 S. 395
—, Grobe — als Verstoß gegen die guten Sitten, § 826 BGB. SchR 9 S. 119
Fahrnisgemeinschaft, Begriff des unbeweglichen Vermögens bei der — FamR 2 S. 14
Fahrnispfandrecht, Erkennbarkeit des Besitzes SaR 3 S. 227
Faksimile, Namensunterschrift durch —, § 127 BGB. AllgT 3 S. 1
—, Unterschrift bei Schuldversprechen durch — SchR 8 S. 119

Faktura s. Rechnung
Fälligkeit, Aufrechnung bei mangelnder — der aufzurechnenden Forderung SchR 6 S. 374
falsa demonstratio bei Grundstückskaufvertrag SchR 2 S. 357
—, Wandlung und — — AllgT 2 S. 388
Falscheid, Fahrlässiger — als Schutzgesetz SchR 9 S. 57
Fälschen von Garderobemarken, Pflicht des Verwahrers, dagegen Vorsorge zu treffen SchR 7 S. 318
Falschmeldung, Haftung des Verlegers für — in Tageszeitung SchR 10 S. 140
Fälschung, Haftung der Bank bei — von Zahlungsaufträgen SchR 2 S. 135
—, Erbunwürdigkeit bei — eines Testaments ErbR 2 S. 455
Familienband, Herstellung eines dem Eltern- und Kindesverhältnis entsprechenden —es bei der Kindesannahme FamR 2 S. 229
Familienname, Hinzufügung des früheren —ns bei der Kindesannahme FamR 2 S. 219
Familienrechtliche Rechtsgeschäfte, Selbstkontrahieren in —n —n SchR 2 S. 283
Faustpfandrecht, Lebensversicherungspolice als Gegenstand eines —s SaR 1 S. 333
Fehler der Mietsache bei Versagung der Schankerlaubnis SchR 6 S. 159, 192
Feldfrüchte, Erlöschen der Hypothek an —n durch Entfernung vom Grundstück SaR 3 S. 119
Felsen, Abwehrklage nach § 1004 BGB., wenn durch Abbröckeln Nachbargrundstück beschädigt wird SaR 2 S. 87
Fensterrecht AllgT 1 S. 222
— und Lichtschutz AllgT 1 S. 230
Fernleitungen eines Elektrizitätswerkes als Zubehör eines Grundstücks AllgT 2 S. 6
Fernsprecher, Vertragsangebot durch —, Erlöschen durch Unterbrechung der Verbindung AllgT 3 S. 343
Fernsprechleitung, Haftung der Post für Sachschaden eines Grundstückseigentümers durch Legung einer — durch dessen Luftraum SchR 11 S. 58
Feste Bezüge, Dauerndes Dienstverhältnis mit—n —n SchR 7 S. 88
— **Offerte**, Dauer der Gebundenheit AllgT 2 S. 360
Feststellung des Erbrechts, Passivlegitimation des Nachlaßpflegers für Klage auf — ErbR 1 S. 383
— des Wertes des Nachlasses zur Pflichtteilsberechnung ErbR 2 S. 375
— der Nichtigkeit eines Testaments gegen Nachlaßverwalter ErbR 2 S. 44
— der Persönlichkeit bei Beurkundung NebenG 3 S. 194, 212
Feststellungsantrag, Unterbrechung der Verjährung durch — AllgT 4 S. 272
Feststellungsinteresse, Bestreiten des —s, nicht des Anspruchs SchR 2 S. 146
— bei nicht bestrittener Schadensersatzpflicht NebenG 2 S. 135
Feststellungsklage gegenüber Beamten wegen fahrlässiger Amtspflichtverletzung SchR 11 S. 87
— einer Berufsgenossenschaft wegen eines Ersatzanspruchs aus § 1 RHpflG. NebenG. 2 S. 6
—, Zulässigkeit einer — über Bestehen oder Nichtbestehen der ehelichen Gemeinschaft FamR 1 S. 337
— und § 313 Satz 2 BGB. SchR 2 S. 359
— bei Ansprüchen aus dem KFG. NebenG 1 S. 62
— auf das Recht zur Entziehung des Pflichtteils bei Lebzeiten des Erblassers ErbR 2 S. 396
—, Zulässigkeit der — auf Unzulässigkeit eines schiedsrichterlichen Verfahrens ErbR 2 S. 270
— auf Nichtigkeit eines Testamentes, in dem eine bestimmte Person zum Testamentsvollstrecker ernannt ist ErbR 2 S. 292

Feststellungsklage für Ansprüche nach § 829 BGB., wenn Schädiger weder Vermögen noch Einkommen hat SchR 10 S. 301
— eines Vaters über Nichtabstammung eines unehelichen Kindes von ihm FamR 2 S. 214
— bezügl. Nichtbestehens der unehelichen Vaterschaft beim Vorliegen eines Vaterschaftsanerkenntnisses FamR 2 S. 210
—, Einwand unzulässiger Rechtsausübung gegenüber der Einrede der Verjährung in einer verneinenden — SchR 2 S. 96
— und Hemmung der Verjährung SchR 6 S. 153
—, Zahlungsverweigerung des Käufers wegen Mängel in Form der — SchR 5 S. 1
— s. auch Verneinende —
Feststellungsvermerk im Protokoll über Verlesung und Protokollanlage NebenG 3 S. 175
— im Protokoll über Unterschrift NebenG 3 S. 157
Feuerversicherung, Einwendungen des Versicherers bei Abtretung des Anspruchs aus der — gegen Zessionar SchR 4 S. 56
— Planmäßiges Ausspannen von Bezirksvertretern einer —, § 826 BGB SchR 10 S. 150
— Hypothekenanspruch auf Entschädigung aus — SaR 3 S. 42
—, Verpflichtung aus — gegenüber Hypothekengläubiger, für dessen Hypothek erst eine Vormerkung besteht SaR 3 S. 166
—, Übergang bei Veräußerung AllgT 3 S. 287
Feuerwehr, Haftung der — auf Grund des KFG NebenG 1 S. 88, 150
— s. auch Betriebs—
Fiduziarische Abtretung einer Grundschuld SaR 2 S. 380
— einer Grundschuld und Anspruch auf Beglaubigung der Abtretung SaR 3 S. 95
Fiduziarischer Zweck, Auftrag zu —n —en und Herausgabe des durch die Geschäftsbesorgung Erlangten SchR 7 S. 264
Filiale, Haftung der Zentrale einer Bank für die von ihrer — abgeschlossenen Geschäfte AllgT 3 S. 315
Filmgeschäft, Zumutbarkeit der Leistung bei einem — AllgT 3 S. 368
Filmherstellungs- und Verwertungsvertrag; Haftung des Herstellers für Beschaffenheitsmängel SchR 6 S. 212
Filmverleihvertrag, Wesen eines solchen Vertrages SchR 1 S. 381
Firmenführung, Beschwerderecht des Wettbewerbers bzgl. — NebenG 3 S. 238
Firmenzusätze, Verbot täuschender — NebenG 3 S. 125
Fischereiberechtigung, Eintragung im Grundbuch AllgT 1 S. 209
Fiskus s. Eisenbahn, Postfiskus, Reich und Reichsfiskus
Flucht, Notwendigkeit der Verteidigung bei Möglichkeit, sich dem Angriff durch — zu entziehen, § 227 BGB AllgT 4 S. 281
Fluggast, Übergang des Unfallversicherungsanspruchs des —es auf die Berufsgenossenschaft? NebenG 2 S. 111
Flugzeug, Haftung des Halters und Führers, Vertragl. Ausschluß der Haftung NebenG 1 S. 278
—, Haftung für den einem Grundstücksbesitzer durch ein abgestürztes — zugefügten Schaden SaR 2 S. 41
Forderung, Arglisteinrede gegen eine widerrechtlich erlangte — SchR 9 S. 67
— Bestehen einer —, gegen die aufgerechnet wird, Voraussetzung für die Möglichkeit einer Aufrechnung SchR 4 S. 31
—, Aufrechnung gegen die — einer Vorerbschaft ErbR 2 S. 159
—, Kauf einer Hypotheken—, Haftung des Verkäufers SchR 5 S. 33
—, Verpfändung SaR 3 S. 242
—, Pfandrecht an einer —, Verpfändungsanzeige SaR 3 S. 258

Forderung, Bedeutung der Eintragung einer — in das Reichs- oder preußische Schuldbuch NebenG 2 S. 312
—, Pflicht zur ordnungsmäßigen Beitreibung einer — bei der Sicherheitszession SchR 7 S. 233
—, Übergang der — auf den Bürgen SchR 8 S. 35
—, Übergang von — und Nebenrecht SchR 4 S. 102 SaR 2 S. 310
—, Übertragung der — kraft Gesetzes bei Einziehung der — zugunsten des Staates SchR 7 S. 186
—, Zurückforderung eines einem späteren Zessionar erteilten Schuldanerkenntnisses bei mehrfach abgetretener — SchR 4 S. 70
Forderungsabtretung, **SchR 4 S. 42—176**
—, Begriff SchR 4 S. 133
—, Anzeige der — an den Vertreter des Schuldners, § 407 I BGB. AllgT 4 S. 78
— zur Einziehung, Rechtsfolgen SchR 4 S. 122
—, Erfüllungshalber ausbedungene — SchR 2 S. 128
—, Rechte aus der — aus einem gegenseitigen Vertrag SchR 3 S. 38
— künftiger Forderungen AllgT 3 S. 125
—, Örtliches Recht AllgT 1 S. 32
— an eine vermögenslose Person und Verstoß gegen gute Sitten AllgT 2 S. 279
— einer Werklohnforderung vor Fertigstellung des Werkes SchR 7 S. 129
—, Wirksamkeit einer — und Bestimmbarkeit der Forderung SchR 4 S. 94, 120
—, Wirksamkeit einer —, wenn der Abtretende berechtigt sein soll, die Forderung im eigenen Namen einzuziehen? SchR 4 S. 96
Form des Anerkenntnisses eines verjährten Anspruchs AllgT 4 S. 154
— eines Ausstattungszwecken dienenden Rentenversprechens SchR 6 S. 231
Form, Bedeutung der rechtsgeschäftlich bestimmten —, wenn erst nach Abschluß des Geschäfts vereinbart AllgT 2 S. 350
— der weiteren Beschwerde NebenG 3 S. 231
— der Bürgschaftserklärung SchR 7 S. 360
— der Eheschließung für eine von Ausländern verschiedenen Heimatrechts im Ausland eingegangene Ehe AllgT 1 S. 108
— eines schenkungshalber erfolgten Erlasses einer Forderung SchR 4 S. 37
— der Aufhebung eines Erlaßvertrages über eine Darlehnsschuld SchR 4 S. 41
— des Garantieversprechens SchR 7 S. 344
— des § 313 für Gesellschaftsvertrag, wenn durch diesen ein dem alleinigen geschäftsführenden Gesellschafter gehörendes Grundstück verwertet werden soll SchR 6 S. 336
— eines Grundstücksankaufsrechtes SchR 3 S. 1
— bei Änderung eines Grundstücksveräußerungsvertrags SchR 2 S. 265
— des § 313 bzgl. eines Vergleichs, in dem formloser Grundstücksveräußerungsvertrag bestätigt wird AllgT 2 S. 349
— von Vertragsänderungen bei Grundstückskauf SchR 2 S. 253
—, Heilung der — durch Auflassung und Eintragung, wenn auf länger als ein Jahr abgeschlossener Mietvertrag wesentlicher Bestandteil eines Grundstücksveräußerungsvertrages ist SchR 6 S. 86
— des Mietvertrages über ein Grundstück, § 566 BGB., Anwendung SchR 6 S. 121
— der Zusicherung eines Ruhegehalts in einem Dienstvertrag SchR 6 S. 233, 238
— der Testamentserrichtung ErbR 2 S. 44
— des gemeinschaftlichen Testaments ErbR 2 S. 319
— des durch Übergabe einer Schrift errichteten Testaments ErbR 2 S. 324

Form der Umwandlung einer verjährten Schuld in eine Darlehnsschuld AllgT 4 S. 154
— des Verzichts auf die Wirkungen der Verjährung AllgT 4 S. 152
— der Vollmacht zur Abschließung eines Grundstückkaufvertrags AllgT 4 S. 11
— der Vollmacht zu einem Grundstücksverkaufsangebot SchR 1 S. 240
— des Vorvertrages zu einem langjährigen Grundstücksmietvertrag SchR 6 S. 32
Formbedürftigkeit der Bürgschaft für den Grundstücksverkäufer SchR 8 S. 47
— des Vertrages einer Gesellschaft zum Erwerb von Grundstücken SchR 2 S. 270
— aller Nebenabreden eines Grundstücksveräußerungsvertrags(Viehverkauf) SchR 2 S. 327
— des Treuhand-Nießbrauchs am Vermögen SchR 2 S. 272
Formerfordernis der Anbietungspflicht bzgl. eines Grundstücks SchR 1 S. 175
— der vor dem Grundbuchrichter erklärten Auflassung SaR 1 S. 312
— des § 518 BGB. bei einem Ausstattungsversprechen SchR 5 S. 301
— des § 518 BGB. bei der gemischten Schenkung SchR 5 S. 344
— des Schenkungsversprechens SchR 5 S. 333
— eines eigenhändigen Testaments ErbR 2 S. 339
— eines öffentlichen Testaments ErbR 2 S. 332
— des § 313 BGB. beim persönlichen Vorkaufsrecht an einem Grundstück SchR 5 S. 238
— des § 313 BGB. für Einräumung eines persönlichen Vorkaufsrechts an einem Grundstück SchR 2 S. 274
— der Bestellung des dinglichen Vorkaufsrechts; Heilung durch Eintragung im Grundbuch SaR 2 S. 155
— des § 313 BGB. bei der Abtretung der aus der Ausübung des Vorkaufsrechts erwachsenen Ansprüche SchR 5 S. 264
Formfreiheit der Auflassungsvollmacht SchR 2 S. 336
— von rechtsgeschäftlichen Verfügungen über schuldrechtliche Auflassungsansprüche SchR 2 S. 350
Formgültigkeit der weiteren Beschwerde durch Erklärung zu Protokoll des Urkundsbeamten NebenG 3 S. 248
Formlose Zusicherung als Bestandteil des Grundstückskaufs SchR 2 S. 255
Formmangel, Abtretung der Rechte aus einem wegen —s nichtigen Verkaufsangebot SchR 4 S. 129
—, Arglisteinrede gegen Geltendmachung eines —s AllgT 3 S. 198 SchR 3 S. 1
—, Betätigung eines wegen —s nichtigen Vertrags; Berücksichtigung des —s (§ 313 BGB.) von Amts wegen SchR 2 S. 258
—, Nichtbeachtung von —n bei Irreführung durch öffentlich-rechtliche Körperschaft über erforderliche Genehmigung der vorgesetzten Behörde SchR 2 S. 116
—, Sittenwidriges Verhalten bei Nichterfüllung eines wegen —s nichtigen Vertrages SchR 9 S. 189
— eines eigenhändigen Testaments ErbR 2 S. 310
— s. auch Heilung des —s
Formnichtiger Vertrag, Wirksamkeit der in einem —n — erteilten Grundstücksveräußerungs-Vollmacht AllgT 4 S. 52
Formnichtigkeit, Einrede der Arglist gegen Geltendmachung der — eines Vertrages SchR 1 S. 371
— eines Kaufvertrages und Gültigkeit einer Bürgschaft AllgT 3 S. 388
Formvorschrift bei der Übertragung ausländischer Grundstücke AllgT 1 S. 26
—en bei notarieller Urkunde bzgl. Angaben über Ort und Tag der Verhandlung NebenG 3 S. 178
—, Grundsätze bei Prüfung der —en eines Testaments ErbR 2 S. 327
— des § 2371 BGB., Anwendung ErbR 2 S. 453

Formzwang für die gesamten Abreden eines Grundstücksveräußerungsvertrags SchR 2 S. 303
— bei Verlängerung der Frist zur Auflassung SchR 2 S. 281
— des § 313 BGB. für Nebenabrede über Sondervergütung für einen Teil der Verkäufer SchR 2 S. 393
— des § 311 BGB. für Übertragung einzelner das Vermögen ausmachenden Bestandteile SchR 2 S. 295
— des § 311 BGB. bei der Übereignung sämtlicher Vermögensgegenstände einer Gesellschaft SchR 4 S. 201
—, Außergerichtlicher Vergleich und —, § 313 BGB. SchR 2 S. 352
— s. auch Formbedürftigkeit und Formerfordernis

Fortgesetzte Gütergemeinschaft, Ausschluß der —n — durch gemeinschaftliches Testament SchR 2 S. 295
—, Rechtlicher Charakter des Anteils des Abkömmlings an der —n — FamR 2 S. 57
—, Beschränkung eines anteilsberechtigten Abkömmlings auf ein Forderungsrecht gegenüber den übrigen Beteiligten in Höhe seines Anteils FamR 2 S. 42
— und Übernahmerecht nach § 1502 I BGB. FamR 2 S. 55
—, Wirkung der —n — auf einen Rechtsstreit FamR 2 S. 76

Fortgesetzte Immissionen, Verjährung eines Anspruchs aus unerlaubter Handlung bei —n — auf das Grundstück SchR 9 S. 310

Forthaftung des alten Mieters für den neu eintretenden SchR 6 S. 72

Fortlaufende Lieferungen bei einem Kauf, Pflichten von Käufer und Verkäufer SchR 1 S. 231

Fortlaufender Mietvertrag SchR 6 S. 55

Fortschreibung, Haftung des Staates für Katasterbeamten, der durch Fahrlässigkeit bei — der Gebäudesteuerrolle unrichtige Bestandsangaben ins Grundbuch gelangen läßt SchR 11 S. 139

Frachtführer, Schadensersatzanspruch wegen Verlustes von Gütern gegen — SchR 4 S. 264

Frachtgut, Eigentumserwerb am — durch Abtretung des dinglichen Herausgabeanspruchs unter Übergabe des Ladescheins SaR 1 S. 378

Frachtvertrag, Behandlung von See- und —en im internationalen Verkehr AllgT 1 S. 36
—, Verjährung der Ansprüche aus dem — AllgT 4 S. 169

Frankreich, Gegenseitigkeit der Anerkennung von Scheidungsurteilen mit — AllgT 1 S. 134

Französischer Staatsangehöriger und Erbfolge in deutsche Liegenschaften ErbR 1 S. 361

„Freibleibend", Bedeutung der Klausel — bei Vertragsangeboten AllgT 3 S. 332
—, Gleitende Preise, Vorbehalt der Lieferungsmöglichkeit, Bedeutung solcher Klauseln SchR 3 S. 354

Freie Willensbestimmung, Ausschluß der —n — bei vorübergehender Störung der Geistestätigkeit AllgT 2 S. 58

— **Wohnung**, Altenteil, wenn auf einem städtischen Hause — —, Heizung und Vorgartenbenutzung eingetragen ist? SaR 2 S. 205

Freigabe, Haftung für verspätete — der Pfandstücke SchR 9 S. 79

Freihändiger Verkauf, Berechnung des Schadenersatzanspruchs wegen Nichterfüllung auf Grund —n —s SchR 3 S. 50
— eines Grundstücks durch Testamentsvollstrecker zwecks Erbteilung gegen Widerspruch der Erben ErbR 2 S. 257

Freiheit, Gefährdung der — kein nach § 823 I BGB. geschütztes Rechtsgut SchR 9 S. 273

Freiwillige Gerichtsbarkeit **NebenG 3 S. 119—273**

Freizeichnen einer AG. wegen Haftung für grobes Verschulden ihrer leitenden Angestellten AllgT 2 S. 403

Freizeichnung von der Haftung für Verzögerungsschaden auf Grund allgemeiner Lieferungsbedingungen? SchR 2 S. 195

Freizeichnungsklausel des Verkäufers SchR 2 S. 27, SchR 3 S. 354
Fremdbesitzer, Haftung SaR 2 S. 48
Fremde Sache, Schadensersatz wegen Nichterfüllung beim Kauf einer —n — SchR 5 S. 127
—, Schadensersatzforderung des Verpfänders einer —n —, wenn Pfand nicht mehr zurückgegeben werden kann SchR 1 S. 366
— **Staatsangehörigkeit,** Trennung von Tisch und Bett bei Eheleuten —r — AllgT 1 S. 2
Fremdenpension s. Gastaufnahmevertrag
Fremder Name, Handeln in —m —n ohne Erkennbarmachung, daß Name der eines anderen AllgT 4 S. 46
Fremdes Grundstück, Mietvertrag im eigenen Namen über — — SchR 6 S. 9
Fremdkörper in Operationswunde SchR 7 S. 37
Fremdwährungsschuld, Begriff SchR 2 S. 192
Friedenspflicht aus Tarifvertrag, Zuwiderhandlung NebenG 2 S. 218
Frist, Beginn der — für die Anfechtung der Ehelichkeit eines Kindes FamR 2 S. 95, 98
—, Beginn der Ausschlagungs— für den Pflichtteilsberechtigten, der als Nacherbe eingesetzt ist ErbR 2 S. 365
—, Unterbrechung der Verjährung bei Ablauf der — an einem Sonntag und Zustellung der Klage am folgenden Tage AllgT 4 S. 249
— s. auch Anfechtungs—
Fristbestimmung nach § 326 BGB. SchR 3 S. 170
Fristen - Termine **AllgT 4 S. 119—120**
Fristende, Sprachgebrauch bzgl. — AllgT 3 S. 352
Fristlose Kündigung bei Diensten höherer Art SchR 7 S. 26
— bei Mietverhältnissen SchR 6 S. 166, 170
— bei Pachtverhältnissen SchR 6 S. 180
Fristsetzung und Rücktritt bei vertraglichem Ausschluß des Anspruches auf Schadensersatz wegen Nichterfüllung SchR 3 S. 196
— nach § 326 BGB. vor Eintritt des Verzugs SchR 3 S. 136
— nach § 643 BGB. bei Unmöglichkeit der vom Besteller vorzunehmenden Handlung SchR 7 S. 144
— nach § 634 II BGB. und Weigerung, Mängel zu beseitigen SchR 7 S. 122
— zur Beseitigung des Mangels und Schadensersatz wegen Nichterfüllung beim Werkvertrag SchR 7 S. 120
Früchte, Erlöschen des gesetzlichen Pfandrechts an —n des Pfandgrundstücks SchR 6 S. 1
Fruchterwerb des obligatorisch Berechtigten bei Eigentumswechsel am Grundstück, § 956 BGB. SaR 1 S. 346
Fruchtziehungsrecht, Verzicht des Pächters darauf SaR 2 S. 1
Führer s. Kraftfahrzeug—
Fund im Gasthause und § 978 BGB. SaR 1 S. 367
Fürsorgepflicht, Haftung gegenüber Beamtenhinterbliebenen bei Eintritt des Todes des Beamten infolge Verletzung der dem Staate obliegenden — SchR 7 S. 48
— des Dienstberechtigten, Umfang und Haftung aus unerlaubter Handlung SchR 7 S. 99
—, Schuldhafte Verletzung der elterlichen — als unerlaubte Handlung SchR 9 S. 20, 142
— einer Irrenanstalt SchR 9 S. 319
—, Verordnung über die — und Erstattung der Aufwendungen des Krankenhauses durch Fürsorgeverband, Rechtsweg SchR 7 S. 264
— des Mieters für Treppen und Flure SchR 6 S. 99
— des Bestellers nach § 618 BGB. gegenüber Unternehmer beim Werkvertrag SchR 7 S. 188
Fußboden, Durchbrechen des morsch gewordenen —s eines Stockwerks, § 836 BGB. SchR 9 S. 12

Fußgänger, Verantwortlichkeit von Straßenbahn und — NebenG 1 S. 322

Fußweg im Sinne der KFVo. NebenG 1 S. 139

G

Gage, Bindende Vorschriften des Bühnenvereins für seine Mitglieder über Höchst—n, § 138 BGB. AllgT 3 S. 74

Garantie für Saatguteigenschaft SchR 5 S. 99

—, Verjährung der Gewährleistungsansprüche und eine vom Verkäufer nach Handelsgebrauch zu leistende — SchR 5 S. 44

Garantieübernahme, Formzwang für Abtretung einer Hypothek unter — als Gegenwert für Eigentumsübertragung an einem Grundstück SchR 2 S. 291

— bei Lieferungsverträgen hinsichtlich der erforderlichen Deckungskäufe SchR 1 S. 236

Garantieversprechen, Form SchR 7 S. 344

—, Anwendung des § 776 Satz 2 BGB. auf — SchR 7 S. 354

Garantievertrag (kumulative Schuldübernahme) und Bürgschaft, Unterschied SchR 7 S. 376

—, Besonderer — und Gewährleistungsansprüche nach § 459 flg. BGB. beim Verkauf eines Unternehmens SchR 5 S. 230

Garderobe, Haftung des Arztes für die in seiner Wohnung abgelegte — SchR 7 S. 38

—, Haftung des Gastwirts für im Gastlokal abgelegte — AllgT 3 S. 355 SchR 7 S. 311

—, Haftung eines geselligen Vereins für abgegebene — AllgT 1 S. 363

— s. auch Kleiderablage

Garderoben-Aufbewahrung, Haftung für bei der — abgegebene Sachen SchR 1 S. 298

—, Haftung bei Fälschung der Garderobenmarke SchR 7 S. 318

Garderobenpacht SchR 6 S. 57

Gaskandelaber, Mitverschulden des Beschädigten bei Entstehung des Schadens durch Anprall eines Autos gegen einen — SchR 2 S. 182

Gasrohrbruch, Haftung bei — NebenG 1 S. 326

Gast und Wirt, Rechtsbeziehungen nach Eintritt der Polizeistunde SchR 7 S. 309

Gastaufnahmevertrag, Rechte und Pflichten aus dem — SchR 7 S. 306

Gastwirt, Einbringung von Sachen bei —en **SchR 7 S. 285—321**

—, Begriff i. S. v. § 701 BGB. SchR 7 S. 306

— Haftung bei kostenloser Zurverfügungstellung von Räumen SchR 2 S. 132

—, Haftung beim Beherbergungsvertrag für Verkehrssicherung SchR 6 S. 220

—, Haftung bei Unfall eines Gastes SchR 2 S. 203

Gastwirtschaft, Pachtvertrag über —, wenn Raum und Inventar je von verschiedenen Besitzern überlassen war SchR 6 S. 111

—, Zusicherung einer Eigenschaft bei einer — SchR 6 S. 51

Gastwirtschaftsgrundstück, Notwendige Verwendungen auf ein — SaR 2 S. 67

Gattungskauf, Leistungsklage auf Abnahme bei — mit sukzessiven Lieferungen SchR 4 S. 347

—, Folgen des Annahmeverzugs SchR 3 S 163

—, Aufrechnung des Schadensersatzanspruchs wegen mangelhafter Lieferung SchR 4 S. 341

—, Beweislast bzgl. des Verschuldens einer mangelhaft gelieferten Sache SchR 4 S. 391

—, Ersatzlieferungsanspruch SchR 5 S. 47

—, Ablehnung einer Ersatzlieferung beim — SchR 5 S. 41

—, Unmöglichkeit der Leistung SchR 1 S. 118

—, Wandlung SchR 3 S. 415

—, Zuständigkeit des Erfüllungsorts SchR 1 S. 1

Gattungsschuld, Ersatzherausgabe nach § 281 BGB. und — SchR 3 S. 188
—, Ersatzherausgabe bei beschränkter — SchR 1 S. 194
—, Zur Individualisierung der — SchR 1 S. 151
—, Konzentration bei der — und Gefahrentragung SchR 1 S. 65
—, Unmöglichkeit der Leistung bei — SchR 1 S. 247, 321
Gebärunfähigkeit als Eheaufhebungs- bzw. Anfechtungsgrund FamR 1 S. 24
Gebäude, Eigentums- und Rechtsverhältnisse bei einem — auf der Grenze zweier Grundstücke SaR 1 S. 201
—, Teil eines —s i. S. v. § 836 BGB., Begriff SchR 9 S. 314
—, Haftung nach § 836 BGB. für Ablösung von Teilen eines —s SchR 9 S. 12
Gebäudeversicherung und Hypothekenklage SaR 3 S. 42
Gebrauch, Nichtgewähr des —s der Mietsache und Kündigung, Schadensersatz SchR 6 S. 15
Gebrauchsüberlassung, Rücktritt und Vergütung für — beim Abzahlungsgeschäft SchR 5 S. 209
Gebühren, Ausschluß der Verantwortlichkeit für Beamte, die auf — angewiesen sind, Voraussetzungen SchR 11 S. 68
Gebührenanspruch des Notars für seine Amtstätigkeit SchR 11 S. 112
Gebührenberechnung, Haftung des Anwalts für unrichtige — SchR 7 S. 61
Gebundenheit an Vertragsantrag und bevormundeter Annahmeberechtigter FamR 2 S. 268
Gefahr s. Eigene —
Gefahrdrohende Anlagen § 907 BGB. SchR 9 S. 65
Gefährdung der Freiheit kein nach § 823 I BGB. geschütztes Rechtsgut SchR 9 S. 273
—, Kündigung wegen erheblicher — der Pachtsache SchR 6 S. 89
Gefährdungshaftung der Reichspost SchR 9 S. 344
— und Amtshaftung des Reichs als Halter eines Kraftfahrzeugs NebenG 1 S. 181
Gefahrtragung und Beschlagnahme von Feindeshand SchR 5 S. 119
— beim Kauf bei Beschlagnahme der Kaufsache SchR 1 S. 229
— bei der Beschlagnahme einer Ware während der Übersendung SchR 1 S. 311
— beim Kauf mit Eigentumsvorbehalt SchR 5 S. 15
— bei der Gattungsschuld SchR 1 S. 65
— und Postabholungserklärung SchR 1 S. 63
— bei überseeischen Kaufgeschäften SchR 5 S. 55
— beim Versendungskauf SchR 5 S. 74, 104
Gefälligkeitsfahrt, Haftung SchR 2 S. 415
SchR 9 S. 97
—, Handeln auf eigene Gefahr SchR 10 S. 103
—, Stillschweigender Ausschluß der Haftung für Fahrlässigkeit SchR 10 S. 10
Gefälschte Dollarnoten, Haftung für den Verkauf SchR 5 S. 110, 112
Gegenforderung, Aufrechnung mit der einem Dritten zustehenden — Schr. 4 S. 11
Gegenleistung, Übernahme einer Bürgschaft, Schenkung wenn sie ohne — des Gläubigers erfolgt? SchR 7 S. 376
—, Behördliche Hoheitsakte auf dem Gebiet der Wohnungszwangswirtschaft und — NebenG 2 S. 241
Gegenseitige Abhängigkeit letztwilliger Verfügungen in einem gemeinschaftlichen Testament ErbR 2 S. 104
— **Erbeinsetzung** nach § 2269 BGB. und bedingte Nacherbeneinsetzung ErbR 2 S. 464

Gegenseitiger Vertrag SchR 3 S. 21—235
—, Anwendung der clausula rebus sic stantibus wegen veränderter Leistung SchR 1 S. 261
—, Behandlung von —n —en im internationalen Verkehr AllgT 1 S. 36, 61
—, Beurteilung eines —n —es bei verschiedenem Erfüllungsort im internationalen Verkehr AllgT 1 S. 61
— beim Rechtsverhältnis zwischen Verein und Mitglied? AllgT 1 S. 361
—, Entstehung des Schadensersatzes beim —n — SchR 1 S. 160
—, Verzug SchR 1 S. 195
—, Zeitpunkt der Schadensberechnung bei —m — bei Unmöglichwerden der Leistung während des Verzugs SchR 1 S. 234
Gegenseitiges Wettbewerbsverbot bei Veräußerung eines von zwei in einer Hand befindlichen Geschäften SchR 3 S. 150
Gegenseitigkeit hinsichtlich der Anerkennung von Scheidungsurteilen mit Frankreich AllgT 1 S. 134
Gegenvormund, Haftung des —es bei der Anlegung von Mündelvermögen FamR 2 S. 269
Gehalt, Schadensersatzanspruch bei Weiterbezug des —s des durch Unfall Verletzten und Übergang auf Berufsgenossenschaft? NebenG 2 S. 135
Gehaltsvorschuß, Tilgung durch Aufrechnung mit unpfändbarem Gehaltsteil SchR 11 S. 67
Geheimmittel, Klage wegen öffentlicher Kritik eines kosmetischen —s SchR 9 S. 61
Geisteskranke, Haftung für — Ehefrau SchR 9 S. 108
—, Haftung für —n Sohn SchR 9 S. 233
—, Verletzung der Obhutspflicht einer Irrenanstalt und mitwirkendes Verschulden des —n SchR 9 S. 319
—, Bestellung eines Pflegers für einen nicht bevormundeten volljährigen —n FamR 2 S. 246
—, Schadensersatzpflicht eines —n SchR 10 S. 128
Geisteskrankheit, Unterschied zwischen Geistesschwäche und — AllgT 1 S. 253
—, Nichtigkeit eines Prozeßvergleichs wegen angeblicher — einer an seinem Abschluß beteiligten Person AllgT 3 S. 145
Geistesschwäche, Geschäftsunfähigkeit infolge — AllgT 2 S. 61
—, s. auch Geisteskrankheit
Geistige Erkrankung, Aufhebung der Ehe wegen Anlage zu —r — FamR 1 S. 44
—, Unabwendbarer äußerer Unfall durch — — des Lokomotivführers NebenG 1 S. 275
—, s. auch Geistige Störung
— **Gebrechen,** Antrag auf Aufhebung der Pflegschaft durch den wegen —r — Pflegebefohlenen FamR 2 S. 252
— **Gemeinschaft,** Aufhebung der —n — i. S. v. § 45 EheG. FamR 1 S. 95
— **Störung,** Scheidung der Ehe wegen —r — FamR 1 S. 59, 182, 213
—, Scheidung der Ehe wegen —r — oder Eheverfehlung FamR 1 S. 184, 236
—, Scheidung wegen Eheverfehlungen bei —r — auf seiten des Verletzten FamR 1 S. 202
—, Widerspruch gegen Ehescheidung und — — auf seiten des Scheidungsklägers FamR 1 S. 197
—, Nichtigkeit der Eheschließung wegen vorübergehender —r — FamR 1 S. 24
—, Ausschluß der freien Willensbestimmung wegen vorübergehender —r — AllgT 2 S. 58
Geld, Eigentumsübergang an anvertrautem — SaR 2 S. 48
—, Entgegennahme von — trotz Wissens von unredlicher Herkunft SchR 1 S. 210
Geldentwertung, Auftrag zur Lieferung von Vorkriegspfandbriefen z. Z. stärkster — SchR 2 S. 98
Geldersatz oder Herausgabe bei zweimaligem Verkauf einer Sache SchR 9 S. 317

Geldforderung, Zurückbehaltungsrecht wegen einer — gegenüber einem Unterlassungsanspruch SchR 2 S. 90

Geldmangel, Verzug wegen Unmöglichkeit der Leistung auf Grund —s SchR 1 S. 85

Geldrente, Dauer, § 844 BGB. SchR 9 S. 214

—, Vereinbarung einer — zwischen Ehegatten FamR 1 S. 354

—, Verwaltung und Nutznießung des Ehemanns an der —, die er seiner von ihm getrennt lebenden Frau zu gewähren hat FamR 1 S. 317

— bei Schadensersatz wegen Erwerbsbeeinträchtigung des Verletzten, wenn abgeschlossener Schaden vorliegt? NebenG 1 S. 106

Geldschulden sind Bringschulden auch im Platzverkehr SchR 1 S. 93

—, Zurückbehaltungsrecht bei — und Aufrechnung SchR 1 S. 127

Geldversprechen für Nichtbeteiligung an sportlichen Wettkämpfen AllgT 3 S. 127

— für Bindung an ein Verkaufsangebot von Grundstücken und § 313 BGB. SchR 2 S. 261

Geliebte, Verstoß gegen gute Sitten bei Schuldversprechen an — AllgT 2 S. 374

Gemeinde, Haftung der — für Berufsfeuerwehr NebenG 1 S. 88

—, Haftung einer Gemeinde für die Krankenhausangestellten SchR 1 S. 168

—, Haftung einer — gegenüber Krankenkasse wegen Veruntreuungen von Geldern in einer von der Gemeinde für die Krankenkasse eingerichteten Zahlstelle SchR 11 S. 48

—, Gesamtrechtsnachfolger einer — und § 40 GBO. NebenG 3 S. 52

—, Haftung einer — wegen gesundheitsschädlichen Wassers SchR 1 S. 249 SchR 10 S. 166

— s. auch Stadtgemeinde

Gemeindliche Körperschaft, Übergang des Vorkaufsrechts nach Auflösung einer —n — auf den Rechtsnachfolger SchR 5 S. 286

Gemeingebrauch an öffentlichen Straßen und Straßenhändler AllgT 4 S. 291

Gemeinnütziger Bau, Ersatzansprüche bei Grundwassersenkung durch Vertiefung des Nachbargrundstücks eines —n —s, § 909 BGB. SaR 1 S. 288

Gemeinnütziger Bauverein, Grundstückserwerb der Genossen einer eingetr. Genossenschaft (— —) SchR 2 S. 362

Gemeinnützigkeit einer GmbH. SchR 3 S. 1

Gemeinsame Rechte der Besitzer von Schuldverschreibungen SchR 8 S. 164

Gemeinschaft und Gesellschaft **SchR 6 S. 249—364**

– von Auftraggebern und Widerruf SchR 7 S. 265

Gemeinschaftliche Berufsausübung, Haftung von zu —r — verbundenen Rechtsanwälten SchR 4 S. 281

— Bürgschaft und Sicherheitsleistung des einen Bürgen SchR 8 S. 17

— Erbverträge mit einem Dritten ErbR 2 S. 85

— Nutznießung, Vermächtnis —r — auf Lebenszeit ErbR 2 S. 141

— Testamentsvollstrecker, Aktivlegitimation der —n — bei Einklagung einer Nachlaßschuld gegen einen von ihnen ErbR 2 S. 250

Gemeinschaftliches Testament, Anlegung ErbR 2 S. 416

—, Form ErbR 2 S. 319

—, Gegenseitige Abhängigkeit letztwilliger Verfügungen in einem —n — ErbR 2 S. 104

—, Ausschluß der fortgesetzten Gütergemeinschaft durch — — SchR 2 S. 295

—, Gegenseitige Erbeinsetzung und bedingte Nacherbeinsetzung ErbR 2, S. 464

— bei Nichtehegatten ErbR 2 S. 102

Gemeinschaftliches Testament, Verkündung der Verfügungen des überlebenden Teils bei einem —n — ErbR 2 S. 349
—, Wechselbezügliche und selbständige Verfügungen in einem —n — ErbR 2 S. 112
—, Widerruf ErbR 2 S. 77
—, Ermächtigung eines Ehegatten an überlebenden Ehegatten, letztwillige Verfügungen des Zuerstverstorbenen zu widerrufen ErbR 2 S. 96
Gemeinschaftlichkeit der Verfügung über einen Nachlaßgegenstand ErbR 2 S. 50
Gemeinschaftsteilnehmer, Mehrheitsbeschlüsse von —n bei Verwaltungsmaßnahmen SchR 6 S. 361
Gemeinschuldner, Bereicherungsklage des Konkursverwalters bei Verstoß des —s gegen die guten Sitten SchR 8 S. 263
Gemischte Schenkung, Formerfordernis des § 518 SchR 5 S. 310, 344
Gemischter Vertrag: Entgeltliche Überlassung und Schenkung SchR 5 S. 310
—, Überlassung von Bahnhofsräumen zu einem Wechselgeschäft: Miete oder — — SchR 6 S. 105
Genehmigung — Einwilligung **AllgT 4 S. 91—119**
—, Begriff der — eines Vertrags AllgT 4 S. 76
—, Arglistiges Handeln beim Betreiben der behördlichen — eines nichtigen Grundstückskaufs SchR 1 S. 316
—, Wirksamwerden der Verfügung eines zur gesamten Hand Berechtigten durch — der übrigen Berechtigten AllgT 4 S. 115
—, Umfang der — eines Grundstücksveräußerungsvertrages FamR 2 S. 290
—, Schwebende Unwirksamkeit eines Grundstücksvertrages infolge mangelnder — SchR 5 S. 81
— der Übernahme einer Hypothekenschuld SchR 4 S. 176, 183
Genehmigung, Irreleitung durch öffentlich-rechtliche Körperschaft über die Notwendigkeit der — der vorgesetzten Behörde SchR 2 S. 116
—, Rückreichung der — nach § 184 BGB. SchR 4 S. 228
—, Rückwirkung AllgT 4 S. 98, 103
—, Auswirkung der Rückwirkung der — auf Beginn der Verjährungsfrist AllgT 4 S. 92
— der Schuldübernahme und weitere Schuldübernahme SchR 4 S. 216
— der Schuldübernahme und Mitteilung, § 415 BGB., Erfordernisse SchR 4 S. 224
—, Teilweise nichtiges Rechtsgeschäft wegen Fehlens der z. T. erforderlichen — und § 139 BGB. AllgT 3 S. 45
— s. auch Vormundschaftsgerichtliche —
Genehmigungspflicht des Vertretenen bzgl. eines Rechtsgeschäfts, das Vertreter mit sich selbst vorgenommen hat AllgT 4 S. 73
Generalvertreter und Anspruch auf Auskunftserteilung über vertragswidrig in seinem Bezirk von der Fabrik abgeschlossene Geschäfte SchR 7 S. 246
Generalvollmacht, Erteilung einer — durch Ehefrau an Ehemann in der allgemeinen Gütergemeinschaft FamR 2 S. 87
— für den Todesfall und Grundbuch NebenG 3 S. 65
Genossenschaft, Grundstückserwerb der Genossen einer eingetr. — (gemeinnütziger Bauverein) SchR 2 S. 362
—, Grundstückserwerb der Genossen einer eingetr. Bau— mit beschr. Haftpflicht SchR 2 S. 389
—, Haftung des Vorstandes einer eingetragenen — wegen nicht rechtzeitiger Aufkündigung eines Genossen SchR 9 S. 55
Gericht, Bindung der —e an Entscheidungen der Versicherungsbehörden NebenG 2 S. 71, 77, 163

Gerichtliche Feststellung der Unwirksamkeit der Ausschließung eines Mitglieds aus einem Verein AllgT 1 S. 347
— Geltendmachung, Unterbrechung der Verjährung durch — — eines Teils des Anspruchs AllgT 4 S. 120, 136
— Herabsetzung der Vertragsstrafe SchR 3 S. 321, 333
— und notarielle Urkunden **NebenG 3 S. 145—218**

Gerichtlicher Vergleich, Vormundschaftliche Genehmigung eines vom Vater in einem —n — ausgesprochenen Verzichts auf die Herausgabe von Grundstücken FamR 2 S. 173

Gerichtliches Erwerbsverbot eines Grundstücks SchR 2 S. 379

Gerichtskosten, Verjährung AllgT 4 S. 247

Gerichtspersonen, Bezeichnung der mitwirkenden — in einem Protokoll über die Errichtung eines Testaments ErbR 2 S. 304

Gerichtsstand der Erbschaftsausschlagung ErbR 1 S. 351
— des Erfüllungsortes bei einer Vertragsstrafe SchR 1 S. 59

Gerichtsvollzieher, Amtspflicht des —s, Umfang SchR 11 S. 107, 124, 174
—, Bereicherung durch irrtümliche Zahlung des —s SchR 8 S. 319
—, Haftung des Rechtsanwalts für Verschulden des —s bei der Pfändung SchR 1 S. 14
—, Verletzung der Pflichten des —s bei Pfändung auf dem Stock SaR 2 S. 30
—, Verschulden des —s bei vorzeitiger Pfändung SchR 11 S. 6

Geringste Gebot, Einwirkung einer außerhalb des —n —s stehenden Auflassungsvormerkung bei der Verteilung des Versteigerungserlöses auf nacheingetragene Rechte SaR 1 S. 156

Gesamtanspruch, Vertragsrechte auf wiederkehrende, wirtschaftlich einheitliche Leistungen und Verjährung des —s AllgT 4 S. 230

Gesamte Hand, Wirksamwerden der Verfügung eines zur —n — Berechtigten durch Genehmigung der übrigen Berechtigten AllgT 4 S. 115

Gesamtgut, Begriff bei der Errungenschaftsgemeinschaft FamR 2 S. 33
—, Auskunftpflicht des Mannes der Frau gegenüber über — bei der allgemeinen Gütergemeinschaft FamR 2 S. 11
—, Eintragung eines Grundstücks als — ohne Mitwirkung der Ehefrau NebenG 3 S. 49
—, Klage auf Herausgabe gegen gütergemeinschaftliche Ehefrau wegen eines zum — gehörigen Grundstücks SaR 2 S. 57
—, Berechnung des Pflichtteilsanspruchs unter Berücksichtigung von Zuwendungen aus dem — ErbR 2 S. 406
—, Schenkungen aus dem — FamR 2 S. 35
—, Widerspruchsklage der Ehefrau gegen eine Pfändung von früherem — aus einem nur gegen den Ehemann erwirkten Titel FamR 2 S. 5

Gesamtgutsverbindlichkeiten, Haftung der Frau für in der Person des Mannes entstandene — FamR 2 S. 27
—, Haftung für — nach Teilung des Gesamtgutes FamR 2 S. 14

Gesamthandeigentum, Umwandlung des —s der Erbengemeinschaft in Bruchteilseigentum der Miterben ErbR 1 S. 414

Gesamthandklage und Gesamtschuldklage gegen Miterben ErbR 1 S. 431

Gesamthypothek, Eintragung einer Arresthypothek auf mehreren Grundstücken als — entgegen der Vorschrift des § 932 II BGB. SchR 11 S. 240
—, Ausfallsicherungshypothek und — SaR 3 S. 45
— als Brief- und Buchhypothek SaR 2 S. 347
— von Miteigentümern (nach Bruchteilen) SaR 3 S. 150

Gesamthypothek und Erlöschen der Mithaft SaR 3 S. 182
—, Pfändung SaR 2 S. 299
—, Erlöschen einer — bei Zwangsversteigerung eines der verhafteten Grundstücke auf den übrigen Grundstücken SaR 2 S. 358
Gesamtpreis, Wegfall der Bereicherung bei Veräußerung mit anderen Sachen zu einem — SchR 8 S. 224
Gesamtrechtsnachfolger einer Gemeinde und § 40 GBO. NebenG 3 S. 52
Gesamtschuldklage und Gesamthandklage gegen Miterben ErbR 1 S. 431
Gesamtschuldner, Abfindung des Beschädigten durch den Versicherer des einen Ersatzpflichtigen und Wirkung auf den Anspruch gegen den anderen als — haftenden Ersatzpflichtigen SchR 4 S. 277
—, Ausgleichung bei Haftung des einen —s auch aus Beförderungsvertrag NebenG 1 S. 246
—, Vertraglicher Ausschluß der Ausgleichspflicht aus unerlaubter Handlung haftenden —n SchR 2 S. 27
—, Haftung mehrerer Tierhalter als — SchR 9 S. 70
Gesamtschuldnerische Inanspruchnahme der einzelnen Gesellschafter durch Gläubiger-Gesellschafter SchR 6 S 283
— Haftung der Miterben gegenüber Nachlaßgläubiger, der selbst Miterbe ist ErbR 2 S. 47
Gesamtschuldverhältnis, Teilnichtigkeit AllgT 2 S. 380
—, Unechtes — SchR 7 S. 29
— beim Zusammenstoß zweier Kraftfahrzeuge NebenG 1 S. 8, 11
— s. Mehrheit von Schuldnern und Ausgleichung
Gesamtsicherungshypothek, Entwertung einer —, auf die der zahlende Eigentümer eines Einzelgrundstücks nach § 1173 Abs. 2 BGB. Anspruch hat, durch Vorrechteinräumungen auf den anderen Grundstücken SaR 2 S. 344
Gesamtvertretung AllgT 4 S. 23, 96
—, Haftung der juristischen Person für Verschulden eines Vertreters AllgT 1 S. 373 SchR 10 S. 228
Geschäft, Dienste des Kindes im Hauswesen oder — der Eltern FamR 2 S. 185
— der Ehefrau s. Selbständiges Erwerbsgeschäft
Geschäftsanteile, Abtretung von —n einer GmbH. AllgT 2 S. 400
—, Mängelhaftung beim Verkauf sämtlicher — einer Grundstücksgesellschaft m. b. H. SchR 5 S. 139
—, Kaduzierungsverfahren bei der GmbH. in bezug auf — einer Ehefrau FamR 1 S. 431
—, Verpfändung SaR 3 S. 221
—, Vormundschaftsgerichtliche Genehmigung betr. die Veräußerung von —n einer GmbH. durch Minderjährige FamR 2 S. 313
Geschäftsbedingungen, Rechtliche Bedeutung des Einverständnisses mit allgemeinen — AllgT 4 S. 55
—, Bindung des Vertragsgegners an veröffentlichte allgemeine — eines Spediteurs SchR 1 S. 292
Geschäftsbesorgung, Abweichung von der Anweisung bei einem —sauftrag SchR 7 S. 220
—, Haftung des Anwalts für Art der — SchR 7 S. 88, 93
—, Ansprüche aus — i. S. v. § 196 Nr. 7 BGB. AllgT 4 S. 201
—, Verjährung von Ansprüchen aus —en AllgT 4, S. 138
—, Über Verpflichtung des Geschäftsführers ohne Auftrag zur Vollendung der begonnenen —, Schadensersatzpflicht SchR 7 S. 226
Geschäftzbezeichnungen, Namensschutz von besonderen — AllgT 1 S. 291
Geschäftsbücher, Einsichtsrecht eines ausgeschiedenen Gesellschafters in die — SchR 8 S. 182

Geschäftsfähigkeit **AllgT 2 S. 57—70**

Geschäftsführender Gesellschafter und Kontrollrechte der übrigen Gesellschafter SchR 6 S. 332

—, Form des § 313 für Gesellschaftsvertrag, wenn durch diesen ein dem alleinigen —n — gehöriges Grundstück verwertet werden soll SchR 6 S. 336

—, Zurückbehaltungsrecht eines —n —s gegenüber Ansprüchen der übrigen Gesellschafter aus Geschäftsführung desselben SchR 1 S. 12

Geschäftsführer, Contrahieren des —s einer GmbH. mit sich selbst bzgl. Übernahme einer Schuld AllgT 3 S. 388

—, Haftung des —s einer GmbH. für Mitgeschäftsführer aus § 831 BGB.? SchR 9 S. 219

Geschäftsführung durch Ehefrau, wenn Ehemann sich im Kriege befindet, und Vergütungsanspruch dafür FamR 1 S. 334

—, Verjährung des Anspruchs aus — AllgT 4, S. 164

Geschäftsführung ohne Auftrag und Auftrag **SchR 7 S. 220—285**

—, Anspruch des Baulastpflichtigen aus — — — gegen fahrlässigen Brandstifter SchR 9 S. 181

—, Begonnene — — —, Verpflichtung zur Vollendung SchR 7 S. 226

— und Eigentumsstörung SaR 2 S. 108

—, Notverkauf einer beanstandeten Ware durch Käufer als — — — für Verkäufer SchR 5 S. 92

—, Verjährung SchR 9 S. 196

Geschäftsgrundlage, Begriff SchR 2 S. 186

—, Mangelnde — und Sachmangelhaftung SchR 5 S. 195

—, Irrtum über die — beim Vergleich SchR 8 S. 98

—, s. auch Wegfall der —

Geschäftsherr, Entlastungsbeweis nach § 831 BGB. SchR 9 S. 15, 113, 162

Geschäftsherr, Haftung des —n für arglistiges Verhalten des Geschäftsvermittlers SchR 9 S. 83

—, Haftung des —n für Verrichtungsgehilfen AllgT 1 S. 423

—, Haftung des —n nach § 831 und § 823 BGB. SchR 9 S. 15

Geschäftslage, Einfluß einer allgemeinen schwierigen — auf Vertragsteile SchR 1 S. 349

Geschäftsräume, Selbsthilfe und Besitzstörungsklage wegen der Besitzergreifung der Außenfläche der gemieteten — zu Reklamezwecken SaR 1 S. 14

—, Erstreckung der Miete von —n auf Außenwände SchR 6 S. 8

—, Vermietung von —n und Fernhaltung von Wettbewerb SchR 6 S. 140

Geschäftsschulden, Haftung für — eines Geschäftsunfähigen durch Anmeldung zum Handelsregister SchR 8 S. 252

Geschäftsübernahme, Verjährung einer Geschäftsschuld bei — SchR 4 S. 304

Geschäftsübertragung an Ehefrau und nachfolgende Scheidung SchR 2 S. 206

Geschäftsunfähiger, Geschäftsverbindung eines —n mit einer Bank und ungerechtfertigte Bereicherung SchR 8 S. 198

—, Beschwerde eines —n gegen Anordnung der Pflegschaft FamR 2 S. 326

—, Erwerb des mittelbaren Besitzes durch —n SaR 1 S. 18

—, Haftung für Geschäftsschulden eines —n durch Anmeldung zum Handelsregister SchR 8 S. 252

Geschäftsunfähigkeit, Begriff AllgT 2 S. 60

— infolge Geistesschwäche AllgT 2 S. 61

Geschäftsverlegung nach Ermietung gewerblicher Räume SchR 6 S. 212

Geschäftsvermittler, Arglist des —s SchR 9 S. 83

—, Verantwortlichkeit des Verkäufers für den — SchR 9 S. 113

Geschiedene Frau, unbescholten, und Deflorationsanspruch FamR 1 S. 11
— und Wiederannahme ihres Familiennamens FamR 1 S. 258
—, Unterhaltsanspruch FamR 1 S. 260
—, Versagung des Unterhaltsanspruchs der —n — wegen Verschuldens FamR 1 S. 290
—, Verwirkung des Unterhaltsanspruchs wegen unsittlichen Lebenswandels bei Unterhaltung einer eheähnlichen Geschlechtsverbindung? SchR 10 S. 275
Geschiedener Ehegatte, Klage zwischen —n —n auf Herausgabe eines Kindes FamR 1 S. 302
— und Recht zum persönlichen Verkehr mit dem Kinde FamR 1 S. 263
—, Unterhaltsanspruch des —n —n gegen Erben FamR 1 S. 274
Geschlechtskranke, Erstattungsanspruch der Polizeibehörde gegen Krankenkasse für Einweisung von —n Mitgliedern in Krankenhaus SchR 7 S. 243
Geschlechtskrankheit, Haftung für Ansteckung SchR 9 S. 267
—, Verschulden bei Übertragung einer — SchR 10 S. 50
Geschwächter Gesundheitszustand, Umfang der Haftung aus unerlaubter Handlung bei —m — und nachträglicher Schwangerschaft der Verletzten SchR 2 S. 96
Geschwindigkeit, Ausschluß der Haftung bei — eines Kraftfahrzeugs unter 20 km NebenG 1 S. 68
— eines schweren Kraftwagens auf gerader übersichtlicher Fernverkehrsstraße innerhalb einer bebauten Ortschaft NebenG 1 S. 188
Gesellige Vereine, Haftung AllgT 1 S. 363
Gesellschaft und Gemeinschaft **SchR 6 S. 249—364**
—, Formbedürftigkeit des Vertrages einer — zum Erwerb von Grundstücken SchR 2 S. 270
— oder nicht rechtsfähiger Verein AllgT 1 S. 306, 324
Gesellschaft mit beschränkter Haftung, Abtretung von Geschäftsanteilen AllgT 2 S. 400
—, Die Satzungsbestimmung über das Anfallrecht eines Dritten im Fall der Auflösung der — kann ohne dessen Zustimmung geändert werden SchR 3 S. 1
—, Abänderung des Gesellschaftsvertrages kann nicht von der Zustimmung eines Nichtgesellschafters abhängig gemacht werden SchR 3 S. 1
—, Gemeinnützigkeit SchR 3 S. 1
—, Gründerhaftung SchR 9 S. 282
—, Kaduzierungsverfahren in bezug auf den Geschäftsanteil einer Ehefrau FamR 1 S. 431
—, Nichtigkeit oder Anfechtbarkeit von Gesellschaftsbeschlüssen einer — bei fehlender Angabe des Gegenstandes auf der Tagesordnung; bei Mitstimmen eines Gesellschafters über ein mit ihm vorzunehmendes Rechtsgeschäft AllgT 4 S. 29
—, Klagerecht des Mitgliedes einer — AllgT 1 S. 276
—, Berechtigung und Verpflichtung des Registergerichts, vor der Eintragung etwaigen Bedenken gegen die Bewertung von Sacheinlagen nachzugehen. NebenG 3 S. 261
—, Verstoß gegen gute Sitten bei der —, wenn ein mit ihr im Wettbewerb stehender Gesellschafter sich durch einen anderen Gesellschafter vertreten lassen muß AllgT 2 S. 320
Gesellschafter, Recht des ausgeschiedenen —s auf Einsicht in die Geschäftsbücher SchR 8 S. 182
—, Zurückbehaltungsrecht eines geschäftsführenden —s gegenüber Ansprüchen der übrigen Gesellschafter aus Geschäftsführung desselben SchR 1 S. 12
Gesellschaftsähnliche Verhältnisse, Anwendung der Vorschriften über gegenseitige Verträge SchR 6 S. 326

Gesellschaftsanteil, Wirkung des Pfandrechts an einem — bei der Auseinandersetzung SaR 3 S. 240

Gesellschaftsbeiträge, Zugehörigkeit zum Gesellschaftsvermögen SchR 6 S. 262

Gesellschaftsforderung, Klage aus einer — SchR 6 S. 259

Gesellschaftsverhältnis, Rücktritt von einem — SchR 3, S. 106

Gesellschaftsvermögen, Abtretung des Anteils am — SchR 6 S. 294

— und Leistung von Beiträgen als Voraussetzungen der Gesellschaft des bürgerlichen Rechts SchR 6 S. 275

—, **Zugehörigkeit** der Gesellschaftsbeiträge zum — SchR 6 S. 262

—, Miteigentum an einem Grundstück und Zugehörigkeit zum – SchR 6 S. 251

Gesellschaftsvertrag, Abschluß SchR 6 S 297

—, Wesen des —es, partiarisches Darlehn oder Hoffnungskauf SchR 6 S. 267

—, Schadensersatzansprüche wegen Verletzung des —s vor Einleitung des Auseinandersetzungsverfahrens SchR 6 S. 320

— zur Verwertung eines Grundstücks und § 313 BGB. SchR 2 S. 308

Gesetzesauslegung, Verschulden eines richterlichen Beamten bei unrichtiger — SchR 11 S. 67

Gesetzesunkenntnis, Haftung des Staates für Amtspflichtverletzung eines Beamten und Verjährung nach § 852 BGB. SchR 10 S. 112

Gesetzesverletzung bei Entscheidung der Zivilkammer an Stelle der Kammer für Handelssachen NebenG 3 S. 218

Gesetzliche Erbfolge, Anfechtung wegen Irrtums über den Kreis der zur —n — berufenen Personen ErbR 2 S. 87

Gesetzliche Vertretung, Mangelnde — — in einem Ehescheidungsstreit FamR 2 S. 299

— mehrerer Minderjähriger bei einem Erbauseinandersetzungsvertrag AllgT 4, S. 42

Gesetzlicher Vertreter einer juristischen Person und Mißbrauch seiner Vertretungsmacht SchR 2 S. 53

—, Erbschaftsausschlagung durch —n — und vormundschaftsgerichtliche Genehmigung ErbR 1 S. 387

—, Mitwirkendes Verschulden des —n —s eines durch einen Lastkraftzug verletzten Kindes wegen nicht rechtzeitiger Zuziehung eines Arztes SchR 10 S. 200

—, Rechtshilfe bzgl. Anerkennung der Vaterschaft eines Minderjährigen bei fehlender Zustimmung des —n —s NebenG 3 S. 135, 138

— i. S. v. § 278 BGB. und Testamentsvollstrecker ErbR 2 S. 282

—, Einwilligung des —n —s zu einem Vertragsschluß AllgT 2 S. 64

Gesetzliches Erbrecht der entfernteren Abkömmlinge bei Ausschluß ihres Parens ErbR 1 S. 348

— **Güterrecht** **FamR 1 S. 375—Ende**

— **Rücktrittsrecht,** Bereicherungsanspruch bei Ausübung eines —n —s SchR 3 S. 359

— **Verbot,** Gegen ein — — verstoßender Vertrag und Aufhebung des Verbots vor dem Leistungstermin SchR 2 S. 338

—, Verstoß gegen — — und § 817 Satz 2 BGB. SchR 8 S. 218, 256, 268

Gesetzwidriger Vertrag, Verschulden des Geschädigten bei —m — (§ 309 BGB.) SchR 2 S. 339

Gestaltungsurteil, Rechtskraft des —s auf Aufhebung des Mietverhältnisses, maßgebender Zeitpunkt für die Rechtsänderung NebenG 2 S. 235

Gestohlene Sache, Bereicherungsanspruch gegen Erwerber einer —n — SchR 1 S. 350

—, Ersatzherausgabe bzgl. einer —n —, die inzwischen veräußert worden ist SchR 1 S. 350

Gesundheitsgefährdender Zustand, Kündigung einer Wohnung durch Mieter, wenn dieser —n — der Wohnung selbst herbeigeführt hat SchR 5 S. 357
Gesundheitsschädigendes Wasser, Haftung einer Gemeinde wegen —n —s SchR 1 S. 249
SchR 10 S. 166
Geteilter Nachlaß, Erbschaftskauf bei —m — ErbR 2 S. 36
Getreidehandel, Konzentration der Gattungsschuld im — SchR 1 S. 151
Getreidevorräte, Sicherungsübereignung von —n, die in einem Silo lagern SaR 2 S. 27
Getrenntleben der Ehegatten und elterliche Gewalt FamR 2 S. 140
— und Verlangen nach Herstellung der ehelichen Gemeinschaft FamR 1 S. 318
— und Wohnsitz der Ehefrau AllgT 1 S. 257
— und Unterhaltsabkommen FamR 1 S. 329
Gewährleistung bei Vertragsanträgen SchR 5 S. 17
— wegen zugesicherter Eigenschaften bei einem Grundstück (Höhe der Brandversicherung) SchR 4 S. 337
— für zugesicherte Eigenschaften beim Verkauf eines Handelsgeschäfts SchR 4 S. 375
— beim Verkauf sämtlicher Geschäftsanteile einer Grundstücks-GmbH. SchR 5 S. 139
— wegen Mängel der Sache SchR 4 S. 322, 324
— wegen Mängel beim Verkauf eines Erwerbsgeschäftes, wenn Weiterbetrieb des Geschäfts verhindert wird SchR 4 S. 402
— für Rechtsmängel beim Grundstückskauf SchR 4 S. 393
— des Unternehmers für Erfüllung des Vertrages SchR 1 S. 265
— des Verkäufers und Verschulden beim Vertragsschluß SchR 5 S. 245
— beim Viehkauf SchR. 5 S. 149
— beim Werklieferungsvertrag SchR 7 S. 191
Gewährleistung des Zedenten für Einbringlichkeit einer Forderung SchR 7 S. 354
— s. auch Mangel, Sachmangel und Wandlung
Gewährleistungsansprüche wegen Hausschwamms bei Bordellkauf SchR 9 S. 115
— und besonderer Garantievertrag beim Verkauf eines Unternehmens SchR 5 S. 230
— nach § 463 BGB. und Nichtigkeit des Vertrages SchR 5 S. 17
— bei einem formnichtigen, jedoch geteilten Grundstückskaufvertrag, Verjährung SchR 5 S. 187
—, Verjährung von —en beim Kauf SchR 5 S. 193
—, Verjährung der — und eine vom Verkäufer nach Handelsgebrauch zu leistende sechsmonatige Garantie SchR 5 S. 44
—, Verjährung der — bei Verpflichtung des Verkäufers zur Nachbesserung SchR 7 S. 147
— wegen Viehmängel SchR 5 S. 95
Gewährleistungspflicht des Verkäufers beim Vergleich SchR 8 S. 83
Gewährleistungsversprechen eines Architekten für eine bestimmte Bausumme SchR 7 S. 68
Gewerbe, Satzung eines ein — ausübenden, nicht rechtsfähigen Vereins und §§ 33, 147 GewO. als Schutzgesetz zugunsten anderer Gewerbetreibender SchR 10 S. 52
Gewerbebetrieb, Schadensersatzpflicht aus — wegen schuldhaft unterlassener Obhut SchR 9 S. 293
— als sonstiges Recht i. S. v. § 823 I BGB. SchR 9 S. 299
SchR 10 S. 254
— i. S. v. § 196 Nr. I BGB. AllgT 4 S. 132, 155
—, Vermietung von Wohnungen als — i. S. d. § 196 Nr. I BGB. AllgT 4 S. 182
— i. S. d. § 196 Nr. I BGB. beim Weitervermieten einzelner Räume eines im Ganzen gemieteten Hauses AllgT 4 S. 142
—, Schädigung des Pachtbesitzers einer Handelsgärtnerei durch benachbarten — SchR 6 S. 92

Gewerbeordnung, Auslegung des § 120 a — NebenG 1 S. 209

—, Ersatzansprüche wegen Raucheinwirkungen aus Bergwerksbetrieb, § 906 BGB. § 26 GewO. SaR 1 S. 236

—, Schadloshaltungsanspruch aus § 26 — und Anspruch auf Einstellung des Betriebes aus § 907 BGB. SaR 1 S. 228

Gewerbetreibende, Kampf gegen übermäßige Rabattgewährung von —n SchR 9 S. 29

Gewerbliche Räume, Ermietung —r — und Verlegung des Geschäfts in ein Nachbarhaus SchR 6 S. 212

Gewerblicher Betrieb, Haftung bei Versicherung im —n —, §§ 898, 899 RVO. NebenG 1 S. 11

Gewerbliches Erzeugnis, Kennzeichnung durch Stadtwappen AllgT 1 S. 265

— **Unterehmen,** Namensschutz AllgT 1 S. 291

Gewerbsmäßige Auskunftei, Haftung für Auskunft SchR 1 S. 353

Gewerbsmäßiger Verkäufer, Vertragliche Haftung für die Sicherheit der Verkaufsräume eines —n —s SchR 4 S. 411

Gewerkschaft, Verstoß gegen die guten Sitten bei Auflösung der — aus eigensüchtigen Interessen AllgT 3 S. 6

—, Haftung des Liquidators einer — für einen über den Liquidationszweck hinausgehenden Vertrag AllgT 4 S. 58

Gewinnanteil, Abtretbarkeit von Ansprüchen auf einen — SchR 6 S. 254

Gewinnbeteiligung des Rechtsanwalts bei Ausübung seines Berufs AllgT 3 S. 149

—, Kündigungsrecht eines Vertrags mit — nach § 247 BGB. SchR 1 S. 139

Gift, Sorgfaltspflicht des Geschäftsinhabers bei Verkauf von — an Jugendliche SchR 10 S. 179

Giroüberweisung, Vertrag zugunsten eines Dritten? SchR 3 S. 272

Gläubiger, Bürgschaftsurkunde und Bezeichnung des —s SchR 8 S. 56

— des Ehemannes und Eigentumsvermutung an Sachen, die sich im Besitz der Ehegatten befinden FamR 1 S. 315

—, Verzug des —s **SchR 2 S. 242—252**

Gläubiger-Gesellschafter, Gesamtschuldnerische Inanspruchnahme der einzelnen Gesellschafter durch — — SchR 6 S. 283

Gläubigerbenachteiligung, Nichtigkeit von Verträgen, die — bezwecken AllgT 2 S. 195

Gläubigergefährdung durch Kredithingabe gegen übermäßige Sicherung SchR 10 S. 58

Gläubigerschaft bei Sparkasseneinlagen SchR 6 S. 369

Gläubigerversammlung, Arglisteinrede gegenüber Berufung auf Nichtigkeit eines Beschlusses der — SchR 8 S. 171

—, Beschluß der — über Beschränkung von Rechten der Gläubiger SchR 8 S. 164

—, Pflichten des durch die — bestellten Vertreters der Gläubiger von Teilschuldverschreibungen SchR 8 S. 171

Gläubigerverzug, Selbsthilfeverkauf beim — am unrechten Ort SchR 3 S. 415

Gräberei i. S. v. § 2 RHpflG. NebenG 1 S. 229

Grabmal, Umfang der Beerdigungskosten nach § 844 BGB. SchR 10 S. 91

Grabstätte, Kosten für Erhaltung und Pflege einer — als Beerdigungskosten i. S. v. § 844 BGB. SchR 10 S. 250

Grenze, Eigentums- und Rechtsverhältnisse bei einem Gebäude auf der — zweier Grundstücke SaR 1 S. 201

Grenzüberbau, Vorschriften für vor dem 1. Januar 1900 errichtete —ten AllgT 2 S. 50
— bei Grundstücken, die nach erfolgtem — in das Eigentum verschiedener Personen übergehen. §§ 912 flg.? SaR 1 S. 257
Grobe Fahrlässigkeit als Verstoß gegen die guten Sitten, § 826 BGB. SchR 9 S. 119
Grober Undank, Widerruf einer Schenkung wegen —n —s SchR 5 S. 350, 353
—, Widerruf einer Schenkung wegen —n —s in einem Testament SchR 5 S. 357
Großbank s. Bank
Große Senat, Verweisung an den —n — SchR 9 S. 317
Großkaufleute, Verjährung der Ansprüche aus zwischen —n geschlossenem Frachtvertrag AllgT 4 S. 169
Grund des Anspruchs, Urteil über den — bei Ausgleich des Schadens durch Vorteil SchR 1 S. 295
Grund- und Erfüllungsgeschäft SchR 2 S. 291
Grundbuch, Pflicht zur Einsicht in das — bei Zessionen von Hypotheken SchR 1 S. 23
—, Eintragung einer Fischereigerechtigkeit AllgT 1 S. 209
—, Haftung des Staates für Katasterbeamten, der durch Fahrlässigkeit bei Fortschreibung der Gebäudesteuerrolle unrichtige Bestandsangaben ins — gelangen läßt SchR 11 S. 139
—, Miteigentum nach Bruchteilen und Berichtigung des —s SaR 1 S. 39
—, Erhöhung von Hypothekenzinsen und deren Rangstelle SaR 1 S. 122
—, Sicherung des Rückgewährungsanspruchs aus § 7 Anfechtungsgesetz durch Eintragung einer Vormerkung SaR 1 S. 46
—, Zuständigkeit des Reichsgerichts in —sachen gemäß § 79 II GBO. SaR 1 S. 328
—, Zuständigkeit des Reichsgerichts bei Zusammentreffen von Handelsregister— und —sachen NebenG 3 S. 125
Grundbuch siehe auch Öffentlicher Glaube des —s
Grundbuchamt, Einfluß einer einstweiligen Verfügung auf Amtshandlung des —s AllgT 3 S. 43
— und Versteigerungsgericht, § 19 II ZVG. NebenG 3 S. 107
Grundbuchbeamter, Haftung des Staates für Amtspflichtverletzung eines —n SchR 11 S. 1
—, Amtspflichtverletzung eines —n durch Vorspiegelung, er sei für Hinterlegung von Geldern zuständig und diese unterschlägt? SchR 11 S. 135
—, Belehrungspflicht des —n NebenG 3 S. 113
Grundbuchberichtigung als Bereicherungsanspruch SaR 1 S. 163
— und Eintragungsbewilligung des bisher eingetragenen Eigentümers NebenG 3 S. 41
— und Bindung durch dinglichen Vertrag SaR 1 S. 52
— Klage des Hypothekengläubigers auf Beseitigung voreingetragener Rechte, die sein Recht beeinträchtigen SaR 1 S. 52
— bei nachträglichem Herausstellen des Mangels der Rechtspersönlichkeit NebenG 3 S. 57
— bei Parzellenverwechslung NebenG 3 S. 97
Grundbucheintragungen, Auslegung SaR 3 S. 206
— von in Errungenschaftsgemeinschaft lebenden Eheleuten als Bruchteilseigentümer FamR 2 S. 83
—, Über die Zulässigkeit unnötiger — SaR 1 S. 122
Grundbuchführer, Nachprüfungspflicht des Grundbuchrichters bzgl. der Arbeiten des —s NebenG 3 S. 44
Grundbuchrecht NebenG 3 S. 1—116
—, Bereicherungsanspruch einer im Grundbuch als Rechtsinhaberin eingetragenen Ehefrau gegen ihren Ehemann, wenn sie nach — nicht ohne seine Zustimmung darüber verfügen konnte, obwohl es Vorbehaltsgut war FamR 1 S. 454

Grundbuchrichter, Prüfungsrecht NebenG 3 S. 107
—, Nachprüfungspflicht der Arbeiten des Grundbuchführers NebenG 3 S. 44
Grunddienstbarkeit, Verjährung des Schadensersatzanspruches wegen Nichtbestehens einer zugesicherten — AllgT 4 S. 180
Gründerhaftung bei einer GmbH. SchR 9 S. 282
Grundgerechtigkeiten, Fortdauernde Geltung des § 43 ALR. *II* 22 für nicht eingetragene — AllgT 1 S. 226
Grundgesetz, Bonner — s. Reichsverfassung
Grundschuld und Rentenschuld **SaR 3 S. 190—215**
—, Abtretung einer fiduziarischen — SaR 2 S. 380
—, Vorrang einer Auflassungsvormerkung vor einer — und Berufung auf den dieser zugrundeliegenden schuldrechtlichen Sachverhalt SaR 1 S. 149
—, Ausbietungsgarantie für eine — SchR 5 S. 270
—, Bestellung einer — und Verbindlichkeit i. S. des § 817 Satz 2 BGB. SchR 8 S. 222
—, Blankozession SaR 2 S. 300
— als Sache i. S. v. § 119 II BGB. AllgT 3 S. 184
—, Umwandlung einer — in eine Hypothek oder Auswechslung von Forderungen nach § 1180 BGB. AllgT 3 S. 55
—, Verpfändung von —, wenn Grundschuldbrief sich im mittelbaren Besitz des Grundschuldgläubigers befindet SaR 3 S. 250
—, Vollmachtserteilung zur Verfügung über —en durch Aushändigung von —briefen und unterschriebenen Abtretungsentwürfen AllgT 3 S. 19
— s. auch Eigentümer —
Grundschuldbrief auf den Inhaber, in den Verkehr bringen SaR 3 S. 190
—, Einräumung eines vertraglichen Zurückbehaltungsrechts an einem — AllgT 3 S. 63
SaR 1 S. 4
Grundschuldgläubiger, Inhalt und Umfang der Befugnis des —s SaR 3 S. 210
Grundstück, Allgemeine Vorschriften über Rechte an Grundstücken **SaR 1 S. 39—198**
—, Erwerb und Verlust des Eigentums an —en **SaR 1 S. 303—333**
—, Abänderung eines formgerechten Kaufangebots eines —s vor Ablauf der Annahmefrist SchR 2 S. 317
—, Abtretung des Rechts aus dem Meistgebot und Haftung des Meistbietenden gegenüber Ersteher für Fehler des —s SchR 5 S. 258
—, Anbietungspflicht bzgl. eines —s, Unmöglichkeit der Leistung, Formerfordernisse SchR 1 S. 175
—, Aneignung eines vermieteten —s gemäß § 928 BGB. und Mietverhältnis SaR 1 S. 360
—, Angebot von —en und § 313 BGB. SchR 2 S. 261
—, Form des Ankaufsrechts eines —s SchR 3 S. 1
—, Arglistige Vorspiegelung von Grundstückseigenschaften durch den Ehemann beim Verkauf eines zu der gütergemeinschaftlichen Masse gehörigen —s SchR 5 S. 90
—, Formvorschrift bei der Übertragung ausländischer —e AllgT 1 S. 26
—, Bebauung zweier —e mit zusammenhängenden Fabrikgebäuden, wenn der Kaufvertrag über ein — nichtig SaR 1 S. 235
—, Bürgschaft bei Schwarzkauf eines —s, § 313 Satz 2 BGB. SchR 2 S. 401
—, Doppelbuchung SaR 1 S. 42
—, Erwerb eines —s mit Mitteln des eingebrachten Guts FamR 1 S. 445
—, Eigentumsübertragung eines bisher buchungsfreien —s SaR 1 S. 185
—, Eintragungsverbot eines —s durch einstweilige Verfügung AllgT 3 S. 43

Grundstück, Eintragung eines von dem Ehemann zum Gesamtgut erworbenen —s in das Grundbuch bei der Errungenschaftsgemeinschaft FamR 2 S. 17
—, Erbfolge bzgl. deutscher —e durch in Frankreich verstorbene französische Staatsangehörige AllgT 1 S. 45
—, Gerichtliches Erwerbsverbot SchR 2 S. 379
—, Formbedürftigkeit des Vertrages einer Gesellschaft zum Erwerb von —en SchR 2 S. 270
—, Form des § 313 für Gesellschaftsvertrag, wenn durch diesen ein dem alleinigen geschäftsführenden Gesellschafter gehöriges — verwertet werden soll SchR 6 S. 336
—, Gesellschaftsvertrag zur Verwertung eines —s und § 313 BGB. SchR 2 S. 308
—, Sachen, die Nießbraucher mit Gebäude verbindet als Bestandteile des —s AllgT 2 S. 16
—, Tatsächliche Angaben des —s und öffentlicher Glauben des Grundbuchs SaR 1 S. 55
—, Unbebaubarkeit des Nachbargrundstücks als Sacheigenschaft eines —s SchR 5 S. 276
—, Schwarzkauf eines —s und Vergleich, §'313 BGB. SchR 2 S. 386
—, Pflichten des Verkäufers eines —s SaR 1 S.'84
—, Verkauf eines —s nebst Zubehör und Gewährleistungsansprüche wegen Viehmängel SchR 5 S. 95
—, Einseitige Verpflichtung zum Erwerb eines —s ohne Verpflichtung der Gegenseite zur Übertragung des Eigentums und § 313 BGB. SchR 2 S. 283
—, Haftung für Zusicherung bzgl. Verwertbarkeit eines —s SchR 5 S. 245
—, Formzwang gem. § 313 BGB. für Vollmacht zur Abgabe eines Kaufangebots über ein — AllgT 4 S. 50
—, Form des § 313 für Vorkaufsrecht bzgl. eines —s AllgT 3 S. 4
—, Vertrag über Vorkaufsrecht an einem — und § 313 BGB. SchR 2 S. 274

Grundsück, Bindung des Käufers eines —s an ein vereinbartes dingliches Vorkaufsrecht SaR 1 S. 63
—, Vormundschaftsgerichtliche Genehmigung der Auflassung eines —s und ihre Wirkung auf den schuldrechtlichen Vertrag FamR 2 S. 307
—, Veräußerung des —s eines Mündels ohne vormundschaftsgerichtliche Genehmigung FamR 2 S. 275
—, Vormundschaftliche Genehmigung eines vom Vater in einem gerichtlichen Vergleich ausgesprochenen Verzichts auf die Herausgabe von —en FamR 2 S. 173
—, Fernleitungen eines Elektrizitätswerks als Zubehör eines —s AllgT 2 S. 6
—, Baumittelstücke als Zubehör eines —s AllgT 2 S. 1
—, Zuschlagsbescheid und wesentliche Bestandteile eines —s AllgT 2 S. 18
—, Ein vor dem Zwangsvollstreckungsrichter geschlossener Vergleich über ein — und § 313 BGB. SchR 2 S.'418

Grundstücks-Aktiengesellschaft, Gewährleistung beim Verkauf sämtlicher Aktien einer — SchR 5 S. 144

Grundstücksberichtigungsanspruch der Miterben und Zurückbehaltungsrecht des Nachlaßschuldners ErbR 2 S. 30

Grundstücksbesitzer, Haftung für einen einem — durch ein abgestürztes Flugzeug zugefügten Sachschaden SaR 2 S. 41

Grundstückseigentümer, Aufsichtspflicht hinsichtlich Streupflicht SchR 9 S. 323
—, Klage auf Beseitigung einer Hypothek von wirklichem — gegenüber Bucheigentümer SaR 2 S. 71, 110
—, Haftung der Post für Sachschaden eines —s durch Legen einer Fernsprechleitung durch dessen Luftraum SchR 11 S. 58
—, Haftung des —s gegenüber Dritten, wenn Mieter Verkehr in den Mieträumen eröffnet hat SchR 5 S. 372

Grundstückserwerbsvertrag, Vormundschaftliche Genehmigung bei Abschluß eines —s durch Vater als gesetzlichen Vertreter seines minderjährigen Kindes FamR 2 S. 164

Grundstücksgesellschaft mbH., Bedeutung des Verkaufs sämtlicher Geschäftsanteile, Haftung für Rechts- und Sachmängel SchR 5 S. 139

Grundstückskaufpreis, Beurkundung eines niedrigeren —es zwecks Steuerersparnis, § 4 der VO. über Preisüberwachung usw. NebenG 2 S. 283

—, Auswirkung eines rechtskräftigen Bescheides der Preisprüfungsbehörde über — NebenG 2 S. 288

Grundstückskaufvertrag, Arglistiges Handeln beim Betreiben der behördlichen Genehmigung eines nichtigen —s SchR 1 S. 316

—, Form von Vertragsänderungen SchR 2 S. 253

—, Auflassungsvormerkung zur Sicherung eines künftigen Anspruchs auf Grund eines formnichtigen —s SaR 1 S. 168

— und Bierabnahmevertrag, Rücktritt von dem Vertrage nach § 326 BGB. SchR 3 S. 71

— zu Bordellzwecken, Verstoß gegen gute Sitten SchR 8 S. 232

—, Falsa demonstratio bei — SchR 2 S. 357

—, Gewährleistung für Rechtsmängel beim — SchR 4 S. 393

—, Gewährleistungsansprüche bei einem formnichtigen, aber geheilten —; Verjährung SchR 5 S. 187

—, Schadensersatz wegen Nichterfüllung beim — und Herausgabe des noch nicht übereigneten, aber übergebenen Grundstücks SchR 3 S. 218

—, Erfüllung eines —es, Voraussetzungen SchR 5 S. 135

—, Erfüllungsverzug beim — SchR 3 S. 84

—, Schwebende Unwirksamkeit eines —es infolge mangelnder Genehmigung SchR 5 S. 81

Grundstückskaufvertrag, Heilung des Formmangels eines —s nach § 313 Satz 2 BGB. SchR 2 S. 359

—, Heilung der Formungültigkeit des —s und Kondiktion der Auflassung SchR 2 S. 370

—, Untersuchungspflicht wegen verborgener Mängel beim — SchR 5 S. 167

—, Nachfrist beim — SchR 3 S. 184

—, Nebenabreden mit dem Pächter beim — und § 313 BGB. SchR 2 S. 412

—, Nichtiger — und Auflassung SaR 1 S. 81

—, Nichtiger — und Bereicherung SchR 8 S. 300

— mit Scheinpreis AllgT 2 S. 240

—, Zeitliche Begrenzung einer Schuldübernahme beim — SchR 4 S. 195

—, Sondervergütung beim —, § 313 BGB. SchR 2 S. 393

—, Verjährung des Schadensersatzanspruches des Käufers wegen Nichtbestehen einer zugesicherten Grunddienstbarkeit AllgT 4 S. 180

—, Viehverkauf als Bestandteil des —s und § 313 BGB. SchR 2 S. 327

—, Vollmacht beim — und § 313 BGB. AllgT 4 S. 11 SchR 2 S. 367

—, Wirksamkeit der Auflassungsvollmacht in einem wegen unrichtiger Angabe des Kaufpreises nichtigen —s AllgT 3 S. 32

—, Privatschriftliche Vollmachtsurkunde, aus der die Unwiderruflichkeit der Vollmacht hervorgeht, beim — AllgT 4 S. 64

—, Wandlung bei —, § 313 BGB. SchR 2 S. 409

—, Wandlung wegen Fehlens zugesicherter Eigenschaften bei einem — SchR 4 S. 337

—, Formlose Zusicherung als Bestandteil des —s SchR 2 S. 255

Grundstücksmietvertrag, Form des Vorvertrages zu einem langjährigen — SchR 6 S. 32

Grundstücksrecht, Erwerb eines —s kraft guten Glaubens und Verstoß gegen Veräußerungsverbot AllgT 2 S. 335

Grundstücksveräußerungsvertrag, Formlose Vereinbarung über Änderung eines —s SchR 2 S. 265
—, Umfang der Genehmigung eines —s FamR 2 S. 290
—, Haftung des gesetzlichen Vertreters eines Mündels bei — SchR 1 S. 432
— bei der allgemeinen Gütergemeinschaft durch den Ehemann FamR 2 S. 44, 49
—, Formvorschriften AllgT 2 S. 156
—, Heilung des Formmangels SchR 1 S. 204
SchR 2 S. 289
—, Heilung des Formmangels eines —s nach § 313 Satz 2 BGB. bei fehlender behördlicher Genehmigung SchR 2 S. 374
—, Über die Zulässigkeit in einem —, einen Dritten zur Festlegung des Grundstücks im einzelnen zu bestimmen (§§ 313, 317 BGB.) SchR 2 S. 418
— und Mietvertrag, § 313 BGB. SchR 2 S. 303
— unter Miterben ErbR 2 S. 25
—, Mitteilung von der Schuldübernahme des Erwerbers durch den Verkäufer SchR 4 S. 207
—, Konversion eines —es in lebenslänglichen Nießbrauch AllgT 3 S. 21
— und Wohnungsmiete SchR 6 S. 86
—, Nichtigkeit eines —s, Einfluß auf die darin enthaltene Auflassungsvollmacht AllgT 2 S. 368, 349
—, Zur Frage der Wirksamkeit der in einem formnichtigen — erteilten Vollmacht AllgT 4 S. 52
Grundstücksverkäufer, Form der Bürgschaft für den — SchR 8 S. 47
—, Löschungspflicht des —s eine Hauptleistung im Sinne des § 326 BGB? SchR 5 S. 254
Grundstücksverkaufsangebot, Formmangel eines —s, Heilung SchR 3 S. 15
—, Form der Vollmacht zu einem — SchR 1 S. 240
Grundstücksvertiefung, Ersatzansprüche bei Grundwassersenkung durch — des Nachbargrundstücks, § 909 BGB. SaR 1 S. 288
Grundstückszubehör, Grenzen der Haftung des —s SaR 3 S. 61
—, Haftung des —s für Hypotheken SaR 3 S. 86
Grundurteil, Voraussetzungen für ein — bei mehreren Klagegründen SchR 5 S. 167
— ohne Entscheidung über Aufrechnung des Beklagten und über Geltendmachung der Abtretung der Klageforderung AllgT 4 S. 88
Grundwassersenkung, Ersatzansprüche bei — durch Grundstücksvertiefung, § 909 BGB. SaR 1 S. 288
Grundwasserspiegel, Unzulässige Einwirkung auf Nachbargrundstück durch Anschüttung und dadurch bewirkte Hebung des —s? SaR 1 S. 243
Gutachten, Unterlassungs- u. Widerrufsklage gegen Beamten mit der Behauptung, er habe in einem — schuldhaft unwahre Angaben gemacht SchR 11 S. 154
Gute Sitten, Verstoß gegen — — bei Abtretung künftiger Forderungen SchR 4 S. 150
— beim Abtreten einer Forderung an eine vermögenslose Person AllgT 2 S. 279
— bei der Abtretung von Außenständen eines Abzahlungsgeschäfts an Kreditinstitut SchR 4 S. 133
— bei Abzahlungsgeschäft AllgT 3 S. 177
— beim Abzahlungskaufvertrag über einen Lastkraftzug SchR 5 S. 237
—, Anfechtung wegen arglistiger Täuschung und Schadensersatz wegen — AllgT 2 S. 216
— und Anfechtungsgesetz SchR 9 S. 130
—, wenn Angestellter sich bestechen läßt AllgT 3 S. 244
— bei Arbeiteraussperrung? NebenG 2 S. 176
—, Arglistiges Verhalten eines Vertreters AllgT 2 S. 254
—, Arztboykott SchR 9 S. 249
— bei Auferlegung von Beschränkungen bzgl. künstlerischer Betätigung AllgT 2 S. 266
— und Aufführungsagenturvertrag AllgT 2 S. 250

Gute Sitten, Verstoß gegen — — durch Aufnahme eines Heimes in die Cavete-Tafel eines ärztlichen Standesvereins? SchR 10 S. 24
—, Anwendung eines ausländischen Gesetzes, § 30 EG. BGB. AllgT 1 S. 131
—, Planmäßiges Ausspannen von Bezirksvertretern einer Feuerversicherung SchR 10 S. 150
— bei einem Ausstattungsversprechen SchR 5 S. 301
— des Gemeinschuldners und Bereicherungsklage des Konkursverwalters SchR 8 S. 263
— und ungerechtfertigte Bereicherung AllgT 2 S. 405
— und § 817 Satz 2 BGB. SchR 8 S. 222, 332
— bei Bierabnahmeverträgen AllgT 3 S. 189 SchR 9 S. 158
—, Bindende Vorschriften des Bühnenvereins über Höchstgagen für seine Mitglieder AllgT 3 S. 74
— bei langer Bindung SchR 3 S. 71
— beim Grundstückskauf zu Bordellzwecken und § 817 BGB. SchR 8 S. 206, 232
— bei Bauvertrag über ein Bordell AllgT 2 S. 209
— beim Verlangen der Herausgabe eines Bordellgrundstücks wegen Nichtigkeit des Kaufvertrages AllgT 2 S. 302
—, Boykottierung Gewerbetreibender durch Arbeiterkoalitionen NebenG 2 S. 184
— bei einem Darlehnsvertrag AllgT 3 S. 80
— durch Vertrag über Dienstleistungen gegen Unterhaltszahlung, aber ohne Rechtsanspruch auf das Entgelt für die Arbeit SchR 10 S. 195
— bei Schädigung von Gläubigern durch unentgeltliche Dienstleistungen AllgT 2 S. 173
— bei Kaufgeschäften, bei denen Ehefrau zur Täuschung des Ehemanns Verkäufer zur Ausstellung unvollständiger Rechnungen veranlaßt hat AllgT 2 S. 398
— bei Verträgen, welche die Ehescheidung erleichtern AllgT 3 S. 260

Gute Sitten, Verstoß gegen — — bei ehrenwörtlicher Verpflichtung AllgT 2 S. 288
—, Verpfändung des Ehrenwortes im Dienstvertrag AllgT 2 S, 245
—, Anfechtung eines Erbvertrages AllgT 3 S. 133
—, Grobe Fahrlässigkeit als —, § 826 BGB. SchR 9 S. 119
— bei Entgegennahme von Geldbeträgen trotz Wissens von unredlicher Herkunft des Geldes SchR 1 S. 210
—, Geldversprechen für Nichtbeteiligung an sportlichen Wettkämpfen AllgT 3 S. 127
— durch Schenkung eines Grundstücks an die Geliebte, § 817 BGB. SchR 8 S. 282
—, wenn Gesamtschuldner Gläubiger an anderen Gesamtschuldner verweist SchR 4 S. 288
—, wenn Versicherer des einen Ersatzpflichtigen sich die Rechte des Beschädigten gegen den Gesamtschuldner abtreten läßt, um diesem die Ausgleichungseinrede abzuschneiden SchR 4 S. 277
— bei Geltendmachung eines entgangenen Gewinns SchR 1 S. 261
— bei Beschlußfassung über Auflösung der Gewerkschaft aus eigensüchtigen Interessen AllgT 3 S. 6
— bei Einschränkung der gesetzlichen Haftpflicht in Speditionsverträgen AllgT 2 S. 384
— bei einem Vertrag, der auf Heirat einer Geschwängerten ausgeht AllgT 2 S. 140
— im kaufmännischen Verkehr, Begriff AllgT 2 S. 84, 364
—, Verbreitung ehrenrühriger, aber wahrer Vorgänge über Konkurrenten SchR 9 S. 152
— bei Konkurrenzklausel zwischen amerikanischen Zahntechnikern AllgT 2 S. 205
— des geschädigten Gläubigers, Verletzung der amtlichen Belehrungspflicht durch Notar bei Beurkundung eines Knebelvertrages AllgT 3 S. 92

Gute Sitten, Verstoß gegen — — bei einer Lebensversicherung AllgT 3 S. 207
— bei Widerruf der Bezugsberechtigung der Kinder aus einer Lebensversicherung zugunsten der zweiten Ehefrau AllgT 3 S. 150
— bei auffälligem Mißverhältnis zwischen Leistung und Gegenleistung? AllgT 2 S. 148
— durch Ausnutzung der Monopolstellung SchR 10 S. 32
— beim Pfandverkauf SaR 3 S. 271
— beim Verkauf einer ärztlichen Praxis AllgT 2 S. 162
— bei entgeltlicher Abgabe einer Rechtsanwaltspraxis AllgT 3 S. 236
— bei vertraglichen Preisbindungen der zweiten Hand AllgT 3 S. 96
— bei der Zurückstellung von Rabatten seitens der Reedereien AllgT 3 S. 37
—, Gewinnbeteiligung des Rechtsanwalts bei Ausübung seines Berufs AllgT 3 S. 149
— bei übermäßigem Anwaltshonorar AllgT 2 S. 290
— bei Rechtsmittelverzicht zwecks Erleichterung der Scheidung AllgT 3 S. 43
— beim zusammengesetzten Rechtsgeschäft und Rückforderung SchR 8 S. 226
— u. vorsätzliche Schadenszufügung SchR 9 S. 210
— beim Schuldversprechen an die Geliebte AllgT 2 S. 374
— und Schweigegeld SchR 8 S. 190
—, Nichtigkeit einer Sicherungsübereignung wegen — SaR 1 S. 374
— bei Streikunterstützung durch Organe einer tariflich friedensverpflichteten Gewerkschaft NebenG 2 S. 218
— bei Tauschverträgen, durch die Auslösung eines Vorkaufsrechts umgangen werden soll. SaR 2 S. 150
—, Weigerung des städt. Theaters, Besuchsvertrag abzuschließen SchR 10 S. 45
— bei Unterhaltsabkommen zwischen Ehegatten für die Zeit nach der Scheidung FamR 1 S. 354, 266

Gute Sitten, Verstoß gegen — — Ausnutzung eines die Schuldfrage unrichtig lösenden Urteils zur Begründung von Unterhaltsansprüchen SchR 10 S. 275
—, Ausnutzung eines unrichtigen rechtskräftigen Versäumnisurteils? SchR 10 S. 266
— bei Ausschließung eines Mitglieds aus dem Verein AllgT 1 S. 366
— bei vertragsmäßiger Beschränkung der Schadensersatzpflicht AllgT 2 S. 403
—, Berufung auf einen bereits abgewickelten Vertrag? SchR 10 S. 251
—, Verzicht eines gemeinnützigen Siedlungsunternehmens auf Ausübung des Vorkaufsrechts gegen Entgelt AllgT 3 S. 49
— bei Versprechen gegen Ehrenwort eines Angestellten, sich des Wettbewerbs zu enthalten AllgT 2 S. 222
— bei der GmbH., wenn ein mit ihr im Wettbewerb stehender Gesellschafter sich durch einen anderen Gesellschafter vertreten lassen muß AllgT 2 S. 320
— im wirtschaftlichen Wettbewerb SchR 9 S. 245
— bei Bestimmung des Schuldners, sein Zeugnis zu verweigern AllgT 2 S. 259
— beim Herbeiführen der Zwangsversteigerung durch Eigentümer zu bestimmten Zwecken AllgT 3 S. 230

Guter Glaube bei Abtretung einer Grundschuld SaR 3 S. 36
— bei Besitzerwerb SaR 1 S. 23
— s. auch Gutgläubiger Eigentumserwerb und Gutgläubiger Erwerb

Gütergemeinschaft s. Allgemeine — und Fortgesetzte —

Güterrecht, Gesetzliches — **FamR. 1 S. 375—Ende**
—, Vertragliches — **FamR 2 S. 1—92**

Güterrechtliche Verhältnisse, Beurteilung der —n — von Ausländern AllgT 1 S. 170

Güterstand, Vereinbarung über Abweichungen vom gesetzlichen — hinsichtlich einzelner Vermögensstücke FamR 2 S. 67

Gütertrennung und Pflicht zur Herausgabe der der Frau gehörigen Haushaltseinrichtung seitens des Ehemanns, wenn diese widerrechtlich getrennt lebt FamR 1 S. 408

Gutes Einvernehmen, Verweigerung der Erfüllung bei langdauernden Verpflichtungen infolge Störung des —n —s SchR 1 S. 104

Gutgläubiger, Nichtigkeit des Grundstückskaufvertrages und Bereicherungsanspruch gegen Käufer, der das Grundstück an —n weiterveräußert hat SchR 8 S. 300

Gutgläubiger Eigentumserwerb durch Besitzkonstitut, § 933 BGB. SaR 1 S. 394
— gem. § 934 BGB. SaR 1 S. 351; SaR 2 S. 7
— bei Übertragung des Besitzes durch den Konkursverwalter SaR 1 S. 348
— von Erzeugnissen SaR 1 S. 368
— an einer gepfändeten Sache SaR 3 S. 279

Gutgläubiger Erwerb eines Grundstücksrechts und Verstoß gegen Veräußerungsverbot AllgT 2 S. 335
— einer Hypothek SaR 3 S. 140
— einer nicht valutierten Briefhypothek SaR 3 S. 110
— einer Hypothek trotz unrichtiger notarieller Ausfertigungen von Hypothekenabtretungserklärungen SaR 2 S. 365
— einer Scheinforderung und Konkurs des Schuldners SchR 4 S. 87
— bei Mißbrauch der Testamentsvollstreckung? ErbR 2 S. 243
— auf Grund eines erloschenen Testamentsvollstreckerzeugnisses ErbR 2 S. 243

Guthaben, Abtretung eines Auseinandersetzungs—s SchR 6 S. 292

Gutslasten, Verteilung von — AllgT 1 S. 230

Gutsüberlassungsvertrag und öffentlicher Glaube des Grundbuchs SchR 4 S. 219

H

Haftpflicht, Verstoß gegen gute Sitten bei der Einschränkung der gesetzlichen — in Speditionsverträgen AllgT 2 S. 384
—, Zwangsvollstreckung in einen Schuldbefreiungsanspruch in —sachen SchR 4 S. 67

Haftpflichtgesetz s. Reichshaftpflichtgesetz

Haftpflichtversicherung, Ausgleichspflicht bei — SchR 2 S. 71
— bei Bemessung des Schmerzensgeldes SchR 10 S. 52, 318
— für fremde Rechnung und Übergang des Anspruchs auf den Versicherer SchR 2 S. 71

Haftung der Zentrale einer Bank für die von ihrer Filiale abgeschlossenen Geschäfte AllgT 3 S. 315
— beim Dienstverschaffungsvertrage SchR 7 S. 29
— bei Gefälligkeitsfahrt SchR 2 S. 415
— des Verkäufers für Rechte Dritter SchR 5 S. 26
—, Bedeutung der Erklärung, mit dem Vermögen haften zu wollen SchR 8 S. 47

Haftungsausschluß jeder Fahrlässigkeit in allgemeinen Lieferungsbedingungen SchR 2 S. 195

Haftungsbeschränkung durch Aushang entsprechenden Hinweises bei einer Kleiderablage SchR 7 S. 319
— des Erben, Entscheidung darüber ErbR 1 S. 358
— des Erben gegenüber einem im Aufgebotsverfahren ausgeschlossenen Nachlaßgläubiger ErbR 1 S. 373

Haftungsgrenze nach § 12 KFG. bei mehreren Unterhaltsberechtigten NebenG 1 S. 62

Haldenbrand, Schadensersatz bei — SaR 2 S. 73

Halter s. Kraftfahrzeug—

Handeln auf eigene Gefahr bei Gefälligkeitsfahrten AllgT 2 S. 67

Handeln in fremdem Namen ohne Erkennbarmachung, daß Name der eines anderen AllgT 4 S. 46

Handelsbrauch, Begriff SchR 5 S. 195
Handelserlaubnis, Fehlen der — zum Verkauf von Obstwein, § 309 BGB. SchR 2 S. 339
Handelsfirma, Amtslöschung einer — bei nachträglicher Veränderung der Umstände NebenG 3 S. 125
Handelsgärtnerei, Ersatzansprüche des Pachtbesitzers einer — gegen schädigende Einwirkung aus benachbarter gewerblicher Anlage SchR 6 S. 92
Handelsgeschäft, Gewährleistung für zugesicherte Eigenschaften beim Verkauf eines —s SchR 4 S. 375
—, Erwerb eines —s und Schuldenhaftung SchR 4 S. 45
—, Eintragung der Testamentsvollstreckung für ein zum Nachlaß gehöriges — in das Handelsregister ErbR 2 S. 269
— s. Selbständiges Erwerbsgeschäft und Geschäft
Handelsgesellschaft, Ausländische —, Rechtsfähigkeit AllgT. 1 S. 64
Handelskauf, Örtliches Recht bei — AllgT 1 S. 61
—, Rechtliche Wirkung einer unangemessenen Nachfrist beim — SchR 3 S. 182
— s. auch Kauf
Handelsregister, Haftung für Geschäftsschulden eines Geschäftsunfähigen durch Anmeldung zum — SchR 8 S. 252
—, Beschwerde gegen Anweisung bzgl. Löschung im — NebenG 3 S. 228
—, Prüfungspflicht des Kaufmanns bzgl. der Mitteilung des Registergerichts über eine Eintragung SchR 11 S. 67
—, Rechtshilfeersuchen um gerichtliche Beurkundung einer Anmeldung zur Eintragung in das — NebenG 3 S. 126
—, Eintragung der Testamentsvollstreckung für ein zum Nachlaß gehöriges Handelsgeschäft in das — ErbR 2 S. 269
—, Beschwerderecht des Wettbewerbers in —sache NebenG 3 S. 238
—, Zuständigkeit des Reichsgerichts in —sache NebenG 3 S. 125, 261
Handelsregisterführer, Dritter im Sinne des § 839 BGB. bei Amtspflichtverletzung von —n SchR 11 S. 66
Handelssachen s. Kammer für —
Handlungslehrling, Aufsichtspflicht des kaufmännischen Lehrherrn über — SchR 9 S. 270
Handlungsvollmacht und Anfechtung wegen Irrtums AllgT 2 S. 414
Handschenkung und ungerechtfertigte Bereicherung SchR 8 S. 282
Hauptforderung, Trennung der Bürgschaft von der — SchR 7 S. 374
Hauptschriftleiter, Vertragsverletzung durch Zeitungsverleger bei Handeln gegen den Willen des —s SchR 7 S. 49
Hauptschuld, Einfluß der Unmöglichkeit der Leistung bzgl. facultas alternativa auf — SchR 1 S. 197
Hauptschuldner, Aufklärungspflicht über — SchR 9 S. 226
Hauptspediteur, Vertragliches Pfandrecht des —s SaR 3 S. 291
Hausbesitzergenossenschaft als Konsumverein im Sinne des Rabattgesetzes NebenG 2 S. 267
Hauseigentümer, Haftung des —s für Verkehrssicherheit neben dem Ladenmieter SchR 9 S. 258
Häusliche Gemeinschaft i. S. v. § 2028 BGB. ErbR 1 S. 367
—, Scheidung wegen Aufhebung der —n — FamR 1 S. 136, 161, 166, 171, 232
—, Weigerung der Wiederherstellung als Ehescheidungsgrund FamR 1 S. 166
—, Zugehen von Willenserklärungen bei Abgabe an eine mit dem andern in —r — lebende Person AllgT 2 S. 115
Hausschwamm, Bordellkauf und — SchR 9 S. 115
Haustier, Biene als — i. S. v. § 833 Satz 2 BGB. SchR 10 S. 241
Hauswesen, Stellung der Ehefrau im — FamR 1 S. 346
—, Dienste des Kindes im — oder Geschäft der Eltern FamR 2 S. 185

Hauswirtschaft, Vernachlässigung der — als Scheidungsgrund FamR 1 S. 114
Hehler, Verjährung des Ersatzanspruchs gegen — SchR 9 S. 346
Heilung des Formmangels und Wirkung auf bestehende Bürgschaft SchR 2 S. 401
— bei Grundstücksveräußerungsverträgen SchR 1 S. 204 SchR 2 S. 258, 379
— eines Grundstückskaufangebots SchR 3 S. 15
— nach § 313 Satz 2 BGB. bei fehlender behördlicher Genehmigung? SchR 2 S. 374
— nach § 313 Satz 2 BGB. und Feststellungsklage SchR 2 S. 359
— beim Grundstückskaufvertrag u. Klage auf Kondiktion der Auflassung SchR 2 S. 370
— nach § 313 Satz 2 bei einer Mehrheit von Veräußerungsverträgen SchR 2 S. 289
— des mündlich vereinbarten Grundstückskaufgeschäfts durch Auflassung SaR 1 S. 81
—, Nachträgliche — — — einer öffentlichen Urkunde durch den Richter NebenG 3 S. 165
— nach § 313 Satz 2 BGB. bei Verträgen von Zwischenpersonen SchR 2 S. 398
— s. auch Formmangel
Heilungskosten, Anspruch aus unerlaubter Handlung auf Ersatz von — und Ersatz von Erwerbsschaden SchR 2 S. 96
Heimliche Mängel, Kauf auf Probe und Haftung für — — SchR 5 S. 63
Hemmung der Frist für die Anfechtung der Ehelichkeit eines Kindes FamR 2 S. 95
— bei der Testamentsanfechtung ErbR 2 S. 127
— der Verjährung AllgT 4 S. 166, 184
— nach § 202 BGB. SchR 6 S. 153
— durch Versagung des Armenrechts AllgT 4 S. 234
— durch verzögerte Entscheidung über ein Armenrechtsgesuch AllgT 4 S. 171
Hemmung der Verjährung des Restanspruchs bei Einklagen eines Teilanspruchs im Armenrechtsverfahren AllgT 4 S. 263
— bei einer Nachlaßforderung AllgT 4 S. 196
— des Wandlungsanspruchs AllgT 4 S, 214
Herabsetzung, s. Gerichtliche —
Herausgabe, Anfechtung des Kaufvertrages und Anspruch auf — des durch Weiterveräußerung erzielten Erlöses SchR 8 S. 323
—, Abtretung des Anspruchs auf — einer Sache durch schlüssige Handlungen SaR 1 S. 387
—, Auftrag zu fiduziarischen Zwecken und — des durch die Geschäftsbesorgung Erlangten SchR 7 S. 264
— oder Geldersatz bei zweimaligem Verkauf einer Sache SchR 9 S. 317
— der der Frau gehörigen Haushaltsgegenstände bei Gütertrennung, wenn diese widerrechtlich getrennt lebt FamR 1 S. 408
— eines Inbegriffs SchR 1 S. 279
—, Klage zwischen geschiedenen Ehegatten auf — des Kindes FamR 1 S. 302
—, Klage der unehelichen Mutter gegen den Vater auf — des Kindes wegen Fehlens wesentlicher Voraussetzungen der Ehelichkeitserklärung FamR 2 S. 201
—, Schadensersatz wegen Nichterfüllung beim Grundstückskauf und — des noch nicht übereigneten aber schon übergebenen Grundstücks SchR 3 S. 218
—, Verbotene Eigenmacht und Berufung auf früheres Urteil auf — der Sache SaR 1 S. 28
— des Vereinsvermögens bei ungültiger Änderung des Vereinszweckes AllgT 1 S. 375
—, Kündigung des Werkvertrages und — des dem Unternehmer gehörigen auf dem Grundstück des Bestellers eingebrachten Materials SchR 7 S. 154
—, Wertersatz bei Unmöglichkeit der —, § 818 II BGB. SchR 8 S. 316

Herausgabe, Rechtskräftig zuerkannter Anspruch auf — und Schadensersatz wegen Unmöglichkeit der — SchR 1 S. 337
—, Schadensersatzanspruch auf — von Abschriften eines widerrechtlich eröffneten Briefes SchR 9 S. 252
Herausgabeanspruch eines Miterben gegen den Nachlaßverwalter bzgl. Nachlaß ErbR 2 S. 44
— des pflichtteilsberechtigten Alleinerben gegenüber vom Erblasser Beschenkten ErbR 2 S. 393
Herausgabeklage gegen gütergemeinschaftliche Ehefrau wegen zum Gesamtgute gehörigen Grundstücks SaR 2 S. 57
— beim Miteigentum an einem Grundstück SaR 2 S. 71
—, Dingliche — und mitwirkendes Verschulden des Klägers SaR 2 S. 36
— des Eigentümers, wenn Sache vor Rechtshängigkeit vom Besitzer veräußert worden ist SchR 2 S. 39
Herausgabepflicht, Umfang der — bei ungerechtfertigter Bereicherung SchR 8 S. 269
— des Unterpächters SchR 6 S. 186
Herstellung eines dem Eltern- und Kindesverhältnis entsprechenden Familienbandes bei der Kindesannahme FamR 2 S. 229
Herstellung der ehelichen Gemeinschaft, Aufforderung zur — und Verwirkung des Scheidungsrechts FamR 1 S. 370
—, Zum Wesen der Klage auf — FamR 1 S. 339
—, Klage auf — und Einwände gemäß § 48 EheGes. dagegen FamR 1 S. 367
—, Verlangen nach — als Rechtsmißbrauch FamR 1 S. 351
—, Rechtsschutzbedürfnis für die Klage auf — FamR 1 S. 365
—, Verbindung der Unterhaltsklage mit Klage auf — FamR 1 S. 322
Hilfsanträge im Erbscheinsverfahren ErbR 2 S. 464
Hilfslohn des Schleppers für Rettung bei Schiffsunfall durch seine Schuld SchR 9 S. 58
Hilfsperson, Haftung des durch unerlaubte Handlung Beschädigten für mitwirkendes Verschulden von —en SchR 1 S. 84
SchR 9 S. 156
—, Haftung des Vormundes für —en FamR 2 S. 267
— s. auch Erfüllungshilfe
Hilfsweise erklärte Aufrechnung SchR 4 S. 34
Hinterbliebene, Bemessung der Unterhaltsansprüche der —n, § 844 BGB. SchR 10 S. 247
—, Ansprüche von —n des bei einer Lebensrettung tödlich Verunglückten SchR 7 S. 279
Hinterbliebenenrente, Umfang der — i. S. v. § 3 II RHpflG. NebenG 1, S. 290
Hinterlegte Sache, Verweisung auf die — — nach § 329 I im Prozeß SchR 3, S. 402
Hinterlegung SchR 3 S. 409—Ende
—, Amtspflichtverletzung eines Grundbuchbeamten durch Vorspiegelung, er sei für — von Geldern zuständig und diese unterschlägt? SchR 11 S. 135
— einer Nachlaßschuld ErbR 1 S. 422
— bei Ungewißheit über die Person des Gläubigers SchR 3 S. 419
— oder Verpfändung von Wertpapieren SaR 3 S. 215
— einer den Hypothekengläubigern verhafteten Versicherungsforderung; Verzicht der Versicherungsanstalt auf die Rücknahme des Geldes, Folgen SaR 2 S. 341
Hinterlegungsstelle, Haftung der — bei der Herausgabe von Inhaberpapieren eines Mündels FamR 2 S. 269
Hinterlist i. S. v. § 825 BGB. FamR 1 S. 7
Höchstbetrag der Rente, § 12 KFG. NebenG 1 S. 120
— des Kraftfahrzeuggesetzes und Übergang des Schadensersatzanspruchs auf Versicherungsträger NebenG 2 S. 62
— des Ersatzanspruchs mehrerer Unterhaltsberechtigter, § 12 KFG. NebenG 1 S. 62

Höchstbetrag des Schadensersatzes nach § 12 KFG. und mitwirkendes Verschulden NebenG 1 S. 33, 154

Höchstbetragshypothek, Abtretung SchR 7 S. 251

—, Haftung einer — für einen evtl. Ausfall SaR 3 S. 90

—, Kosten der Rechtsverfolgung im Höchstbetrag einer —? SaR 2 S. 379

—, Eintritt eines neuen Gläubigers in ein durch — gesichertes laufendes Kreditverhältnis SaR 3 S. 52

—, Pfändung einer — von Gläubigern des Grundstückseigentümers SaR 2 S. 265

— ohne Bezeichnung von Schuldner und gesicherter Forderung SaR 3 S. 107

—, Umwandlung einer — in eine Verkehrshypothek SaR 3 S. 153

— bei Verschiedenheit der Schuldner SaR 3 S. 68

Höchstpreise, Überschreitung der gesetzlichen — NebenG 2 S. 261, 264

—, Überschreitung und § 138 BGB. NebenG 2 S. 264

Hoffnungskauf, Partiarisches Darlehn, Gesellschaftsvertrag, Unterschied SchR 6 S. 267

Hohe See, Schadensersatzansprüche beim Zusammenstoß zweier Schiffe auf —r — AllgT 1 S. 121

Hoheitliche Gewalt, Ausübung —r — bei Sparkassen? SchR 11 S. 19

Hoheitsakte, Behördliche — auf dem Gebiet der Wohnungszwangswirtschaft und Gegenleistung NebenG 2 S. 241

— s. Ausübung öffentlicher Gewalt

Hoheitsrechtliche Eingriffe, Staatliche Entschädigungspflicht für — — SchR 11 S. 33

Höhere Dienste, Fristlose Kündigung bei —n —n SchR 7 S. 26

— **Gewalt** bei der Ausschlußfrist betr. die Anfechtung der Ehelichkeit eines Kindes FamR 2 S. 95

—, Diebstähle in Gasthäusern SchR 7 S. 285

Höhere Gewalt bei Eisenbahnunternehmen NebenG 1 S. 223

— bei Eisenbahnunfall durch geistige Erkrankung des Lokomotivführers NebenG 1 S. 275

— bei Abrutschen des Bahndamms NebenG 1 S. 317

— bei Einsturz eines Eisenbahntunnels durch herabstürzende Felsmassen NebenG 1 S. 262

—, Zugverkehr bei Unwetter NebenG 1 S. 268

— bei Straßenbahnunfall NebenG 1 S. 239

— bei unvorsichtigem Verhalten eines Kindes von unter 7 Jahren NebenG 1 S. 243

— i. S. d. RHpflG. NebenG 1 S. 235

— vorbehalten als Vertragsbestimmung AllgT 2 S. 318

Holzlager als Gegenstand der Verpfändung SaR 3 S. 218

Honorar s. Sonderhonorar

Hypothek **SaR 2 S. 265 bis Ende**

—, Auflassungsvormerkung und stillschweigende Zustimmung des Vormerkungsberechtigten zur Eintragung einer — SaR 1 S. 171

—, Haftung für den Bestand einer verkauften — SchR 5 S. 5

—, Beweislast, wenn Grundstückseigentümer behauptet, daß — keine Forderung zugrunde liegt SchR 5 S. 333

—, Pflicht zur Einsicht in das Grundbuch bei Zessionen von —en SchR 1 S. 23

—, Abtretung einer — unter Garantieübernahme als Gegenwert für Grundstück und § 313 BGB. SchR 2 S. 291

—, Gewährleistung beim Verkauf von —en SchR 5 S. 12

—, Rechtlich unmögliche — an einem Miterbenanteil ErbR 2 S. 5

—, Beeinträchtigung der Gültigkeit einer — durch persönliche Pfandbrieflieferungspflicht des Schuldner-Eigentümers SchR 1 S. 424

Hypothek, Öffentlicher Glaube des Grundbuchs und Widerspruch gegen das Eigentum des —enbestellers SaR 1 S. 116

—, Über die Vereinigung mehrerer im Rang unmittelbar aufeinanderfolgender —en desselben Gläubigers zu einer Einheitshypothek SaR 1 S. 160

—, Versehen des Notars bei Bestellung einer — und Ausfall der — an der vereinbarten Rangstelle bei späterer Zwangsversteigerung SchR 2 S. 44

—, Rangübertritt einer bereits eingetragenen — SaR 1 S. 191

—, Erstreckung der — auf Schadensersatzforderung wegen Bergbauschaden AllgT 1 S. 190

—, Selbstkontrahieren bei Bestellung einer — AllgT 4 S. 29

— für Teilschuldverschreibungen NebenG 3 S. 80

—, Umwandlung einer Grundschuld in eine — oder Auswechslung von Forderungen nach § 1180 BGB. AllgT 3 S. 55

Hypothekarische Haftung an Bestandteilen und Zubehör und Abtretung der Hypothek SaR 2 S. 334

— Sicherheitsleistung, Schadensersatz wegen Nichterfüllung einer rechtskräftig auferlegten Verpflichtung zur —n — SchR 1 S. 71

Hypothekenbestellung, Erwerb eines Grundstücks und — darauf durch den Ehemann bei der Errungenschaftsgemeinschaft FamR 2 S. 7

— durch einen befreiten Vorerben ErbR 2 S. 196

Hypothekenbrief, Mitbesitz am — bei Entstehung einer Teileigentümergrundschuld SaR 2 S. 320

—, Ersatz der Übergabe des —s SaR 3 S. 12

—, Übergabe des —s, wenn Hypothek auf den Anteilen mehrerer Miteigentümer des Grundstücks eingetragen ist SaR 2 S. 270

Hypothekenbrief Vorlegung des —s bei der Hypothekenklage SaR 2 S. 277

—, Vereinbartes Zurückbehaltungsrecht an einem — SchR 1 S. 41

Hypothekeneintragung für unerzeugte Nachkommenschaft AllgT 1 S. 260

Hypothekenforderung, Nießbrauch an einer — und Ausfall derselben in der Zwangsversteigerung SaR 2 S. 174

—, Teilaufrechnung gegen eine — SchR 4 S. 13

—, Kauf einer —, Haftung des Verkäufers SchR 5 S. 33

Hypothekengefährdung durch Wegschaffen von zu wesentlichen Bestandteilen gewordenen Materialien SchR 1 S. 73

Hypothekengläubiger, Aufgebot unbekannter — und Umschreibung der Hypothek auf Eigentümer SaR 2 S. 315

—, Grundbuchberichtigungsklage des —s auf Beseitigung voreingetragener Rechte, die sein Recht beeinträchtigen SaR 1 S. 52

—, Rechte der — im Verhältnis zum Wegnahmerecht aus § 951 II und 997 BGB. und zum Bereicherungsanspruch aus § 951 I BGB. AllgT 1 S. 440

Hypothekenhaftung, Befreiung des Zubehörs eines Grundstücks von der — beim Verkauf des Zubehörs SchR 4 S. 351

Hypothekenrecht, Verlust des —s bei arglistigem Verhalten der Hypothekengläubiger SchR 1 S. 156

Hypothekenschuld, Zeitpunkt der Genehmigung einer — SchR 4 S. 176, 183

Hypothekenverpfändung in mehreren Urkunden SaR 3 S. 299

Hypothekenvormerkung, Verzicht auf — und Entstehung einer Eigentümergrundschuld SaR 2 S. 305

Hypothekenzinsen, Erhöhung von — und deren Rangstelle im Grundbuch SaR 1 S. 122

I

Immaterieller Schaden, Ersatz SchR 9 S. 252

—, Ersatz bei Unfall durch Betriebsunternehmer NebenG 2 S. 32

— bei öffentlich-rechtlichen Verhältnissen SchR 1 S. 341

Immobiliarstempel beim Vertrag wegen Begründung eines Erbbaurechts SaR 2 S. 143

Inbegriff, Herausgabe eines —s SchR 1 S. 279

Industriegesellschaft, Konsortialverhältnis zwischen —en und Bürgschaft SchR 8 S. 29

Inhaber, Schuldverschreibung auf den — **SchR 8 S. 163—177**

—, Ausstellung von Lagerscheinen mit Rechtswirksamkeit auf den — SchR 8 S. 163

Inhalt des Eigentums **SaR 1 S. 198—303**

—, Begründung und — des Vertrages **SchR 2 S. 253—421**

Inkrafttreten des BGB. und Verjährung AllgT 4 S. 237

Innengesellschaft, Auseinandersetzung einer — SchR 6 S. 349

—, Recht des Gesellschafters auf Auskunft und Rechnungslegung SchR 6 S. 354

Innerer Wille, Bedeutung für das Zustandekommen eines Vertrags AllgT 2 S. 179

Insel, Rechtsverhältnis einer neu entstehenden AllgT 1 S. 243

Instandhaltung von Anlagen, die einer beschränkten persönlichen Dienstbarkeit dienen SaR 2 S. 185

Interesse, Begriff des objektiv berechtigten —s i. S. v. § 824 II BGB. SchR 9 S. 194

Interessenausgleich wegen veränderter Verhältnisse SchR 1 S. 261

Internationales Privatrecht **AllgT 1 S. 1—189**

Invalidenrente, Ubergang des Anspruchs auf Versicherungsanstalt NebenG 2 S. 34

Inventar s. Pachtinventar

Inventarerrichtung, Rechtswirksame — durch den Erben ErbR 1 S. 358

Inventarpflicht des Erben und Auskunftspflicht des Erben gegenüber einem Pflichtteilsberechtigten ErbR 2 S. 428

Irreleitung durch öffentlich-rechtliche Körperschaft über die Notwendigkeit der Genehmigung der vorgesetzten Behörde SchR 2 S. 116

Irrenanstalt, Obhutspflicht einer — SchR 9 S. 319

Irrtum oder Dissens, Unterschied AllgT 2 S. 95
AllgT 3 S. 313

— in der Erklärung, Begriff AllgT 2 S. 82

— im Beweggrund und über den Erklärungsinhalt AllgT 2 S. 298, 412

— über die Geschäftsgrundlage beim Vergleich SchR 8 S. 98

— des Kommittenten AllgT 3 S. 66

— über Notwehrlage AllgT 4 S. 283

— beim Schuldanerkenntnis und Bereicherungsanspruch SchR 8 S. 276

—, Berufung auf — über Verbindlichkeiten bei der Schuldübernahme SchR 4 S. 213

—, Zum Begriff der Unverzüglichkeit der Anfechtung wegen —s AllgT 3 S. 66

— über vertragsmäßige Beziehungen einer Person zu einem Dritten als Anfechtungsgrund AllgT 2 S. 390

— über die Entscheidung einer Rechtsfrage beim Vergleich SchR 8 S. 102

— s. auch Anfechtung wegen —s

Isländische Staatsangehörige, Zuständigkeit deutscher Gerichte für Scheidung —r —r AllgT 1 S. 141

Italienische Staatsangehörige, Eheherstellungsklage AllgT 1 S. 131

Jugendliche, Haftung für Körperschaden bei Rauferei unter —n SchR 10 S. 311

—, Verkauf von gefährlichen Stoffen an —, § 823 II SchR 10 S. 179

Jugendliche, Schadensersatzpflicht eines —n SchR 9 S. 127
—, Unfall eines —n im landwirtschaftlichen Betrieb SchR 9 S. 265
—, Mitwirkendes Verschulden eines —n bei Unfall auf der Eisenbahn NebenG 1 S. 272
Jugendschutzgesetz, Grenze zwischen „Kindern" und „jungen Leuten" im Sinne des —es SchR 9 S. 308
Juristische Person **AllgT 1 S. 297—337**
—, Anfechtung wegen Irrtums über verkehrswesentliche Eigenschaften —r —en AllgT 3 S. 163
—, Haftung für Verschulden von Angestellten SchR 7 S. 56
—, Haftung für Fälschungen ihres Vorstandes AllgT 1 S. 383
—, Vernichtung einer —n — und Auflösungsverfügung SchR 8 S. 74
—, Haftung für Vertreter —r —en SchR 9 S. 20
—, Haftung für einen Vertreter bei Gesamtvertretung AllgT 1 S. 373
—, Haftung der Vertreter einer —n — neben Haftung der —n — selbst SchR 9 S. 219
Jus offerendi gegenüber dem Zollfiskus SaR 3 S. 235

K

Kaduzierungsverfahren bei der GmbH. in bezug auf den Geschäftsanteil einer Ehefrau FamR 1 S. 431
Kalender, Berechnung des Verzugs nach dem — SchR 1 S. 26, 282
Kalkulationsirrtum, Anfechtung wegen —s AllgT 2 S. 84, 396
Kammer für Handelssachen, Gesetzesverletzung bei Entscheidung der Zivilkammer an Stelle der — NebenG 3 S. 218
Kampfmittel, Unzulässige — bei Tarifvertrag NebenG 2 S. 204
Kapitalabfindung bei Abschluß des Schadens z. Z. des Urteils NebenG 1 S. 106, 161
— oder Rente, § 843 III BGB. SchR 9 S. 100
—, Aufteilung von — und Rente, §§ 12, 13 KFG. NebenG 1 S. 161
Kapitalgesellschaften, Verfassungsmäßig berufener Vertreter bei den — des Handelsrechts AllgT 1 S. 432
Kartellvertrag SchR 6 S. 279
Kartoffelkäfer, Absuchen der Kartoffelfelder nach —n als Ausübung öffentlicher Gewalt SchR 11 S. 269
„Kassa gegen Verladungsdokumente", Bedeutung der Klausel SchR 3 S. 52
Kassageschäfte — Differenzgeschäfte SchR 7 S. 321
Kassenarzt, Anspruch des Kranken auf sachgemäße Behandlung gegen den — NebenG 2 S. 121
—, Verjährung des Anspruchs gegen — SchR 8 S. 89
Kastellanabrede, Konversion eines durch die — gegen das Gesetz verstoßenden nichtigen Schankpachtvertrages AllgT 3 S. 70
Katasterbeamte, Verletzung einer Amtspflicht durch — SchR 11 S. 25
—, Haftung des Staates für —n, der durch Fahrlässigkeit bei Fortschreibung der Gebäudesteuerrolle unrichtige Bestandsangaben ins Grundbuch gelangen läßt SchR 11 S. 139
Kauf **SchR 4 S. 316 bis Ende SchR 5 S. 1—298**
—, Anfechtung eines —s, wenn Parteien in verschiedenen Ländern wohnen AllgT 1 S. 72
—, Schadensersatz wegen arglistiger Vorspiegelung von Grundstückseigenschaften durch einen in Gütergemeinschaft lebenden Ehemann FamR 2 S. 36
—, Einfluß der Beschlagnahme beim — auf Zahlungs- und Abnahmepflicht des Käufers SchR 1 S. 229
—, Eindeckung bei Säumnis des Verkäufers SchR 3 S. 160
—, Einrede aus dem Recht zum Besitz auf Grund eines —s gegenüber dem Eigentümer FamR 2 S. 37
— unter Eigentumsvorbehalt und Sicherungsabtretung von Forderungen SchR 4 S. 164, 170

Kauf, Fortlaufende Lieferungen bei einem —, Pflichten von Käufer und Verkäufer SchR 1 S. 231
—, Offenbarungspflicht SchR 8 S. 344
—, Abstrakte Schadensberechnung beim — zum eigenen Verbrauch SchR 1 S. 306, 309
—, Schadensersatzberechnung beim —, Deckungskauf SchR 1 S. 164
— eines Grundstücks mit Scheinpreis SchR 2 S. 282
—, Schadensersatz wegen Nichterfüllung und Verjährungsfrist AllgT 4 S. 199
—, Vertretbares Unvermögen zur Leistung einer noch nicht im Besitz des Verkäufers befindlichen Sache SchR 1 S. 334
—, Anwendung des § 326 BGB. beim Abnahmeverzug SchR 3 S. 131
—, Anwendung des § 326 BGB. auf Vereinbarung über Wandlung? SchR 3 S. 133
—, Wandlung und Haftung des Käufers für die von ihm verschuldete Verschlechterung der Kaufsache SchR 3 S. 364
—, Wandlung und Unmöglichkeit der Rückgabe beim — SchR 1 S. 18
— s. auch Kaufvertrag und Handelskauf

Kauf auf Probe, Billigung der Ware SchR 5 S. 206

Kauf unter Eigentumsvorbehalt, Rechtliche Wirkung der Zwangsvollstreckung seitens des Verkäufers in die unter Eigentumsvorbehalt verkauften Sachen SchR 3 S. 61

Kaufabschluß, Arglistiges Verschweigen beim — AllgT 2 S. 130
—, Haftung des Vertretenen für arglistiges Verschweigen des Vertreters bei — SchR 5 S. 10
—, Maßgebender Zeitpunkt für Schadensbemessung od. Urteilsfällung SchR 2 S. 23

Kaufangebot, Abänderung eines formgerechten —s eines Grundstücks vor Ablauf der Annahmefrist SchR 2 S. 317
—, Formzwang gem. § 313 BGB. für Vollmacht zur Abgabe eines —s über ein Grundstück

Käufer, Eindecken des —s wegen Verzugs des Verkäufers und Geltendmachung eines Verspätungsschadens SchR 1 S. 303

Kaufkraft der Mark, Anfechtung eines Kaufvertrages wegen Irrtums über die — AllgT 3 S. 26
—, Bedeutung der — der Reichsmark bei der Zahlung einer Reichsmarkschuld durch Reichsmark SchR 1 S. 417

Kauflustige, Besichtigungsrecht des Vermieters für — SchR 6 S. 101
—, Haftung des Warenhausinhabers für Verletzung eines —n bei Vorlegen von Waren SchR 1 S. 98

Kaufmann, Haftung eines —s für Erklärungen, die während seiner Abwesenheit eine mit der Leitung des Geschäfts betraute Person abgegeben hat AllgT 2 S. 414
—, Prüfungspflicht des —s bzgl. der Mitteilung des Registergerichts über eine Eintragung im Handelsregister SchR 11 S. 67
—, Anwendung der kurzen Verjährungsfrist bei Auftreten als — AllgT 4 S. 176

Kaufmännische Orderpapiere SchR4 S. 50

Kaufmännischer Angestellter, Umfang der Vollmacht eines —n —n AllgT 4 S. 1
— **Verkehr,** Verstoß gegen die guten Sitten im —n — AllgT 2 S. 364

Kaufpreis, Wirksamkeit der Auflassungsvollmacht in einem wegen unrichtiger Angabe des —es nichtigen Grundstückskaufvertrag AllgT 3 S. 32
—, Unrichtige Angabe des —es und § 313 BGB. SchR 2 S. 342
—, Übernahme von Schulden in Anrechnung auf den — AllgT 3 S. 55

Kaufpreisforderung, Beweislast bei Stundung einer — SchR 1 S. 56
— und Schadensersatz wegen Nichterfüllung nach § 326 BGB. SchR 3 S. 39
—, Verjährungsbeginn der — der

Kaufvertrag, Anfechtung des —s und Weiterveräußerung der Kaufsache SchR 1, S. 276
—, Anfechtung des —s wegen Irrtums über die Kaufkraft der Mark AllgT 3 S. 26
—, Beurteilung von —n zwischen ausländischem Verkäufer und inländischem Käufer AllgT 1 S. 36
—, Nichtigkeit eines beiderseits erfüllten —es und Bereicherungsanspruch SchR 8 S. 253
—, Gültigkeit eines —s bei Bestechung kaufmännischer Angestellter AllgT 3 S. 11
—, Bebauung zweier Grundstücke mit zusammenhängenden Fabrikgebäuden, wenn der — über ein Grundstück ungültig SaR 1 S. 235
—, Verstoß gegen gute Sitten bei —en, bei denen Ehefrau zur Täuschung des Ehemanns Verkäufer zur Ausstellung unvollständiger Rechnungen veranlaßt hat AllgT 2 S. 398
—, Schadensberechnung wegen Nichtrückgabe der Sache nach vertraglicher Aufhebung des —s SchR 1 S. 284
—, Bürgermeister als Urkundsperson bei — der Stadt mit Dritten NebenG 3 S. 149

Kausalzusammenhang SchR 2 S. 31, 82
—, Begriff des adäquaten —s SchR 1 S. 301, 437
— zwischen Amtspflichtverletzung bei Bestellung einer Hypothek und entstandenen Schaden SchR 2 S. 44
— zwischen Anstiftung zum Schießen und tödlicher Verletzung durch wider Willen sich lösenden Schuß SchR 10 S. 284
—, Ausschluß des —s durch Mitverschulden des Beschädigten? SchR 2 S. 182
— zwischen pflichtwidrigem Unterlassen eines Beamten und schädlichem Erfolg, wenn bei pflichtmäßigem Handeln derselbe Erfolg eingetreten wäre SchR 11 S. 120
— zwischen Einwirkung auf Arbeitgeber und Entlassung des Angestellten SchR 2 S. 62

Kausalzusammenhang zwischen dem Betrug beim Verkaufe eines Geschäfts und den Verlusten, die der Käufer beim Betriebe des Geschäfts erleidet SchR 1 S. 100
— zwischen Körperverletzung und daraus folgender Zwangsversteigerung SchR 2 S. 12
— zwischen Eisenbahnbetrieb und Unfall, Beweis NebenG 1 S. 223, 272
—, Unfallneurose im — mit Unfall SchR 2 S. 121
— zwischen Unfall und Erwerbsunfähigkeit § 3a RHpflG. NebenG 1 S. 225
— eines Unfalls mit dem Betrieb eines Kraftfahrzeugs NebenG 1 S. 83
— zwischen Unfall und krankhaften Zuständen infolge Aufregungen des Prozesses SchR 1 S. 80
— zwischen Unfall und Schaden bei nachträglicher Schwangerschaft SchR 2 S. 96
— zwischen Außerachtlassung von Unfallverhütungsvorschriften und Unfall SchR 9 S. 262
—, Unterbrechung des —s SchR 2 S. 1
— bei Veruntreuung von Geldern und Zusammenbruch der Bank SchR 2 S. 19
— zwischen schädigender Handlung und Schaden bei hoher Wahrscheinlichkeit? SchR 1 S. 221

Kenntlichmachen der Vererblichkeit der Nacherbschaft auf dem Erbschein ErbR 2 S. 215

Kenntnis von der Abtretung einer Forderung, § 407 BGB. SchR 4 S. 58, 90
—, Zahlung an Zedenten trotz — der Abtretung SchR 4 S. 75
—, Aufrechnung gegen den Zessionar und — des Schuldners von der Abtretung SchR 4 S. 8
— des Fehlers und Abnahme des Werkes gemäß § 640 BGB. SchR 7 S. 183
— vom Grunde der Nichtigkeit oder Anfechtbarkeit AllgT 2 S. 281
— der Unwirksamkeit eines Teiles des Vertrages bei Vertragsabschluß und § 139 BGB. AllgT 3 S. 59

Kennzeichnung eines gewerblichen Erzeugnisses durch Stadtwappen AllgT 1 S. 265
Kiespacht, rechtliche Natur SchR 6 S. 47
Kind, Arzthaftung gegenüber — wenn gesetzlicher Vertreter Arzt zugezogen hat SchR 3 S. 309
—, Rechtsverhältnis zwischen Eltern u. —, wenn Vater Ausländer und Ehe geschieden ist AllgT 1 S. 164
—, Dienste des —es im Hauswesen oder Geschäft der Eltern FamR 2 S. 185
—, Haftung der Eltern für Schaden durch — SchR 9 S. 1
—, Höhere Gewalt bei unvorsichtigem Verhalten eines —es unter 7 Jahren NebenG 1 S. 243
—, Mitwirkendes Verschulden des durch einen Lastkraftzug verletzten —es SchR 10 S. 200
—, Mitwirkendes Verschulden der Mutter bei Unfall des —es auf einem Dampferausflug SchR 2 S. 80
—, Haftung des Vaters für Prozeßkosten betr. Rechtsstreit des —es FamR 2 S. 162
—, Über die Dauer der einem minderjährigen — zu gewährenden Rente NebenG 1 S. 212
—, Persönlicher Verkehr mit dem — nach Ehescheidung FamR 1 S. 263
—, Uneheliche —er **FamR 2 S. 189—219**
—, Feststellungsklage für Anspruch aus § 829 BGB., wenn das den Schaden verursachende — kein Vermögen hat SchR 10 S. 301
—, Unfall des —es und Vernachlässigung der Aufsichtspflicht SchR 9 S. 20
—, Unterhaltsanspruch der —er im Verhältnis zu demjenigen des geschiedenen Ehegatten FamR 1 S. 255
—, Vernachlässigung der —er als Scheidungsgrund FamR 1 S. 114
—, s. auch Eheliche Kinder
Kinderarbeit, Verbot der — als Schutzgesetz SchR 9 S. 308
Kindesannahme FamR 2 S. 219—245
—, Anfechtung wegen Irrtums AllgT 3 S. 189, 215
— eines ausländischen Kindes AllgT 1 S. 90
—, Mitwirkung des Notars als Urkundsperson bei — NebenG 3 S. 183
Kindesvermögen, Ausschluß der Nutznießung am — FamR 2 S. 151
—, Inhalt des Verzeichnisses des —s gemäß § 1640 BGB. FamR 2 S. 145, 160
Klage, Zulässigkeit der — der Berufsgenossenschaft, Prüfung von Amts wegen NebenG 2 S. 77
—, Zurücknahme der — und Ruhen des Verfahrens, § 1596 II BGB. AllgT 4 S. 259
Klageantrag, Einschränkung des —es und Einfluß auf die Verjährung des dann geltend gemachten Anspruchs AllgT 4 S. 144
—, Prüfungspflicht des Richters NebenG 1 S. 78
—, Zulässigkeit des —s auf Zahlung einer Rente bis zur Wiedererlangung der vollen Arbeitskraft? SchR 10 S. 318
Klagebefugnis des gesetzlichen Vertreters betr. Ansprüche des Minderjährigen aus unerlaubter Handlung FamR 2 S. 177
Klagebegründung bei Schadensersatzansprüchen wegen fahrlässiger Amtspflichtverletzung SchR 11 S. 87
Klageerhebung, Unterbrechung der Verjährung durch — AllgT 4 S. 165, 218
—, Ruhen des Verfahrens und Unterbrechung der Verjährung durch — AllgT 4 S. 226
Klagerecht des Mitglieds einer GmbH. AllgT 1 S. 276
Klageschrift als Vertragsangebot AllgT 3 S. 330
Kleiderablage, Aufbewahrung von Garderobe in einer vom Wirt dazu bestimmten — SchR 7 S. 314
—, Haftungsbeschränkung durch Aushang entsprechenden Hinweises bei einer — SchR 7 S. 319

Kleidungsstücke s. Garderobe
Kleingartenpacht NebenG 2 S. 246
Knebelung, Sittenwidrige — bei mietweiser Abgabe von Maschinen und Bindung der Abnehmer in der Art der Verwendung AllgT 3 S. 260
Knebelvertrag, Begriff AllgT 3 S. 106
— und langfristige Mietverträge SchR 6 S. 136
—, Mitverschulden des Notars bei der Beurkundung SchR 1 S. 415
—, Verletzung der amtlichen Belehrungspflicht durch Notar bei Beurkundung eines —es und mitwirkendes Verschulden oder Verstoß gegen die guten Sitten seitens des geschädigten Gläubigers AllgT 3 S. 92
Kohlenabbaugerechtigkeit, Öffentlicher Glauben des Grundbuchs und — SaR 1 S. 48
Kollektivvertretung, Haftung des Vereins bei — desselben AllgT 1 S. 304
Kommanditgesellschaft, Bürgschaft des Komplementärs für Schulden der — SchR 8 S. 45
—, Ausübung der Mitgliedschaftsrechte einer — durch Testamentsvollstrecker ErbR 2 S. 296
Kommissionär, Eigentumserwerb an Wertpapieren für Kommittenten durch — SaR 3 S. 284
—, Konkurs des Kommittenten und Erfüllungspflicht des —s gegenüber der Konkursmasse SchR 3 S. 173
—, Pfandrecht des —s an für Kommittenten angeschafften Wertpapieren SaR 3 S. 284
Kommissionsvertrag oder Kaufvertrag? Unterschied SchR 5 S. 117
Kommittent, Bedeutung des Irrtums des —en AllgT 3 S. 66
Kondiktion der Auflassungserklärung SaR 1 S. 318
SchR 8 S. 294
—, Heilung der Formungültigkeit des Grundstückskaufvertrags und — der Auflassung SchR 2 S. 370
— einer zweckbestimmten Bürgschaft SchR 8 S. 22
Kondiktion wegen unberechtigter Verfügung, § 816 BGB. SchR 8 S. 274
— s. auch Ungerechtfertigte Bereicherung
Konkurrent, Verbreitung ehrenrühriger, aber wahrer Vorgänge über —en SchR 9 S. 152
Konkurrenzklausel, Verstoß gegen gute Sitten bei — zwischen amerikanischen Zahntechnikern AllgT 2 S. 205
Konkurrenzverbot zwischen Ärzten, Nichtigkeit AllgT 2 S. 342
Konkurs, Anfechtung eines Auseinandersetzungsvertrages außerhalb des —es ErbR 2 S. 39
—, Anspruch des Bürgen im — des Hauptschuldners SchR 7 S. 365
— über das Vermögen der Ehefrau und Verwaltung und Nutznießung des Mannes FamR 1 S. 384
—, Gutgläubiger Erwerb einer Scheinforderung und — des Schuldners SchR 4 S. 87
— des Kommittenten u. Erfüllungspflicht des Kommissionärs gegenüber der —masse SchR 3 S. 173
—, Rückversicherung und — SchR 2 S. 418
— einer Versicherungsgesellschaft, Wirkung auf eine der Gesellschaft zustehenden Hypothek SaR 3 S. 140
—, Zurückbehaltungsrecht im — AllgT 1 S. 129
Konkursabwendungsvergleich und Berufung des Bürgen darauf SchR 7 S. 379
Konkursmasse, Inanspruchnahme von Eigentümergrundschulden für — SaR 3 S. 94
Konkursverschleppung durch Kreditgewährung gegen Sicherheiten SchR 10 S. 58
Konkursverwalter, Bereicherungsklage des —s, § 817 BGB. SchR 8 S. 263
—, Eigentumserwerb im guten Glauben bei Übertragung des Besitzes durch den — SaR 1 S. 348
—, Notar als — und beurkundetes Vertragsangebot NebenG 3 S. 145

Konkursverwalter, Anfechtung der Zuwendung an einen Dritten aus einem Lebensversicherungsvertrag durch — im Nachlaßkonkurs des Versicherungsnehmers SchR 3 S. 236
—, Antrag des —s auf Löschung einer Vormerkung zur Sicherung des Vorrangs vor einer künftigen Eigentümergrundschuld SaR 1 S. 73
Konkursvorrecht der Berufsgenossenschaften für Beitragsrückstände NebenG 2 S. 49
— der Kinder des Gemeinschuldners FamR 2 S. 176
— und § 356 I HGB. SchR 2 S. 418
—, Erwerb des Pfandes mit — SaR 3 S. 235
Konsortialverhältnis zwischen Industriegesellschaften und Bürgschaft SchR 8 S. 29
Konstruktionsfehler, Haftung des Herstellers oder Verkäufers eines Kraftwagens für — SchR 10 S. 254
Konsumverein, Hausbesitzergenossenschaft als — i. S. d. Rabattgesetzes NebenG 2 S. 267
Kontokorrent, Abtretung der Saldoforderung aus einem — und Vereinbarung des früheren Gläubigers über die Forderung SchR 4 S. 131
— und Kreditbürgschaft SchR 8 S. 39
Kontokorrentverhältnis zwischen einer Aktiengesellschaft und einer Bank und Schadensersatzanspruch aus einer von den beiderseitigen Vertretern gemeinsam begangenen unerlaubten Handlung SchR 10 S. 10
—, Rechtliche Bedeutung der Anerkennung des Saldos beim — SchR 2 S. 418
Kontrollrechte, Geschäftsführender Gesellschafter und — der übrigen Gesellschafter SchR 6 S.332
Konversion von Erbschaftskauf in Erbauseinandersetzung AllgT 3 S. 87
— eines Grundstücksveräußerungsvertrages in lebenslänglichen Nießbrauch AllgT 3 S. 21
Konversion bei Verfügung eines Nichtberechtigten AllgT 3 S. 63
— eines durch die Kastellanabrede gegen das Gesetz verstoßenden nichtigen Schankpachtvertrages AllgT 3 S. 70
— bei der Bestellung eines Pfandrechts SaR 3 S. 242
— eines Pfandvertrages in ein Zurückbehaltungsrecht SchR 1 S. 41
— eines gemeinschaftlichen Testaments von Nichtehegatten als Einzeltestament ErbR 2 S. 102
— eines Vertrages, in dem sämtliche Vermögensgegenstände einer Gesellschaft übereignet werden SchR 4 S. 201
— eines dinglichen Vorkaufsrechts in ein durch die Bestellung einer Auflassungsvormerkung zu sicherndes schuldrechtliches Vorkaufsrecht AllgT 2 S. 407
Konzentration bei der Gattungsschuld und Gefahrentragung SchR 1 S. 65
— der Gattungsschuld im Getreidehandel SchR 1 S. 151
Körperliche Eingriffe, Haftung des Arztes bei —n —n ohne Willen des Kranken SchR 7 S. 114
Körperverletzung, Anforderungen an die Darlegung körperlichen Schadens SchR 10 S. 136
— i. S. d. RHpflG. NebenG 1 S. 231
—, Zwangsversteigerung als Folge einer —, Schadensersatzleistung SchR 2 S. 12
Kosmetische Mittel, Klage wegen öffentlicher Kritik eines —n —s SchR 9 S. 61
Kostbarkeit i. S. d. § 702 BGB. SchR 7 S. 314
Kosten der die Befriedigung aus dem Grundstück bezweckenden Rechtsverfolgung und Einrechnung in den Höchstbetrag einer Höchstbetragshypothek? SaR 2 S. 379
Kostenlose Zurverfügungstellung von Räumen, Umfang der Haftung des Gastwirts SchR 2 S. 132

Kostenverteilung im Ehescheidungsverfahren bei Scheidung auf Klage und Widerklage FamR 1 S. 147

Kostenvorschußpflicht des Ehemanns im Ehescheidungsprozeß FamR 1 S. 375

Kraft Gesetzes i. S. d. § 17 I KFG. NebenG 1 S. 8, 11

Kraftdroschke, Verkauf von —n unter Eigentumsvorbehalt zum selbständigen Droschkenbetrieb NebenG 1 S. 30

Kraftfahrer, Amtspflicht eines beamteten —s gegenüber Personen, die unberechtigt auf dem Wagen mitfahren? SchR 11 S. 282

Kraftfahrlinie, Begriff SchR 9 S. 360

Kraftfahrzeug, Zusammenstoß von —en und Verletzung der Ehefrau des Halters SchR 10 S. 70

—, Tragweite eines beim Verkauf eines —s vereinbarten Eigentumsvorbehalts SaR 2 S. 12

—, Nachforschungspflicht desjenigen, der ein — von einem Händler kauft SaR 2 S. 12

—, Haftung der Reichspost für Verschulden ihrer Beamten auf Dienstreise im beamteneigenem — SchR 11 S. 247

—, Tierhalterhaftung bei Schaden durch Tier und — SchR 9 S. 178

—, Unfall „beim Betrieb" eines stillstehenden —s SchR 11 S. 53

— s. auch Lastkraftwagen

Kraftfahrzeugführer, Begriff NebenG 1 S. 38

—, Haftung des Halters als — bei Schwarzfahrt eines Diebes NebenG 1 S. 126

—, Pflichten des —s beim Überholen NebenG 1 S. 139

Kraftfahrzeuggesetz **NebenG 1 S. 1—198**

—, Ausgleichung bei Gesamtschuldnern bei Haftung aus unerlaubter Handlung und — SchR 4 S. 288

—, Höchstbetrag des —es und Übergang des Schadensersatzanspruchs auf Versicherungsträger NebenG 2 S. 62

Kraftfahrzeughalter, Aufsichtspflicht des —s SchR 10 S. 237

—, Anforderungen des —s nach § 7 II KFG. bzgl. Auswahl und Beaufsichtigung des Führers NebenG 1 S. 137

—, Begriff des —s NebenG 1 S. 57, 145

—, Zum Begriff des —s bei Beteiligung mehrerer beim Betrieb NebenG 1 S. 195

—, Haftung der beteiligten — kraft Gesetzes *i. S. d. § 17 I KFG.* NebenG 1 S. 8

—, Umfang der Haftung des —s bei Verletzung einer Ehefrau NebenG 1 S. 78

—, Gleichzeitige Haftung des Eigentümers und Entleihers als — NebenG 1. S. 57

—, Haftung des —s einer Kraftdroschke bei Verkauf unter Eigentumsvorbehalt NebenG 1 S. 30

—, Entlastungsbeweis des —s nach § 7 KFG. und § 831 BGB. NebenG 1 S. 168

—, Anrechnung der Leistungen der Unfallversicherung auf den vom — zu zahlenden Schadensersatz SchR 2 S. 94

—, Haftung des Reichs als — und aus Amtspflichtverletzung des das KFG. führenden Beamten, Zusammentreffen SchR 11 S. 199

—, Das Reich als — und Schadensausgleichung SchR 2 S. 152

— bei Weggabe zur Reparatur NebenG 1 S. 1, 156

—, Haftung des —s und seines Vertreters für Schwarzfahrt NebenG 1 S. 110

—, Sorgfaltspflicht des —s SchR 10 S. 237

Kraftwagenrennen, Haftung bei — NebenG 1 S. 93

Kraftwagenunfall, Haftung des Herstellers oder Verkäufers für Konstruktionsfehler SchR 10 S. 254

Krankenhaus, Bedeutung einer vorläufigen Aufnahme im — SchR 1 S. 168
—, Erstattung der Aufwendungen des —es durch Fürsorgeverband, Rechtsweg SchR 7 S. 264
—, Rechtsverhältnis zwischen öffentlichem — und Kranken SchR 1 S. 110
—, Haftung einer Stadtgemeinde für die in ihrem — unentgeltlich untergebrachten Kranken SchR 1, S. 341
Krankenkasse und Apotheken NebenG 2 S. 45
—, Haftung der — für Verschulden des Leiters und Vertrauensarztes NebenG 2 S. 121
—, Erstattungsanspruch der Polizeibehörde gegen — für Einweisung von geschlechtskranken Mitgliedern in Krankenhaus SchR 7 S. 242
—, Haftung einer Gemeinde gegenüber — wegen Veruntreuungen von Geldern in einer von der Gemeinde für die — eingerichteten Zahlstelle SchR 11 S. 48
Krankenschwester s. Schwester
Krankenversicherung, Ausschluß der Amtshaftung bei Möglichkeit des Ersatzes aus — SchR 11 S. 211
— und Unfallversicherung, §§ 1524, 1542 RVO. NebenG 2 S. 59
Krankhafte Störung der Geistestätigkeit und Eheverfehlungen i. S. d. § 43 EheGes. FamR 1 S. 79
— s. auch Geistige Störung
Krankhafte Veranlagung eines Ehegatten als Eheaufhebungs, bzw. Anfechtungsgrund FamR 1 S. 35
Kredit, Haftung des Bürgen bei nachträglicher Verlängerung des —s SchR 8 S. 29
Kreditbetrug und Gläubigergefährdung SchR 10 S. 58
Kreditbrief, Widerruf der im — liegenden Zahlungsanweisung SchR 8 S. 140
Kreditbürgschaft und laufende Rechnung SchR 8 S. 39
Kreditgefährdung und Klage auf Unterlassung SchR 9 S. 75
—, Klagerecht des Mitgliedes einer GmbH. wegen — SchR 9 S. 228
Kredittäuschung durch Sicherungsübereignung SchR 10 S. 116
Kredittäuschungsvertrag, Begriff AllgT 3 S. 106
— bei der Abtretung von Außenständen eines Abzahlungsgeschäfts an Kreditinstitut SchR 4 S. 133
Kreditwucher, Begriffsmerkmale AllgT 2 S. 70
Kreiskommunalbeamter, Haftung für die Amtspflichtverletzung in Ausübung öffentlicher Gewalt eines —n, der staatliche Geschäfte besorgte SchR 11 S. 107
Kriegsklausel, Bedeutung der — als Vertragsbestimmung AllgT 2 S. 318
Kritik, Klage wegen öffentlicher — eines kosmetischen Geheimmittels SchR 9 S. 61
Kühlhalle, Ersatz des durch Brand in einer — entstandenen Schadens Dritter SchR 2 S. 214
Kumulative Schuldübernahme und Bürgschaft SchR 4 S. 180
SchR 7 S. 376
— durch Mitunterzeichnung einer Urkunde SchR 4 S. 204
Kündigung nach Art. 171 EG. BGB. AllgT 1 S. 211
— eines Betriebsratsmitgliedes mit Begründung der Stillegung des Betriebs NebenG 2 S. 202
—, Bewertung früherer Gründe bei späteren Vorkommnissen SchR 6 S. 185
— mittels eingeschriebenen Briefes AllgT 2 S. 235
— eines Darlehns SchR 6 S. 374
— eines Darlehns aus wichtigem Grund SchR 7 S. 1
—, Fristlose — bei Diensten höherer Art SchR 7 S. 26
—, Fristlose — beim Dienstverhältnis eines bauleitenden Architekten SchR 7 S. 27
— und Entlassung beim Dienstvertrag SchR 7 S. 53, 56

Kündigung bei Verheiratung weiblicher Dauerangestellten SchR 7 S. 44
— aus wichtigem Grund, § 626 BGB., § 92 HGB. SchR 7 S. 34
— der auf eine bestimmte Dauer eingegangenen Gesellschaft SchR 6 S. 281
— bei einem auf unbestimmte Dauer abgeschlossenen Gesellschaftsvertrag SchR 6 S. 271, 297
— aus wichtigem Grunde (beim Gesellschaftsvertrag) SchR 6 S. 341
— aus wichtigem Grunde bei gesellschaftsähnlichen Verhältnissen SchR 6 S. 326
—, Verzicht des Eigentümers auf Vorlegung des Hypothekenbriefes bei — einer Hypothek SaR 2 S. 282
—, Ausschluß des —srechts der Mietererben SchR 6 S. 135
— des Erben beim Tode eines von mehreren Mietern SchR 6 S. 37
— beim Tod des Mieters durch Erben oder Testamentsvollstrecker? SchR 5 S. 378
— einer Wohnung durch Mieter, wenn dieser gesundheitsgefährdenden Zustand selbst herbeigeführt hat SchR 5 S. 357
— wegen Nichtgebrauchs der Mietsache SchR 6 S. 15
— des Mietvertrages durch Mieter und Schadensersatzanspruch desselben wegen Vertragsverletzungen SchR 5 S. 364
— des Mietvertrages u. Unmöglichkeit der Erfüllung, Verhältnis der in Betracht kommenden Bestimmungen SchR 5 S. 361
— des Vermieters wegen Mietrückständen SchR 6 S. 30
— des Vermieters wegen Zahlungsverzug des Mieters SchR 6 S. 5
— aus wichtigem Grund bei Mietverhältnissen SchR 6 S. 170
— einer Nachlaßforderung durch Miterben ErbR 1 S. 422
—, Rückwirkende Wirksamkeit durch Genehmigung der anderen Miterben AllgT 4 S. 113
— einer oHG. und Auseinandersetzung SchR 6 S. 306
—, Aufrechnung gegen Pachtzins und — SchR 6 S. 117

Kündigung, Fristlose — eines Pachtverhältnisses wegen persönlicher Zwistigkeiten zwischen Pächter und Verpächter SchR 6 S. 45
— wegen erheblicher Gefährdung der Pachtsache SchR 6 S. 89
— eines Teilpachtvertrages SchR 6 S. 167
— bei einer Pacht mit Umsatzbeteiligung SchR 6 S. 205
— aus wichtigem Grund bei Pachtverhältnissen SchR 6 S. 180
—, Zurückbehaltungsrecht des Pächters wegen eines ihm wegen vorzeitiger — zustehenden Entschädigungsanspruchs SchR 6 S. 103
— einer Vereinsmitgliedschaft AllgT 1 S. 361
— des Werkvertrags und Ersparnis von Aufwendungen SchR 7 S. 129
— des Werkvertrages und Herausgabe des dem Unternehmer gehörigen auf dem Grundstück des Bestellers eingebrachten Materials SchR 7 S. 154
— einer Rentenschuld im Zwangsversteigerungsverfahren SaR 3 S. 206

Kündigungsfrist, Verabredete — bei Mietverträgen AllgT 2 S. 104
—, Einhaltung der — bei Austritt aus einem Verein aus wichtigem Grunde AllgT 1 S. 380

Kündigungsrecht, Ausschluß des —s des § 627 BGB. SchR 7 S. 41
— von Mitmietern SchR 4 S. 314
— beim Mietvertrag und Verpflichtung zur Entschädigung im Falle der Ausübung desselben SchR 5 S. 376
—, Zur Frage des Rücktritts- und —s bei Verlagsverträgen AllgT 3 S. 29, 136
— wegen zu hohen Zinssatzes, Anwendungsbereich SchR 1 S. 139

Kündigungsschreiben einer Versicherungsgesellschaft verbunden mit Angebot zur Eingehung eines neuen Versicherungsverhältnisses zu erhöhten Prämien AllgT 3 S. 1

Kündigungsschutz bei der Raumpacht SchR 6 S. 217
— Schwerbeschädigter NebenG 2 S. 221

Kündigungsverzicht, Form SchR 6 S. 86

Künftige Forderungen, Bestimmbarkeit des Abtretungsgegenstandes bei der Abtretung —r — SchR 4 S. 150
— **Leistung,** Klage auf — — und Hemmung der Verjährung SchR 6 S. 153
—, Klage auf — —, wenn Leistung z. Z. unmöglich und für Zukunft ungewiß ist SchR 2 S. 195
— **Nachkommenschaft,** Eintragung einer Hypothek für — — AllgT 1 S. 260
—, Eintragung einer Hypothek für — —, Anmeldung im Zwangsversteigerungsverfahren SaR 2 S. 295

Künftiger Anspruch, Über Erlaß einer einstweiligen Verfügung zur Sicherung eines —n —s auf Eigentumsübertragung durch Eintragung einer Vormerkung SaR 1 S. 61

Künstlerische Betätigung, Verstoß gegen gute Sitten bei Auferlegung von Beschränkungen bzgl. —r — AllgT 2 S. 266

Kunstschutzgesetz und Bereicherung SchR 8 S. 252

Kurze Verjährung nach § 196 I Nr. 7 AllgT 4 S. 138
— des Anspruchs auf Architektenhonorar AllgT 4 S. 161
— bei Auftreten als Kaufmann AllgT 4 S. 176
—, 30jährige Verjährung eines an sich einer kurzfristigen Verjährung unterliegenden Schadensersatzanspruchs, wenn ein Schiedsgericht ihn dem Grunde nach für gerechtfertigt erklärt hat AllgT 4 S. 191
— der Forderungen aus Werkvertrag, Unternehmervertrag AllgT 4 S. 132

Kuxe, Verkauf von —n und Folgen des Verzugs des Käufers SchR 1 S. 27

L

Ladeschein, Eigentumserwerb mittels —s SaR 1 S. 378

Lagerhalter, Haftung des —s für Diebstähle SchR 7 S. 304

Lagerschein, Ausstellung von —en mit Rechtswirksamkeit auf den Inhaber SchR 8 S. 163

Land, Haftung des Reichs oder des —es für Amtsversehen von Beamten der mit der Verwaltung der Reichswasserstraßen betrauten Landesbehörden SchR 11 S. 56

Landeigentümer, Verpflichtung des Zwischenpächters zur Zahlung des Wohnlaubenentgeltes an — NebenG 2 S. 246

Landesgesetze und BGB **AllgT 1 S. 196—208**

Landesrecht **AllgT 1 S. 222—249**

Landwirtschaftlicher Betrieb, Unfall eines Jugendlichen im —n — SchR 9 S. 265

Langdauernde Verpflichtungen, Verweigerung der Erfüllung bei —n —n infolge Störung des guten Einvernehmens SchR 1 S. 104

Lange Bindung, Nichtigkeit eines Rechtsgeschäfts wegen zu —r — AllgT 2 S. 225
SchR 3 S. 71

Langfristige Mietverträge u. Knebelvertrag SchR 6 S. 136

Lasten, Öffentliche — nach § 436 BGB. SchR 5 S. 159

Lastkraftwagen, Ersatz für entgangene Gebrauchsvorteile bei Zerstörung eines —s SchR 2 S. 228

Lastkraftzug, Verstoß gegen die guten Sitten beim Abzahlungskaufvertrag über einen — SchR 5 S. 237
—, Haftbarkeit des Bremsers für Verletzung eines Kindes durch den Anhänger eines —s, mitwirkendes Verschulden SchR 10 S. 200

Laufende Rechnung und Kreditbürgschaft SchR 8 S. 39

Laufendes Kreditverhältnis, Eintritt eines neuen Gläubigers in ein durch Höchstbetragshypothek gesichertes — — SaR 3 S. 52

Lautsprecherkraftwagen, Zugehörigkeit der Musik zum Betrieb eines —s NebenG 1 S. 172

Lebenslängliche Anstellung der Mitglieder eines Berufsgenossenschaftsverbandes durch Tarifvertrag? NebenG 2 S. 210

Lebenslänglicher Anspruch, Entschädigung eines Miterben für Nutzungen eines Kapitals durch —n — auf Zinsen: Leibrentenvertrag? SchR 6 S. 236

Lebensrettung, Ansprüche Hinterbliebener des bei einer — tödlich Verunglückten SchR 7 S. 279

Lebensversicherung, Anwendung des § 332 BGB. auf — ErbR 2 S. 292

—, Zeitpunkt des Erwerbs des Rechtes seitens des Dritten bei einer unwiderruflichen — SchR 3 S. 248

— zugunsten eines Dritten und Anwartschaft desselben vor Eintritt des Versicherungsfalls SchR 3 S. 236

— zugunsten der Erben SchR 3 S. 238

—, Ergänzung des Pflichtteilsanspruchs unter Berücksichtigung eines —svertrages ErbR 2 S. 425

—, Verstoß gegen gute Sitten bei einer — AllgT 3 S. 207

—, Widerruf der Bezugsberechtigung SchR 3 S. 300

—, Widerruf der Bezugsberechtigung der Kinder aus einer — zugunsten der zweiten Ehefrau AllgT 3 S. 150

Lebensversicherungsanspruch als anderweitige Ersatzmöglichkeit nach § 839 I 2 BGB SchR 11 S. 185

Lebensversicherungspolice als Gegenstand eines Faustpfandrechts oder eines Retentionsrechts SaR 1 S. 333

Lebenszeit, Geldrente aus § 844 II BGB. auf —? SchR 9 S. 214

Legitimation eines im Ehebruch erzeugten Kindes durch nachfolgende Ehe FamR 2 S. 204

Lehrer, Aufsichtspflicht des —s SchR 9 S. 93

Lehrherr, Aufsichtspflicht des kaufmännischen —n SchR 9 S. 270

Lehrling, Haftung des Meisters für Verletzung des —s SchR 7 S. 18

Leibgedinge s. Altenteil

Leibgedingspflichten, Rücktritt vom Vertrag wegen Nichterfüllung von — SchR 3 S. 265

Leibrente **SchR 6 S. 231—248**

—, Begriff der — und Ausstattungsversprechen FamR 2 S. 167

—, Bedeutung einer — bei der Berechnung des Pflichtteils ErbR 2, S. 375

Leibrentenvertrag, Begriff SchR 6 S. 236

Leiche, Gestattung der Ausgrabung einer — AllgT 1 S. 196

Leihe und Darlehn **SchR 6 S. 365 bis Ende** **SchR 7 S. 1—18**

Leistung, Verpflichtung zur — **SchR 1 S. 1 bis Ende, SchR 2 S. 1—241**

—, Erfüllung durch — an Dritte und Bereicherung SchR 8 S. 246

— gegen ein gesetzliches Verbot, § 817 Satz 2 BGB. SchR 8 S. 218

—, Klage auf ursprünglichen —sgegenstand oder auf Schadensersatz bei Unmöglichkeit der —? SchR 1 S. 146

— aus der Sozialversicherung als anderweitiger Ersatz im Sinne von § 839 I 2 BGB. NebenG 2 S. 150

Leistungsangebot durch Klage auf Erfüllung SchR 3 S. 165

Leistungsklage auf Abnahme beim Gattungskauf mit sukzessiven Lieferungen SchR 4 S. 347

— hinsichtlich der Aussteuerpflicht FamR 2 S. 143

Leistungstermin, Verstoß gegen ein gesetzliches Verbot und Aufhebung des Verbots vor dem im Vertrag vereinbarten — SchR 2 S. 338

Leistungsverweigerungsrecht, § 853 BGB. SchR 9 S. 67
— wegenNachahmung SchR 9 S. 284
— beim Sukzessivlieferungsvertrag SchR 3 S. 203
Leistungsverzug und Einrede des nicht erfüllten Vertrages SchR 3 S.125
Leistungszeit, Voraussetzungen des Verzugs, wenn Bestimmung der — dem Schuldner überlassen ist SchR 3 S. 114
Leitende Angestellte, Freizeichnen einer A.G. wegen Haftung für grobes Verschulden ihrer —n —n AllgT 2, S. 403
Leitungswasser, Haftung der Gemeinde für gesundheitsschädliches — SchR 1 S. 249 SchR 10 S. 166
Letztwillige Verfügung s. Testament u. Erbvertrag
Lichtschutz nach den §§ 142, 143 ALR. I 8 AllgT 1 S. 230
Lieferant als Erfüllungsgehilfe des Verkäufers gegenüber dem Käufer SchR 1 S. 330
—, Sittenwidriges Handeln bei Aufforderung an —en eines Kaufmanns, diesem nicht mehr zu liefern? SchR 9 S. 111
Lieferschein, Rechtliche Bedeutung SchR 8 S. 177
Lieferung von Waren i. S. d. § 196 I Nr. 1 BGB. AllgT 4 S. 160
Lieferungsbedingungen, Haftungsausschluß jeder Fahrlässigkeit in allgemeinen — SchR 2 S. 195
Lieferungsmöglichkeit vorbehalten, Bedeutung der Klausel SchR 1 S. 236
Liquidation, Neue Geschäfte bei der — einer juristischen Person AllgT 1 S. 402
Liquidator, Haftung des —s einer Gewerkschaft für einen über den Liquidationszweck hinausgehenden Vertrag AllgT 4 S. 58
Lohndreschen, Unfallhaftung beim — NebenG 2 S. 163
Löschung von Amts wegen bei unzulässiger Eintragung im Grundbuch NebenG 3 S. 57
—, Zum Antrag des Konkursverwalters auf — einer Vormerkung zur Sicherung des Vorrangs vor einer künftigen Eigentümergrundschuld SaR 1 S. 73
—, Widerspruch gegen unrechtmäßige — einer Vormerkung im Grundbuch SaR 1 S. 128
— einer Handelsfirma von Amts wegen bei nachträglicher Veränderung der Umstände NebenG 3 S. 125
—, Beschwerde gegen Anweisung bzgl. — im Handelsregister NebenG 3 S. 228
— eines Warenzeichens AllgT 1 S. 257
Löschungsantrag eines befreiten Vorerben bzgl. einer Nachlaßhypothek ErbR 2 S. 149
Löschungsbewilligung, Zur Frage der Unwiderruflichkeit der bei Gericht eingereichten — einer Eigentümergrundschuld SaR 1 S. 49
Löschungspflicht des Grundstücksverkäufers nach § 435 BGB., eine Hauptleistung i. S. d. § 326 BGB.? SchR 5 S. 254
Löschungsvormerkung, Abtretung einer Hypothek und — an einer im Range vorgehenden Post SaR 3 S. 112
— und bedingte Hypothekenbestellung SaR 3 S. 1
—, Geltendmachung einer — in der Zwangsversteigerung SaR 3 S. 52
Lösungsbefugnis s. facultas alternativa
Lotse, Haftung des Reichsfiskus für —n SchR 9 S. 136, 171
Lotterielos, Angebot eines —es zwecks Ankaufs AllgT 3 S. 294
—, Gültigkeit eines —es bei Ziehung vor Annahme desselben AllgT 2 S. 77
Luftbeförderung, Übergang von Unfallversicherungsansprüchen gem. § 1542 RVO.? NebenG 2 S. 111
Luftfahrtschäden, Haftung für — SaR 2 S. 41

Luftraum, Haftung der Post für Sachschaden eines Grundstückseigentümers durch Legen einer Fernsprechleitung durch dessen — SchR 11 S. 58

M

Mahnung, Begriff SchR 1, S. 195
— zur Erfüllung trotz vorheriger Anfechtung des Vertrages SchR 1 S. 85
Makler als Dritter i. S. d. § 123 II BGB. AllgT 2 S. 395
Maklergebühren, Verjährung regelmäßig zahlbarer — AllgT 4 S. 252
Maklerlohn, Anspruch auf — u. Anfechtung wegen arglistiger Täuschung AllgT 2 S. 233
— im Falle der Nichtigkeit des vermittelten Kaufvertrages SchR 7 S. 208
— in Ansehung eines Vertrages über ein Grundstück, das mit einem Vorkaufsrecht belastet ist SchR 7 S. 219
—, Verzicht auf Widerruf und Zahlung des —s SchR 7 S. 210
—, Zahlung des —s und ursächlicher Zusammenhang zwischen Tätigkeit des Maklers und Abschluß des Vertrages SchR 7 S. 213
Mäklervertrag SchR 7 S. 208—220
—, Anspruch auf Provision AllgT 3 S. 356
Mangel der Ernstlichkeit einer Willenserklärung AllgT 3 S. 285
—, Kenntnis des Empfängers vom — des Rechtsgrundes, § 819 BGB. und Erbschaftskauf SchR 8 S. 321
Mängel einer öffentlichen Urkunde ErbR 2 S. 332
—, s. auch Rechtsmängel und Sachmängel
Mängel der Kaufsache, Begriff SchR 4 S. 405
—, Arglistige Täuschung über — — — und § 826 BGB. bei Kenntnis des —s SchR 9 S. 55
—, Gewährleistungspflicht des Verkäufers wegen — beim Vergleich SchR 8 S. 83
Mängel der Kaufsache, Minderungsanspruch wegen —, Einwände dagegen SchR 4 S. 390
—, Kauf nach Probe und Haftung für heimliche — SchR 5 S. 63
— im Recht auf seiten des Verkäufers SchR 5 S. 30
—, Verborgene —, Untersuchungs- und Erkundigungspflicht beim Grundstückskaus SchR 5 S. 167
—, Weiterverkauf von Waren, die wegen — zur Verfügung gestellt worden sind SchR 4 S. 334
—, Zahlungsverweigerung des Käufers wegen — in Form der Feststellungsklage SchR 5 S. 1
Mängel der Mietsache, Anfechtung wegen Irrtums SchR 6 S. 191
—, Haftung SchR 5 S. 359
SchR 6 S. 12
—, Haftung des Mieters wegen baulicher — gegenüber Dritten SchR 6 S. 25
—, Unterlassung eines Widerspruchs des Mieters gegen Hinausschiebung der —beseitigung SchR 9 S. 207
—, Vertrags- und Deliktshaftung SchR 9 S. 207
Mängelanzeige durch Erhebung der Wandelungsklage SchR 4 S. 359
Mängelbeseitigung, Ersatzanspruch bzgl. Aufwendungen zwecks — und Verjährung SchR 7 S. 132
— oder Neuherstellung eines mangelfreien Werkes SchR 7 S. 153
Mangelhafte Beschaffenheit der Ware, Beweislast dafür SchR 5 S. 104
—, Schadensersatz wegen —r — des Werkes und Abweisung der Werklohnklage in einem Vorprozeß auf Wandlungseinrede hin SchR 7 S. 176
— **Lieferung**, Aufrechnung des Schadensersatzanspruchs wegen —r — beim Gattungskauf SchR 4 S. 341
—, Beweislast bzgl. des Verschuldens —r — beim Gattungskauf SchR 4 S. 391
Mangelhaftes Werk, Annahme eines —n —s und frühere Vorbehalte und Rügen SchR 7 S. 127

Mangelhaftigkeit der Ware und Einrede des nichterfüllten Vertrages SchR 4 S. 411

Mängelhaftung und Ersatzlieferung SchR 5, S. 58

— beim Spezieskauf auf Besicht SchR 5 S. 55

— und Weiterveräußerung der mangelhaften Ware durch Käufer SchR 5 S. 88

—, s. auch Gewährleistungsansprüche, Sachmangel und Wandlung

Mängelrechte aus Kauf, § 479 BGB. und Rückforderung der bereits gezahlten Zinsen SchR 8 S. 336

Mängelrüge beim Verkauf zusammenhängender Sachen SchR 5 S. 216

Maschinen, Eigentumsvorbehalt an — AllgT 1 S. 449

— als wesentlicher Bestandteil eines Gebäudes und Eigentumsvorbehalt AllgT 2 S. 31

Maßregeln i. S. d. § 2224 II BGB. ErbR 2 S. 250

Material, Kündigung des Werkvertrages und Herausgabe des dem Unternehmer gehörigen, auf dem Grundstück des Bestellers eingebrachten Materials SchR 7 S. 154

Mehrere Anfechtungsberechtigte, Ausübung des Rechts AllgT 2 S. 88

— **Bewerber**, Berechtigung der Sparkasse zur Hinterlegung des von —n —n in Anspruch genommenen Sparkassenbetrags SchR 8 S. 413

— **Urkunden**, Verpfändung einer Hypothek in —n — SaR 3 S. 299

Mehrheit von Erben **ErbR 1 S. 414—Ende** **ErbR 2 S. 1—71**

Mehrheit von Schuldnern und Gläubigern **SchR 4 S. 259—315**

— **von Mietpfändungen** auf Grund dinglichen Titels und Wirkung als Beschlagnahme SaR 3 S. 25

Mehrheitsbeschlüsse von Gemeinschaftsteilhabern bei Verwaltungsmaßnahmen SchR 6 S. 361

Meister, Haftung des —s für Verletzung des Lehrlings SchR 7 S. 18

Meistgebot, Abtretung des Rechts aus dem — und Haftung des Meistbietenden gegenüber Ersteher für Fehler des Grundstücks SchR 5 S. 258

Mietbesitz oder Eigenbesitz, zur Auslegung des § 837 BGB. SchR 9 S. 53

—, Eingriff in den — SchR 9 S. 59

Miete, Begriff des Zurückerhaltens in § 558 II bei der — AllgT 4 S. 237

Miete und Pacht **SchR 5 S. 357—Ende** **SchR 6 S. 1—230**

—, Unterschied SchR 6 S. 119, 132

Miet- und Pachtzins, Erfüllungsort für — — — SchR 2 S. 8

Mieter, Haftung des —s für Angestellten als Erfüllungsgehilfen bei Erfüllung der Mieterpflichten SchR 1 S. 142

—, Anspruch des —s gegen Dritten wegen schuldhafter Beeinträchtigung seines Mietbesitzes SchR 9 S. 59

—, Eingebaute Sachen des —s und Übertragung des Eigentums an einen Dritten SaR 1 S. 372

—, Haftung des Hauseigentümers für Verkehrssicherheit neben dem — eines Ladens SchR 9 S. 258

—, Mitwirkendes Verschulden der Ehefrau des —s bei Schadensersatzansprüchen desselben gegen Vermieter SchR 1 S. 108

Mieterschutz bei Nichtigkeit des Vertrages NebenG 2, S. 233

— bei Zusicherung einer Ersatzwohnung für Eigentümer NebenG 2, S. 256

Mietpfändungen auf Grund dinglichen Titels als Beschlagnahme i. S. d. §§ 1123, 1124 BGB.? SaR 3 S. 25

— des Hypothekengläubigers bei bestehendem Nießbrauch SaR 3 S. 9

Mietrate, Verbotene Eigenmacht und Selbsthilfe wegen rückständiger — beim Abzahlungsgeschäft SaR 1 S. 32

Mietrecht, Neuschaffung von Räumen NebenG 2 S. 237
—, Wird dieses durch Vereinbarung, es im Grundbuch eintragen zu lassen, zum eintragsfähigen dinglichen Recht? SaR 2 S. 159
— und Wohnungsrecht i. S. d. § 1093 BGB. Unterschied SaR 2 S. 159
—, Schadensersatzanspruch aus widerrechtlichem Eingriff in — SaR 1 S. 1
Mietrückstände, Kündigung des Vermieters wegen —n SchR 6 S. 30
Mietsache, Vertrags- und Deliktshaftung bei Mängeln der — SchR 9 S. 207
—, Wirkung der Vorenthaltung der —, wenn Vermieter zu erkennen gab, daß er Rückgabe nicht wünsche SchR 6 S. 82
Mietverhältnis, Aneignung eines vermieteten Grundstücks gem. § 928 BGB. und — SaR 1 S. 360
—, Wirkung des Gestaltungsurteils auf Aufhebung des —ses erst mit Rechtskraft NebenG 2 S. 235
—, Kündigung des —ses durch Miterben oder Testamentsvollstrecker ErbR 2 S. 235
Mietvertrag, Änderung eines gemeinschaftlich abgeschlossenen —s durch den Ehemann kraft seiner Verwaltung und Nutznießung FamR 1 S. 427
—, Grundstücksveräußerungs- und —, § 313 BGB. SchR 2 S. 303
—, Knebelvertrag und langfristiger — AllgT 3 S. 96
—, Kündigung eines —es durch Mieter und — derselben wegen Vertragsverletzungen SchR 5 S. 364
—, Verabredete Kündigungsfrist bei —en AllgT 2 S. 104
—, Umfang des wegen Nichterfüllung des —es zu leistenden Schadensersatzes SchR 6 S. 12
— und Vorkaufsrecht, § 313 BGB. SchR 2 S. 404
—, Ungültigkeit eines —s bei Fehlen der erforderlichen vormundschafts-gerichtlichen Genehmigung für eine Einzelbestimmung AllgT 3 S. 200
Mietzinsen, Beschlagnahme von — nach §§ 1123, 1124 BGB., Rechte des Nießbrauchers dagegen SaR 2 S. 362
—, Erlaß einer Bürgschaft für — SchR 8 S. 68
—, Erfordernis eines dinglichen Schuldtitels des Hypothekengläubigers zur Beschlagnahme von —? SaR 2 S. 346
—, Pfändung von — durch Nießbraucher SaR 2 S. 170
—, Pfändung von — gegen einen Miteigentümer SchR 6 S. 288
—, Räumungsklage bei Verzug mit — SchR 6 S. 62
Mietzinsübertragung auf denjenigen, der Nießbrauch an dem betreffenden Haus hat SaR 2 S. 167
Mietzinszahlung bei Vorenthaltung der Mietsache und Verlust derselben SchR 6 S. 65
Milchlieferungsvertrag, Unmöglichkeit der Leistung beim — SchR 1 S. 183
Minderjährige, Gesetzliche Vertretung mehrerer —r bei einem Erbauseinandersetzungsvertrage AllgT 4 S. 42
—, Klagebefugnis des gesetzlichen Vertreters betr. Ansprüche des —n aus unerlaubter Handlung FamR 2 S. 177
—, Einwilligung des gesetzlichen Vertreters zu dem Vertragsschluß eines —n AllgT 2 S. 64
—, Mitwirkendes Verschulden eines —n, Begriff SchR 1 S. 21
—, Bestellung eines Pflegers für —n bei Eigentumsübertragung unter Vorbehalt des Nießbrauchs von Eltern an diesen AllgT 2 S. 68
—, Zulässigkeit des Kontrahierens mit sich selbst, wenn ein Pfleger mehrere — bei einer Erbteilung vertritt AllgT 3 S. 415
— als Partei im Rechtsstreit SchR 10 S. 200
—, Verfügung des Vaters über Sparkassenbücher seiner —n Kinder zur Tilgung seiner eigenen Schuld FamR 2 S. 154

Minderjährige, Rechtshilfe bei Vernehmung eines —n als Erzeuger eines unehelichen Kindes NebenG 3 S. 135, 138
—, Unterhaltsanspruch der —n unverheirateten Kinder gemäß § 1602 II BGB. FamR 2 S. 131
—, Unterhaltspflicht der Eltern gegenüber —n Kindern FamR 2 S. 120
—, Überlassung von Mitteln zur freien Verfügung an — AllgT 2 S. 57
—, Vormundschaftsgerichtliche Genehmigung betr. den Verkauf einer Arztpraxis im Falle der Beteiligung —r FamR 2 S. 321
—, Vormundschaftsgerichtliche Genehmigung betr. die Veräußerung von Geschäftsanteilen einer GmbH. durch — FamR 2 S. 313; des Anteils an einem Erwerbsgeschäft FamR 2 S. 296

Minderjähriger Verlobter und Rücktritt vom Verlöbnis FamR 1 S. 4

Minderung oder Wandelung statt Schadensersatz wegen Nichterfüllung bei arglistiger Vorspiegelung von Eigenschaften einer Kaufsache SchR 5 S. 46
— des Mietzinses und Schadensersatz wegen Nichtgewähr des Gebrauchs der Mietsache SchR 6 S. 15
— des Wertes eines Pfandes und Pflichten des Pfandgläubigers SaR 3 S. 275
— von Ersatzansprüchen durch Witwen- und Waisengelder SchR 9 S. 243

Minderungsanspruch wegen Mangel der Sache, Einwand dagegen SchR 4 S. 390
— bzgl. der vergleichsweise geleisteten Sache SchR 8 S. 83

Minderungseinrede, Verjährung der — beim Werklieferungsvertrag SchR 7 S. 139

Mißbrauch des Untersagungsrechts auf Gemeingebrauch an der Straße durch die Stadt AllgT 4 S. 291
— der Monopolstellung AllgT 3 S. 156
— der Testamentsvollstreckung ErbR 2 S. 243

Mißbrauch eines unrichtigen rechtskräftigen Versäumnisurteils, § 826 BGB. SchR 10 S. 266
— der Vertretungsmacht durch gesetzl. Vertreter einer juristischen Person AllgT 1 S. 398
— der Vollmacht bei Schenkung AllgT 4 S. 88

Mißverhältnis der Leistungen i. S. d. § 138 II BGB. AllgT 2 S. 306
— zwischen Leistung und Gegenleistung, Verstoß gegen gute Sitten? AllgT 2 S. 148

Mißverstehen bei telephonischen Gesprächen AllgT 3 S. 307

Mitarbeit der Ehefrau im Geschäft des Mannes u. Erträgnisse daraus FamR 1 S. 310

Mitberechtigter, Über Wirksamkeit der Auflassungserklärung, die Alleinberechtigter zusammen mit vermeintlichen —n abgibt SaR 1 S. 326

Mitbürgen, Ausgleichungspflicht der — untereinander SchR 8 S. 19
—, Nichtigkeit der Bürgschaftserklärung eines — ohne Rechtswirksamkeit für die der anderen — SchR 8 S. 42

Mitbürgschaft, Nichtigkeit einer — AllgT 2 S. 331

Miteigentum, Verschaffung von — durch Besitzkonstitut SaR 2 S. 12
— nach Bruchteilen und Berichtigung des Grundbuchs SaR 1 S. 39
— an einem Grundstück und Zugehörigkeit zum Gesellschaftsvermögen SchR 6 S. 251

Miteigentümer, Klage auf Herausgabe eines Grundstücks an alle — und Sicherheitsleistung bei Geltendmachung des Zurückbehaltungsrechts SchR 8 S. 294
—, Übergabe des Hypothekenbriefs, wenn Hypothek auf den Anteilen mehrerer — eines Grundstücks eingetragen ist. SaR 2 S. 270
—, Gesamthypothek von —n (nach Bruchteilen) SaR 3 S. 150
—, Nießbrauch eines —s an einem Gut SaR 2 S. 163

Miteigentümer, Pfändung von Mietzinsen gegen einen — SchR 6 S. 288
—, Zwangsversteigerung zum Zwecke der Auseinandersetzung bei —n ErbR 2 S. 19
Miteigentumsanteile, Ersatzhypotheken auf früheren —n SaR 3 S. 16
Miterben, Auseinandersetzung zwischen — ErbR 2 S. 19
—, Auseinandersetzung zwischen — und letztwillige Verfügung ErbR 2, S. 21
—, Ablehnung der Auseinandersetzung durch einen — ErbR 2 S. 15
—, Erbschaftsanspruch gegen — ErbR 1 S. 371
—, Gesamtschuldnerische Haftung des — dem Nachlaßgläubiger gegenüber, der selbst — ist SchR 4 S. 315
—, Grundstücksveräußerung unter — ErbR 2 S. 25
—, Belastung des Anteils des — mit einer Hypothek SaR 2 S. 368
—, Entschädigung eines — für Nutzungen eines Kapitals durch lebenslänglichen Anspruch auf Zinsen: Leibrentenvertrag? SchR 6 S. 236
—, Verlangen eines —, Nachlaßverbindlichkeiten vor der Teilung zu berichtigen ErbR 2 S. 15
—, Haftung des — vor Teilung des Nachlasses ErbR 2 S. 7
—, Verfügung des — über den Nachlaß ErbR 2 S. 5
—, Verpfändung des Anteils eines — am ungeteilten Nachlaß ErbR 2 S. 1
—, Befugnisse des Testamentsvollstreckers, der zugleich — ist ErbR 2 S. 226
—, Ernennung sämtlicher — zu Testamentsvollstreckern ErbR 2 S. 291
—, Vorkaufsrecht eines — bei Verpfändung eines Erbanteils SaR 3 S. 304
—, Ausübung des Vorkaufsrechtes durch — ErbR 2 S. 54
—, s. auch Mehrheit von Erben
Miterbin, Pfändung eines Erbanteils der im gesetzlichen Güterstand lebenden — FamR 1 S. 389
Mitgift und arglistige Täuschung über Vermögensverhältnisse SchR 9 S. 200
Mitgliederversammlung, Nichtanerkennung einer durch die — erfolgten Wahl durch Vorstand AllgT 1 S. 329
Mitgliedschaftsrechte, Ausübung der — einer Kommanditgesellschaft durch Testamentsvollstrecker ErbR 2 S. 296
Mithaft, Gesamthypothek und Erlöschen der — SaR 3 S. 182
Mitmieter, Kündigungsrecht von —n SchR 4 S. 314
Mitschuldantrag bei Scheidung der Ehe FamR 1 S. 216
Mittäter, Haftung von —n, § 830 BGB. SchR 9 S. 267
— und Beteiligte, § 830 BGB. SchR 9 S. 42
—, Jugendliche als —, § 830 BGB. SchR 9 S. 127
—, Arglistige Täuschung beim Hauskauf und Haftung eines Dritten, der als — oder Gehilfe teilgenommen hat SchR 2 S. 320
Mitteilung und Genehmigung nach § 415 BGB., Erfordernisse SchR 4 S. 224
— einer Schuldübernahme und Schuldnerschutz nach § 407 BGB. SchR 4 S. 191
— der Schuldübernahme seitens des Erwerbers durch den Grundstücksveräußerer SchR 4 S. 207
Mittelbar Verletzter, Schadensersatzanspruch des — —n; Mitverschulden des unmittelbar Verletzten, § 846 BGB. SchR 10 S. 218
Mittelbare Gesundheitsschädigung der Mutter durch Überfahren des Kindes SchR 10 S. 41
— sittenwidrige Schädigung SchR 9 S. 166
— Unfallfolge SchR 9 S. 261
— Vertretung, Wirkungen AllgT 3 S. 402

Mittelbarer Besitz und Besitzaufgabe des unmittelbaren Besitzers SaR 1 S. 23
— bei Eigentumsvorbehalt und verbotene Eigenmacht SaR 1 S. 7
—, Erwerb des —n —es durch Geschäftsunfähigen SaR 1 S. 18
—, Abtretung von Grundschulden, wenn Grundschuldbrief sich im —n — des Grundschuldgläubigers befindet SaR 3 S. 250
Mitübergang von Nebenrechten bei gesetzl. Forderungsübergang SchR 4 S. 102
Mitunterzeichnung einer Urkunde und kumulative Schuldübernahme SchR 4 S. 204
Mitwirkende Personen, Bezeichnung der —n — in einem Protokoll über die Errichtung eines Testaments ErbR 2 S. 304
Mitwirkendes Verschulden, Begriff SchR 1 S. 407
—, Zur Frage des —n —s, § 254 II BGB. SchR 2 S. 62
—, Haftung des Staates für Amtspflichtverletzung seines Beamten und — — SchR 11 S. 115
— des Ehemanns bei Unfall der Ehefrau, Anrechnung auf ihren Schadensersatzanspruch SchR 10 S. 91
— der Ehefrau des Mieters bei Schadensersatzansprüchen desselben gegen Vermieter SchR 1 S. 108
—, Zur Klage des Ehemannes auf Schadensersatz der bei einem Autozusammenstoß verletzten Ehefrau kraft Abtretung bei —m — NebenG 1 S. 133
—, Geltendmachung —n —s gegenüber Eigentumsfreiheitsklage SaR 2 S. 96
—, Haftung für Erfüllungsgehilfen im Rahmen des —n —s des Verletzten SchR 1 S. 70
— und Haftung für Erfüllungsgehilfen SchR 1 S. 34
— des Gastes bei Haftung des Gastwirtes für Diebstähle SchR 7 S. 285
— eines Geisteskranken SchR 9 S. 319
Mitwirkendes Verschulden, Ausschluß des Kausalzusammenhangs durch — — des Beschädigten SchR 2 S. 182
—, Unfall des Schrankenwärters durch Verschulden des Kraftfahrzeugführers und — — der Betriebsverwaltung NebenG 1 S. 83
— des Verletzten, § 9 KFG. NebenG 1 S. 41
—, Begrenzung des Schadensersatzes nach § 12 KFG. bei —m — NebenG 1 S. 33
— beim Zusammenstoß zweier Kraftfahrzeuge NebenG 1 S. 1
— der Zuschauer bei Zuverlässigkeitsrennen NebenG 1 S. 93
— bei Kredittäuschung durch Sicherungsübereignung SchR 10 S. 116
— der Mutter bei Unfall des Kindes auf einem Dampferausflug SchR 2 S. 80
— des durch einen Lastkraftzug verletzten Kindes und seines gesetzlichen Vertreters SchR 10 S. 200
— des Mieters am Zustand der Wohnung und Kündigung des Mieters SchR 5 S. 357
— eines Minderjährigen SchR 1 S. 21
—, Verletzung der amtlichen Belehrungspflicht durch Notar bei Beurkundung eines Knebelvertrages und — — des geschädigten Gläubigers AllgT 3 S. 92
— eines Rechtsanwalts bei einer durch einen Gerichtsvollzieher vorgenommenen fehlerhaften Pfändung SchR 1 S. 14
— des Verkehrsanwalts SchR 2 S. 1
— bei der Haftung mehrerer Rechtsanwälte gegenüber ihrem Auftraggeber SchR 2 S. 174
—, Einwand des —n —s gegenüber der Rechtskraftwirkung nach § 68 ZPO. bei Nebenintervention AllgT 4 S. 79
— und § 2 RHpflG. NebenG 1 S. 254
—, Beweislast, § 1 RHpflG. NebenG 1 S. 232
— des jugendlichen Verletzten bei Unfall auf der Eisenbahn NebenG 1 S. 272
— bei Straßenbahnunfall NebenG 1 S. 239

Mitwirkendes Verschulden bei Absturz von Straßenbahn NebenG 1 S. 315
— des Verletzten und Schadensersatzansprüche aus RHpflG. SchR 1 S. 8, 34
— des Geschädigten beim dinglichen Herausgabeanspruch; beim Schadensersatzanspruch nach §§ 989, 990 BGB. SaR 2 S. 36
—, Eigenes Verhalten des Verletzten und Grundsatz über — — bei der Entstehung von Schadensersatzansprüchen SchR 11 S. 282
— des Beschädigten bei Haftung aus dem Binnenschiffahrtsgesetz SchR 1 S. 137
— des geschleppten Schiffes bei Schiffsunfall durch Schuld des Schleppers SchR 9 S. 58
—, Berücksichtigung des — —s des unmittelbar Verletzten bei dem Ersatzanspruch des durch seelische Einwirkung Geschädigten SchR 10 S. 218
— des Erben bei Haftung des Testamentsvollstreckers für Pflichtverletzung ErbR 2 S. 277
— des Geschädigten bei einer Haftung aus unerlaubter Handlung SchR 1 S. 34, 168
— bei Unfallneurose SchR 2 S. 121
—, Ausgleich zwischen Schuldnern bei Haftung aus unerlaubter Handlung und — — SchR 4 S. 309
—, Haftung des durch unerlaubte Handlung Beschädigten für — — von Hilfpersonen im Rahmen des § 831 BGB. SchR 1 S. 84 SchR 9 S. 156
—, Entlastungsbeweis nach § 831 BGB. durch Nachweis —n —s des Geschädigten SchR 9 S. 113
— des Beschädigten, §§ 844, 845 BGB. SchR 9 S. 25
—, Unmöglichkeit der Leistung und — — des Vertragspartners SchR 1 S. 201
— durch Unterlassung SchR 1 S. 259
Mitwirkendes Verschulden, Verbotswidriger Vertrag und — — des Geschädigten SchR 2 S. 339
— des Verletzten und Ersatz des Versicherungsträgers NebenG 2 S. 86
Monopolmißbrauch eines Kraftwerkes SchR 10 S. 116
— des städt. Theaters SchR 10 S. 45
Monopolstellung, Ausnutzung der — durch Stromsperre SchR 10 S. 32
Motor als wesentlicher Bestandteil eines Schiffes AllgT 2 S. 23
Motorradrennen, Haftung des Veranstalters eines —s SchR 7 S. 170
Mündel, Grundstückverkauf durch —, Haftung für Verhalten des gesetzlichen Vertreters SchR 1 S. 432
—, Veräußerung eines — - Grundstücks ohne vormundschaftsgerichtliche Genehmigung und Bereicherung des —s SchR 8 S. 233
—, Rechtshilfe bei Vernehmung des volljährig gewordenen —s über Entlastung des Vormundes NebenG 3 S. 142
—, Vertretung mehrerer — durch einen Vormund FamR 2 S. 259
Mündelgeld, Verletzung der Amtspflicht bei der Anlegung von — FamR 2 S. 256
—, Vormundschaftsgerichtliche Genehmigung betr. die Anlegung von — FamR 2 S. 301
—, Verpflichtungen des Vormundschaftsrichters bzgl. der mündelsicheren Anlage von — ErbR 1 S. 376
Mündelhypothek, Verpfändung einer — FamR 2 S. 250
Mündelvermögen, Anlegung von — und Haftung des Gegenvormundes FamR 2 S. 269
Mündliche Abreden bei einem Mietvertrag SchR 6 S. 51
— gegenüber beurkundetem Vertrag, Bedeutung AllgT 2 S. 125
— **Erklärung,** Erfordernisse der —n — in einem öffentlichen Testament ErbR 2 S. 354

Mündliche Nebenabreden neben schriftlicher Bürgschaftserklärung SchR 7 S. 353
— zu einem Grundstücksveräußerungsvertrag zwischen Miterben ErbR 2 S. 25
— bei einem Grundstücksveräußerungsvertrag und vormundschaftsgerichtliche Genehmigung FamR 2 S. 291
— **Verhandlungen,** Schweigen bei —n als Zustimmung? AllgT 3 S. 356
Mündlicher Mietvertrag und Abrede schriftlicher Beurkundung SchR 6 S. 90
Mutmaßliche Lebensdauer, Begrenzung der Rente auf — — des Getöteten SchR 9 S. 214
Mutter, Gesundheitsschädigung der — durch Überfahren des Kindes SchR 10 S. 41

N

Nachahmung, Leistungsverweigerung wegen — SchR 9 S. 284
Nachbargrundstück, Eigentumsstörung durch Abbröckeln von Gestein auf — SchR 7 S. 257
—, Gefahrdrohende Anlagen auf dem —, § 907 BGB. SaR 1 S. 198
—, Rechtsansprüche wegen Errichtung einer Bretterwand auf dem — SaR 1 S. 225
—, Ersatzansprüche bei Grundwassersenkung durch Vertiefung des —s, § 909 BGB. SaR 1 S. 288
—, Unzulässige Einwirkung auf — durch Anschüttung und dadurch bewirkte Hebung des Grundwasserspiegels SaR 1 S. 243
—, Zur Frage des Notwegs über ein — SaR 1 S. 253
—, Unzulässige Zuführung von Rauch vom —, §§ 906, 1004 BGB. SaR 1 S. 198
—, Zunehmende Einwirkung eines Steinbruchbetriebes auf — durch Änderung der Betriebsweise, §§ 906, 1004 BGB. SaR 1 S. 278
—, Eigentumsfreiheitsklage wegen Vertiefung des —s SaR 2 S. 54
Nachbarrechtliche Verpflichtungen, Verfolgung von Ansprüchen —r — der Reichspostverwaltung im Rechtsweg SaR 1 S. 209
Nachbesserung, Verjährung der Gewährleistungsansprüche bei Verpflichtung des Verkäufers zur — SchR 7 S. 147
Nachbesserungsanspruch, Unterbrechung der Verjährung durch Geltendmachung im Prozeß SchR 7 S. 137
Nachbesserungsrecht des Verkäufers SchR 5 S. 21
Nachbürgen, Übergang der Forderung des Gläubigers auf befriedigenden — SchR 7 S. 364
Nacherbe **ErbR 2 S. 149—226**
—, Einsetzung eines Abkömmlings als —n und Ausschluß der Vererblichkeit der Nacherbenanwartschaft ErbR 2 S. 221
—, Beginn der Ausschlagungsfrist für den Pflichtteilsberechtigten, der als Nacherbe eingesetzt ist ErbR 2 S. 365
—, Bedingte Einsetzung eines —n ErbR 2 S. 106
—, Bedingte Einsetzung in einem gemeinschaftlichen Testament mit gegenseitiger Erbeinsetzung ErbR 2 S. 464
—, Rechtsstellung des Ersatzerben des —n ErbR 2 S. 131
—, Verletzung der Rechte des —n durch den Vorerben ErbR 2 S. 211
Nacherbenvermerk bei Eintragung des Vorerben im Grundbuch NebenG 3 S. 101
Nachforschungspflicht desjenigen, der einen Kraftwagen von einem Händler kauft SaR 2 S. 12
Nachfrist, Abladegeschäft im Binnenverkehr und Setzung einer — SchR 3 S. 112
— beim Grundstückskaufvertrage SchR 3 S. 184
—, Unangemessene —, rechtliche Wirkung SchR 3 S. 182
—, Wegfall des Interesses der Vertragserfüllung und Bestimmung einer —; Angemessenheit einer — SchR 3 S. 110

Nachfristbestimmung nach § 326 I BGB. SchR 3 S. 116, 203
— bei Übersendungskauf SchR 3 S. 80
—, Zu kurze — und Rücktrittsrecht SchR 3 S. 117

Nachkommenschaft, Eintragung einer Hypothek für künftige — AllgT 1 S. 260
—, Eintragung einer Hypothek für künftige —. Anmeldung im Zwangsversteigerungsverfahren SaR 2 S. 295

Nachlaß, Erbschaftskauf bei geteiltem — ErbR 2 S. 36
—, Auskunftspflicht der Miterben untereinander über den — ErbR 1 S. 443
—, Haftung des Miterben vor Teilung des —es ErbR 2 S. 7
—, Verfügung des Miterben über den — ErbR 2 S. 5
—, Verpfändung des Anteils eines Miterben am ungeteilten — SaR 3 S. 250
—, Zugehörigkeit des Nacherbenrechts zum — des Nacherben ErbR 2 S. 192

Nachlaßforderung, Einklagung einer —, Maßregel i. S. d. § 2224 II BGB.? ErbR 2 S. 250
—, Kündigung einer — durch Miterben ErbR 1 S. 422
—, Rückwirkende Wirksamkeit der von einem Miterben vorgenommenen Kündigung einer — durch Genehmigung der anderen Miterben AllgT 4 S. 113
—, Hemmung der Verjährung bei einer — AllgT 4 S. 196

Nachlaßgegenstand, Gemeinschaftliche Verfügung über einen — durch Miterben ErbR 2 S. 50

Nachlaßgericht, Pflicht des —s zur Inkenntnissetzung der Beteiligten nach § 2262 BGB. ErbR 2 S. 315

Nachlaßgläubiger, Haftung des Nachlaßrichters für Verletzung der Aufsichtspflicht gegenüber den —n ErbR 1 S. 376
—, Gesamtschuldnerische Haftung der Miterben dem — gegenüber, der selbst Miterbe ist ErbR 2 S. 47

Nachlaßgrundstück, Eintragung des Nacherbenrechts auf das dem Vorerben bei der Auseinandersetzung mit seinen Miterben zugeteilte Bruchteilseigentum am — ErbR 2 S. 175
—, Einwilligung des Nacherben in die Belastung eines —s ErbR 2 S. 205
—, Nießbrauch an einem — und Zahlung der Zinsen und Kosten einer Hypothek, die zur Begleichung der den Erben treffenden Erbschaftssteuer auf dem Grundbesitz eingetragen worden ist SaR 2 S. 247

Nachlaßhypothek, Einwilligung des Nacherben zur Löschung einer — ErbR 2 S. 156
—, Einziehung von —en durch befreiten Vorerben ErbR 2 S. 156
—, Löschungsantrag eines befreiten Vorerben bzgl. einer — ErbR 2 S. 149

Nachlaßkonkurs, Verpfändung des Rechts aus einer Lebensversicherung und Folgen für den Dritten im — des Versicherungsnehmers SchR 3 S. 248

Nachlaßpfleger, Passivlegitimation des —s für Klage auf Feststellung des Erbrechts ErbR 1 S. 383
—, Vergütungsanspruch des —s ErbR 1 S. 400

Nachlaßrichter, Amtspflichtverletzung des —s bei der Anordnung der Nachlaßpflegschaft ErbR 1 S. 400
—, Haftung des —s für Verletzung seiner Amtspflicht bei Beaufsichtigung des Nachlaßverwalters ErbR 1 S. 376

Nachlaßsachen, Rechtshilfe in — bzgl. Annahme der Erbschaft NebenG 3 S. 133

Nachlaßschuld, Aktivlegitimation d. gemeinschaftlichen Testamentsvollstrecker bei Einklagung einer — gegen einen von ihnen ErbR 2 S. 250
—, Anrechnung der — eines Schuldner-Miterben auf seinen Erbteil ErbR 1 S. 422
—, Hinterlegung einer — ErbR 1 S. 422

Nachlaßverbindlichkeiten, Haftung des Erben für — ErbR 1 S. 378
—, Persönliche Haftung des Erben für — ErbR 1 S. 396
—, Haftung des Miterben für — ErbR 1 S. 431
—, Haftung des Miterben für — vor Teilung des Nachlasses ErbR 2 S. 7
Nachlaßverwalter, Beschwerderecht des —s bzgl. Aufhebung der Nachlaßverwaltung? NebenG 3 S. 255
—, Herausgabeanspruch eines Miterben bzgl. Nachlaß gegen — ErbR 2 S. 44
—, Umfang der Verwaltungs- und Verfügungsmacht des —s ErbR 1 S. 354
—, Verletzung der Aufsichtspflicht seitens des Nachlaßrichters hinsichtlich des —s ErbR 1 S. 376
Nachlaßverwaltung, Beendigung der — ErbR 1 S. 354
Nachlaßverzeichnis nach § 2121 BGB. ErbR 2 S. 218
—, Rechtshilfe bei Aufnahme des —ses NebenG 3 S. 140
—, Pflicht zur Einreichung eines —ses, wenn Kindesvermögen bloß in Pflichtteilsanspruch besteht FamR 2 S. 160
—, Anspruch des Nacherben auf — gegen Vorerben oder dessen Erben ErbR 2 S. 182
Nachnahme durch Post und Aushändigung des Pakets ohne Zahlung SchR 3 S. 386
Nachprüfung der Ausschließung aus einem Verein AllgT 1 S. 347, 366, 389
—, Gerichtliche — der Ausschließung aus einem Verein SchR 9 S. 314
— des Revisionsgerichtes bzgl. Feststellungen des Berufungsgerichtes über den Inhalt des ausländischen Rechts AllgT 1 S. 117
Nachrichtspflicht des Spediteurs bei Abweichung von Weisungen des Versenders SchR 1 S. 349
Nachteil, Zur Frage des Übergangs der Forderung zum — anderer Forderungen des Gläubigers SchR 8 S. 35
Nachtpförtner, Befugnis des —s zur Entgegennahme von Wertsachen SchR 7 S. 302
Nachtrag, Berechnung eines —s bei einem eigenhändigen Testament ErbR 2, S. 346
Nachträgliche Ausfüllung des Namens des neuen Gläubigers bei der Blankoabtretung einer Grundschuld SchR 4 S. 44
— Bewilligung eines Entgelts für geleistete Dienste und belohnende Schenkung, Unterschied SchR 5 S. 329
— Entschädigung wegen vermehrter, aber unbefriedigt gebliebener Bedürfnisse SchR 10 S. 136
— Geltendmachung von Scheidungsgründen FamR 1 S. 136
— Heilung des Formmangels einer öffentlichen Urkunde durch den Richter NebenG 3 S. 165
— Vergütung einer zunächst unentgeltlich übernommenen Dienstleistung als Schenkung SchR 5 S. 315
Nachträgliches Unvermögen des Untervermieters zur Gewährung des Gebrauchs der gemieteten Sache SchR 5 S. 367
Nachweis der Persönlichkeit bei Beurkundung NebenG 3 S. 194
Nachweisfrist, Erinnerung des Berufungsanwalts an — aus § 519 VI ZPO. SchR 2 S. 104
Name, Wiederannahme ihres Familien—ns durch geschiedene Ehefrau FamR 1 S. 258
—, Handeln im fremden —n, ohne erkennbar zu machen, daß Name der eines anderen AllgT 4 S. 46
—, Unbefugter Gebrauch eines —ns AllgT 1 S. 276
—, Verwechslungsgefahr durch gleichen —n in sonst unterscheidbaren Firmen AllgT 1 S. 291
— als Warenzeichen, Löschung AllgT 1 S. 257
— s. auch Eigener Name
Namensehe, Nichtigkeit der — FamR 1 S. 42

Namenserteilung eines deutschen Ehemanns an uneheliches Kind seiner Frau, das eine ausländische Staatsangehörigkeit besitzt AllgT 1 S. 86
Namensmißbrauch des Ehemannes AllgT 1 S. 285
Namensrecht eines Ausländers AllgT 1 S. 282
— einer ausländischen Aktiengesellschaft AllgT 1 S. 288
— juristischer Personen AllgT 1 S. 282
— eines eingetragenen bzw. nicht eingetragenen Vereins AllgT 1 S. 271
— und unlauterer Wettbewerb AllgT 1 S. 297
—, § 12 BGB. und Wappen. Kennzeichnung eines gewerblichen Erzeugnisses durch Stadtwappen AllgT 1 S. 265
Namensschutz von besonderen Geschäftsbezeichnungen AllgT 1 S. 291
— gegenüber einem den Namen verwendendes gewerbliches Unternehmen AllgT 1 S. 291
Namensunterschrift, Eigenhändige — nach § 126 BGB., Erfordernis AllgT 2 S. 98
— durch Faksimile, § 127 BGB. AllgT 3 S. 1
Nationalisierte russische Aktiengesellschaft und Einklagung einer Forderung durch eine Liquidationsgesellschaft AllgT 1 S. 96
Naturalrestitution, Grundsatz der — SchR 1 S. 170
—, Schadensersatz durch — bei der Wandlung bzgl. eines Grundstückstauschs SchR 1 S. 222
Natürliche Personen **AllgT 1 S. 253—297**
Nebenabreden, Mündliche — neben schriftlicher Bürgschaftserklärung SchR 7 S. 353
—, Formzwang für — eines Grundstücksveräußerungsvertrages SchR 2 S. 303
—, Formzwang für Grundstückskaufvertrag und für — über Viehverkauf SchR 2 S. 327
Nebenabreden mit dem Pächter beim Grundstückskauf und § 313 BGB. SchR 2 S. 412
— s. auch Mündliche Abreden
Nebenintervention, Einwand des mitwirkenden Verschuldens gegenüber der Rechtskraftwirkung nach § 68 ZPO. bei — AllgT 4 S. 79
Nebenrecht, Übergang von Forderung und — SaR 2 S. 310
—, Mitübergang von —en bei gesetzlichem Forderungsübergang SchR 4 S. 102
—, Umfang der gemäß § 401 BGB. abgetretenen —e SchR 4 S. 42
Nebenunternehmer und § 899 RVO. NebenG 2 S. 169
Nervenerschütterung durch Betriebsunfall NebenG 1 S. 265
Neu entstehende Insel, Rechtsverhältnisse AllgT 1 S. 243
Neue Geschäfte bei der Liquidation einer juristischen Person AllgT 1 S. 402
— **Verjährung,** Beginn der —n — nach der Unterbrechung AllgT 4 S. 130
Neueintretender Mieter, Forthaftung des alten Mieters für den —n — SchR 6 S. 72
Neuherstellung eines mangelfreien Werkes oder Mangelbeseitigung beim Werklieferungsvertrag SchR 7 S. 155
Nicht bestehendes Recht, Haftung für Verkauf eines — —n —s SchR 4 S. 409
Nicht rechtsfähiger Verein, Begriff AllgT 1 S. 395
— und Gesellschaft AllgT 1 S. 306, 324
—, Eintragung einer Hypothek für — SaR 3 S. 76
— als Kläger AllgT 1 S. 271
—, Haftung für Handlungen in seinem Namen AllgT 1 S. 343
—, Haftung für Schadenszufügungen seiner Vertreter AllgT 1 S. 385
—, Haftung der Mitglieder für vom Vorstand eingegangene Verbindlichkeiten AllgT 1 S. 350

Nicht rechtsfähiger Verein, Haftung der Gesamtheit der Mitglieder einem Mitglied gegenüber für Fahrlässigkeit des Vorstandes AllgT 1 S. 395
—, Pflichten der Vorstandsmitglieder AllgT 1 S. 327
Nicht valutierte Briefhypothek, gutgläubiger Erwerb SaR 3 S. 110
— Grundschuld und Zwangsversteigerung SaR 3 S. 196
Nichtberechtigte, Verpfändung durch — SaR 3 S. 299
—, Verpfändung von Wertpapieren durch — SaR 1 S. 353
Nichtberechtigter, Konversion bei Verfügung eines —n AllgT 3 S. 63
—, Verfügung eines —n, § 816 BGB. SchR 8 S. 300, 323
—, Zustimmung zur Verfügung eines —n, § 816 BGB. SchR 8 S. 321
Nichtige Hypothek und Entstehung einer Eigentümergrundschuld SaR 2 S. 327
Nichtige Schuld, Zahlung einer —n — und Bereicherung SchR 8 S. 198
Nichtigkeit und Aufhebung der Ehe **FamR 1 S. 20—93**
—, Berufung auf — der Abtretung trotz Schuldnerschutz gemäß § 409 BGB. SchR 4 S. 113
— des ganzen Vertrages und Arglisteinrede AllgT 2 S. 344
—, Arglisteinrede gegenüber Berufung auf — des Vertrages wegen Formmangels AllgT 3, S. 198
—, Arglisteinrede gegenüber Berufung auf — eines Beschlusses der Gläubigerversammlung SchR 8 S. 171
— eines Rechtsgeschäfts wegen zu langer Bindung AllgT 2 S. 225
— einer Mitbürgschaft AllgT 2 S. 331
— eines durch Drohung zustande gekommenen Rechtsgeschäfts AllgT 2 S. 370
— des Vertrages und Gewährleistung nach § 463 BGB. SchR 5 S. 17
— des Verlöbnisses einer verheirateten Person FamR 1 S. 11
Nichtigkeit einer Ehe von Ausländern AllgT 1 S. 53, 105
— einer zwischen einem Deutschen und einer Russin in Rußland geschlossenen Ehe AllgT 1 S. 113
— der Namensehe FamR 1 S. 42
— der Eheschließung wegen vorübergehender Störung der Geistestätigkeit FamR 1, S. 20
— eines Prozeßvergleichs wegen angeblicher Geisteskrankheit einer an seinem Abschluß beteiligten Person AllgT 3 S. 145
— oder Anfechtbarkeit von Gesellschaftsbeschlüssen einer GmbH. bei fehlender Angabe des Gegenstandes auf der Tagesordnung; bei Mitbestimmen eines Gesellschafters über ein mit ihm vorzunehmendes Rechtsgeschäft AllgT 4 S. 29
— eines formgerecht beurkundeten Grundstücksveräußerungsvertrags und Auflassung SaR 1 S. 81
— des Grundstückskaufvertrages und Bereicherungsanspruch gegen Käufer, der das Grundstück an Gutgläubigen weiter veräußert hat SchR 8 S. 300
—, Unentgeltliche Besitzerlangung nach § 988 BGB. bei — eines Grundstückskaufvertrages SaR 2 S. 131
— eines beiderseits erfüllten Kaufvertrages und Bereicherungsanspruch SchR 8 S. 253
— des schuldrechtlichen Kaufvertrages nicht — des dinglichen Übereignungsvertrages SaR 1 S. 372
—, Mäklerlohn im Falle der — des vermittelten Kaufvertrages SchR 7 S. 208
— des ganzen Mietvertrages wegen eines darin enthaltenen Konkurrenzverbots zwischen Ärzten AllgT 2 S. 342
— des Vertrages und Mieterschutz NebenG 2 S. 233
—, Teilweise — eines Rechtsgeschäfts, § 139 BGB. AllgT 2 S. 182, 262, 313 AllgT 3 S. 4
— eines gegen das Süßstoffgesetz verstoßenden Vertrages AllgT 2 S. 409

Nichtigkeit, Beweislast, wenn — eines äußerlich ordnungsgemäßen Testaments behauptet wird ErbR 2 S. 322
—, Feststellung der — eines Testaments gegen Nachlaßverwalter ErbR 2 S. 44
—, Klage auf Feststellung der — eines Testaments, in dem eine bestimmte Person zum Testamentsvollstrecker ernannt ist ErbR 2 S. 292
— eines Vertrages betr. Abhalten vom Bieten bei einer Versteigerung *AllgT* 2 S. 111
— von Verträgen, durch die Gläubiger benachteiligt werden AllgT 2 S. 195
— des dinglichen Rechtsgeschäfts bei Wucher AllgT 2 S. 89
— von Verträgen s. auch Gute Sitten
Nichtschuld, Erfüllung einer — und Aufrechnung SchR 8 S. 306
—, Kenntnis der — bei Leistung und Bereicherungsanspruch, Beweislast SchR 8 S. 313
—, Kenntnis der — bei Zahlung durch mehrere Personen und § 814 BGB. SchR 8 S. 256
Nichtübereinstimmung des Willens bei Gebrauch eines Phantasiewortes und Anfechtung wegen Irrtums AllgT 2 S. 175
Nichtverantwortlichkeit des Täters und Haftung aus § 829 BGB. SchR 9 S. 256
Niederländer Zuständigkeit für Ehescheidungsklagen für — AllgT 1 S. 184
Nießbrauch unter der auflösenden Bedingung der Befriedigung des Berechtigten für eine Forderung SaR 2 S. 180
—, Formbedürftigkeit des Treuhand—s am Vermögen, § 311 BGB. SchR 2 S. 272
—, Konversion eines Grundstücksveräußerungsvertrages in lebenslänglichen — AllgT 3 S. 21
— an einer Hypothekenforderung und Ausfall derselben in der Zwangsversteigerung SaR 2 S. 174
Nießbrauch, Mietpfändungen des Hypothekengläubigers bei bestehendem — SaR 3 S. 9
— an einem Nachlaßgrundstück und Zahlung der Zinsen einer Hypothek, die für die den Erben treffende Erbschaftssteuer eingetragen worden ist SaR 2 S. 247
—, Einwand des —ers gegen Beschlagnahme von Mietzinsen SaR 2 S. 362
—, Pfändung von Mietzinsen durch —er SaR 2 S. 170
—, Mietzinsübertragung auf denjenigen, der — an dem betreffenden Hause hat SaR 2 S. 167
—, Bestellung eines Pflegers für einen Minderjährigen, wenn die Eltern ihm Eigentum an ihren beweglichen Sachen bei Vorbehalt des —s daran übertragen FamR 2 S. 330
— eines Miteigentümers an einem Gut SaR 2 S. 163
— an dem einzelnen Stockwerk eines Hauses SaR 2 S. 235
—, Form des § 311 BGB. für Treuhand— am Vermögen SaR 2 S. 163
— an einem Vermögen und Verpflichtung zur Tragung der Vermögenssteuer SaR 2 S. 211
Nordamerikanische Staatsangehörige, Scheidung von —n —n durch deutsche Gerichte AllgT 1 S. 117
Notar, Amtshaftung des preuß. —s und seines Vertreters SchR 11 S. 109
—, Unrichtige Abfassung einer Urkunde durch —, Verletzung einer Amtspflicht oder einer Vertragspflicht? SchR 11 S. 22
—, Amtspflicht eines —s und Ablehnung der Beurkundung einer Vertragserklärung SchR 11 S. 31
—, Amtspflicht eines —s und vertragliche Bindung SchR 11 S. 10
—, Belehrungspflicht AllgT 2 S. 68 SchR 11 S. 120, 167
—, Belehrungspflicht des —s gegenüber mitanwesenden Dritten NebenG 3 S. 190

Notar, Belehrungspflicht des —s bei Unterschriftsbeglaubigung NebenG 3 S. 208

—, Verletzung der amtlichen Belehrungspflicht bei Beurkundung eines Knebelvertrages und mitwirkendes Verschulden oder Verstoß gegen die guten Sitten seitens des geschädigten Gläubigers AllgT 3 S. 92

—, Aushändigung einer Blankobeglaubigung durch — SchR 11 S. 14

—, Gebührenanspruch des —s für seine Amtstätigkeit SchR 11 S. 112

—, Haftung bei Beurkundung der Abtretung einer Briefhypothek für Rechtswirksamkeit der Abtretung SaR 3 S. 157

—, Versehen des —s bei Bestellung einer Hypothek und Ausfall der Hypothek an der vereinbarten Rangstelle bei späterer Zwangsversteigerung SchR 2 S. 44

—, Mitwirkung des —s als Urkundsperson bei Kindesannahme NebenG 3 S. 183

— als Konkursverwalter und beurkundetes Vertragsangebot NebenG 3 S. 145

—, Regelung privater Rechtsangelegenheiten des —s bei amtlicher Inanspruchnahme NebenG 3 S. 200

—, Haftung des —s für zu hohe Berechnung eines Stempels SchR 11 S. 84

—, Amtspflichtverletzung des —s durch Unterlassung der ihm nach dem Zuwachssteuergesetz obliegenden Mitteilung an Steuerbehörde SchR 11 S. 76

—, Verwahrung von Wertpapieren und Amtspflicht des —s NebenG 3 S. 212

Notarielle Ausfertigungen, Unrichtige — — von Hypothekenabtretungserklärungen und gutgläubiger Erwerb der Hypothek SaR 2 S. 365

Notarielle Gebühren, Verschulden beim Vertragsschluß durch Entstehenlassen von infolge nicht zustande gekommenen Vertrags nutzlos entstandenen —n — SchR 1 S. 430

— Urkunden, Gerichtliche und — — **NebenG 3 S. 145—218**

—r Vertragsabschluß unter Abwesenden AllgT 3 S. 320

Notarverein, Tariffähigkeit NebenG 2 S. 215

Notstand bei Wassergefahr AllgT 4 S. 275

—, Ersatzanspruch des Pachtbesitzers auf Grund einer durch — (Schleusenöffnung wegen Hochwassergefahr) gebotenen Handlung SaR 1 S. 248

Nottestament, Erfordernisse ErbR 2 S. 359, 362

Notverkauf einer beanstandeten Ware trotz Widerspruchs des Verkäufers; als Geschäftsführung ohne Auftrag SchR 5 S. 92

Notweg, Duldung eines —s SaR 1 S. 214

— über ein Nachbargrundstück SaR 1 S. 253

—, Beginn der Rentenpflicht für einen — SaR 1 S. 224

Notwehr, Begriff AllgT 4 S. 281, 289

—, Irrtum über — AllgT 4 S. 283

Notwendige Verwendungen auf ein Gastwirtschaftsgrundstück SaR 2 S. 67

Novation, Anwendung des § 364 II auf ein durch — entstandenes Darlehn SchR 6 S. 365

— durch Umwandlung einer Kaufschuld in eine Darlehnsschuld SchR 3 S. 397

Nützliche Verwendungen nach § 996 BGB. und Rechtsnachfolge nach § 999 BGB. SaR 2 S. 79

Nutznießung, Vermächtnis gemeinschaftlicher — auf Lebenszeit ErbR 2 S. 141

— des Vaters am Kindesvermögen, Ausschluß FamR 2 S. 151

Nutzungen, Vermieterpfandrecht und Herausgabe der aus der verpfändeten Sache gezogenen — SaR 3 S. 282

O

Obhutpflicht des Entleihers (Mieters, Pächters) AllgT 1 S. 211
—, Schadensersatzpflicht aus Gewerbebetrieb wegen schuldhaft unterlassener — SchR 9 S. 293
Obrigkeitliche Anweisung, Ersatzherausgabe bei Unmöglichkeit der Leistung infolge —r — SchR 1 S. 180
Obstwein, Fehlen der Handelserlaubnis zum Verkauf von — § 309 BGB. SchR 2 S. 339
Offenbarungseid, *Pflicht zur Leistung des —es nach § 259 II BGB.* SchR 1 S. 390
Offenbarungspflicht der Bank SchR 10 S. 85
— des Verkäufers SchR 8 S. 344
— beim Vertragsabschluß SchR 1 S. 236, 436
Offene Handelsgesellschaft, Öffentlicher Glaube des Grundbuchs bei Grundstückserwerb durch eine Aktiengesellschaft, die als frühere — — lediglich ihre Rechtsform gewechselt SaR 1 S. 119
—, Auflassung bei Überführung eines Grundstücks aus dem Vermögen einer —n — in das einer aus denselben Personen bestehenden Gesellschaft des bürgerlichen Rechts SaR 1 S. 328
—, Geltendmachung von Ansprüchen gegen Gesellschafter aus besonderen Rechtsgeschäften außerhalb des Auseinandersetzungsverfahrens SchR 6 S. 312
—, Kündigung einer —n — und Auseinandersetzung SchR 6 S. 306
—, Selbständiges Erwerbsgeschäft der Ehefrau in Gestalt von Teilhaberschaft an einer —n — FamR 1 S. 440
—, Folgen der Bildung einer —n — unter Erben ErbR 1 S. 406
—, Abfindungsanspruch des Erben eines Gesellschafters SchR 6 S. 326
—, Vormundschaftsgerichtliche Genehmigung betr. die Veräußerung des Anteils an einer —n — durch Minderjährige FamR 2 S. 296
Offene Handelsgesellschaft, Vormundschaftsgerichtliche Genehmigung von Schenkungen, wenn diese durch eine — —, zu der Minderjährige gehören, vorgenommen worden sind FamR 2 S. 298
Offenkundige Tatsache, Zum Begriff der bei Gericht —n — SchR 7 S. 298
Öffentliche Beglaubigung einer ungültigen Hypothekenabtretungserklärung SaR 3 S. 36
— **Gewalt,** s. Ausübung öffentlicher Gewalt
— **Kritik,** Klage wegen —r — eines kosmetischen Geheimmittels SchR 9 S. 61
— **Lasten** nach § 436 BGB. SchR 5 S. 159
— **Urkunde,** Mängel ErbR 2 S. 332
—, Nachträgliche Heilung des Formmangels einer —n — durch den Richter NebenG 3 S. 165
Öffentlicher Glaube des Grundbuchs SaR 3 S. 140
— bei Grundstückserwerb durch eine AG., die als frühere OHG. lediglich ihre Rechtsform gewechselt SaR 1 S. 119
—, wenn Erwerber des Grundstücks eine AG. und Veräußerer deren Aktionäre SaR 1 S. 96
— bei Erwerb einer Briefgrundschuld vor Eintragung des Veräußerers im Wege von §§ 1117, 1154 BGB. SaR 1 S. 144
— und unzulässige Eintragungen SaR 2 S. 368
— und Vorwegnahme der Erbfolge SaR 1 S. 140
— und Erbpacht AllgT 1 S. 234
— und Erwerbsverbot SaR 1 S. 95
— bei Erwerb auf Grund eines Gutsüberlassungsvertrages SaR 1 S. 103
— und tatsächliche Angaben des Grundstücks SaR 1 S. 55
— und Kohlenabbaugerechtigkeit SaR 1 S. 48
— und Präsentationsregister NebenG 3 S. 9
— und Einwand aus § 826 BGB. SaR 1 S. 90

Öffentlicher Glaube des Grundbuchs und Vermögensübernahme SchR 4 S. 219
— und Vormerkung NebenG 3 S. 27
— und Widerspruch gegen das Eigentum des Hypothekenbestellers SaR 1 S. 116
Öffentlicher Widerruf, Verpflichtung des Beleidigers zum —n — AllgT 2 S. 316
Öffentliches Krankenhaus, Rechtsverhältnis zwischen —m — und Kranken, s. auch Krankenhaus SchR 1 S. 110
— **Recht,** Beiderseitiger Irrtum im —n — bei Entlassung eines Beamten SchR 1 S. 397
— **Testament,** Formerfordernisse ErbR 2 S. 332, 354
Öffentlichrechtliche Bewahrungspflicht bei Sachen, die der Vollziehungsbeamte für Steuern gepfändet, aber nicht weggeschafft hat SchR 11 S. 92
— Körperschaft, Irreleitung durch — — über die Notwendigkeit der Genehmigung der vorgesetzten Behörde SchR 2 S. 116
— Verbindlichkeiten, Verzugszinsen bei —n — SchR 1 S. 191
— Verhältnisse, Ansprüche Dritter bei —n —n; immaterieller Schaden SchR 1 S. 341
Operation, Ablehnung einer — durch Verletzten SchR 1 S. 446
—, Ärztliche Sorgfalt bei —en SchR 7 S. 22, 37
—, Haftung des Arztes für Mißlingen einer — SchR 2 S. 219
—, Haftung der Stadtgemeinde für einen bei einer — entstandenen Schaden SchR 1 S. 110
Optionsrecht des Mieters und § 571 BGB. SchR 6 S. 83
Orderpapier, Kaufmännische —e SchR 4 S. 50
—, Zins- und Erneuerungsscheine von —en SchR 8 S. 119
Ordnungsmäßige Verwaltung, Klage der Erben auf — — gegen Testamentsvollstrecker ErbR 2 S. 232
Organisationsmangel, Haftung eines Vereins für — AllgT 1 S. 423
Ort, Unrichtige Angabe von — und Tag in der notariellen Urkunde NebenG 3 S. 178
Örtliches Recht für Erbfolge ErbR 1 S. 361
— bei Folgen des Verzugs AllgT 1 S. 1
—, Welch — — ist anzuwenden bei Wirksamwerden eines Geschäfts im Ausland AllgT 2 S. 70
—, Trennung v. Tisch und Bett bei Eheleuten fremder Staatsangehörigkeit AllgT 1 S. 2
— für Vertragsobligationen AllgT 1 S. 16
Ortsfrage bei der Geldleistung SchR 1 S. 93
Österreicherin, Wirksamkeit der Scheidung einer Ehe zwischen einem Ungarn und einer — bei Scheidung in Ungarn AllgT 1 S. 179
Österreichische Dispensehe, Rechtsgültigkeit AllgT 1 S. 146
— **Staatsangehörige,** Scheidungsklage früherer —r —r nach erfolgter Scheidung von Tisch und Bett in Österreich AllgT 1 S. 150
Österreichisches allg. Bürgerl. Gesetzbuch, Anerkennung der Scheidungsgründe des —n —n —n —s in Deutschland AllgT 1 S. 126

P

Pacht und Miete **SchR 5 S. 357 bis Ende** **SchR 6 S. 1—230**
— und Miete, Unterschied SchR 6 S. 119, 132
—, Rücktritt des Verpächters vom Vertrage SchR 3 S. 174
—, Begriff des Zurückhaltens im § 558 II bei der — AllgT 4 S. 237
Pachtbesitzer, Ersatzansprüche des —s einer Handelsgärtnerei gegen schädigende Einwirkung aus benachbarter gewerblicher Anlage SchR 6 S. 92
—, Ersatzanspruch des —s auf Grund einer durch Notstand gebotenen Handlung (Schleusenöffnung wegen Hochwassergefahr) SaR 1 S. 248

Pachtdauer, Auswirkung der Preisbildungsvorschriften auf — SchR 2 S. 141
Pächter, Nebenabreden mit dem — beim Grundstückskauf und § 313 BGB. SchR 2 S. 412
—, Verzicht des —s auf sein Fruchtziehungsrecht SaR 2 S. 1
Pachtinventar, Verjährung des Anspruchs des Pächters auf die Übertaxe des —s SchR 6 S. 53
Pachtsicherheit, Verjährung des Anspruchs auf Zurückzahlung einer unter Vorbehalt zurückgegebenen — SchR 6 S. 153
Pachtverträge, Vormundschaftsgerichtliche Genehmigung der — Minderjähriger FamR 2 S. 169
Pachtvorauszahlung SchR 6 S. 47
Pachtzins, Erlaß einer Bürgschaft für — SchR 8 S. 68
Pachtzinsermäßigung und Vorteilsausgleichung SchR 6 S. 40
pactum de cedendo SchR 4 S. 84
pactum de non licitando SchR 9 S. 46
Parteifähigkeit einer Personenvereinigung AllgT 1 S. 324
— einer entstehenden Stiftung AllgT 1 S. 433
Partiarisches Darlehn, Hoffnungskauf, Gesellschaftsvertrag, Unterschiede SchR 6 S. 267
— Pachtverhältnis, s. Teilpacht
Parzellenverwechslung und Grundbuchberichtigung NebenG 3 S. 97
Passivlegitimation für einseitige Rechtsgeschäfte, die eingebrachtes Gut betreffen FamR 1 S. 431
— des Nachlaßpflegers für Klage auf Feststellung des Erbrechts ErbR 1 S. 383
Pelzmantel, Kostbarkeit i. S. d. § 702 BGB.? SchR 7 S. 314
Personen, Juristische — **AllgT 1 S. 297—337**
—, Natürliche — **AllgT 1 S. 253—297**
Personenbeförderungsvertrag, Beweislast bei Verletzung der Pflichten aus dem — NebenG 1 S. 284
—, Beweislast beim — über verkehrssicheren Zugang zum Zug NebenG 1 S. 260
Personensorge, Regelung der —, wenn Vater Ausländer und Ehe geschieden ist AllgT 1 S. 164
Personenvereinigung, Gesellschaft oder nicht rechtsfähiger Verein? AllgT 1 S. 306
—, Parteifähigkeit einer — AllgT 1 S. 324
Persönliche Eigenschaften, Aufhebung der Ehe wegen Irrtums über — — FamR 1 S. 30, 86
— im Sinne des früheren § 1333 BGB. FamR 1 S. 38, 40, 44, 48, 53, 59
— **Haftung** des Erben für Nachlaßverbindlichkeiten ErbR 1 S. 396
— des Erben bei Verletzung einer vertraglichen Verbindlichkeit des Erblassers ErbR 1 S. 378
— **Zwistigkeiten,** Fristlose Kündigung eines Pachtverhältnisses wegen —r — zwischen Pächter und Verpächter SchR 6 S. 45
Persönlicher Schuldner, Übergang der Hypothek auf den —n — SaR 3 S. 128
— **Verkehr** mit dem Kinde nach der Ehescheidung FamR 1 S. 263
— der Eltern oder der unehelichen Mutter mit dem Kinde nach Entziehung des Sorgerechts FamR 2 S. 179
Persönlichkeit, Feststellung der — bei Beurkundung NebenG 3 S. 194, 212
Petroleum, Anlagen zur Gewinnung von — und § 2 RHpflG. NebenG 1 S. 229
Pfand, Ausgleichungspflicht zwischen Gesamtschuldnern und Herausgabe eines dem Gläubiger bestellten —es SchR 4 S. 274
—, Schadensersatzforderung des Verpfänders einer fremden Sache, wenn — nicht mehr zurückgegeben werden kann SchR 1 S. 366
— und Zurückbehaltungsrecht des Spediteurs AllgT 3 S. 31
Pfandauslösungsrecht SaR 3 S. 246
Pfandbestellung, Teilweise Nichtigkeit bei Darlehnsgeschäft mit — AllgT 2 S. 313

Pfandbriefdarlehen und Hypothekenbestellung SchR 1 S. 424
Pfandbrieflieferungspflicht, Beeinträchtigung der Gültigkeit einer Hypothek durch persönliche — des Schuldner-Eigentümers SchR 1 S. 424
Pfandbruch beim Vermieterpfandrecht SchR 6 S. 113
— und Schadensersatz wegen unerlaubter Handlung SchR 6 S. 64
Pfandersatz, Mitwirkung des Pfandgläubigers beim — SaR 3 S. 275
Pfanderwerb vom Nichtberechtigten SaR 1 S. 353
Pfandgläubiger, Haftung des —s beim Pfandrecht an Rechten SaR 3 S. 307
—, Pflichten des —s bei Minderung des Wertes eines Pfandes SaR 3 S. 275
Pfandhaltervertrag, Wesen eines —es SchR 8 S. 246
Pfandrecht **SaR 3 S. 215 bis Ende**
—, Erlöschen des für eine Bürgschaft bestellten —s mit Erlöschen der Hauptschuld und der Bürgschaft SchR 8 S. 74
— an einem Erbteil ErbR 2 S. 1
— an einem Gesellschaftsanteil und — an dem Anspruch des Schuldners auf Herausgabe der ihm nach dem Auseinandersetzungsbeschluß zuzuteilenden Sachen SchR 6 S. 259
— an eigener Schuld, Zulässigkeit AllgT 2 S. 91
—, Erlöschen des gesetzlichen —s an Früchten des Pachtgrundstücks SchR 6 S. 1
— des Verpächters an auf dem Pachtgrundstück erzeugten Sachen SchR 6 S. 144
—, Gutgläubiger Erwerb eines —s an Wertpapieren durch Bank SchR 6 S. 312
— s. auch Vermieter—
Pfandstück, Beweislast bzgl. des Entschädigungsanspruchs, wenn beim Schuldner gelassene —e abhanden gekommen sind SchR 11 S. 90
—, Haftung für verspätete Freigabe der —e SchR 9 S. 79
Pfändung eines Erbanteils der im gesetzlichen Güterstand lebenden Miterben FamR 1 S. 389
—, Ausschließung der Abtretung eine Forderung und — der Forderung SchR 4 S. 61
— einer Forderung und Ergreifung der zu ihrer Sicherheit abgetretenen Forderung durch die Pfändung SchR 4 S. 147
— einer vorläufigen Eigentümergrundschuld SaR 3 S. 19
— einer Buchgesamthypothek SaR 2 S. 299
— *einer Höchstbetragshypothek von* Gläubigern des Grundstückseigentümers SaR 2 S. 265
— von Mietzinsen gegen einen Miteigentümer SchR 6 S. 288
— von Mietzinsen durch Nießbraucher SaR 2 S. 170
— auf dem Stock SaR 2 S. 30
—, Widerspruchsklage der Ehefrau gegen eine — von früherem Gesamtgut aus einem nur gegen den Ehemann erwirkten Titel FamR 2 S. 5
— s. auch Verpfändung
Pfändungspfandrecht, Zur Frage der Besitzverhältnisse beim — SaR 1 S. 17
— und Hypothek, Widerstreit in der Zwangsversteigerung SaR 3 S. 119
Pfandverkauf, Verstoß gegen die guten Sitten beim — SaR 3 S. 271
Pfandvertrag, Umdeutung eines —es in ein Zurückbehaltungsrecht SchR 1 S. 41
Pferdegespann, Typischer Geschehensablauf durch Durchgehen eines —s SchR 11 S. 71
Pflegepersonal, Haftung einer Stadtgemeinde für ihr — SchR 1 S. 341
Pfleger, Zulässigkeit des Contrahierens mit sich selbst, wenn ein — mehrere Minderjährige bei einer Erbteilung vertritt AllgT 3 S. 415
—, Bestellung eines —s bei Eigentumsübertragung unter Vorbehalt des Nießbrauchs von Eltern an Minderjährigen AllgT 2 S. 68

Pflegschaft und Vormundschaft FamR 2 S. 246—337

—, Beschwerde einer geschäftsunfähigen Person gegen Anordnung einer — AllgT 2 S. 67

—, Antrag auf Aufhebung der — durch den wegen geistiger Gebrechen Pflegebefohlenen FamR 2 S. 252

Pflichten des Verkäufers eines Grundstücks SaR 1 S. 84

— des Testamentsvollstreckers ErbR 2 S. 259

— des Sicherheitszessionars gegenüber dem Zedenten SchR 7 S. 224

Pflichtteil **ErbR 2 S. 365—442**

—, Abfindung des unehelichen Kindes mit dem — FamR 2 S. 190

—, Abtretung und Pfändung eines —s SchR 4 S. 113

—, Vertrag über den —, Verzicht auf den — SchR 2 S. 311

Pflichtteilsanspruch, Pflicht zur Einreichung eines Verzeichnisses, wenn Kindesvermögen nur in — besteht FamR 2 S. 160

Pflichtteilsberechtigter, Auskunftspflicht des Erben gegenüber dem —n ErbR 1 S. 436

—, Anfechtung einer letztwilligen Verfügung durch einen —n ErbR 2 S. 72

—, Anfechtung einer letztwilligen Verfügung durch einen —n wegen Übergangenseins ErbR 2 S. 110, 118

—, Anfechtung eines Testamentes zugunsten eines übergangenen —n Kindes ErbR 2 S. 127

Pflichtteilsrecht und Ausgleichungspflicht ErbR 1 S. 428

Pflichtverletzung, Einschränkung der Entlassung des Testamentsvollstreckers wegen — ErbR 2 S. 270

—, Geltendmachung des Anspruchs wegen — des Testamentsvollstreckers durch späteren Testamentsvollstrecker ErbR 2 S. 277

Pfundabwertung, Einfluß auf Lieferungsverträge zwischen deutschen Gewerbetreibenden AllgT 3 S. 207

Phantasiewort, Nichtübereinstimmung des Willens infolge Gebrauchs eines —es und Anfechtung wegen Irrtums AllgT 2 S. 175

Planmäßiges Ausspannen von Bezirksvertretern einer Feuerversicherung, § 826 BGB. SchR 10 S. 150

Platzmiete oder Werkvertrag bei Veranstaltung eines Motorradrennens? SchR 7 S. 170

Platzverkehr, Geldschulden sind Bringschulden auch im — SchR 1 S. 93

Polizei, Amtspflicht der — zur Verhinderung der Fahrerflucht SchR 11 S. 288

—, Erstattungsanspruch der — gegen Krankenkasse für Einweisung von geschlechtskranken Mitgliedern in Krankenhaus SchR 7 S. 242

—, Amtspflicht zum Einschreiten gegen Rechtsbrecher auch gegenüber Eigentümer der gefährdeten Sache SchR 11 S. 127

—, Selbsthilfe gegenüber verbotener Eigenmacht bei Wegnahme einer Sache zwecks Übergabe an — als Überführungsstück SaR 1 S. 1

—, Pflicht der — zur Vorführung eines vorläufig Festgenommenen SchR 11 S. 79

Polizeibeamter, Ausübung öffentlicher Gewalt, wenn — Dienstwagen eines Offiziers fährt SchR 11 S. 185

—, Ausübung öffentlicher Gewalt durch —n und Haftung des Staates dafür, wenn dabei eine Person überfahren wird SchR 11 S. 56

—, Verletzung der Schweigepflicht durch —n SchR 11 S. 17

Polizeistunde, Rechtsbeziehungen zwischen Gast und Wirt nach Eintritt der — SchR 7 S. 309

Positive Vertragsverletzung und Anwendung des § 326 BGB. SchR 3 S. 68, 139
— bei Erfüllungsverweigerung SchR 5 S. 99
— bei laufendem Geschäftsverkehr SchR 3 S. 225
— des Bestellers und Rücktrittsrecht des Unternehmers SchR 7 S. 151, 202
— durch Unternehmer in einem Transportvertrag und sechsmonatige Verjährung SchR 7 S. 122
— beider Teile beim Werkvertrag SchR 7 S. 183
— in Form der Zerstörung des Vertrauens SchR 3 S. 212
Postabholungserklärung und Tragung der Gefahr SchR 1 S. 63
Postanweisung, Anspruch des Postfiskus gegen Adressaten einer — aus ungerechtfertigter Bereicherung SchR 8 S. 193
Postfiskus, Haftpflicht des — bei fehlender Übereinstimmung der Adresse des Geldempfängers auf Postanweisung und Posteinlieferungsbuch NebenG 2 S. 297
—, Rechtsverhältnis der Berufsgenossenschaft zum —, § 726 RVO. NebenG 2 S. 17
—, Haftung bei Verletzung des Fahrgastes der Eisenbahn auf dem Bahnsteig durch Postkarren NebenG 1 S. 284
—, Haftung für Sachschaden eines Grundstückseigentümers durch Legung einer Fernsprechleitung durch dessen Luftraum SchR 11 S. 58
—, Haftung für Verschulden seiner Beamten auf Dienstreise in beamteneigenem Kraftwagen SchR 11 S. 247
—, Haftung für Vermögensschaden, der dem Inhaber eines Postscheckkontos durch Betrug eines Dritten und eines Angestellten erwachsen ist SchR 11 S. 40
—, Haftung für Wiederabholung eines bestellten Telegramms SchR 9 S. 216
—, Ersatzpflicht des — bei Wertsendungen NebenG 2 S. 302
— s. auch Reichspost
Postlagersendungen, Zugehen von Willenserklärungen bei — AllgT 3 S. 166
Postnachnahme und Aushändigung des Pakets ohne Zahlung SchR 3 S. 386
Postscheckkonto, Haftung des Postfiskus für Vermögensschaden, der dem Inhaber eines —s durch Betrug eines Dritten und eines Angestellten erwachsen ist SchR 11 S. 40
Prämien, Kündigungsschreiben einer Versicherungsgesellschaft, verbunden mit Angebot zum Abschluß eines neuen Versicherungsverhältnisses zu erhöhten — AllgT 3 S. 1
Präsentationsregister und öffentlicher Glaube des Grundbuchs NebenG 3 S. 9
Praxisverkauf eines verstorbenen Arztes und Erfordernis der vormundschaftsgerichtlichen Genehmigung im Falle der Beteiligung Minderjähriger FamR 2 S. 321
Preisbildungsvorschriften, Einfluß der — auf Pachtdauer SchR 2 S. 141
Preisbindung, Vertragliche —en der zweiten Hand AllgT 3 S. 96
Preisgabe, Angebot des Grundstücks mit Androhung seiner — SchR 2 S. 245
Preiskalkulation, Rechenfehler in der — und § 826 BGB. SchR 9 S. 29
Preisnachlaß, Notwendigkeit des Vorbehalts der Vertragsstrafe nach § 341 III BGB., wenn bei verspäteter Lieferung — vereinbart ist SchR 3 S. 324
Preisprüfungsbehörde, Auswirkung eines rechtskräftigen Bescheides der — über Grundstückskaufpreis NebenG 2 S. 288
Preisrecht **NebenG 2 S. 261—296**
Preistreiberei, Übermäßiger Verdienst des Darlehnsgebers, Einverständnis des Darlehnsnehmers NebenG 2 S. 274
Preisüberwachung, § 4 der VO. über — usw. bei Beurkundung eines niedrigeren Grundstückspreises zwecks Steuerersparnis NebenG 2 S. 283

Preisunterbietung, Kampf gegen — im Sortimentsbuchhandel SchR 9 S. 29
Preußische Ausführungsverordnung zur FürsorgepflichtVO. SchR 7 S. 264
— Staatsbank, Privatrechtlicher Geschäftskreis? AllgT 1 S. 423
Preußisches Ausführungsges. z. BGB. AllgT 1 S. 218—221
Privatangelegenheit, Amtspflichtverletzung des Notars durch Verbindung der Amtstätigkeit mit — NebenG 3 S. 200
Privattestament s. Eigenhändiges Testament
Probe, Kauf nach — und Haftung für heimliche Mängel SchR 5 S. 63
Probefahrt, Unfall auf — eines Angestellten der Reparaturwerkstatt NebenG 1 S. 1, 156
Prokura, Wirkung des Fehlens der vormundschaftlichen Genehmigung bei Erteilung der — FamR 2 S. 172
Protesterhebung, Einrechnung des Tages der — in die Verjährungsfrist des Art. 78 Nr. 1 WO. AllgT 4 S. 119
Protokoll, Gültigkeit des —s bei Abkürzung „v. g. u." NebenG 3 S. 149
—, Weitere Beschwerde zu — des Amtsrichters NebenG 3 S. 231
—, Weitere Beschwerde zu Protokoll des Urkundsbeamten NebenG 3 S. 248
Protokollanlage, Beurkundung bei — NebenG 3 S. 153
— und Feststellungsvermerk über Verlesung im Protokoll NebenG 3 S. 175
—, Übersetzung einer Testamentsniederschrift als — ErbR 2 S. 327
—, Verlesung der Vollmacht als — bei Beurkundung NebenG 3 S. 163
Provision, Anspruch auf — beim Maklervertrag AllgT 3 S. 356
— für vermitteltes Geschäft, wenn Käufer statt Kundenwechsel eigene Wechsel gibt SchR 7 S. 216
Prozeß, Anfechtungserklärung im — AllgT 2 S. 143
—, Kausalzusammenhang zwischen Unfall und krankhaften Zuständen infolge Aufregungen durch den — SchR 1 S. 80
—, Unterbrechung der Verjährung des Nachbesserungsanspruchs durch Geltendmachung im — SchR 7 S. 137
Prozeßbevollmächtigter, Versäumung der Jahresfrist zur Anfechtung der Ehelichkeit durch Verschulden des —n und § 232 II ZPO. AllgT 4 S. 259
Prozeßführung, Ermächtigung zur — im eigenen Namen SchR 4 S. 104
— des Mannes über eingebrachtes Gut und Wirkung für und gegen die Frau FamR 1 S. 418
Prozeßhandlung i. S. d. § 211 II BGB. AllgT 4 S. 145
Prozeßkosten, Haftung des Vaters für — betr. Rechtsstreit des Kindes FamR 2 S. 162
Prozeßrichter, Amtspflichtverletzung des —s bei Beurkundung eines Prozeßvergleichs durch Versäumung der Prüfung der Vollmacht eines Vertreters SchR 11 S. 66
Prozeßvergleich, Anfechtung des —s bei Verletzung der Wahrheitspflicht im Rechtsstreit SchR 8 S. 163
—, Nichtigkeit eines —s wegen angeblicher Geisteskrankheit einer an seinem Abschluß beteiligten Person AllgT 3 S. 145
—, Verschweigen des Sonderhonorars beim — SchR 9 S. 277
—, Widerruf eines —s AllgT 3 S. 124, 248
Prozeßzins und Verzugszins SchR 1 S. 186
Prüfungspflicht des Kaufmanns bzgl. Mitteilung des Registergerichts über eine Eintragung im Handelsregister SchR 11 S. 67
Prüfungsrecht des Grundbuchrichters NebenG 3 S. 107

Q

Quittung, Vertragsabschluß durch — über den Empfang einer Anzahlung SchR 1 S. 327

Quittungsunterschriften, Prüfung der Echtheit durch Beamte AllgT 4 S. 1

R

Rabatt, Zurückgestellte —e der Reedereien gegenüber Verladern AllgT 3, S. 37

Rabattgesetz, Hausbesitzergenossenschaft als Konsum im Sinne des —es NebenG 2 S. 267

Rabattgewährung, Kampf gegen übermäßige — SchR 9 S. 29

Rang, Vereinigung mehrerer im — unmittelbar aufeinanderfolgender Hypotheken desselben Gläubigers zu einer Einheitshypothek SaR 1 S. 160

Rangänderung, Selbstkontrahieren bei —, § 880 II BGB. SaR 1 S. 191

Rangfolge der Hypotheken und Ablösungsrecht SaR 3 S. 81

Rangrücktritt einer bereits eingetragenen Hypothek SaR 1 S. 191

Rangstelle, Erhöhung von Hypothekenzinsen und deren — im Grundbuch SaR 1 S. 122

Rangverhältnis im Grundbuch und Zeitpunkt des Eingangs der Anträge NebenG 3 S. 9

Rat, Haftung des Vormundschaftsrichters für unrichtigen — in einer Pflegschaft SchR 11 S. 6

Raucheinwirkung, Vernichtung von Bienenvölkern durch — und Schadensersatz- bzw. Aufopferungsanspruch SaR 2 S. 121

—, Ersatzansprüche wegen — aus Bergwerksbetrieb, § 906 BGB., § 26 GewO. SaR 1 S. 236

Rauferei, Haftung für Körperschaden bei — unter Jugendlichen SchR 10 S. 311

Raumpacht und Kündigungsschutz SchR 6 S. 217

Räumungsklage bei Verzug mit der Mietzinszahlung SchR 6 S. 62

Reallasten **SaR 2 S. 250—264**

Rechenfehler in der Preiskalkulation AllgT 2 S. 84

Rechnung, Örtliche Zuständigkeit des Gerichts bei entsprechendem Vermerk über Erfüllungsort auf der — SchR 1 S. 5

Rechnungslegung, Anspruch auf —, Übertragbarkeit auf einen Dritten SchR 6 S. 249

—, Recht des Gesellschafters einer Innengesellschaft auf — SchR 6 S. 354

—, Pflicht zur —, Offenbarungseid SchR 1 S. 390

— des Dienstverpflichteten und Zurückbehaltungsrecht des Dienstberechtigten wegen eines ihm gegen den Dienstverpflichteten zustehenden Schadensersatzanspruchs SchR 7 S. 40

Rechte an Grundstücken, Allgemeine Vorschriften **SaR 1 S. 39—198**

—, Arglistiges Verschweigen der — eines Dritten an einer Kaufsache SchR 5 S. 3

—, Verkauf eines nicht bestehenden —s, Haftung dafür SchR 4 S. 409

—, Haftung des Verkäufers für — Dritter SchR 5 S. 26

—, Pfandrecht an —n SaR 3 S. 307

—, Gemeinsame — der Besitzer von Schuldverschreibungen SchR 8 S. 164

Rechtliche Stellung der ehelichen Kinder **FamR 2 S. 140—189**

— des Erben **ErbR 1 S. 341—414**

— des Ersatznacherben ErbR 2 S. 131

— des Testamentsvollstreckers ErbR 2 S. 239

— des Testamentvollstreckers im Rahmen der §§ 254, 278 BGB. ErbR 2 S. 282

Rechtsanalogie, Zur Frage der — SchR 2 S. 418

Rechtsanwalt, Haftung für Beratung einer Partei AllgT 3 S. 200

—, Haftung des als Armenanwalt tätigen —s für Versäumung der Berufungsfrist SchR 1 S. 375

Rechtsanwalt, Haftung von zu gemeinschaftlicher Berufsausübung verbundenen —en SchR 4 S. 281
—, Haftung von assoziierten —n für falsche Auskunftserteilung eines von ihnen SchR 1 S. 148
—, Haftung mehrerer —e gegenüber ihrem Auftraggeber u. § 254 BGB. SchR 2 S. 174
—, Erfüllungsgehilfe des Auftraggebers? SchR 2 S. 174
— 1. Instanz als Erfüllungsgehilfe der Partei im Verhältnis zum Anwalt 2. Instanz SchR 1 S. 366
—, Haftung des —s für Nichtgeltendmachung eines zulässigen Einwandes SchR 7 S. 84
—, Pflichten des —s bzgl. Hinweis auf hohe Gebühren SchR 7 S. 251
—, Haftung des —s für unrichtige Gebührenberechnung SchR 7 S. 61
—, Haftung eines —s für Verschulden des Gerichtsvollziehers bei einer Pfändung SchR 1 S. 14
—, Haftung des —s für Art der Geschäftsbesorgung SchR 7 S. 88
—, Haftung des —s für Art der Geschäftsbesorgung und Einrede der Verjährung SchR 7 S. 93
—, Gewinnbeteiligung des —s bei Ausübung seines Berufs AllgT 3 S. 149
—, Haftung des —s für Schaden durch sofortige Vollstreckung des Urteils, weil er die beabsichtigte sachlich aussichtslose Berufung versehentlich nicht eingelegt hat? SchR 10 S. 253
—, Haftung des —s für gegenüber dem Vertragsgegner seines Auftraggebers eingegangene Verpflichtung AllgT 3 S. 363
—, Pflichten des —s SchR 1 S. 156
—, Pflichten des —s, Ablehnung der Verantwortung für eine zweckwidrige Klage SchR 7 S. 277
—, Sorgfaltspflicht eines für den zweiten Rechtszug bestellten —s SchR 1 S. 366
Rechtsanwalt, Haftung des —s in der Revisionsinstanz für mangelhaften Sachvortrag SchR 2 S. 33
—, Sonderhonorar eines —s AllgT 3 S. 34
—, Verschweigen des Sonderhonorars beim Prozeßvergleich SchR 9 S. 277
—, Anspruch gegen einen —, Verjährung SchR 7 S. 140
—, Entstehen und Verjährung des Regreßanspruches gegen einen — AllgT 4 S. 177
—, Haftung für Vertreter (Generalsubstitut) SchR 7 S. 277
Rechtsanwaltspraxis, Verstoß gegen gute Sitten bei entgeltlicher Abgabe einer — AllgT 3 S. 236
Rechtsauskunft, Haftung des Notars für falsche — seines Bürovorstehers SchR 11 S. 223
Rechtsausübung, Zur Frage der Unzulässigkeit der — SchR 2 S. 170
—, Unzulässige —, Berufung auf einen bereits abgewickelten Vertrag SchR 10 S. 251
Rechtsbehelf i. S. d. § 839 III BGB. SchR 11 S. 158
—, Bedeutung des unterlassenen —s, wenn dadurch zwar Beseitigung der schädigenden Amtshandlung, nicht aber Abwendung des Schadens zu erreichen gewesen wäre SchR 11 S. 240
Rechtsbrecher, Amtspflicht der Polizei zum Einschreiten gegen — auch gegenüber Eigentümer der gefährdeten Sache SchR 11 S. 127
Rechtsfähigkeit einer ausländischen Handelsgesellschaft AllgT 1 S. 64
—, Erlangung der — eines Vereins durch Eintragung ins Vereinsregister trotz wirtschaftlichen Zwecks AllgT 1 S. 337
Rechtsgestaltungsurteil, Rechtskraft des —s als maßgebender Zeitpunkt für die Rechtsänderung, Aufhebung des Mietverhältnisses NebenG 2 S. 235
Rechtshängigkeit, Eigentumsansprüche bei Veräußerung der herauszugebenden Sache vor — SchR 2 S. 39

Rechtshilfe, Freiwillige Gerichtsbarkeit **NebenG 3 S. 126—145**

Rechtsirrtum, Anfechtung wegen —s AllgT 2 S. 322

—, Berücksichtigung eines —s SchR 1 S. 73

—, Entschuldbarkeit eines —s AllgT 3 S. 189

— und tatsächlicher Irrtum, Unterschied AllgT 2 S. 136

— beim Vergleich SchR 8 S. 102

—, Ausschluß des Verzuges bei — SchR 1 S. 191

Rechtskraft des Urteils gegen Hauptschuldner und Einfluß auf Prozeß gegen Bürgen SchR 8 S. 25

—, Einrede der — SchR 2 S. 224

—, Über die materielle — in der Freiwilligen Gerichtsbarkeit NebenG 3 S. 235

— eines Urteils auf Leistung Zug um Zug SchR 3 S. 157

— eines Urteils, das Lieferungsanspruch des Bestellers einer vom Unternehmer herzustellenden Sache abweist SchR 3 S. 359

— des Gestaltungsurteils als maßgebender Zeitpunkt für die Rechtsänderung, Aufhebung des Mietverhältnisses NebenG 2 S. 235

—, Schadensersatzforderung statt Erfüllung nach — des Urteils. Voraussetzungen, Einwände dagegen SchR 1 S. 368

—, Über den Grund des Anspruchs im Vorprozeß und Verjährung SchR 9 S. 346

— s. auch Urteil

Rechtskräftig festgestellter Anspruch nach § 283 BGB. und Einwände dagegen SchR 1 S. 324

— zuerkannter Anspruch auf Herausgabe und Schadensersatz wegen Unmöglichkeit der Herausgabe SchR 1 S. 337

—, Schadensersatz wegen Nichterfüllung einer — auferlegten Verpflichtung zur hypothekarischen Sicherstellung SchR 1 S. 71

Rechtskraftwirkung nach § 1380 BGB. FamR 1 S. 451

— des einen Grundbuchberichtigungsanspruch zuerkennenden Urteils SaR 2 S. 110

—, Einwand des mitwirkenden Verschuldens gegenüber der — nach § 68 ZPO. bei Nebenintervention AllgT 4 S. 79

— bei der Streitverkündung ErbR 2 S. 327

Rechtsmängel auf seiten des Verkäufers SchR 5 S. 30

—, Haftung beim Verkauf einer Sache unter Eigentumsvorbehalt SchR 5 S. 8

—, Gewährleistung für — beim Grundstückskauf SchR 4 S. 393

— oder Sachmangel, wenn öffentlichrechtliche Baubeschränkung vorliegt? SchR 5 S. 167

— oder Sachmangel beim Verkauf gefälschter Dollarnoten? SchR 5 S. 110, 112

— beim Verkauf von Wertpapieren SchR 5 S. 114

Rechtsmittel i. S. d. § 839 III BGB. SchR 11 S. 158

—, Ordnungsgemäßer Gebrauch eines —s SchR 11 S. 96

— gegen die Entziehung eines Erbscheins ErbR 2 S. 444

—, Verzicht auf — ErbR 2 S. 200

—, Verzicht auf — zwecks Erleichterung der Scheidung sittenwidrig? AllgT 3 S. 43

Rechtsnachfolge nach § 999 BGB. und nützliche Verwendungen nach § 996 BGB. SaR 2 S. 79

Rechtsnachfolger einer Gemeinde und § 40 GBO. NebenG 3 S. 52

Rechtspersönlichkeit, Grundbuchberichtigung bei nachträglichem Herausstellen des Mangels der — NebenG 3 S. 57

Rechtspflicht des Tierarztes zum Handeln Dritten gegenüber zwecks Verhütung einer Ansteckung SchR 9 S. 301

Rechtsschein, Rechtsfolgen bei Entstehung des —s, ein anderer sei zur Vertretung befugt AllgT 4 S. 88

Rechtsschutzbedürfnis für vorbeugende Unterlassungsklage zur Verhütung von Anzeigen gegen Beamte bei der vorgesetzten Dienstbehörde SchR 10 S. 1
— bei vorbeugender Unterlassungsklage, wenn Handlung mit Strafe bedroht SchR 10 S. 193
Rechtsschutzklausel in zwischenstaatlichen Verträgen, allgemeine Bedeutung SchR 11 S. 145
Rechtsverlust bei Arglist SchR 1 S. 156
—, Vergütung für — aus § 951 BGB. SaR 1 S. 379
Rechtsweg wegen Verschuldens eines Beamten bei einem Gutachten SchR 11 S. 154
—, Zulässigkeit des —s für eine Klage zwischen geschiedenen Ehegatten auf Herausgabe eines Kindes FamR 1 S. 302
— bei Gestattung der Ausgrabung einer Leiche AllgT 1 S. 196
—, Über Verfolgung von Ansprüchen im — gegen die Reichspostverwaltung aus § 906 BGB. SaR 1 S. 209
— bei Streit über Versicherungspflicht NebenG 2 S. 1, 106
Rechtswidrigkeit, Bewußtsein der — bei der Unterschlagung SchR 6 S. 371
Redlicher Pfandnehmer i. S. d. §§ 1207, 932 BGB. SaR 3 S. 223
Reeder, Haftung aus §§ 823, 831 BGB. neben der aus § 486 HGB. SchR 10 S. 157
Reederei, Rücktrittsrecht der — vom Frachtvertrag nach Ermessen SchR 2 S. 315
—, Zurückgestellte Rabatte der —en gegenüber Verladern AllgT 3 S. 37
Registergericht, Nachprüfung des Werts der Sacheinlage bei Gründung einer GmbH. durch das — NebenG 3 S. 261
Regreß des Bürgen oder dritten Verpfänders, Aufrechnung SchR 7 S. 340
Regreßanspruch gegen Rechtsanwalt, Entstehen und Verjährung AllgT 4 S. 177
Reich, Zur Haftung des —s für seine Beamten SchR 11 S. 25
—, Haftung des —s oder des Landes für Amtsversehen von Beamten der mit Verwaltung der Reichswasserstraßen betrauten Landesbehörden SchR 11 S. 56
—, Zuständigkeit des Reichsgerichts für Verfahren gegen — wegen Unfalls bei Dienstfahrt trotz Fehlens der Revisionssumme; Zusammentreffen von Gefährdungs- und Amtshaftung NebenG 1 S. 181
—, Das — als Fahrzeughalter und Schadensausgleichung SchR 2 S. 152
Reichsautobahn, Rechtsverhältnis zwischen —en und Arbeitern der Bauunternehmer SchR 2 S. 165
— oder Reichsbahn, Haftung für den Schaden, den ein dem Unternehmen — zugeteilter Beamter Dritten zufügt SchR 11 S. 266
Reichsbahn, Ausübung hoheitlicher Gewalt durch Schrankenwärter der — SchR 11 S. 234
Reichsfiskus, Haftung des — für Lotsen SchR 9 S. 136, 171
Reichsgericht, Zuständigkeit des —s in Fürsorgeerziehungssache NebenG 3 S. 235
—, Zuständigkeit des —s in Grundbuchsachen SaR 1 S. 328, NebenG 3 S. 70
—, Zuständigkeit des —s bei Zusammentreffen von Handelsregister- und Grundbuchsache NebenG 3 S. 125
—, Zuständigkeit des —s in Handelsregistersache NebenG 3 S. 125, 261
—, Verjährung der im Verfahren vor dem — entstehenden Gerichtskosten AllgT 4 S. 247
Reichsgesetze, Verhältnis des Bürgerlichen Rechts zu den —n **AllgT 1 S. 190—195**

Reichshaftpflichtgesetz NebenG 1 S. 201—Ende
—, Ausgleichung zwischen Gesamtschuldnern bei Haftung aus — SchR 4 S. 296
—, Mitwirkendes Verschulden des Beschädigten und Schadensersatzansprüche aus dem — SchR 1 S. 8, 34
Reichsmarkschuld, Zahlung einer —, auch wenn sie Wertschuld ist, durch Reichsmark SchR 1 S. 417
Reichspost, Gefährdungshaftung der — SchR 9 S. 344
— s. auch Postfiskus
Reichspostverwaltung, Über Verfolgung von Ansprüchen im Rechtsweg gegen die — aus § 906 BGB. SaR 1 S. 209
Reichsverfassung, Schutz des Art. 131 der — für Ausländer? SchR 11 S. 46
—, Art. 131 der —, sofortiges unmittelbares Recht SchR 11 S. 33
Reichsversicherungsordnung NebenG 2 S. 1—176
—, Strafvorschriften der — Schutzgesetz i. S. d. § 823 II BGB? SchR 10 S. 78
Reichsversorgungsgesetz, Vormerkung einer Bauhypothek als Belastungsbeschränkung gemäß § 77 — SchR 7 S. 173
Reichswasserstraßen, Haftung des Reichs oder des Landes für Amtsversehen von Beamten der mit der Verwaltung der — betrauten Landesbehörden SchR 11 S. 56
Reihenfolge, Schadensersatzpflicht des Staates für Eintragung in falscher — im Grundbuch NebenG 3 S. 9, 17
Reinmachefrau, Haftung des Arbeitgebers gegenüber — für andere Frau als Erfüllungsgehilfin SchR 7 S. 43
Reklame, Selbsthilfe und Besitzstörungsklage wegen Besitzergreifung der Außenfläche der gemieteten Geschäftsräume zu —zwecken SaR 1 S. 14
Relatives Veräußerungsverbot ErbR 2 S. 248
Rente, Kapitalabfindung oder — gem. § 843 BGB. SchR 9 S. 100
—, Aufteilung von Kapitalabfindung und —, §§ 12, 13 KFG. NebenG 1 S. 161
— aus § 844 BGB. auf Lebenszeit? SchR 9 S. 214
—, Über die Dauer der minderjährigen Kindern zu gewährende —n NebenG 1 S. 212
—, Berücksichtigung künftiger Veränderungen bei Schadensersatz— NebenG 2 S. 62
— und Abfindungszahlung bei Überbau SaR 1 S. 211
—, Verjährung von —n-Ansprüchen SchR 9 S. 147
Rentenhöchstbetrag, § 12 KFG. NebenG 1 S. 120
Rentenpflicht, Beginn der — für einen Notweg SaR 1 S. 224
Rentenversprechen, Form eines Ausstattungszwecken dienenden —s, SchR 6 S. 231
— s. auch Ruhegehalt
Rentenzahlung oder Kapitalabfindung gem. §§ 12, 13 KFG., wenn Schaden bei Urteilsfällung feststeht NebenG 1 S. 106
Reparaturwerkstatt, Haftung bei Unfall auf Probefahrt NebenG 1 S. 1, 156
Replik der Aufrechnung SchR 4 S. 15
Restanspruch, Zur Frage der Hemmung der Verjährung für — bei Einklagen eines Teilanspruchs im Armenrechtsverfahren AllgT 4 S. 263
Rettung, Verletzung eines Fahrgastes bei — anderer aus einem Omnibus NebenG 1 S. 180
Revisibilität reichsrechtlicher Vorschriften AllgT 2 S. 38
Revisionsantrag, Ankündigung eines eingeschränkten —s als endgültige Beschränkung des Rechtsmittels ErbR 2 S. 200
Revisionsanwalt, Haftung des —s wegen mangelhaften Sachvortrags SchR 2 S. 33
Revisionsbegründungsfrist, Berechnung der — AllgT 4 S. 119

Revisionsgericht, Nachprüfung des —s bzgl. Feststellungen des Berufungsgerichts über den Inhalt des ausländischen Rechts AllgT 1 S. 117
—, Zur Frage der „abschließenden" Beurteilung durch das — SchR 7 S. 63
—, Nachprüfung des Bestehens eines allgemeinen deutschen Sprachgebrauchs durch — AllgT 3 S. 352
Revisionsinstanz, Verletzung des § 308 ZPO. von Amts wegen zu beachten SchR 10 S. 213
Revisionssumme, Berechnung der — AllgT 4 S. 145
—, Zuständigkeit des Reichsgerichts für Verfahren gegen Reich wegen Unfalls bei Dienstfahrt trotz Fehlens der —; Zusammentreffen von Gefährdungs- und Amtshaftung NebenG 1 S. 181
Richter, Verschulden des —s bei Bewilligung des Armenrechts für eine aussichtslose Sache SchR 11 S. 189
—, Haftung des —s für Amtspflichtverletzung, wenn Schaden erst durch hinzutretenden Fehler eines anderen —s entstanden SchR 2 S. 31
—, Verschulden des —s bei unrichtiger Gesetzesauslegung SchR 11 S. 67
—, Nachträgliche Heilung des Formmangels einer öffentlichen Urkunde durch den — NebenG 3 S. 165
—, Prüfungspflicht des —s bzgl. Klaganträge NebenG 1 S. 78
Richterliche Herabsetzung der Vertragsstrafe SchR 3 S. 321
Rohstoffvorräte als Zubehör eines Fabrikgrundstücks AllgT 2 S. 2
Rollfuhrunternehmer, Haftung des —s für Verlust der Ware dem Käufer gegenüber SchR 9 S. 293
Röntgenverbrennung, Schadensersatzpflicht des Arztes bei — durch Unachtsamkeit einer Schwester SchR 7 S. 77
Rückbürgschaft SchR 8 S. 60
Rückforderung, Ausschluß der — des Geleisteten nach § 814 BGB. SchR 8 S. 256
— nach § 817 BGB., Ausschluß SchR 7 S. 326
— der Leistung eines wegen Geistesschwäche Entmündigten, § 817 Satz 2 BGB. SchR 8 S. 272
— eines verkauften Grundstücks, wenn Auflassungsanspruch verjährt ist SaR 2 S. 92
— von fortlaufend geleisteten, aber nicht geschuldeten Zahlungen trotz Zweifel an der Verpflichtung SchR 8 S. 334
— des Kapitalbetrages bei einem gegen übermäßiges Entgelt gewährten, nach § 138 BGB. nichtigen Darlehn SchR 8 S. 363
— beim zusammengesetzten Rechtsgeschäft gemäß § 817 BGB. SchR 8 S. 226
Rückgabe des Grundstücks wegen Nichteinhaltung des bezweckten Erfolgs, § 812 BGB. SchR 8 S. 300
— des Gegenwerts der Briefhypothek bei Erlöschen der Hypothek im Zwangsversteigerungsverfahren SchR 8 S. 214
—, Befriedigung des Pfandgläubigers und — des Pfandes SaR 3 S. 269, 299
—, Erlöschen des Pfandrechts bei — des Pfandes SaR 3 S. 266
Rückgewähr des Aufgeopferten in Natur bei Bereicherungsanspruch? SchR 8 S. 240
— der beiderseitigen Leistungen aus § 1 des Gesetzes betr. Abzahlungsgeschäfte und § 817 BGB. SchR 8 S. 206
—, Sicherung des —anspruchs aus § 7 Anfechtungsgesetz durch Eintragung einer Vormerkung in das Grundbuch SaR 1 S. 46
Rückgriff des Bürgen gegen den Hauptschuldner bei Vergleich mit Gläubiger SchR 8 S. 14
Rückgriffsanspruch der Berufsgenossenschaft durch Vorsitzenden des Vorstandes NebenG 2 S. 66
— der Berufsgenossenschaft bei Freisprechung des Verpflichteten im Strafverfahren NebenG 2 S. 169

Rücktritt SchR 3 S. 341—374
— und Vergütung für Gebrauchsüberlassung beim Abzahlungsgeschäft SchR 5 S. 209
— vom Abzahlungsgeschäft und Wechseldiskontspesen NebenG 2 S. 314
— vom Vertrage wegen Beleidigung SchR 3 S. 352
— wegen vereinzelter schlechter Lieferungen beim Bierabnahmevertrag SchR 1 S. 40
— des Käufers vom Vertrage bei Bestechung der Angestellten des Käufers durch Verkäufer SchR 3 S. 221
— des Versprechensempfängers vom Vertrag zugunsten Dritter SchR 3 S. 265
— vom Vertrage nach § 325 BGB. durch Käufer, wenn in die unter Eigentumsvorbehalt verkauften Sachen für Schulden des Verkäufers von Dritten vollstreckt wird SchR 3 S. 61
— von einem Gesellschaftsverhältnis SchR 3 S. 106
— vom Vertrage wegen Nichterfüllung von Leibgedingepflichten SchR 3 S. 265
— vom Leibrentenvertrag SchR 6 S. 243
— des Hauptvermieters vom Vertrage und Rechte desselben gegen Untermieter SchR 6 S. 148
— des Verpächters vom Vertrage nach § 326 BGB. SchR 3 S. 174
— des Unternehmers bei positiver Vertragsverletzung des Bestellers SchR 7 S. 151
— des Unternehmers bei positiver Vertragsverletzung des Bestellers in Ansehung der Abnahmepflicht SchR 7 S. 202
—, Fristsetzung und — bei vertraglichem Ausschluß des Anspruchs auf Schadensersatz wegen Nichterfüllung SchR 3 S. 196
— vom Vertrage nach vorheriger Klage auf Schadensersatz wegen Nichterfüllung SchR 3 S. 193
— beim Sukzessivlieferungsgeschäft SchR 3 S. 168
— vom Vertrag wegen teilweiser Nichterfüllung SchR 3 S. 102

Rücktritt, Teilweiser — vom Vertrage SchR 3 S. 71
—, Ungerechtfertigter — nach § 326 BGB. und seine Folgen SchR 3 S. 73
— und zu vertretende Unmöglichkeit der Leistung bzgl. der Rückgewähr des Empfangenen seitens des zum — Berechtigten SchR 3 S. 344
— vom Vertrage wegen Vertragswidrigkeiten des anderen Teils bei eigener Vertragsuntreue SchR 3 S. 192
— und Kündigungsrecht bei einem Verlagsvertrag AllgT 3 S. 29, 136
— vom Verlöbnis FamR 1 S. 4
—, Stillschweigender — vom Verlöbnis FamR 1 S. 11
— vom Verlöbnis als unerlaubte Handlung FamR 1 S. 284
— wegen Verzugs beim Dienstvertrag SchR 7 S. 32
— vom Kaufvertrag wegen Verzugs SchR 3 S. 21

Rücktrittsrecht nach § 326 BGB. SchR 3 S. 68
—, Ausübung des —s beim Abzahlungsgeschäft SchR 5 S. 224
— beim Kauf unter Eigentumsvorbehalt SchR 5 S. 226
— der Reederei vom Frachtvertrag nach Ermessen SchR 2 S. 315
— wegen Fehlens oder Wegfalls der Geschäftsgrundlage beim Kauf von Warenautomaten SchR 2 S. 232
—, Setzung zu kurzer Nachfrist und — SchR 3 S. 117
— des Verkäufers, trotz Teilerfüllung des Zurücktretenden, Erklärung des Rücktritts im Prozeß SchR 4 S. 316
— des Käufers wegen veränderter Umstände SchR 3 S. 24
— des Verkäufers eines Zeitungsunternehmens trotz Vereinbarung eines Wettbewerbsverbotes SchR 5 S. 183

Rücktrittsvorbehalt bei der Nachfristbestimmung des § 326 BGB. SchR 3 S. 116

Rückversicherung und Konkurs SchR 2 S. 418

Rückwirkung der Genehmigung, § 184 II BGB. AllgT 4 S. 98, 103
— der von einem Miterben vorgenommenen Kündigung einer Nachlaßforderung durch Genehmigung der anderen Miterben AllgT 4 S. 113
—, Zeitpunkt der — der Genehmigung der Schuldübernahme AllgT 4 S. 102
—, Auswirkung der — der Genehmigung auf Beginn der Verjährungsfrist AllgT 4 S. 92
Ruhegehalt, Form der Zusicherung eines —s in einem Dienstvertrag SchR 6 S. 233, 238
Ruhegeld, Anrechnung von — auf Geldrente nach § 844 BGB. SchR 10 S. 157
—, Anrechnung der Versicherungs- und —ansprüche auf Schadensersatzforderung (Unterhaltsrente) SchR 2 S. 15
Ruhen des Verfahrens gemäß §§ 251, 252a ZPO. und Einfluß auf § 211 II BGB. AllgT 4 S. 259
— bei der Klage auf Anfechtung der Ehelichkeit eines Kindes FamR 2 S. 95
—, Einfluß auf die Verjährung AllgT 4 S. 140
— und Unterbrechung der Verjährung durch Klageerhebung AllgT 4 S. 226, 242
— und Zurücknahme der Klage i. S. d. § 1596 II BGB. AllgT 4 S. 259
Ruhrkampf, Einfluß des —s auf Geschäftslage SchR 1 S. 349
Russische nationalisierte Aktiengesellschaft und Einklagung einer Forderung durch eine Liquidationsgesellschaft AllgT 1 S. 96
— Sowjetrupublik, Anerkennung eines in der —n — ergangenen Ehescheidungsurteils AllgT 1 S. 90
Rußland, Anerkennung einer Eheschließung, die 1924 in — vor dem Standesbeamten erklärt worden ist AllgT 1 S. 113

S

Saatgut, Verschulden beim Verkauf von — SchR 5 S. 99
Sachbefugnis bei abgetretenem Schadensersatzanspruch AllgT 4 S. 201
Sache, Grundschuld als — i. S. d. § 119 II BGB. AllgT 3 S. 184
Sacheigenschaft, Unbebaubarkeit des Nachbargrundstücks als — eines Grundstücks SchR 5 S. 276
Sacheinlage bei Gründung einer GmbH. und Registergericht NebenG 3 S. 261
—, *Betrügerische Überwertung von —n bei einer GmbH.* SchR 9 S. 282
Sachen AllgT 1 S. 437 bis Ende
AllgT 2 S. 1—57
—, Vorlegung von — **SchR 8 S. 117—186**
Sachgesamtheit, Anwendung des Gesetzes betr. Abzahlungsgeschäfte auf Kauf einer — SchR 5 S. 226
— als Gegenstand der Verpfändung SaR 3 S. 218
Sachmängel, Begriff SchR 8 S. 95, 195
— und Anfechtung wegen Irrtums, mangelnde Geschäftsgrundlage, Verschulden beim Vertragsschluß, ungerechtfertigte Bereicherung SchR 5 S. 195
—, Haftung des Herstellers für — beim Filmherstellungs- und Verwertungsvertrag SchR 6 S. 212
— bei Lieferung von Gas SchR 5 S. 125
—, Gewährleistung für — bei öffentlich-rechtlichen Baubeschränkungen SchR 5 S. 274
— oder Rechtsmangel bei Vorliegen öffentlich-rechtlicher Baubeschränkung SchR 5 S. 167
— oder Rechtsmangel beim Verkauf gefälschter Dollarnoten? SchR 5 S. 110, 112
— s. auch Mangel, Wandlung und Gewährleistung
Sachverständiger, Verletzung der Verschwiegenheitspflicht des —n und § 826 BGB. SchR 9 S. 366

Sachvortrag, Haftung des Revisionsanwalts wegen mangelhaften —s SchR 2 S. 33

Sachwucher nach § 138 II BGB. AllgT 2 S. 106

Saldoanerkenntnis, Rechtliche Bedeutung des —ses beim Kontokorrentverhältnis SchR 2 S. 418

— und Berufung auf Unwirksamkeit der in der Abrechnung enthaltenen Börsentermin- und Spielgeschäfte SchR 7 S. 330

Saldoforderung, Abtreten einer — aus einem Kontokorrent SchR 4 S. 131

Saldotheorie bei Bereicherungsansprüchen aus nichtigen Knebelungsverträgen SchR 4 S. 240

Sanatorien, Haftung für eingebrachte Sachen SchR 7 S. 317

Sandverwehung, § 836 BGB. SchR 9 S. 65

Satzung und Ausschließung aus einem Verein AllgT 1 S. 316

—, Wirksamkeit der — eines Vereins AllgT 1 S. 332

Satzungsänderung, Eintragung einer — beim Fehlen des notwendigen Sonderbeschlusses in einer AG. NebenG 3 S. 125

Satzungswidrige Wechselerklärungen, Haftung einer Stadtgemeinde für — — von Kassenbeamten SchR 1 S. 386

Sauerstoffanlage, Zubehör einer Röhrenfabrik? SchR 2 S. 108

Säumnis des Verkäufers und Eindeckung durch Käufer SchR 5 S. 93

Schaden, Begriff des —s SchR 1 S. 170

—, Unter — i. S. d. § 226 BGB. ist nicht nur Vermögensschaden zu verstehen AllgT 4 S. 278

—, Begriff des —s i. S. d. § 826 BGB. SchR 9 S. 200

—, Begriff. Nachteil durch sofortige Vollstreckung, weil Rechtsanwalt die beabsichtigte sachlich aussichtslose Berufung versehentlich nicht eingelegt hat? SchR 10 S. 253

Schaden, Geltendmachung des —s eines Dritten SchR 5 S. 33

—, Scheingeschäft und Geltendmachung eines —s wegen einer dadurch vereitelten Verpflichtung SchR 1 S. 217

—, Haftung des Richters für Amtspflichtverletzung, wenn — erst durch hinzutretenden Fehler eines anderen Richters entstanden SchR 2 S. 31

—, Kausalzusammenhang zwischen schädigender Handlung und — bei hoher Wahrscheinlichkeit SchR 1 S. 221

—, Entstehung eines —s, Kausalzusammenhang SchR 1 S. 210

Schadensausgleichung, Das Reich als Fahrzeughalter und — SchR 2 S. 152

Schadensbegründung aus der Person eines Dritten SchR 1 S. 191

Schadensbemessung, Zeitpunkt der — SchR 1 S. 281

—, Zeitpunkt der —, Kaufabschluß oder Urteilsfällung? SchR 2 S. 23

Schadensberechnung SchR 1 S. 261

—, abstrakte oder konkrete? SchR 1 S. 164

—, Abtretungsentgelt des an die Stelle des Käufers getretenen Gläubigers als Grundlage der — SchR 3 S. 208

— wegen Nichtrückgabe der Kaufsache nach vertraglicher Aufhebung des Kaufvertrages SchR 1 S. 284

—, Zeitpunkt der — beim Übergang von der Erfüllungsklage zur Schadensersatzklage SchR 1 S. 294

—, Maßgebender Zeitpunkt für — bei Schadensersatzanspruch wegen Nichterfüllung SchR 2 S. 82

— bei § 826 BGB. SchR 9 S. 72

—, Zeitpunkt bei Unmöglichwerden der Leistung während des Verzugs bei gegenseitigen Verträgen SchR 1 S. 234

— s. auch Abstrakte —

Schadensermittlung bei Tötung des Unterhaltsverpflichteten SchR 9 S. 229

Schadensersatz bei Anfechtung wegen Irrtums AllgT 2 S. 281
— und Versäumung der Anfechtungsfrist SchR 1 S. 123
— beim versteckten Dissens AllgT 3 S. 344
— und Erfüllungsanspruch bei Verschulden bei Vertragsverhandlungen SchR 2 S. 87
— durch Naturalrestitution bei der Wandlung bzgl. eines Grundstückstauschs SchR 1 S. 222
—, Umfang und Begriff SchR 1 S. 30
—, Umfang des wegen Nichterfüllung des Mietvertrags zu leistenden —es SchR 6 S. 12
— aus unerlaubter Handlung an Stelle von Unterhalt und die Anwendung des § 1613 BGB. FamR 2 S. 133
—, Anrechnung der Leistungen der Unfallversicherung auf den vom Kraftwagenhalter zu zahlenden — SchR 2 S. 94
— bei Unvermögen zur Leistung SchR 3 S. 88
— wegen verspäteter Leistung gemäß § 284 oder § 276 BGB.? SchR 1 S. 54
—, Zeit und Art des —es SchR 1 S. 89

Schadensersatz wegen Nichterfüllung nach § 326 BGB.; Inhalt dieses Anspruchs, Rechtsfolgen SchR 3 S. 48, 52
— nach § 326 I 2 BGB. SchR 3 S. 24
— nach § 326 II BGB. SchR 3 S. 149
— und verfrühtes Angebot SchR 3 S. 99
— ohne Nachfristbestimmung, wenn rechtzeitige Akkreditierung unterbleibt SchR 3 S. 134
—, Maßgebender Zeitpunkt für Berechnung des Schadens SchR 2 S. 82
— mangels devisenbehördlicher Genehmigung SchR 3 S. 230
— bei Einteilungsverzug SchR 3 S. 141
— und wegen verspäteter Erfüllung, Nebeneinanderbestehen beider Ansprüche SchR 3 S. 144

Schadensersatz wegen Nichterfüllung bei Inverzugkommen des Ausgleichungspflichtigen beim Gesamtschuldverhältnis SchR 4 S. 270
— einer rechtskräftig auferlegten Verpflichtung zur hypothekarischen Sicherheitsbestellung SchR 1 S. 71
— beim Kauf einer fremden Sache SchR 5 S. 127
— oder Minderung oder Wandelung bei arglistiger Vorspiegelung von Eigenschaften einer Kaufsache SchR 5 S. 46
— nach § 463 Satz 2 BGB. und Anspruch wegen Betrugs nach § 823 II BGB., Unterschied SchR 4 S. 396
— nach § 480 II BGB. und § 469 BGB. SchR 4 S. 411
— bei positiven Vertragsverletzungen SchR 3 S. 139
—, Rücktritt vom Vertrage nach vorheriger Klage auf — SchR 3 S. 193
— wegen ungerechtfertigten Rücktritts des anderen Teils nach § 326 BGB. SchR 3 S. 73
— beim Sukzessivlieferungsvertrag SchR 3 S. 48
— einer Teilverpflichtung SchR 3 S. 201
—, Verjährung AllgT 4 S. 199, 206
—, weil nur ein Teil der bedungenen Ware geliefert wurde, und Verjährung SchR 5 S. 124
— oder Verzögerungsschaden nach §§ 286, 326 BGB? SchR 3 S. 90
— nach § 326 BGB. und Leistungsanspruch nebst Verzögerungsschaden SchR 3 S. 39
— und Wandlung beim Kauf SchR 5 S. 39
—, nachdem Wandlung vereinbart ist SchR 3 S. 133
— nach Erlaß eines Wandelungsurteils SchR 4 S. 380
—, Berechnung des —es beim Werkvertrag SchR 7 S. 186
—, Voraussetzungen des —es — — beim Werkvertrag SchR 7 S. 120

Schadensersatzanspruch und Ersatzherausgabe nach § 281 BGB. SchR 3 S. 188
— nach § 283 BGB. SchR 1 S. 324
— statt Erfüllung nach rechtskräftigem Urteil, Voraussetzungen; Einwände dagegen SchR 1 S. 368
—, Sachbefugnis beim abgetretenen — AllgT 4 S. 201
—, Übergang der —e bei Übergabe der mit Blankoindossament versehenen Teilschuldverschreibungen SchR 8 S. 171
—, Zur Lehre vom — bei Werkverträgen SchR 7 S. 145
—, Geltendmachung von —en gegenüber abgetretenen fälligen Teilwerklohnforderungen SchR 7 S. 134
— beim Werkvertrag und Abnahme des Werkes SchR 7 S. 143

Schadensersatzpflicht des Anbietenden bei Verhinderung der Annahme des Angebots durch denselben AllgT 2 S. 77

Schadensteilung, Anrechnung des eigenen Arbeitsverdienstes bei — SchR 2 S. 239

Schadenszufügung, Zum Vorsatz der —, § 826 BGB. SchR 9 S. 210

Schädigende Einwirkung durch benachbarte gewerbliche Anlage SchR 6 S. 92

Schadloshaltungsanspruch aus § 26 Gewerbeordnung und Anspruch auf Einstellung des Betriebes aus § 907 BGB. SaR 1 S. 228

Schankerlaubnis, Fehler der Mietsache bei Versagung der — SchR 6 S. 159, 192

Schankpachtvertrag, Konversion eines wegen Verstoß gegen das Gesetz nichtigen —s AllgT 3 S. 70

Schankwirtschaft, Gemietete — und Verpflichtung des Vermieters zur Vornahme der von der Baupolizei verlangten baulichen Änderungen SchR 6 S. 43

Schatz, Entdeckung SaR 1 S. 344

Scheck, Erfüllung der Schuld bei Zahlung durch — SchR 1 S. 93

Scheidung der Ehe, Folgen **FamR 1 S. 244—305**
— wegen Aufhebung der häuslichen Gemeinschaft FamR 1 S. 136, 161, 166
— nach § 48 EheGes. u. Schuldigerklärung FamR 1 S. 205
— nach § 48 EheGes. und beiderseitige Schuld FamR 1 S. 178
— nach § 48 EheGes. u. Unterhaltsverpflichtungen FamR 1 S. 205
— eines Ausländers und Rechtsverhältnis des Kindes zu den Eltern AllgT 1 S. 164
—, Wirksamkeit der — zwischen einem Ausländer und einer Inländerin im Inland bei — im Ausland AllgT 1 S. 179
—, Zuständigkeit deutscher Gerichte für die — isländischer Staatsangehöriger AllgT 1 S. 141
—, Zuständigkeit für die — von Niederländern AllgT 1 S. 184
— nordamerikanischer Staatsangehöriger durch deutsche Gerichte AllgT 1 S. 117
— nach österreichischem Recht FamR 1 S. 126
— v. Tisch u. Bett in Österreich, Bedeutung für das deutsche Gericht AllgT 1 S. 150
— einer zwischen einem Deutschen und einer Russin in Rußland geschlossenen Ehe AllgT 1 S. 113
—, Anerkennung einer —, die 1924 in der UdSSR. vor dem Standesbeamten erklärt worden ist AllgT 1 S. 113
— schweizerischer Staatsangehöriger AllgT 1 S. 74
—, Ausschluß der — bei beiderseitigen Verfehlungen FamR 1 S. 229
— wegen böslicher Verlassung FamR 1 S. 166
—, Doppelehe infolge Nichtanerkennung einer im Ausland ausgesprochenen — im Inland AllgT 1 S. 179
— wegen Ehebruchs FamR 1 S. 153, 188
— wegen Ehebruchs u. überwiegendes Verschulden FamR 1 S. 210
— wegen ekelerregender Krankheit FamR 1 S. 227
— wegen Eheverfehlungen FamR 1 S. 123, 191, 240

Scheidung der Ehe wegen Eheverfehlungen und geistiger Störung FamR 1 S. 184, 236, 242
— wegen Eheverfehlungen und geistige Störung auf seiten des Verletzten FamR 1 S. 202
—, Eigene Verfehlung des Scheidungsklägers FamR 1 S. 132
— wegen Geisteskrankheit FamR 1 S. 95, 99
— wegen geistiger Störung FamR 1 S. 59, 182, 213
—, Geschäftsübertragung an Ehefrau und nachfolgende — SchR 2 S. 206
— und Mitschuldantrag FamR 1 S. 216
—, Rechtsmittelverzicht zwecks Erleichterung der — sittenwidrig? AllgT 3 S. 43
— und Schuldausspruch gegen den auf Scheidung klagenden Ehegatten wegen eines in seiner Person liegenden Grundes zur Aufhebung der Ehe FamR 1 S. 224
—, Sittliche Berechtigung des Scheidungsbegehrens FamR 1 S. 240
—, Unterhaltsabkommen nach der — FamR 1 S. 284
—, Unterhaltsabkommen, die die — erleichtern FamR 1 S. 266, 278
—, Unterhaltsanspruch des früheren Ehegatten im Verhältnis zu demjenigen der Kinder nach — FamR 1 S. 225
—, Unterhaltspflicht des früheren Ehemannes nach der — FamR 1 S. 252
— wegen Vernachlässigung der Hauswirtschaft und der Kinder FamR 1 S. 114
— und Verzeihung FamR 1 S. 111, 129
—, Hinzuziehung verziehener Verfehlungen zur Begründung einer — FamR 1 S. 142
—, Überwiegendes Verschulden und Widerspruch gegen die — FamR 1 S. 144
— auf Widerklage und — unter Mitschuldausspruch FamR 1 S. 118
— Widerspruch gegen — und geminderte Zurechnungsfähigkeit auf seiten des Scheidungsklägers FamR 1 S. 197

Scheidung der Ehe und Widerspruch nach § 48 Ehe-Ges. FamR 1 S. 157, 189
—, Widerspruch nach § 48 EheGes. gegen — verbunden mit Schuldantrag gegen den Scheidungskläger FamR 1 S. 176
— wegen Zerrüttung FamR 1 S. 240
— wegen Zerrüttung und Verzeihung FamR 1 S. 218
— wegen Vertiefung der Ehezerrüttung FamR 1 S. 232

Scheidungsgründe, Ehescheidung **FamR 1 S. 94—244**
—, Geltendmachung neuer — ohne Anschlußberufung AllgT 1 S. 150
—, Nachträgliche Geltendmachung von —n FamR 1 S. 136
— des österr. allg. Bürgerl. Gesetzbuchs und ihre Anerkennung in Deutschland AllgT 1 S. 126

Scheidungsklage aus § 48 EheGes., Widerklage dagegen FamR 1 S. 171
—, Zulässigkeit einer Widerklage aus § 48 EheGes. gegen eine auf Verschulden gestützte — FamR 1 S. 147
—, Wiederholung einer — FamR 1 S. 229
—, Zuständigkeit beim Besitz deutscher und ausländischer Staatsangehörigkeit AllgT 1 S. 134

Scheidungskläger, Beschwertsein des —s, der Klage auf die §§ 1568 und 1565 BGB. stützte und obsiegendes Urteil auf Grund von § 1568 erlangte? FamR 1 S. 105

Scheidungsrecht, Verwirklichung des —s und Aufforderung zur Herstellung der ehelichen Gemeinschaft FamR 1 S. 370

Scheidungsurteil, Anfechtung eines —s FamR 1 S. 103
—, Gegenseitige Anerkennung mit Frankreich AllgT 1 S. 134
—, Anerkennung eines in der russischen Sowjetrepublik ergangenen —s AllgT 1 S. 90
—, Ausnutzung eines die Schuldfrage unrichtig lösenden —s zur Begründung von Unterhaltsansprüchen SchR 10 S. 275

Scheidungsverfahren, Abwesenheitspflegschaft für eine Partei im — FamR 2 S. 299
—, Beginn der Ausschlußfrist im — FamR 1 S. 126
—, Verzicht auf Berufung im — FamR 1 S. 94
— und Kostenverteilung FamR 1 S. 147
—, Widerklage gegen Widerklage FamR 1 S. 109
Scheinforderung, Gutgläubiger Erwerb einer — und Konkurs des Schuldners SchR 4 S. 87
Scheingeschäft, Begriff § 117 Abs. I BGB. AllgT 3 S. 107
— infolge unrichtiger Beurkundung eines Rechtsgeschäfts AllgT 2 S. 109
— bei Abtretung einer Briefhypothek AllgT 4 S. 95
— und Geltendmachung eines Schadens wegen einer dadurch vereitelten Verpflichtung SchR 1 S. 217
Scheinpreis beim Grundstückskauf AllgT 2 S. 240
Scheinwerfer, Pflichten des durch einen — geblendeten Wegbenutzers NebenG 1 S. 68
Schenkung **SchR 5 S. 298—357**
— und ungerechtfertigte Bereicherung SchR 8 S. 282
—, Bösliche — nach § 2287 BGB. ErbR 2 S. 91, 94
—, Übernahme einer Bürgschaft als —, wenn sie ohne Gegenleistung des Gläubigers erfolgt? SchR 7 S. 376
— durch den Ehemann in der allgemeinen Gütergemeinschaft FamR 2 S. 87
— aus dem Gesamtgut FamR 2 S. 35
—, Auskunftspflicht des Erben gegenüber Pflichtteilsberechtigten bzgl. vom Erblasser empfangener — ErbR 2 S. 380
— des Erblassers an Dritte und Ergänzung des Pflichtteils ErbR 2 S. 388, 393
Schenkung, Wirksamkeit der — beweglicher Sachen, die nach dem Tode des Schenkers durch einen Boten des Verstorbenen überbracht werden SchR 5 S. 319
— und entgeltliche Überlassung, gemischter Vertrag SchR 5 S. 310
—, Vormundschaftsgerichtliche Genehmigung von —en, wenn diese durch eine OHG., zu der Minderjährige gehören, vorgenommen worden sind FamR 2 S. 298
— eines Wechselakzepts SchR 5 S. 312
— von Wertpapieren, die nach dem Tode des Schenkers durch dessen Boten dem Beschenkten überbracht werden SaR 1 S. 350
Schenkung unter einer Auflage SchR 5 S. 298
— und Bereicherung des Beschenkten SchR 5 S. 305
— und verbleibende Bereicherung des Beschenkten nach Vollziehung der Auflage SchR 5 S. 305
— und Geldentwertung SchR 5 S. 339
— und mit einem Werkvertrag verbundene Schenkung, Unterschied SchR 5 S. 339
Schenkungshalber Erlaß einer Forderung, Form? SchR 4 S. 37
Schenkungsversprechen, Formerfordernisse SchR 5 S. 333
— und Ausstattungsversprechen FamR 2 S. 174
Schenkungswiderruf durch Testament AllgT 3 S. 288
Schiedsgericht, Entscheidung eines —s über eine Straffestsetzung gegen ein Mitglied AllgT 1 S. 411
—, 30jährige Verjährung eines an sich einer kurzfristigen Verjährung unterliegenden Schadensersatzanspruchs, wenn ein — ihn dem Grunde nach für gerechtfertigt erklärt hat AllgT 4 S. 191

Schiedsgutachter, Gerichtliche Ernennung von —n NebenG 3 S. 119
—, Verpflichtung des —s zur Unterzeichnung des Gutachtens SchR 1 S. 141
Schiedsgutachtervertrag und § 315 BGB. Unterschied zwischen Beweis-, Schiedsrichter- und — SchR 2 S. 298
Schiedsrichterliches Verfahren, Zulässigkeit einer Feststellungsklage auf Unzulässigkeit eines schiedsrichterlichen Verfahrens ErbR 2 S. 270
Schiedsvereinbarung, Aufrechnung mit einer Gegenforderung, über die eine — besteht SchR 4 S. 24
Schießen, Anstiftung zum — und tödliche Verletzung durch wider Willen abgehenden Schuß SchR 10 S. 284
Schiff, Motor als wesentlicher Bestandteil eines —s AllgT 2 S. 23
Schiffer, Verjährung der Schlepplohnforderungen der Schlepp— AllgT 4 S. 200
Schiffseigner und mitwirkendes Verschulden des Geschädigten SchR 1 S. 137
Schiffsunfall eines geschleppten Schiffes SchR 9 S. 58
Schiffszusammenstoß, Schadensersatzpflicht bei einem — SchR 11 S. 25
— auf hoher See und Schadensersatzansprüche AllgT 1 S. 121
—, Haftung des Reichs bei einem — SchR 11 S. 149
Schikaneverbot, Unter Schaden im Sinn des § 226 BGB (—) ist nicht nur Vermögensschaden zu verstehen AllgT 4 S. 278
Schlechte Lieferung, Rücktritt wegen vereinzelter —r —en beim Bierabnahmevertrag SchR 1 S. 40
Schlepplohnforderungen der Schleppschiffer AllgT 4 S. 200
Schleppvertrag, Rechtsbegriff des —es SchR 9 S. 58
Schleuderer im Buchhandelsgewerbe SchR 9 S. 29
Schlüsselgewalt der Ehefrau bei Beschaffung von Kleidung für ihren eigenen Bedarf FamR 1 S. 305
Schlüssige Handlung, Abtretung des Anspruchs auf Herausgabe einer Sache durch — — SaR 1 S. 387
Schmerzensgeld bei Amtshaftung, Bemessung SchR 11 S. 238
—, Anspruch auf — gegenüber Betriebsunternehmer bei Betriebsunfall? NebenG 2 S. 32
— bei Anspruch aus RHpflG.? NebenG 1 S. 222
—, Eingebrachtes Gut der Ehefrau SchR 9 S. 207
—, Geltendmachung des —anspruchs der Frau im gesetzlichen Güterrecht FamR 1 S. 415
— und Ehrverletzung SchR 10 S. 93, 106
—, Haftpflichtversicherung bei Bemessung des —es SchR 10 S. 52, 318
—, Bietet gegenüber Anspruch auf — Entschädigungsforderung aus einem Versicherungsvertrag anderweitige Ersatzmöglichkeit i. S. d. § 839 BGB.? SchR 11 S. 272
Schnee s. Streupflicht
Schranken s. Eisenbahnübergang
Schrankenwärter, Ausübung hoheitlicher Gewalt durch — der Reichsbahn SchR 11 S. 234
—, der für eine gemeinschaftliche Anlage zweier Unternehmer tätig, aber nur von einem Unternehmer angestellt, als Verrichtungsgehilfe SchR 10 S. 308
Schrankfach, Überlassung eines —es in der Stahlkammer einer Bank, rechtliche Natur SchR 6 S. 149
—, Haftung des Gastwirtes für in —ern aufbewahrte Wertsachen SchR 7 S. 294
Schreckwirkung, Schadensersatzpflicht SchR 10 S. 41
Schreibfehler, Anfechtung wegen Irrtums bei Annahme eines Vertragsantrages mit — AllgT 2 S. 171
Schreibgehilfe oder Bevollmächtigter bei Unterzeichnung einer Willenserklärung mit Namen des Vollmachtgebers AllgT 2 S. 227

Schriftform, Erfordernisse der — bei einem Anerkenntnis AllgT 2 S. 231
—, Bestätigungsschreiben als Erfüllung der gesetzlichen —? AllgT 2 S. 104
— bei Umwandlung einer verjährten Schuld in eine Darlehnsschuld SchR 8 S. 122
—, Erfordernisse der gesetzlichen — bei Aufnahme mehrerer Urkunden über einen Vertrag AllgT 2 S. 352
— und Auslegung der Urkunde AllgT 2 S. 272
— und Ermittlung des Vertragsinhalts aus außerhalb der Urkunde liegenden Umständen AllgT 3 S. 200
— des § 126 I BGB. bei Vertretung AllgT 2 S. 217
— des Widerrufs eines Prozeßvergleichs (§§ 126, 127 BGB.) AllgT 3 S. 124
Schriftleiter, Haftung des Verlegers für ehrenkränkende Ausführungen des —s seiner Zeitung SchR 10 S. 302
Schriftliche Abfassung von Mietverträgen und Gültigkeit von mündlichen Abreden SchR 6 S. 51, 90
— Willenserklärung unter Anwesenden, Wirksamkeit AllgT 2 S. 122
Schriftlicher Vertrag unter Abwesenden AllgT 2 S. 347
Schriftlichkeit der Bürgschaftserklärung SchR 7 S. 360
Schriftwerk, Beleidigung durch — SchR 9 S. 327
Schuldanerkenntnis — Schuldversprechen **SchR 8 S. 110—140**
—, Irrtum beim — und Bereicherungsanspruch SchR 8 S. 276
— bzgl. einer verjährten Schuld AllgT 4 S. 152
—, Zurückforderung eines einem späteren Zessionar erteilten —es wegen ungerechtfertigter Bereicherung bei mehrfach abgetretener Forderung SchR 4 S. 70
Schuldantrag verbunden mit Widerspruch gegen Scheidung FamR 1 S. 176
Schuldausspruch bei Aufhebung der Ehe FamR 1 S. 75
— im Eheaufhebungsurteil setzt Antrag voraus FamR 1 S. 79
— gegen den auf Scheidung klagenden Ehegatten wegen eines Grundes zur Aufhebung der Ehe FamR 1 S. 224
— gegen den Kläger bei einer Eheaufhebungsklage wegen auf seiten des Klägers vorliegendem Scheidungsgrunde FamR 1 S. 68
Schuldbefreiungsanspruch, Zulässigkeit der Abtretung des —es SchR 4 S. 66
—, Zwangsvollstreckung in einen — in Haftpflichtsachen SchR 4 S. 67
Schuldbuch, Bedeutung der Eintragung einer Forderung in das Reichs- oder preußische — NebenG 2 S. 312
Schulden, Ubernahme von — in Anrechnung auf den Kaufpreis AllgT 3 S. 55
—, Belastung mit — kein zu ersetzender Nachteil i. S. d. §§ 249, 839 BGB. SchR 11 S. 130
Schuldenhaftung bei Eintritt in das Geschäft eines Einzelkaufmanns und Anfechtung des Gesellschaftsvertrages AllgT 2 S. 234
— bei Erwerb eines Handelsgeschäfts SchR 4 S. 45
— der Miterben ErbR 1 S. 431
— bei der Vermögensübernahme SchR 4 S. 224
Schuldgrund, Schuldverschreibung als Schuldversprechen i. S. d. § 780 BGB. trotz Angabe des —es SchR 8 S. 119
Schuldhafte Verletzung einer Vertragspflicht, Folgen SchR 3 S. 177
Schuldhaftes Handeln bei der Ablehnung einer Operation durch Verletzten SchR 1 S. 446
Schuldhilfe, Wechselmäßige — und Gesamtschuldverhältnis SchR 4 S. 299

Schuldigerklärung bei Scheidung aus § 48 EheGes. FamR 1 S. 205

Schuldnerschutz nach § 407 BGB. und Mitteilung einer Schuldübernahme SchR 4 S. 191

— gemäß § 407 I BGB. und Kenntnis des Vertreters des Schuldners von der Abtretung SchR 4 S. 142

—, Berufung auf Nichtigkeit der Abtretung trotz — nach § 409 BGB. SchR 4 S. 113

Schuldnerverzug und Bereicherungsanspruch SchR 8 S. 252

Schuldübernahme **SchR 4 S. 176—258**

—, Voraussetzungen der — i. S. d. § 414 BGB. SchR 4 S. 180

— bei Grundstückskauf, § 313 BGB. SchR 2 S. 320

— und Vertrag zugunsten eines Dritten SchR 3 S. 285

— und Unterbrechung der Verjährung SchR 4 S. 315

—, Über den Zeitpunkt der Rückwirkung der Genehmigung der — AllgT 4 S. 102

— s. auch Kumulative —

Schuldumwandlung s. Novation

Schuldverbindlichkeiten, Beschränkung des Ehemanns in der Eingehung von — bei der allgemeinen Gütergemeinschaft FamR 2 S. 1

Schuldverschreibung auf den Inhaber **SchR 8 S. 163—177**

— als Schuldversprechen i. S. d. § 780 BGB. trotz Angabe des Schuldgrundes SchR 8 S. 119

Schuldversprechen, Schuldanerkenntnis **SchR 8 S. 110—140**

— durch Drohung und Ablauf der Anfechtungsfrist SchR 9 S. 175

— an eine Geliebte und Verstoß gegen die guten Sitten AllgT 2 S. 374

Schüler, Haftung des Lehrers für Handlungen von —n SchR 9 S. 93

Schutzgesetz i. S. d. § 823 II BGB., VO. betr. den Verkehr mit Arzneimitteln SchR 10, S. 15

—, Aufsichtspflicht als — SchR 9 S. 20

Schutzgesetz i. S. d. § 823 II BGB., Ges. über die Sicherung der Bauforderung als — zugunsten der Baubeteiligten SchR 9 S. 219, SchR 10 S. 70

—, Fahrlässige Brandstiftung als — zugunsten des Baulastpflichtigen SchR 9 S. 181

—, Verletzung des Briefgeheimnisses, § 299 StGB., als — zugunsten des Briefempfängers SchR 9 S. 252

—, §§ 18 und 46 der Eisenbahn-Bau- und Betriebsordnung SchR 10 S. 296

—, *fahrlässiger* Falscheid SchR 9 S. 57

—, Satzung eines ein Gewerbe ausübenden, nicht rechtsfähigen Vereins und §§ 33, 147 GewO. als — zugunsten anderer Gewerbetreibender SchR 10 S. 52

—, Fahrerflucht als — zugunsten der an einem Verkehrsunfall Beteiligten SchR 11 S. 288

—, Bundesratsverordnung vom 3. 2. 1910 zum KFG. NebenG 1 S. 11

—, § 4 Nr. 2 VO. über den Kraftfahrzeugverkehr SchR 10 S. 254

—, § 6 des Kraftfahrliniengesetzes SchR 9 S. 360

—, §§ 1487—1794 RVO. als — SchR 10 S. 78

—, § 266 StGB. (Untreue) als — SchR 9 S. 352

Schutzmaßnahmen nach § 618 BGB. und Verteilung der Beweislast SchR 7 S. 74

—, Pflicht zu — gemäß § 618 BGB. beim Werkvertrag SchR 7 S. 188

Schutzvorschrift des § 839 I BGB. und Verletzung von Straßenverkehrsvorschriften eines im Unternehmerbetrieb einer öffentlichrechtlichen Körperschaft tätigen Beamten SchR 11 S. 102

Schwangerschaft, Umfang der Haftung aus unerlaubter Handlung bei geschwächtem Gesundheitszustand und nachträglicher — der Verletzten SchR 2 S. 96

Schwarzfahrt, Begriff NebenG 1 S. 1, 45
—, Haftung des Halters und Führers bei — eines Diebes NebenG 1 S. 126
—, Haftung des Kraftfahrzeughalters u. seines Vertreters für Schwarzfahrt NebenG 1 S. 110
Schwarzkauf, Beurkundung eines niedrigeren Grundstückskaufpreises zwecks Steuerersparnis, § 4 der VO. über Preisüberwachung usw. NebenG 2 S. 283
—, Bürgschaft bei — eines Grundstücks, § *313* Satz 2 BGB. SchR 2 S. 401
— eines Grundstücks und Vergleich, § 313 BGB. SchR 2 S. 386
Schwebende Unwirksamkeit eines Grundstückskaufvertrages infolge mangelnder Genehmigung SchR 5 S. 81
Schweigegeld, Verstoß gegen die guten Sitten und — SchR 8 S. 190
Schweigen des Käufers als Billigung beim Kauf auf Probe SchR 5 S. 206
— bei mündlichen Verhandlungen als Zustimmung? AllgT 3 S. 356
Schweigepflicht, Verletzung der — durch Polizeibeamte SchR 11 S. 17
— des Sachverständigen und § 826 BGB. SchR 9 S. 366
Schweizerische Staatsangehörige, Scheidung von Ehe —r —r AllgT 1 S. 74
Schwerbeschädigte, Gesetzlicher Schutz. Widerspruchslose Entgegennahme der Kündigung NebenG 2 S. 221
Schwester als Erfüllungsgehilfe bei Röntgenbestrahlung SchR 7 S. 77
Seebadbetrieb, Verkehrssicherungspflicht einer Gemeinde beim — SchR 10 S. 54
Seefrachtverträge, Behandlung von —n im internationalen Verkehr AllgT 1 S. 36
Seehandlung (preußische Staatsbank), privatrechtlicher Geschäftsbereich AllgT 1 S. 423
Seelische Einwirkungen durch Betriebsunfall NebenG 1 S. 265
—, Schadenshaftung bei —n —en; Mitverschulden des unmittelbar Verletzten, § 846 BGB. SchR 10 S. 218
Seewasserstraßen, Staatshaftung für — SchR 10 S. 132
Selbständiges Erwerbsgeschäft der Ehefrau in Gestalt von Teilhaberschaft an einer oHG. und Vorbehaltsgut *FamR 1 S. 440*
—, Verwaltung und Nutznießung des Ehemanns an einem zur Zeit der Eheschließung —n — — — FamR 1 S. 378
— und vom Ehemann zurückgezogene Zustimmung FamR 1 S. 403
Selbständiges Schuldversprechen, Begriff SchR 8 S. 133
—, Bereicherungseinrede gegenüber dem Zessionar eines —n —s SchR 8 S. 127
Selbstanzeige, Haftung des Steuerberaters für Rechtsrat, von — wegen Steuerverfehlungen abzusehen SchR 2 S. 210
Selbsthilfe, Ausübung der Rechte **AllgT 4 S. 275—295**
— und verbotene Eigenmacht wegen rückständiger Rate beim Abzahlungsgeschäft SaR 1 S. 32
— gegenüber der Besitzergreifung der Außenfläche der gemieteten Geschäftsräume zu Reklamezwecken SaR 1 S. 14
— bei Wegnahme einer Sache zwecks Übergabe an Polizei als Überführungsstück SaR 1 S. 1
Selbsthilfeverkauf, Erfordernis SchR 1 S. 201
— während des Annahmeverzugs SchR 1 S. 201
— beim Gläubigerverzug am unrechten Ort SchR 3 S. 415
—, Voraussetzungen beim Wahlschuldverhältnis SchR 1 S. 407

Selbstkontrahieren, Eigentumsübergang bei — SaR 1 S. 341
— eines Vertreters in familienrechtlichen Rechtsgeschäften AllgT 4 S. 15
— eines Gesellschafters bei Beschlußfassung in einer GmbH. AllgT 4 S. 29
—, Zur Frage der Genehmigungspflicht des Vertretenen bei — des Vertreters AllgT 4 S. 73
— bei Bestellung einer Hypothek AllgT 4 S. 29
— bei Rangänderung, § 880 II BGB. SaR 1 S. 191
— bei Verträgen zwischen Unterbevollmächtigten im Namen des Machthabers mit Bevollmächtigten, von dem er die Untervollmacht erhalten AllgT 4 S. 68

Selbstschuldnerische Bürgschaft bei Erlöschen der Hauptschuld SchR 8 S. 63

Selbstversicherter Unternehmer, Unfall des —en —s und § 903 RVO. NebenG 2 S. 38

Selbstverteidigung, Zur Frage der — AllgT 4 S. 285

Senat, Verweisung an den großen — SchR 9 S. 317

Sequester, Wegnahme durch — als Ausübung des Rücktrittsrechtes beim Abzahlungsgeschäft SchR 5 S. 224

Sicherheit, Vertragliche Haftung für — der Verkaufsräume gewerbsmäßiger Verkäufer SchR 4 S. 411

Sicherheitskauf oder verschleierte Verpfändung AllgT 2 S. 126

Sicherheitsleistung eines Bürgen bei gemeinschaftlicher Bürgschaft, § 774 BGB. SchR 8 S. 17
—, Verlangen der Frau auf — im gesetzl. Güterrecht FamR 1 S. 437
—, Klage auf Herausgabe eines Grundstücks an alle Miteigentümer und — bei Geltendmachung des Zurückbehaltungsrechts SchR 8 S. 294
—, Schadenersatz bei Nichterfüllung einer Verpflichtung zur — SchR 1 S. 71

Sicherheitsverlangen des Nacherben bei eigenmächtigen Verwaltungshandlungen des Vorerben ErbR 2 S. 211

Sicherung, Auflassungsvormerkung zur — eines künftigen Anspruchs auf Grund eines formnichtigen Grundstückskaufvertrages SaR 1 S. 168
—, Erlaß einer einstweiligen Verfügung zur — eines künftigen Anspruchs auf Eigentumsübertragung durch Eintragung einer Vormerkung SaR 1 S. 61
—, Pfändung einer Forderung und Ergreifung der zu ihrer — abgetretenen Grundschuld durch die Pfändung SchR 4 S. 147
— des Rückgewährungsanspruchs aus § 7 Anfechtungsgesetz durch Eintragung einer Vormerkung in das Grundbuch SaR 1 S. 46
—, Vormerkung zur — des Vorrangs vor einer künftigen Eigentümergrundschuld SaR 1 S. 73

Sicherungsabtretung SchR 7 S. 224
—, Pflicht zur ordnungsgemäßen Verwertung und Beitreibung SchR 7 S. 233
— von Forderungen beim Kauf unter Eigentumsvorbehalt SchR 4 S. 164, 170
—, Rechtswirkungen, wenn Empfänger einer — diese einem Dritten wieder zur Sicherung abtritt SchR 4 S. 117
— und Recht zur Einziehung der Forderung SchR 4 S. 155
—, Wirksamkeit einer —, wenn Abtretender sich Einziehung der Forderung vorbehält? SchR 4 S. 108
— s. auch Fiduziarische Abtretung

Sicherungseigentum, Schadensersatz aus Verlust des —s SchR 2 S. 39

Sicherungseigner, Ersatzherausgabe bei Unmöglichkeit der Leistung (§ 281 BGB.) zugunsten des —s eines Fabrikzubehörstücks SchR 2 S. 108

Sicherungshypothek, Irrtümliche Eintragung einer — statt einer Verkehrshypothek SaR 3 S. 50
—, Vorrangseinräumung für die dem Eigentümer zustehende Eigentümergrundschuld, falls — Vorrang eingeräumt worden ist SaR 2 S. 289
Sicherungsübereignung, Sorfaltsflicht des Erwerbers einer beweglichen Sache bei der — SaR 2 S. 17
— und gesetzlicher Übergang einer Forderung SchR 4 S. 102
— an Getreidevorräten, die in einem Silo lagern SaR 2 S. 27
—, Kredittäuschung durch — AllgT 3 S. 163
— in Steuersachen AllgT 3 S. 73
—, Zur Frage der Nichtigkeit einer — wegen Verstoßes gegen die guten Sitten SaR 1 S. 374
— eines Warenlagers SaR 1 S. 382
Sicherungsverwertung einer Grundschuld SaR 3 S. 210
Sicherungszwecke, Vermögensübernahme zu —n SchR 4 S. 234
Siedlungsunternehmen, Verzicht eines gemeinnützigen —s auf Ausübung des Vorkaufsrechts gegen Entgelt sittenwidrig? AllgT 3 S. 49
Siegel, Entfernung eines Privat—s als Widerruf eines Testaments ErbR 2 S. 317
Sippenurkunde, Recht auf Einsicht in — SchR 8 S. 184
Sittenwidrige Ausnutzung der Monopolstellung eines Kraftwerks SchR 10 S. 116
Sittenwidrige Schadenszufügung durch Eingriff in einen Bierabnahmevertrag SchR 9 S. 158
— durch Nichterfüllung eines wegen Formmangels nichtigen Vertrages SchR 9 S. 189
— durch Aufforderung an Lieferanten eines Kaufmanns, diesem nicht mehr zu liefern? SchR 9 S. 111
— des Gläubigers durch Erlangung eines Zahlungsversprechens nach Vergleich SchR 9 S. 175
Sittenwidriger wirtschaftlicher Wettbewerb SchR 9 S. 245
Sittenwidriges Bietungsabkommen zwischen Ersteher und Hypothekengläubiger in der Zwangsversteigerung SchR 9 S. 46
Sittenwidrigkeit bei Einwirken auf Arbeitgeber, seinen Angestellten unter Androhung der Entlassung zur Aufgabe seines Stadtverordnetenmandats zu zwingen SchR 2 S. 62
— von Kreditgewährung gegen übermäßige Sicherung SchR 10 S. 58
—, Zur Frage der — der Verleitung zum Vertragsbruch SchR 9 S. 304
— s. Gute Sitten, Verstoß gegen
Sittliche Rechtfertigung des Scheidungsbegehrens bei Zerrüttung der Ehe FamR 1 S. 240
Sommerweg im Sinne der KFVo. NebenG 1 S. 139
Sonderbeschluß, Eintragung einer Satzungsänderung beim Fehlen des notwendigen —es in einer AG. NebenG 3 S. 125
Sondergut, Zugehörigkeit des Anteils eines Abkömmlings an der fortgesetzten allgemeinen Gütergemeischaft zum — des Abkömmlings in der allgemeinen Gütergemeinschaft mit seinem Ehegatten FamR 2 S. 57
Sonderhonorar eines Rechtsanwalts AllgT 3 S. 34
—, Verschweigen des —s beim Prozeßvergleich SchR 9 S. 277
Sondervergütung beim Grundstückskauf, § 313 BGB. SchR 2 S. 393
Sonntag, Unterbrechung der Verjährung bei Ablauf der Frist an einem — und Zustellung der Klage am folgenden Tage AllgT 4 S. 249
Sonstiges Recht i. S. v. § 823 I BGB., Begriff SchR 9 S. 20
—, Besitz als — — SchR 9 S. 216
—, Gewerbebetrieb als — — SchR 9, S. 299
— und Unfallversicherung SchR 9 S. 265

Sorgerecht, Persönlicher Verkehr der Eltern oder der unehelichen Mutter mit dem Kinde nach Entziehung des —s FamR 2 S. 179

Sorgfalt, Beobachtung „jeder nach den Umständen des Falles gebotenen —" nach § 7 II 2 KFG. NebenG 1 S. 28, 41, 188

Sorgfältige Auswahl eines Kraftwagenführers nach § 831 BGB. NebenG 1 S. 8, 11, 137, 168

Sorgfaltspflicht, Ärztliche — bei Operationen SchR 7 S. 37

— des Kraftwagenhalters SchR 10 S. 237

— des Pfandgläubigers beim Erwerb eines Pfandrechts SaR 3 S. 285

— eines für den zweiten Rechtszug bestellten Prozeßbevollmächtigten SchR 1 S. 366

— des Erwerbers einer beweglichen Sache bei der Sicherungsübereignung SaR 2 S. 17

Sowjetehe, Gültigkeit einer nicht registrierten (sog. faktischen) — AllgT 1 S. 155

Sozialabgaben, Entschädigung unterhaltsberechtigter Hinterbliebener und Anrechnung der — SchR 10 S. 247

Sozialversicherung, Leistungen aus der — als anderweitiger Ersatz i. S. d. § 839 I 2 BGB. NebenG 2 S. 150

Sparguthaben, Wirksamkeit einer bei Einzahlung eines —s getroffenen Vereinbarung, einem Dritten soll nach dem Tode des Einzahlenden Anspruch auf Auszahlung zustehen SchR 3 S. 282

Sparkasse, Berechtigung der — zur Hinterlegung des von mehreren Bewerbern in Anspruch genommenen —nbetrags SchR 3 S. 413

—, Haftung einer — für ihre Beamten in Angelegenheiten ihrer Vermögensverwaltung SchR 11 S. 19

—, Rendant als besonderer Vertreter einer — AllgT 1 S. 427

—, Zwangsversteigerung durch — als Hypothekengläubigerin und Aufklärungspflicht gegenüber dem Schuldner SchR 11 S. 19

Sparkassenbeamte, Haftung einer Stadtgemeinde für satzungswidrige Wechselerklärungen ihrer —n SchR 1 S. 386

Sparkasseneinlagen, Gläubigerschaft bei — SchR 6 S. 369

Spediteur als Erfüllungsgehilfe des Verkäufers beim Versendungskauf SchR 1 S. 363

—, Nachrichtspflicht des —s bei Abweichungen von Weisungen des Versenders SchR 1 S. 349

—, Pfand- und Zurückbehaltungsrecht des —s AllgT 3 S. 31

Spediteurbedingungen, Allgemeine, deutsche — und Abkürzung der Verjährungsfrist AllgT 4 S. 224

Spedition, Bindung des Vertragsgegners an veröffentlichte allgemeine Geschäftsbedingungen SchR 1 S. 292

Speditionsverträge, Verstoß gegen gute Sitten bei der Einschränkung der gesetzlichen Haftpflicht in —n AllgT 2 S. 384

Spekulationspapiere, Aufklärungspflicht des Verkäufers bei der Veräußerung von —n AllgT 3 S. 23

Spezieskauf bei zukünftigen Sachen SchR 1 S. 188

Spiel und Wette SchR 7 S. 321—337

Spieleinwand, Einrede der Arglist gegenüber — SchR 7 S. 334

Spielgeschäfte, Saldoanerkenntnis u. Berufung auf Unwirksamkeit von in der Abrechnung enthaltenen —n SchR 7 S. 330

Spielschuld-Darlehn SchR 7 S. 326

Sportliche Wettkämpfe, Geldversprechen für Nichtbeteiligung an —n —n AllgT 3 S. 127

Sprachgebrauch, Nachprüfung eines allgemeinen deutschen —s AllgT 3 S. 352

Sprengstoff, Sorgfaltspflicht des Geschäftsinhabers bei Verkauf von — an Jugendliche SchR 10 S. 179

Sperrkonto, Annahmeverzug eines ausländischen Gläubigers und Rückzahlung auf — an Erfüllungsstatt SchR 2 S. 60

Staat, Eigentumsklage oder Schadensersatzklage gegen — wegen Einziehung eines Gewehrs SaR 2 S. 57
—, Einziehung einer Forderung zugunsten des —es, Forderungsübertragung kraft Gesetzes? SchR 7 S. 186
—, Haftung gegenüber Beamten bei Tod des Beamten infolge Verletzung der dem — obliegenden Fürsorgepflicht SchR 7 S. 48
Staatliches Aufsichtsrecht über eine Stiftung AllgT 1 S. 427
Staats- und Beamtenhaftung SchR 11 S. 1—Ende
Staatsanwalt, Anfechtung der Ehelichkeit eines Kindes durch — FamR 2 S. 103
Staatsanwaltschaft, Begründung einer Amtspflicht der — gegenüber Verletzten nach § 152 II StPO.? SchR 11 S. 183
Staatsbank, Haftung der Preußischen — für arglistig falsche Auskunft ihres Vertreters SchR 10 S. 228
Staatshaftung für Amtspflichtverletzungen von Beamten FamR 2 S. 281
— nach § 839 BGB. in Verb. mit dem Staatshaftungsges. und Haftung aus unerlaubter Handlung, Zusammentreffen SchR 11 S. 164
— nach dem preuß. Gesetz v. 1. 8. 1909 SchR 11 S. 25
— für Seewasserstraßen SchR 10 S. 132
— für Delikte AllgT 1 S. 299
— für unerlaubte Handlungen seiner Beamten AllgT 1 S. 198
—, Unkenntnis der — für Amtspflichtverletzung eines Beamten und Verjährung nach § 852 BGB. SchR 10 S. 112
Stadtgemeinde, Haftung für pflichtwidriges Verhalten des Amtsvormundes FamR 2 S. 313
—, Irrtümliche Vollstreckung durch Amtsvormundschaft bzgl. eines unterhaltspflichtigen Erzeugers wegen unrichtiger Auskunft einer — SchR 11 S. 275
Stadtgemeinde, Haftung für pflichtwidriges Verhalten des Berufsvormundes AllgT 1 S. 203
—, Haftung für die Auskunft ihres Bürgermeisters über Verwertbarkeit eines Grundstücks SchR 5 S. 245
—, Haftung für Ärzte und Pflegepersonal ihres Krankenhauses SchR 1 S. 341
—, Haftung einer — gegenüber in ihren Krankenhäusern unentgeltlich untergebrachten Kranken SchR 1 S. 341
—, Haftung für einen bei einer Operation verursachten Schaden SchR 1 S. 110
—, Haftung für verkehrssicheren Zugang zum Mietshaus SchR 10 S. 279
—, Namensrecht einer — AllgT 1 S. 282
—, Haftung für Verkehrssicherheit der Straßen und Entlastungsbeweis nach § 831 BGB. SchR 8 S. 98
—, Haftung für einen verfassungsmäßig bestellten Vertreter AllgT 1 S. 322
—, Haftung für satzungswidrige Wechselerklärungen von Sparkassenbeamten SchR 1 S. 386
— s. auch Gemeinde
Städtische Beamte, Erstreckung der Amtspflicht —r —r auf selbständige, allerdings von der Stadt verwaltete Stiftungen SchR 11 S. 214
Städtisches Haus, Altenteil, wenn auf einem —n — Recht auf freie Wohnung, Heizung und Vorgartenbenutzung eingetragen ist? SaR 2 S. 205
Stadtverordnetenmandat, Einwirken auf Arbeitgeber, seinen Angestellten unter Androhung der Entlassung zur Aufgabe seines —s zu zwingen SchR 2 S. 62
Stadtwappen, Kennzeichnung eines gewerblichen Erzeugnisses durch — AllgT 1 S. 265

Standesverein, Beschluß eines ärztlichen —s über beruflichen Verkehr, § 826 BGB. SchR 9 S. 249

—, Aufnahme eines Heimes in die Cavete-Tafel eines ärztlichen —s, § 826 BGB. SchR 10 S. 24

Stauanlagen für Wasserbetriebswerke, Unterlassungsanspruch des Eigentümers dagegen SaR 2 S. 30

Stempel, Haftung des Notars für zu hohe Berechnung eines —s SchR 11 S. 84

Stempelpflichtigkeit der Vollmacht AllgT 4 S. 55

Steuer, Beurkundung eines niedrigeren Grundstückspreises zwecks —ersparnis, § 4 der VO. über Preisüberwachung usw. NebenG 2 S. 283

Steuerbeamte, Amtspflicht der —n gegenüber Steuerschuldnern, Umfang SchR 11 S. 244

Steuerbehörde, Amtspflichtverletzung des Notars durch Unterlassung der ihm nach dem Zuwachssteuergesetz obliegenden Mitteilung an — SchR 11 S. 76

Steuerberater, Haftung des —s für Rechtsrat, von Selbstanzeige wegen Steuerverfehlungen abzusehen SchR 2 S. 210

Steuerbetrug, Einrede der Arglist und Beteiligung am — durch zu niedrige Angabe des Kaufpreises SchR 2 S. 342

Steuerermittlungsverfahren, Amtspflichtverletzung im — SchR 11 S. 151

Steuerlisten, Unrichtige Führung der — als Amtspflichtverletzung SchR 11 S. 244

Steuersachen, Sicherungsübereignung in — AllgT 3 S. 73

Steuerverfehlung, Haftung des Steuerberaters für Rechtsrat, von Selbstanzeige wegen —en abzusehen SchR 2 S. 210

Stiftung, Erstreckung der Amtspflicht städtischer Beamter auf selbständige, aber von der Stadt verwaltete —en SchR 11 S. 214

Stiftung, Umfang des staatlichen Aufsichtsrechts über eine — AllgT 1 S. 427

—, Verfassung und Satzung einer — AllgT 1 S. 424

Stiftungsbehörde, Ersatz der Widmungserklärung des Stifters durch eine Erklärung der — AllgT 1 S. 433

Stille Gesellschaft als wucherisches Kreditgeschäft AllgT 2 S. 70

Stillegung eines Betriebs und Kündigung eines Betriebsratsmitglieds NebenG 2 S. 202

Stillstand des Rechtsstreits i. S. d. § 211 BGB. AllgT 4 S. 209

Stillschweigen beim Vertragsschluß im Handelsverkehr AllgT 3 S. 339

Stillschweigende Annahme eines Vertragsantrags AllgT 3 S. 304, 318, 338

— **Willenserklärungen** SchR 4 S. 299

—, Anfechtung wegen Irrtums AllgT 3 S. 121

Stillschweigender Abschluß eines Verwahrungsvertrages durch Benutzung einer Kleiderablage SchR 7 S. 314

— **Ausschluß** der Haftung für Fahrlässigkeit bei Gefälligkeitsfahrt SchR 10 S. 10

— — der Haftung aus § 708 BGB. durch Vereinssatzung SchR 2 S. 35

— — der Tierhalterhaftung SchR 9 S. 97

Stillschweigendes Anerkenntnis SchR 8 S. 130

— **Wettbewerbsverbot** beim Verkauf eines Geschäfts? AllgT 3 S. 360

Stimmrecht eines Gläubigers auf Grund seiner Schuldverschreibung bei Teilleistung SchR 8 S. 164

Stockwerk, Nießbrauch an dem einzelnen — eines Hauses SaR 2 S. 235

Störung des Eigentums und Geschäftsführung ohne Auftrag SaR 2 S. 108

— des Eigentums durch Abbröckelung von Gestein auf Nachbargrundstück SchR 7 S. 257

— der Geistestätigkeit, Ausschluß der freien Willensbestimmung bei vorübergehender — AllgT 2 S. 58

Störungsklage s. Abwehrklage

Strafe, Zulässigkeit der vorbeugenden Unterlassungsklage, wenn Handlung mit — bedroht, Rechtsschutzbedürfnis SchR 10 S. 193

Straffestsetzung gegen Mitglieder eines Vereins AllgT 1 S. 411

Strafgedinge, eigentliches und uneigentliches SchR 3 S. 346

Strafgefangener, Haftung des Staates für unrichtige ärztliche Behandlung eines —n AllgT 1 S. 198

Strafgerichtliche Feststellung i. S. d. § 903 RVO., Begriff NebenG 2 S. 77

Straftat, Ablehnung der versprochenen Anstellung des Verletzten wegen nachfolgender — SchR 2 S. 146

Strafverfahren, Rückgriffsanspruch der Berufsgenossenschaft bei Freisprechung des Verpflichteten im — NebenG 2 S. 169

Strafzinsen und Entstehung von Eigentümergrundschulden SaR 3 S. 102

Straße, Haftung einer Stadtgemeinde für Verkehrssicherheit der —n und Entlastungsbeweis nach § 831 BGB. SchR 8 S. 98

Straßenbahnunfall, Höhere Gewalt bei — NebenG 1 S. 239

Straßenbau und Wasserschaden SchR 10 S. 314

Straßenbauarbeiten, Verkehrssorgfaltspflichten bei — NebenG 1 S. 68

Straßenhändler, Ersitzung des Rechts an der Straße durch — AllgT 4 S. 291

Straßenveränderung, Haftung für Beeinträchtigung des Grundstücks infolge — SchR 10 S. 124

Straßenverkehrsvorschriften, Verletzung von — eines im Unternehmerbetrieb einer öffentlichrechtlichen Körperschaft tätigen Beamten und die Schutzvorschrift des § 839 I BGB. SchR 11 S. 102

Streikunterstützung durch Organe einer tariflich zur Friedenspflicht verpflichteten Gewerkschaft NebenG 2 S. 218

Streitverkündung, Erfordernisse SchR 4 S. 75

— und Rechtskraftwirkung ErbR 2 S. 327

Streitwertfestsetzung bei Feststellungsklage wegen Zahlung einer Geldrente aus §§ 843, 844 BGB. NebenG 1 S. 188

Strengere Haftung, Ausschluß der —n — nach § 819 BGB. bei anfechtbaren Rechtsgeschäften SchR 8 S. 344

Streupflicht bei anhaltendem Schneefall SchR 10 S. 40

— eine Verbindlichkeit im Sinne des § 278 BGB.? SchR 9 S. 323

—, Haftung des Eisenbahnfiskus wegen unterlassener — auf dem Bahnhofsvorplatz AllgT 1 S. 299

Strombauarbeiter, Haftung des Staates für — SchR 11 S. 164

Stromlieferungsvertrag, Monopolmißbrauch SchR 10 S. 116

Stromsperre, sittenwidrige Ausnutzung der Monopolstellung durch — SchR 10 S. 32

Stundung, Beweislast bei der — einer Kaufpreisforderung SchR 1 S. 56

—, Gesetzliche — der Hauptforderung bei Zeitbürgschaft SchR 8 S. 69

—, Zeitbürgschaft und —svereinbarung SchR 8 S. 12

Sühneverfahren, Endigung der Unterbrechung der Verjährung während eines — Allg T 4 S. 209

Sukzessivlieferungsvertrag und Erfüllung im Sinne des § 17 KO. AllgT 2 S. 295
—, Einrede des nicht erfüllten Vertrages seitens des Verkäufers trotz Abtretung des Zahlungsanspruchs bei einem — SchR 3 S. 108
—, Einrede des nicht erfüllten Vertrages bei teilweiser Nichterfüllung eines —es SchR 4 S. 398
—, Anwendung des § 326 BGB. wegen mangelhafter Lieferung bei einem — SchR 3 S. 39
—, Schadensersatz wegen Nichterfüllung nach § 326 BGB. SchR 3 S. 48
—, Anwendung der für —e geltenden Grundsätze über positive Vertragsverletzungen auf selbständige Verträge innerhalb einer lfd. Geschäftsverbindung SchR 3 S. 225
—, Rücktritt beim — SchR 3 S. 168
—, Verzug und Leistungsverweigerungsrecht bei —en SchR 3 S. 203
Surrogationserwerb durch Handlungen der Vorerben gemäß § 2111 BGB. ErbR 2 S. 200
Süßstoffgesetz, Nichtigkeit eines gegen das — verstoßenden Vertrages AllgT 2 S. 409
Sympathiestreik und Tarifvertrag NebenG 2 S. 190, 225
Syphilitische Ansteckung und Aufhebung der Ehe FamR 1 S. 26

T

Tag, Unrichtige Angabe von Ort und — in der notariellen Urkunde NebenG 3 S. 178
Tarifbruch und Sympathiestreik NebenG 2 S. 225
Tariffähigkeit eines Anwalts- oder Notarvereins NebenG 2 S. 215
— der Berufsgenossenschaften NebenG 2 S. 210
Tarifvertrag, Lebenslängliche Anstellung der Mitglieder eines Berufsgenossenschaftsverbandes NebenG 2 S. 210
Tarifvertrag, Schadensersatzpflicht bei Bruch des —s NebenG 2 S. 207
— und Sympathiestreik NebenG 2 S. 190, 225
—, Beginn der Verbindlichkeitserklärung eines —s NebenG 2 S. 191
Taschengeld, Überlassung von — an Minderjährige, Tragweite dieser Bestimmung AllgT 2 S. 57
Tatsache i. S. d. § 824 BGB. SchR 9 S. 286
—, Behauptung von —n bei Veröffentlichung wissenschaftlicher Untersuchungen und § 824 BGB. SchR 9 S. 191
Tauschverträge, Ausübung des Vorkaufsrechtes gegenüber —n SaR 2 S. 150
— zur Umgehung des Vorkaufsrechts nichtig? SaR 2 S. 150
Täuschung s. Arglistige —
Teil eines Gebäudes i. S. d. § 836 BGB. SchR 9 S. 314
—, Unterbrechung der Verjährung durch gerichtliche Geltendmachung eines —s des Anspruchs AllgT 4 S. 120, 136
Teilanfechtbarkeit eines Rechtsgeschäfts und § 139 BGB. AllgT 2 S. 133
Teilanfechtung eines Rechtsgeschäfts wegen arglistiger Täuschung AllgT 3 S. 172
Teilanspruch, Hemmung der Verjährung für Restanspruch bei Einklagen eines —s im Armenrechtsverfahren AllgT 4 S. 263
Teilaufrechnung gegen eine Hypothekenforderung SchR 4 S. 13
Teilbare Vorleistung, Anfechtung eines Vertrages, durch den mehrere gemeinschaftlich sich verpflichtet haben, und Haftung für Herausgabe der —n — SchR 4 S. 263
Teilbesitz an Holz auf dem Stamm SaR 1 S. 368
Teilbetrag, Klage auf — und Verweisung des Beklagten auf nicht eingeklagten Teil SchR 4 S. 15, 26

Teileigentümergrundschuld, Mitbesitz am Hypothekenbrief bei Entstehung einer — SaR 2 S. 320
—, Ubertragung einer — SaR 2 S. 320
Teilklage, Aufrechnung dagegen SchR 4 S. 1
Teilkündigung eines Pachtverhältnisses SchR 6 S. 110
Teilleistung, Stimmrecht eines Gläubigers auf Grund seiner Schuldverschreibung bei — SchR 8 S. 164
Teilnichtigkeit bei einem Darlehnsgeschäft mit Pfandbestellung AllgT 2 S. 313
— eines Dienstvertrages, § 139 BGB. AllgT 3 S. 169
— bei Gesamtschuldverhältnissen AllgT 2 S. 380
— eines Rechtsgeschäfts, § 139 BGB. AllgT 3 S. 4
— eines Rechtsgeschäfts wegen Fehlens der z. T. erforderlichen Genehmigung und § 139 BGB. AllgT 3 S. 45
— eines Vertrages AllgT 2 S. 182, 262, 400
—, Kenntnis der — eines Vertrages bei Vertragsabschluß und § 139 BGB. AllgT 3 S. 59
Teilpacht, Kündigung eines —vertrages SchR 6 S. 167
Teilschuldverschreibung, Hypothek für —en NebenG 3 S. 80
—, Pflichten des durch die Gläubigerversammlung bestellten Vertreters der Gläubiger von —en SchR 8 S. 171
—, Ubergang der Schadensersatzansprüche bei Ubergabe der mit Blankoindossament versehenen —en SchR 8 S. 171
Teilung der Früchte vor der Erbauseinandersetzung FamR 2 S. 128
— des Gesamtgutes, Haftung für Gesamtgutsverbindlichkeiten FamR 2 S. 14
—, Vorkaufsrecht bei — eines Grundstücks SaR 2 S. 149
Teilurteil, Voraussetzungen SchR 4 S. 31
—, Haftung im Rahmen des KFG. NebenG 1 S. 137
Teilverpflichtung, Schadensersatz wegen Nichterfüllung einer — SchR 3 S. 201
Teilweise Nichterfüllung, Einrede des nicht erfüllten Vertrages bei —r — eines Sukzessivlieferungsvertrages SchR 4 S. 398
—, Rücktritt vom Vertrage wegen —r — SchR 3 S. 102
Teilweiser Rücktritt vom Vertrage SchR 3 S. 71
Teilwerklohnforderungen, Geltendmachung von Schadensersatzansprüchen des Bestellers gegenüber abgetretenen — SchR 7 S. 134
Telegraphenordnung, Rechtliche Bedeutung SchR 9 S. 216
Telegraphisches Vertragsangebot u. Verweisung auf nachfolgenden Brief, Bedeutung AllgT 3 S. 348
Telephonische Gespräche, Mißverstehen AllgT 3 S. 307
Testament und Erbvertrag **ErbR 2 S. 72—148**
—, Errichtung und Aufhebung eines —s **ErbR 2 S. 304—364**
— und Auseinandersetzung zwischen Miterben ErbR 2 S. 21
—, Auslegung des —s zugunsten der Witwe und der Kinder ErbR 1 S. 406
—, Form der Errichtung eines —s ErbR 2 S. 44
—, Vertragliche Anerkennung eines nichtigen —s ErbR 2 S. 453
—, Klage auf Feststellung der Nichtigkeit eines —s, in dem eine bestimmte Person zum Testamentsvollstrecker ernannt ist ErbR 2 S. 292
—, Schenkungswiderruf durch — AllgT 3 S. 288
—, Zustimmung zu einem — AllgT 4 S. 110
— s. auch Eigenhändiges Testament

Testamentsanfechtung, Hemmung der Frist bei — AllgT 4 S. 78
Testamentsvollstrecker **ErbR 2 S. 226—303**
—, Bindung des —s an § 2046 BGB. ErbR 2 S. 15
—, Erbschaftsanspruch gegenüber — ErbR 1 S. 369
—, Ermächtigung des —s durch Erben ErbR 2 S. 82
—, Recht eines —s bei der Aufhebung der allgemeinen Gütergemeinschaft durch Tod FamR 2 S. 18
— Haftung des —s ErbR 2 S. 277
—, Gesteigerte Bankhaftung für das vom — begründete Nachlaßkonto ErbR 2 S. 282
—, Kündigung beim Tod des Mieters durch Erben oder —? SchR 5 S. 378
—, Rechtliche Stellung des —s im Rahmen der §§ 254, 278 BGB. ErbR 2 S. 282
— und bösliche Schenkung nach § 2287 BGB. ErbR 2 S. 91
—, Verhinderung des einen von zwei —n bei der Teilnahme an einem Rechtsgeschäft ErbR 2 S. 226
Testamentsvollstreckeramt, Vereinbarung zwischen Erben und Testamentsvollstrecker über Niederlegung des —es ErbR 2 S. 287
—, Niederlegung des —s auf Grund einer Vereinbarung zwischen dem Erben und dem Testamentsvollstrecker ErbR 2 S. 287
Testamentsvollstreckerzeugnis, Gutgläubiger Erwerb auf Grund eines erloschenen —ses ErbR 2 S. 243
Testamentsvollstreckung bzgl. zum Nachlaß gehörigen Nacherbenrechts ErbR 2 S. 192
Theater, Verpflichtung des städt. —s, jedermann zum Besuch zuzulassen SchR 10 S. 45
Tier, Kraftfahrzeugunfall durch — NebenG 1 S. 78
Tierarzt, Rechtspflicht zum Handeln Dritten gegenüber zwecks Verhütung einer Ansteckung SchR 9 S. 301
Tierhalter und Aufsichtspflicht, Begriff SchR 10 S. 292
—, Haftung des —s für Verletzungen eines Dritten SchR 9 S. 7
—, Haftung des —s neben dem nach § 834 BGB. Aufsichtspflichtigen als Gesamtschuldner SchR 9 S. 70
—, Haftung mehrerer — als Gesamtschuldner SchR 9 S. 70
Tierhalterhaftung bei Verschulden des Tierhüters und Entlastungsbeweis SchR 9 S. 154
—, Zur Anwendung des § 833 BGB. SchR 9 S. 90
—, Ausschluß der — durch stillschweigende Vereinbarung SchR 9 S. 97
— bei Schaden durch Tier und Kraftfahrzeug SchR 9 S. 178
— und Verschuldensausgleich SchR 1 S. 68
— und Vertragsverhältnis SchR 9 S. 71
Tierhüter s. Tierhalterhaftung
Tierschade, § 833 BGB. SchR 9 S. 23
Tilgungshypothek und Entstehung einer Eigentümergrundschuld durch Tilgungsleistungen SaR 3 S. 112
Tochter, Verweigerung der Aussteuer wegen unsittlichen Lebenswandels der — FamR 2 S. 157
Tod, Beschränkung einer Auflassungsvollmacht auf die Zeit nach dem — des Vollmachtgebers AllgT 3 S. 32
—, Aufnahme eines durch den — eines Ehegatten unterbrochenen Rechtsstreits durch die an der fortgesetzten Gütergemeinschaft Beteiligten FamR 2 S. 76
— des Mieters, Kündigung durch Erben oder Testamentsvollstrekker? SchR 5 S. 378
—, Kündigungsrecht des Erben beim — eines von mehreren Mietern SchR 6 S. 37
— des Nacherben und Zugehörigkeit des Nacherbenrechts zum Nachlaß ErbR 2 S. 192

Tod, Wirksamkeit der Schenkung beweglicher Sachen, die nach dem —e des Schenkers durch einen Boten des Verstorbenen überbracht werden SchR 5 S. 319

Tödlich Verunglückter, Ansprüche Hinterbliebener des bei einer Lebensrettung — —n SchR 7 S. 279

Tötung i. S. d. § 844 BGB., Begriff SchR 9 S. 94

—, Ansprüche Dritter bei — des Unterhaltspflichtigen SchR 9 S. 140

—, Begrenzung der Rente auf mutmaßliche Lebensdauer im Falle der — SchR 9 S. 214

—, Schadensersatzanspruch bei — eines Unterhaltspflichtigen SchR 9 S. 88

—, Ermittlung des Schadens bei — des Unterhaltsverpflichteten SchR 9 S. 229

Transportvertrag, Schadensersatz wegen Pflichtverletzung des Unternehmers bei einem — und sechsmonatige Verjährung SchR 7 S. 122

Trennung von Tisch und Bett bei ausländischen Staatsangehörigen AllgT 1 S. 2, 184

Treu und Glauben, Anwendbarkeit des Grundsatzes bei Unmöglichkeit der Erfüllung von Gattungsschulden SchR 1 S. 247

—, Auslegung typischer Vertragsklauseln nach — — — AllgT 2 S. 371

Treuhand, Formbedürftigkeit des — Nießbrauchs am Vermögen, § 311 BGB. SchR 2 S. 272

Treuhänder, Anfechtung der Übertragung eines Rechts auf einen — wegen arglistiger Täuschung AllgT 3 S. 211

—, Verpflichtung des —s, dem Treugeber eine umfassende Vollmacht auszustellen SchR 2 S. 50

Treuhandverhältnis bei einer Geschäftsbesorgung SchR 7 S. 251

Treupflicht des Untermäklers gegenüber Hauptmäkler SchR 7 S. 216

Tumultschädengesetz § 5 Ausschlußfrist AllgT 4 S. 187

Türkische Staatsangehörige, Staatshaftung gegenüber —n —n SchR 11 S. 145

Typische Vertragsbedingungen, Auslegung AllgT 2 S. 371 AllgT 3 S. 207

Typischer Geschehensablauf, Durchgehen eines Pferdegespanns und — — SchR 11 S. 71

Überbau, Zur Frage des —s SaR 1 S. 218

—, Begriff des —s nach § 912 f. BGB. Grenzüberbauten, die vor dem 1. Januar 1900 errichtet worden sind AllgT 2 S. 50

—, Beseitigung des —s SaR 1 S. 211

—, Grenzüberbau bei Grundstücken, die nach erfolgtem — in das Eigentum verschiedener Personen übergehen, § 912 flg.? SaR 1 S. 257

—, Sofortiger Widerspruch gegen — SaR 1 S. 233

Übereignung, Abtretung des Anspruchs auf — nach erfolgter Übergabe SaR 1 S. 357

—, Auslegung des Willens der — und Besitzübergabe SaR 1 S. 374

— s. auch Übergabe

Überfahren, Ausübung öffentlicher Gewalt durch Polizeibeamte und Haftung des Staates dafür, wenn dabei eine Person — wird SchR 11 S. 56

Überführungsstück, Selbsthilfe gegenüber verbotener Eigenmacht bei Wegnahme einer Sache zwecks Übergabe an Polizei als — SaR 1 S. 1

Übergabe beweglicher unter Verschluß gehaltener Sachen bei Eigentumserwerb SaR 1 S. 358

— der Hypothek auf persönlichen Schuldner SaR 3 S. 128

—, Ersatz der — des Hypothekenbriefs SaR 3 S. 12

— des Hypothekenbriefs, wenn Hypothek auf den Anteilen mehrerer Miteigentümer eines Grundstücks eingetragen ist SaR 2 S. 270

Übergabe einer Schrift bei der Errichtung eines öffentlichen Testaments ErbR 2 S. 324, 332
— und Übereignungspflicht des Verkäufers bei Verkäufen unter Eigentumsvorbehalt SchR 5 S. 67
Übergang von Forderung und Nebenrecht SaR 2 S. 310
—, Einwendungen des Hauptschuldners bei — der Forderung auf Bürgen gegenüber diesem SchR 7 S. 371
— der Forderung auf den Bürgen, § 774 BGB. und Garantiewechsel SchR 8 S. 1
— der Forderung des Gläubigers auf befriedigenden Nachbürgen SchR 7 S. 364
— der Forderung auf den Bürgen zum Nachteil anderer Forderungen des Gläubigers SchR 8 S. 35
— der getilgten Hypothek auf Ersatzberechtigten SaR 2 S. 348
—, Verjährungsbeginn nach § 852 BGB. bei — der Forderung auf Berufsgenossenschaft SchR 10 S. 162
—, Zeitpunkt des —s der Schadensersatzforderung des Verletzten auf die Berufsgenossenschaft NebenG 2 S. 99
— von Unfallversicherungsansprüchen gemäß § 1542 RVO. bei Luftbeförderung? NebenG 2 S. 111
— eines Schadensersatzanspruchs nach § 1542 RVO. und Einwand, daß Unternehmer den Unfall schuldhaft mitverursacht hat NebenG 2 S. 90
— des Schadensersatzanspruchs auf einen Versicherungsträger NebenG 2 S. 62
— der Ansprüche auf Invalidenrente gegen Dritte auf die Versicherungsanstalt NebenG 2 S. 34
— s. auch Bahnübergang
Übergangsvorschriften im Einf.Ges. **AllgT 1 S. 209—217**
Übergründung einer GmbH. SchR 9 S. 282
Überholen, Pflichten des Kraftwagenführers beim — NebenG 1 S. 139, 188
Überlastung, Keine Haftung des Beamten wegen Amtspflichtverletzung gegenüber Staat bei — SchR 11 S. 63
Übermäßiges Entgelt, Zurückforderung des Kapitalbetrages bei gegen — — gewährtem nach § 138 BGB. nichtigem Darlehn SchR 8 S. 363
Übernahmerecht nach § 1502 I BGB. bei der fortgesetzten Gütergemeinschaft FamR 2 S. 55
Überschreitung der gesetzlichen Höchstpreise NebenG 2 S. 261, 264
— der Befugnisse durch Testamentsvollstrecker ErbR 2 S. 235
Überschuldung, Anfechtung einer Erbschaftsausschlagung wegen Irrtums über — des Nachlasses ErbR 1 S. 381
Überseeische Kaufgeschäfte, Gefahrübergang SchR 5 S. 55
Übersendung, Beschlagnahme einer Ware während — und Tragen von Transportgefahr SchR 1 S. 311
Übersendungskauf und Nachfristsetzung SchR 3 S. 80
Übersetzung, Form der — einer Testamentsniederschrift ErbR 2 S. 327
Übertragbarkeit der durch Ausübung eines Vorkaufsrechts entstandenen Ansprüche SchR 5 S. 286
— einer Nacherbschaft vor Anfall ErbR 2 S. 185
— eines für den Verkäufer eines Geschäfts bestehenden Wettbewerbsverbots SchR 3 S. 276
Übertragung der Forderung **SchR 4 S. 42—176**
— der Auftragsausführung an einen Dritten SchR 7 S. 270
— des Eigentums durch Vertrag zugunsten eines Dritten SchR 3 S. 261
— des Anspruchs des Miterben bzgl. des Auseinandersetzungsguthaben ErbR 1 S. 417
— des Erbteils und Ausstellung eines Erbscheins ErbR 2 S. 449

Übertragung der Pflichten eines Unternehmers auf einen anderen und Ersatzanspruch der Berufsgenossenschaft, §§ 903, 913 RVO. NebenG 2 S. 41
— des Anspruchs auf Rechnungslegung an einen Dritten SchR 6 S. 249
—, Pflicht zur Einsicht in das Grundbuch bei — einer Hypothek SchR 1 S. 23
— einer Teileigentümergrundschuld SaR 2 S. 320
— der Geschäfte des Testamentsvollstreckers auf andere Personen ErbR 2 S. 239
— der Forderung s. auch Forderungsabtretung
Überwachungspflicht des Vermieters bezgl. Verkehr im Hause SchR 6 S. 77
Überweisung, Auftrag an Bank und Anspruch desjenigen zu dessen Gunsten — erfolgt SchR 3 S. 272
— auf eine Bank als rechtzeitige Zahlung des Kaufpreises? SchR 3 S. 390
Überwiegendes Verschulden, Begriff FamR 1 S. 210
Üble Nachrede, Unterlassungsanspruch wegen —r — SchR 9 S. 327
Umbau, Neuschaffung von Räumen durch — NebenG 2 S. 237
Umdeutung s. Konversion
Umfang der Herausgabepflicht bei ungerechtfertigter Bereicherung SchR 8, S. 269
— der Ersatzpflicht, § 842 BGB. SchR 9 S. 261
— der Vergütung für Rechtsverlust aus § 951 BGB. SaR 1 S. 379
Umgehung eines Vorkaufsrechtes durch Tausch SaR 2 S. 150
Umsatzbeteiligung, Kündigungsrecht bei einer Pacht mit — SchR 6 S. 205
Umschreibung, Aufgebot unbekannter Hypothekengläubiger und — der Hypothek auf Eigentümer
Umschulungspflicht des Verletzten SchR 2 S. 129
Umwandlung des Gesamthandseigentums der Erbengemeinschaft in Bruchteilseigentum der Miterben ErbR 1 S. 414
— einer Grundschuld in eine Hypothek oder Auswechslung von Forderungen nach § 1180 BGB. AllgT 3 S. 55
— einer Höchstbetragshypothek in eine Verkehrshypothek SaR 3 S. 153
— einer Kaufschuld in eine Darlehnsschuld, Leistung an Erfüllungsstatt oder Erfüllungshalber? SchR 3 S. 397
— einer Rentenschuld in eine Hypothek im Zwangsversteigerungsverfahren SaR 3 S. 206
— einer verjährten Schuld in eine Darlehnsschuld, Schriftform AllgT 4 S. 154
— der Werklohn- in eine Darlehnsforderung und Bürgschaft SchR 8 S. 9
Umwechslung, Haftung des Bürgen bei nachträglicher — des Kredits SchR 8 S. 29
Unabwendbarer äußerer Zufall bei geistiger Erkrankung des Lokomotivführers NebenG 1 S. 275
— im Zugverkehr bei Unwetter NebenG 1 S. 268
Unabwendbares Ereignis i. S. d. § 7 II KFG., Begriff NebenG 1 S. 28, 41, 83
Unangemessene Nachfrist, rechtliche Wirkung SchR 3 S. 182
Unbebaubarkeit des Nachbargrundstücks als Sacheigenschaft eines Grundstücks SchR 5 S. 276
Unbescholtenheit i. S. d. § 1300 BGB. FamR 1 S. 7, 11
Unbewegliche Sachen, Beerbung eines Ausländers bzgl. —r — AllgT 1 S. 124
Unbewegliches Vermögen bei der Fahrnisgemeinschaft

Unbestimmte Dauer, Kündigung bei einem auf — — abgeschlossenen Gesellschaftsvertrag
SchR 6 S. 297
—, Kündigung von auf — — eingegangenen gesellschafts- oder dienstvertragsähnlichen Vertragsverhältnissen SchR 6 S. 271
Unechte Gemälde, Wandlung beim Kauf —r —, die für echt gehalten wurden SchR 5 S. 122
Unechtes Gesamtschuldverhältnis
SchR 4 S. 264
SchR 7 S. 29
— und Gesamtschuldverhältnis im Sinne des § 421 BGB.
SchR 4 S. 259
Uneheliche Kinder
FamR 2 S. 189—219
Uneheliche Mutter, Ehelichkeitserklärung und Recht der —n — an dem Kinde FamR 2 S. 193
—, Klage der —n — gegen den Vater auf Herausgabe des Kindes wegen Fehlens wesentlicher Voraussetzungen der Ehelichkeitserklärung FamR 2 S. 201
— **Vaterschaft,** Klage auf Feststellung des Nichtbestehens der —n — bei Vorliegen eines Vaterschaftsanerkenntnisses
FamR 2 S. 210
Unehelicher Vater, Feststellungsklage eines —n —s über Nichtabstammung eines Kindes von ihm FamR 2 S. 214
—, Unterhaltspflicht des —n —s trotz Spätgeburt FamR 2 S. 214
Uneheliches Kind, Namenserteilung eines deutschen Ehemannes an — — seiner Frau, das eine ausländische Staatsangehörigkeit besitzt
AllgT 1 S. 86
Unentgeltliche Besitzerlangung nach § 988 BGB. bei Nichtigkeit eines Grundstückskaufvertrages
SaR 2 S. 131
— **Dienstleistungen,** Verstoß gegen gute Sitten bei Schädigung von Gläubigern durch — —
AllgT 2 S. 173
— **Verfügungen** des Testamentsvollstreckers ErbR 2 S. 235
Unentgeltliche Verfügungen des Testamentsvollstreckers zu eigenem Nutzen ErbR 2 S. 235
— des Vorerben über einen Erbschaftsgegenstand ErbR 2 S. 171
— **Zuwendungen** i. S. d. § 1369 BGB.
FamR 1 S. 396, 454
Unentgeltlichkeit, Begriff der — einer Verfügung des Vorerben
SaR 1 S. 103
Unerlaubte Handlung
SchR 9 S. 1—Ende
SchR 10 S. 1—Ende
—, Begriff SchR 9 S. 70
—, Verlust des Anfechtungsrechtes und Schadensersatz aus —r —
SchR 1 S. 123
—, Verbot der Aufrechnung gegen eine Forderung aus —r — gegenüber einem vertraglichen Anspruch, der Tatbestand der —n — enthält SchR 4 S. 34
—, Ausgleich zwischen Schuldnern bei Haftung aus —r — und mitwirkendes Verschulden
SchR 4 S. 309
—, Vertraglicher Ausschluß der Ausgleichspflicht unter aus —r — haftenden Gesamtschuldnern
SchR 2 S. 27
—, Ausgleichung bei Gesamtschuldnern bei Haftung aus —r — und Kraftfahrzeuggesetz
SchR 4 S. 288
— im Ausland, Verjährung
AllgT 1 S. 84
—, Haftung aus —r — und Beamtenhaftung AllgT 1 S. 323
— und Beamtenhaftungsvorschrift nach § 839 BGB. Verhältnis zueinander SchR 11 S. 164, 176
—, Anwendbarkeit der §§ 844, 845 im Fall des § 839 BGB.
NebenG 1 S. 43
—, Fürsorgepflicht des Dienstberechtigten und — — SchR 7 S. 99
— eines Vorstandsmitgliedes einer juristischen Person, Haftung der letzteren dafür AllgT 1 S. 383
—, Klageantrag aus § 7 KFG. und rechtliche Prüfung aus —r —
NebenG 1 S. 78

Unerlaubte Handlung, Haftung des durch — — Beschädigten für Hilfspersonen im Rahmen des § 254 BGB. SchR 1 S. 84
—, Klagebefugnis des gesetzlichen Vertreters betr. Ansprüche des Minderjährigen aus —r — FamR 2 S. 177
— und mitwirkendes Verschulden des Beschädigten SchR 1 S. 34, 168
—, Schadensersatz wegen —r — und Pfandbruch SchR 6 S. 64
—, Verjährung des Schadensersatzanspruchs aus —r — AllgT 1 S. 427
— und Verjährung des Anspruchs aus damit in Zusammenhang stehender Geschäftsführung bzw. Bereicherung AllgT 4 S. 164
— bei Rücktritt vom Verlöbnis? FamR 1 S. 284
Unfall einer im gesetzlichen Güterstand lebenden Ehefrau, die den ehelichen Aufwand auf dem Vorbehaltsgut bestritten hat und durch einen — unfähig geworden ist, ihre Tätigkeit im Hauswesen fortzusetzen FamR 1 S. 406
—, Haftung des Gastwirts bei — eines Gastes SchR 2 S. 203
— „beim Betrieb" eines stillstehenden Kraftfahrzeugs SchR 11 S. 53
— eines Jugendlichen im landwirtschaftlichen Betrieb SchR 9 S. 265
— des Unternehmers in Räumen des Bestellers SchR 7 S. 188
— des selbstversicherten Unternehmers und § 903 RVO. NebenG 2 S. 38
— im Sinne des RHpflG. NebenG 1 S. 231
Unfallanzeige, Unterlassung SchR 9 S. 265
Unfallfolgen, Abänderungsklage bei einem wegen — ergangenen Urteils SchR 1 S. 410
—, Ursächlicher Zusammenhang und Beginn der Verjährung bei neu hervorgetretenen — SchR 9 S. 356
Unfallhaftung beim Lohndreschen NebenG 2 S. 163
Unfallneurose im Kausalzusammenhang mit Unfall SchR 2 S. 121
Unfallrente, Einheitlichkeit der — und § 323 ZPO. SchR 9 S. 125
—, zeitliche Begrenzung SchR 9 S. 189
Unfallverhütungsvorschriften der Berufsgenossenschaften, Bedeutung NebenG 2 S. 41
—, Haftbarkeit der Berufsgenossenschaft für schuldhafte Handhabung von —? NebenG 2 S. 26
— und Eilbedürftigkeit der Arbeit NebenG 2 S. 169
—, Kausalzusammenhang zwischen Verletzung von — und Unfall SchR 9 S. 262
Unfallversicherung, Ausschluß der Amtshaftung bei Möglichkeit des Ersatzes aus — SchR 11 S. 211
—, Anrechnung der Leistungen aus einer — auf Schadensersatzanspruch gegen Staat wegen Amtspflichtverletzung eines Beamten SchR 11 S. 202
—, Betriebsunfall in einem anderen Betrieb desselben Unternehmers NebenG 2 S. 22
—, Übergang von —sansprüchen des Fluggastes auf die Berufsgenossenschaft? NebenG 2 S. 111
—, Anrechnung der Leistungen der — auf den vom Kraftwagenhalter zu zahlenden Schadensersatz SchR 2 S. 94
— und Krankenversicherung §§ 1524, 1542 RVO. NebenG 2 S. 59
—, Anspruch aus — und Vorbehaltsgut FamR 1 S. 381
Unfruchtbarkeit der Frau, Eheaufhebung wegen — FamR 1 S. 40
Ungarn, Wirksamkeit der Scheidung einer Ehe zwischen einem — und einer Österreicherin bei Scheidung in Ungarn AllgT 1 S. 179
Ungerechtfertigte Bereicherung **SchR 8 S. 186—Ende**
—, Eigentumserwerb abhanden gekommener Sachen durch Verarbeitung und Anspruch auf Herausgabe der —n — SaR 1 S. 360

Ungerechtfertigte Bereicherung, Geltendmachung von —r — gegenüber Ersitzung AllgT 2 S. 61
—, Haftung des Mannes aus —r — des Gesamtguts bei der Errungenschaftsgemeinschaft FamR 2 S. 33
—, Ansprüche aus —r —bei Bebauung zweier Grundstücke mit zusammenhängenden Fabrikgebäuden, wenn der Kaufvertrag über ein Grundstück nichtig SaR 1 S. 235
—, Voraussetzungen des Ausschlusses der strengeren Haftung des Empfängers nach § 819 BGB. bei anfechtbaren Rechtsgeschäften SchR 8 S. 344
—, Rücktritt vom Leibrentenvertrag nach den Vorschriften über — — SchR 6 S. 243
— des Mündels bei Veräußerung eines Mündelgrundstücks ohne vormundschaftliche Genehmigung FamR 2 S. 275
— und Sachmängelhaftung SchR 5 S. 195
—, Zurückforderung eines einem späteren Zessionar erteilten Schuldanerkenntnisses wegen —r — bei mehrfach abgetretener Forderung SchR 4 S. 70
— und Verstoß gegen gute Sitten AllgT 2 S. 405
—, Verjährung des Anspruchs aus —r — nach § 852 BGB. AllgT 4 S. 164
—, Nicht rechtzeitig erhobene Wandlungsklage und Anspruch auf Rückgewähr des Kaufpreises unter dem Gesichtspunkt der —n — AllgT 4 S. 214
— s. auch Kondiktion und Wegfall der Bereicherung

Ungewißheit über die Person des Gläubigers, Hinterlegung aus diesem Grunde SchR 3 S. 419

Uniformierter Grenzzollbeamter, Mitführen einer Dienstwaffe eines —n —n auf einem privaten Gang als Ausübung öffentlicher Gewalt? SchR 11 S. 193

Unkenntnis von der Ausschließung der Verwaltung und Nutznießung des Mannes seitens des Vertragsgegners i. S. d. § 1435 BGB. FamR 2 S. 68

Unlauterer Wettbewerb und Namensrecht AllgT 1 S. 297

Unmittelbarer Besitz, Aufgabe des —n —es und mittelbarer Besitz SaR 1 S. 23
— **Besitzer** oder Besitzdiener bei gepfändeten, im Gewahrsam belassenen Sachen SaR 1 S. 17

Unmöglichkeit der Erfüllung und Bereicherung SchR 8 S. 214
—, Rechtskräftig zuerkannter Anspruch auf Herausgabe und Schadensersatz wegen — der Herausgabe SchR 1 S. 337
— der Erfüllung eines Mietvertrages und Kündigung, Verhältnis der in Betracht kommenden gesetzlichen Bestimmungen SchR 5 S. 361
— der Rückgabe von geliehenen Bierflaschen an Brauerei SchR 7 S. 16
—, Wandlung und — der Rückgabe beim Kauf SchR 1 S. 18
—, Einfluß der — der Versendung beim Versendungskauf SchR 5 S. 24
—, Wertersatz bei — der Herausgabe des Grundstücks, § 818 II BGB. SchR 8 S. 316

Unmöglichkeit der Leistung beim Abladegeschäft SchR 1 S. 143
—, Ersatzherausgabe bei — — — infolge behördlicher Anweisung SchR 1 S. 180
—, Ersatzherausgabe, wegen der infolge Beschlagnahme eingetretenen — — — zukünftiger Sachen SchR 1 S. 188
—, Anwendung der Vorschriften auf Dienstverträge SchR 3 S. 124
— bei Gattungskäufen SchR 1 S. 118
— bei der Gattungsschuld SchR 1 S. 247, 321
— beim Milchlieferungsvertrag SchR 1 S. 183
— und mitwirkendes Verschulden des Vertragspartners SchR 1 S. 201

Unmöglichkeit der Leistung, Rücktritt und zu vertretende — bzgl. der Rückgewähr des Empfangenen seitens des Rücktrittsberechtigten SchR 3 S. 344
—, Teilweise — SchR 3 S. 212
— und beiderseitiges Verschulden SchR 3 S. 95
—, Einwand der — gegen Klage aus § 283 BGB., wenn diese bei Urteilsfällung schon vorlag SchR 1 S. 312
—, Verurteilung zur Leistung bei — — — zur Zeit der Urteilsfällung SchR 1 S. 312
—, Verurteilung zu dem ursprünglichen Leistungsgegenstand oder auf Schadensersatz? SchR 1 S. 146
—, Zu vertretende —, Voraussetzungen SchR 3 S. 212
—, Vertretbare — beim Kauf einer noch nicht im Besitz des Verkäufers befindlichen Sache SchR 1 S. 334
— wegen Geldmangels und Verzugs SchR 1 S. 87
—, Von vornherein bestehende — SchR 5 S. 103
—, Zeitweilige —, Folgen SchR 3 S. 176

Unrichtige Angabe des Kaufpreises und § 313 BGB. SchR 2 S. 342
— Auskunft einer Depositenkasse AllgT 1 S. 357
— Führung der Steuerlisten als Amtspflichtverletzung SchR 11 S. 244
— Gebührenberechnung durch einen Anwalt, Haftung dafür SchR 7 S. 61
— notarielle Ausfertigungen von Hypothekenabtretungerklärungen und gutgläubiger Erwerb der Hypothek SaR 2 S. 365

Unrichtiger Rat, Haftung des Vormundschaftsrichters für —n — in einer Pflegschaft SchR 11 S. 6

Unsittlicher Lebenswandel, Verweigerung der Aussteuer wegen —n —s FamR 2 S. 157

Unsittlicher Lebenswandel, Verwirkung des Unterhaltsanspruchs der geschiedenen Ehefrau bei Unterhaltung einer eheähnlichen Geschlechtsverbindung? SchR 10 S. 275

Unsittlichkeit des schuldrechtlichen Grundgeschäfts bedingt nicht Nichtigkeit des dinglichen Erfüllungsgeschäfts SaR 1 S. 372
— s. auch Gute Sitten, Verstoß gegen — —

Unteilbarkeit des Rücktrittsrechts i. S. d. § 356 BGB. bei einer Erbengemeinschaft SchR 3 S. 369

Unterbrechung der Verjährung durch in schlüssiger Handlung zu sehendes Anerkenntnis einer Schadensersatzpflicht SchR 10 S. 50
—, Beginn der neuen Verjährung AllgT 4 S. 130
— nach § 211 II 2 BGB. AllgT 4 S. 186
— durch Feststellungsantrag AllgT 4 S. 272
— durch Feststellungsklage einer Berufsgenossenschaft wegen eines Ersatzanspruchs aus § 1 RHpflG. NebenG 2 S. 6
— durch Verteidigung gegen eine verneinende Feststellungsklage AllgT 4 S. 252
— durch gerichtliche Geltendmachung eines Teils des Anspruchs AllgT 4 S. 120, 136 SchR 7 S. 123
— des Nachbesserungsanspruchs durch Geltendmachung im Prozeß SchR 7 S. 137
— durch Klageerhebung AllgT 4 S. 165
— durch Klageerhebung im Ausland AllgT 4 S. 218
— durch Klageerhebung und Ruhen des Verfahrens AllgT 4 S. 226, 242
— durch Klageerhebung bei einem unzuständigen Gericht AllgT 4 S. 136 SchR 1 S. 358
— des Pflichtteilsanspruchs ErbR 2 S. 416, 421

Unterbrechung der Verjährung und Prozeßhandlung i. S. d. § 211 II BGB. AllgT 4 S. 145
— bei Ablauf der Frist an einem Sonntag und Zustellung der Klage am folgenden Tage AllgT 4 S. 249
— und Schuldübernahme SchR 4 S. 315
—, Endigung während eines Sühneverfahrens AllgT 4 S. 209
— durch Vornahme einer Vollstreckungshandlung AllgT 4 S. 206
— durch nicht ordnungsmäßig zugestellten Zahlungsbefehl AllgT 4 S. 119

Unterhalt, Änderung eines Vollstreckungstitels auf — bei veränderter Gesetzgebung FamR 1 S. 292
— der geschiedenen Ehefrau und Einfluß von Gehaltserhöhungen auf den — FamR 1 S. 252
— für die Vergangenheit FamR 2 S. 133

Unterhaltsabkommen zwischen getrennt lebenden Ehegatten FamR 1 S. 329, 354
—, Wegfall der Geschäftsgrundlage bei — zwischen geschiedenen Eheleuten AllgT 3 S. 276
—, die die Ehescheidung erleichtern FamR 1 S. 266, 278
— nach der Scheidung FamR 1 S. 284
—, Nichtigkeit eines —s vor Rechtskraft des Scheidungsurteils FamR 1 S. 295
— zwischen unehelicher Mutter als Vertreterin des Kindes und Vater, Einwendungen dagegen FamR 2 S. 210
—, Veränderte Umstände bei —n SchR 2 S. 157

Unterhaltsanspruch des geschiedenen Ehegatten gegen Erben FamR 1 S. 274
— des geschiedenen Ehegatten im Verhältnis zum — der Kinder FamR 1 S. 225
— geschiedener Ehegatten und unrichtiges Scheidungsurteil SchR 10 S. 275

Unterhaltsanspruch, Versagung des —s der geschiedenen Ehefrau wegen Verschuldens FamR 1 S. 290
—, Bemessung des —s der Hinterbliebenen, § 844 BGB. SchR 10 S. 247
— der minderjährigen unverheirateten Kinder gemäß § 1602 II BGB. FamR 2 S. 131
—, Ubergang des —s des unehelichen Kindes auf Ehemann der Kindesmutter, der dem Kinde bis zur Anfechtung der Ehelichkeit Unterhalt gewährt hat FamR 2 S. 216
—, *§ 844 BGB.*, *Schadensersatz* wegen Entziehung des —s SchR 9 S. 140
—, Vereitelung SchR 9 S. 130
— Verwirkung vertraglich geregelter —e FamR 1 S. 293

Unterhaltsbedürftigkeit, Begriff FamR 2 S. 128

Unterhaltsbeiträge, Herabsetzung der einem ausscheidenden Beamten vertraglich zugesicherten — durch das Gericht SchR 2 S. 77

Unterhaltsberechtigte, Haftungsgrenze nach § 12 KFG. bei mehreren —n NebenG 1 S. 62
—, Rente auf Lebenszeit? SchR 9 S. 214

Unterhaltsgewährung des Vaters gegenüber unverheiratetem Kind und Sorgerecht der Mutter, kraft dessen sie Aufenthalt des Kindes bestimmen kann FamR 2 S. 127

Unterhaltsklage eines Ehegatten in Form einer Klage auf Herstellung des ehelichen Lebens FamR 1 S. 322

Unterhaltspflicht FamR 2 S. 116—139
— der Abkömmlinge FamR 2 S. 117
— ausländischer Ehegatten AllgT 1 S. 20
— des früheren Ehemanns nach Aufhebung der Ehe FamR 1 S. 244
— des geschiedenen Ehemanns FamR 1 S. 261
— der Verwandten der Ehefrau im Verhältnis zur — des Ehemannes FamR 2 S. 131

Unterhaltspflicht der Eltern gegenüber dem minderjährigen Kind FamR 2 S. 120
—, Schadensersatz des Ehebrechers wegen der — des Ehemannes gegenüber einem im Ehebruch erzeugten, während der Ehe geborenen Kinde, dessen Ehelichkeit nicht mehr anfechtbar ist FamR 2 S. 95
— des unehelichen Vaters trotz Spätgeburt FamR 2 S. 214
—, Schadensersatz wegen Entziehung der — FamR 2 S. 189
—, Vergleich über — FamR 2 S. 116

Unterhaltsrente, Ablehnung der Zahlung einer unabänderlich vereinbarten — SchR 2 S. 170
—, Berechnung der — der Witwe eines verunglückten Beamten nach § 3 II RHpflG. NebenG 1 S. 307

Unterhaltsschuld, Bürgschaft für eine — geschiedener Ehegatten SchR 2 S. 146

Unterhaltsverpflichteter, Ermittlung des Schadens bei Tötung des —n SchR 9 S. 229
—, Schadensersatzanspruch bei Tötung eines —n SchR 9 S. 88

Unterhaltsvertrag s. Unterhaltsabkommen

Unterhaltszahlung ins Ausland SchR 2 S. 162
—, Vertrag über Dienstleistungen gegen —, aber ohne Rechtsanspruch auf Entgelt für die Arbeit, § 826 BGB. SchR 10 S. 195

Unterlassener Rechtsbehelf, Bedeutung des —n —s, wenn dadurch zwar Beseitigung der schädigenden Amtshandlung nicht aber Abwendung des Schadens zu erreichen gewesen wäre SchR 11 S. 240

Unterlassung der Unfallanzeige SchR 9 S. 265

Unterlassungsanspruch gegen Stauanlagen für Wassertriebwerke SaR 2 S. 30
—, Zurückbehaltungsrecht wegen einer Geldforderung gegenüber einem — SchR 2 S. 90

Unterlassungsklage bei Beleidigung SchR 10 S. 93
— wegen Ehebruchs FamR 1 S. 339
— betr. schikanöse Rechtsausübung AllgT 4 S. 278
—, Rechtsschutzbedürfnis, wenn Handlung mit Strafe bedroht SchR 10 S. 193
— wegen übler Nachrede SchR 9 S. 327
— bei Verbreitung unwahrer Tatsachen SchR 9 S. 75
—, Zulässigkeit und Voraussetzungen der vorbeugenden — SchR 9 S. 286, SchR 10 S. 1
—, Vorbeugende — und Erledigung des Rechtsstreits SchR 10 S. 213
—, Vorbeugende — gegen früheren Verlobten bzgl. Zusendung von Briefen u. dgl. SchR 10 S. 287
—, Wiederholungsgefahr bei vorbeugender — SchR 10 S. 314
— und Widerrufsklage gegen Beamten mit der Behauptung, er habe in einem Gutachten schuldhaft unwahre Angaben gemacht SchR 11 S. 154

Unterlassungspflicht, Vertragsstrafe bei Verstoß gegen — SchR 3 S. 327

Unterlassungsverpflichtung, Haftung für Erfüllungsgehilfen SchR 1 S. 38

Unterleibstuberkulose der Frau als Eheaufhebungsgrund FamR 1 S. 38

Untermäkler, Treupflicht des —s gegen Hauptmäkler SchR 7 S. 216

Untermieter, Rücktritt des Hauptvermieters vom Vertrage und Rechte desselben gegen — SchR 6 S. 148

Unternehmen, Besonderer Garantievertrag und Gewährleistungsansprüche nach § 459 BGB. beim Verkauf eines —s SchR 5 S. 230

Unternehmer i. S. d. § 903 RVO., Begriff NebenG 2 S. 77
—, Bevollmächtigter des —s nach § 899 RVO. NebenG 2 S. 71
—, Ersatzanspruch der Berufsgenossenschaft gegen — bei Bestellung eines Betriebsleiters NebenG 2 S. 55

Unternehmer, Ersatzanspruch der Berufsgenossenschaft gegen — bei Übertragung seiner Pflichten auf einen anderen NebenG 2 S. 41

Unternehmerbetrieb, Zur Frage der Beaufsichtigung des —s durch die Berufsgenossenschaft NebenG 2 S. 147

—, Verletzung von Straßenverkehrsvorschriften eines im — einer öffentlich-rechtlichen Körperschaft stehenden Beamten und Schutzvorschrift des § 839 I BGB. SchR 11 S. 102

Unternehmervertrag, Kurze Verjährung der Forderungen aus — AllgT 4 S. 132

Unterpacht, Herausgabepflicht des Unterpächters bei der — SchR 6 S. 186

Unterschlagung, Bewußtsein der Rechtswidrigkeit bei der —. Eigentumserwerb an dem unterschlagenen Geld durch bösgläubigen Darlehnsempfänger SchR 6 S. 371

Unterschrift, Prüfungspflicht des Beamten einer Gemeindekasse bei Vorlage von Quittungen auf Echtheit der — AllgT 4 S. 1

— des Erblassers auf dem Umschlag beim eigenhändigen Testament ErbR 2 S. 339

—, Rechtswirksamkeit geschäftlicher Erklärungen eines kaufmännischen Angestellten ohne Handlungsvollmacht auf Postkarten mit vorgedruckter Firma statt — AllgT 4 S. 52

— im notariellen Protokoll vor Feststellungsvermerk NebenG 3 S. 157

— bei Schuldversprechen durch Faksimile SchR 8 S. 119

Unterschriftsbeglaubigung, Belehrungspflicht des Notars bei — NebenG 3 S. 208

Untervermieter, Haftung des —s im Falle der Zwangsversteigerung des Grundstücks SchR 5 S. 367

Untervollmacht, Zur Frage der Wirksamkeit von Verträgen zwischen Unterbevollmächtigten im Namen des Machtgebers und Bevollmächtigten, von dem er die — erhalten AllgT 4 S. 68

Untreue, § 266 StGB. als Schutzgesetz SchR 9 S. 352

Unübersehbarkeit der Verhältnisse, Schadensersatz SchR 10 S. 136

Unübersichtliche Wegestelle i. S. der KFVo. NebenG 1 S. 139

Unverheiratetes Kind, Unterhaltspflicht der Eltern gegenüber —m — FamR 2 S. 127

Unvermögen zur Leistung und Schadensersatz SchR 3 S. 88

— des Käufers zur Herausgabe des Kaufgegenstandes bei der Wandlung SchR 3 S. 350

— s. auch Unmöglichkeit der Leistung

Unverzüglichkeit, Begriff der — bei der Irrtumsanfechtung, § 121 BGB. AllgT 2 S. 145 AllgT 3 S. 66

Unwahre Angaben, Unterlassungs- und Widerrufsklage gegen einen Beamten mit der Behauptung, er habe in einem Gutachten — — gemacht SchR 11 S. 154

Unwesentliche Bestandteile eines Grundstücks bewegliche Sachen? AllgT 2 S. 38

Unwiderruflichkeit, Zur Frage der — der bei Gericht eingereichten Löschungsbewilligung einer Eigentümergrundschuld SaR 1 S. 49

—, Privatschriftliche Vollmachtsurkunde, aus der die — der Vollmacht hervorgeht, beim Grundstückskauf AllgT 4 S. 64

Unwirksamkeit eines Erbauseinandersetzungsvertrages wegen fehlender gesetzlicher Vertretung Minderjähriger und § 139 BGB. AllgT 4 S. 42

— eines Vergleichs SchR 8 S. 95, 102

Unzulässige Eintragung u. Löschung von Amts wegen NebenG 3 S. 57

Unzulässige Eintragung und öffentlicher Glaube des Grundbuchs SaR 2 S. 368

Unzulässige Rechtsausübung SchR 2 S. 170
—, Berufung auf bereits abgewickelten Vertrag eine — —? SchR 10 S. 251
— bei Geltendmachung der Nichtigkeit wegen Formmangels AllgT 3 S. 198 SchR 3 S. 1
—, Einwand —r — gegenüber der Verjährungseinrede SchR 10 S. 221
—, Einwand —r — gegenüber der Einrede der Verjährung in einer verneinenden Feststellungsklage SchR 2 S. 96
— infolge Verhinderung der Verhältnisse bei Ausübung eines Wegerechts SaR 2 S. 242
— s. auch Arglist

Unzurechnungsfähiger, Zur Haftung eines —n SchR 9 S. 256

Unzuständiges Gericht, Unterbrechung der Verjährung durch Klageerhebung beim —n — AllgT 4 S. 136 SchR 1 S. 358

Urkunden, Gerichtliche und notarielle — **NebenG 3 S. 145—218**
—, Recht auf Einsicht in Sippen— SchR 8 S. 184
—, Vermutung der Vollständigkeit AllgT 2 S. 178, 329

Urkundsbeamter, Weitere Beschwerde zu Protokoll des —n NebenG 3 S. 248

Urkundsperson, Bürgermeister als — bei Kaufvertrag der Stadt mit Dritten NebenG 3 S. 149
—, Mitwirkung des Notars als — bei Kindesannahme NebenG 3 S. 183
—, Unfähigkeit zur Mitwirkung als —, § 171 Nr. 1 FGG. NebenG 3 S. 170

Ursächlicher Zusammenhang s. Kausalzusammenhang

Urteil, Form und Inhalt eines —s SchR 7 S. 1

Urteil, Verbotene Eigenmacht und Berufung auf früheres — auf Herausgabe der Sache SaR 1 S. 28
—, Erschleichen eines rechtskräftigen —s SchR 9 S. 166 SchR 10 S. 270
—, Ausnutzung eines unrichtigen rechtskräftigen Versäumnis-—s SchR 10 S. 266
— über den Anspruchsgrund beim Einwand der Vorteilsausgleichung SchR 1 S. 295
—, Wirksamkeit der Zustellung eines —s bei Verschiedenheit der Richter in Eingangsvermerk und Unterschrift AllgT 1 S. 350
— s. auch Rechtskraft

Urteilsfällung, Maßgebender Zeitpunkt für Schadensbemessung, Kaufabschluß oder — SchR 2 S. 23
—, Verurteilung zur Leistung bei Unmöglichkeit der Leistung bei — SchR 1 S. 312

Urteilsformel bei Wahlschuld SchR 1 S. 442

Valutierte Grundschuld s. Nicht valutierte Grundschuld

Vater, Haftung für geisteskranken Sohn SchR 9 S. 233
—, Haftung des —s für Prozeßkosten betr. Rechtsstreit des Kindes FamR 2 S. 162
—, Verfügungsrecht des —s über Kindesvermögen FamR 2 S. 154
—, Vertretungsmacht des —s im Falle des § 1795 I Nr. 2 BGB. FamR 2 S. 148

Vaterschaftsanerkenntnis, Anfechtung des —ses wegen arglistiger Täuschung FamR 2 S. 196
—, Klage auf Feststellung des Nichtbestehens der unehelichen Vaterschaft beim Vorliegen eines —ses FamR 2 S. 210
— eines Minderjährigen bei fehlender Zustimmung des gesetzlichen Vertreters und Rechtshilfeersuchen des Vormundschaftsgerichts NebenG 3 S. 135, 138

Verabredung der Beurkundung eines Vertrages, § 154 II BGB. AllgT 3 S. 297

Veränderte Umstände, Interessenausgleich wegen —r — bei gegenseitigem Vertrag SchR 1 S. 261

—, Rücktritt vom Vertrage wegen —r — SchR 3 S. 24

— bei einer Schenkung unter Auflage SchR 5 S. 339

— bei Unterhaltsverträgen SchR 2 S. 157

—, Vorleistungspflicht des Verkäufers und Rechte desselben wegen —r — SchR 3 S. 35

Veränderung, Berücksichtigung künftiger —en bei Schadensersatzrente NebenG 2 S. 62

— der Verhältnisse, Wirkung auf ersessenes Wegerecht SaR 2 S. 242

Veranstalter, Haftung des —s eines Motorradrennens SchR 7 S. 170

Verarbeitung, Eigentumserwerb abhanden gekommener Sachen durch — und Anspruch auf Herausgabe der Bereicherung SaR 1 S. 360

Veräußerung einer Sache durch Besitzer vor Rechtshängigkeit und Schadensersatzanspruch des Eigentümers SaR 2 S. 108

— der Nacherbschaft mit dinglicher Wirkung vor Anfall ErbR 2 S. 185

Veräußerungsverbot bei einer Briefhypothek AllgT 2 S. 335

— gegen den Käufer eines Grundstücks, § 878 BGB. SaR 1 S. 133

—, Erwerb eines Grundstücksrechtes kraft guten Glaubens und Verstoß gegen — AllgT 2 S. 335

—, Relatives — ErbR 2 S. 248

—, Enthält § 514 Satz 1 BGB. ein gesetzliches —? SchR 5 S. 238

Verbindlichkeiten der im gesetzlichen Güterstand lebenden Ehefrau FamR 1 S. 398

—, Eingehung einer — i. S. d. § 817 Satz 2 durch Bestellung einer Grundschuld SchR 8 S. 222

Verbindlichkeitserklärung, Beginn der — eines Tarifvertrages NebenG 2 S. 191

Verborgene Mängel und Untersuchungs- und Erkundigungspflicht beim Grundstückskauf SchR 5 S. 167

Verbot der Aufrechnung gegen eine Forderung aus unerlaubter Handlung gegenüber einem vertraglichen Anspruch, der Tatbestand der unerlaubten Handlung enthält SchR 4 S. 34

Verbotene Eigenmacht und Berufung auf früheres Urteil auf Herausgabe der Sache SaR 1 S. 28

—, Mittelbarer Besitz bei Eigentumsvorbehalt und — — SaR 1 S. 7

— und Selbsthilfe wegen rückständiger Rate beim Abzahlungsgeschäft SaR 1 S. 32

— bei Wegnahme einer Sache zwecks Übergabe an Polizei als Überführungsstück SaR 1 S. 1

Verbotswidriger Vertrag und Einwand eigenen Verschuldens des Geschädigten SchR 2 S. 339

— und Wegfall des Verbots vor dem vereinbarten Leistungstermin SchR 2 S. 338

Verbraucher, Rechtsverhältnis zwischen Fabrikant und — SchR 9 S. 197

Verbreitung ehrenrühriger, aber wahrer Vorgänge über Konkurrenten wettbewerbshalber SchR 9 S. 152

— unwahrer Tatsachen und Klage auf Unterlassung SchR 9 S. 75

Verbriefte Forderungen, Abtretung SchR 4 S. 50

Verbürgung der Gegenseitigkeit, Bekanntmachung der — — — bei Haftung des Staates gegenüber Ausländern SchR 11 S. 145

Verdunkelung, Verantwortlichkeit von Straßenbahn und Fußgänger NebenG 1 S. 322

Verein **AllgT 1 S. 297—337**

—, Ungültige Änderung des —szwecks und deren Folgen AllgT 1 S. 375

—, Stillschweigender Ausschluß der Haftung aus § 708 BGB. durch Satzung SchR 2 S. 35

Verein, Haftung geselliger —e AllgT 1 S. 363

Vereinbarungsdarlehn SchR 7 S. 10

—, Bürgschaft für — SchR 8 S. 9

Vereinigungsfreiheit von Angestellten. Unzulässige Einwirkung des Arbeitgebers NebenG 2 S. 198

— von Gewerbetreibenden und Arbeitern NebenG 2 S. 194

Vererblichkeit, Einsetzung eines Abkömmlings als Nacherben und Ausschluß der — der Nacherbenanwartschaft ErbR 2 S. 221

—, Kenntlichmachen der — der Nacherbschaft auf dem Erbschein ErbR 2 S. 215

Verfallabrede bei einem Verkaufsangebot und unverschuldete Unmöglichkeit der Annahme SchR 3 S. 346

Verfallklausel bzgl. des Eigentums an Grundstücken SaR 3 S. 79

Verfassungsmäßig berufener Vertreter bei den Kapitalgesellschaften des Handelsrechts Allg T 1 S. 432

—, Haftung einer Stadtgemeinde für — —n — AllgT 1 S. 322

— und „Zu einer Verrichtung bestellte Person" AllgT 1 S. 299

Verfrachtung eines Schiffs an einen anderen für eine Ladung und Rechte des Schiffseigentümers gegen den Absender des Ladungsguts SchR 3 S. 288

Verfrühtes Angebot und Schadensersatz wegen Nichterfüllung SchR 3 S. 99

Verfügung der Ehefrau über eingebrachtes Gut FamR 1 S. 375

— des Erben über einen der Verwaltung des Testamentsvollstreckers unterliegenden Gegenstand ErbR 2 S. 248

— eines Erbeserben über seinen Erbteil, der noch zu einem ungeteilten Nachlaß gehört ErbR 2 S. 61

— des Miterben über den Nachlaß ErbR 2 S. 5

Verfügung, Gemeinschaftliche — über einen Nachlaßgegenstand durch Miterben ErbR 2 S. 50

—, Rechtsfolgen bei Aufhebung der eine Eintragung im Grundbuch zurückweisenden — SaR 1 S. 133

— über ein Grundstück i. S. d. § 883 II BGB. SaR 1 S. 84

— des Testamentsvollstreckers zu eigenem Nutzen ErbR 2 S. 235

—, Vermietung mit Gebrauchsüberlassung als — SaR 2 S. 180

— i. S. d. § 2113 BGB. ErbR. 2 S. 200

—, Begriff der Unentgeltlichkeit einer — des Vorerben SaR 1 S. 103 ErbR 2 S. 171

Verfügungsbefugnisse des Testamentsvollstreckers, der zugleich Miterbe ist ErbR 2 S. 226

Verfügungsbeschränkung, Bindung durch Ausstellung der Löschungs- und Eintragungsbewilligung begründet nicht eine — gegenüber Dritten SaR 1 S. 52

—, Einfluß einer — gemäß § 878 BGB. SaR 1 S. 133

—, Vormerkung, eine — i. S. d. §§ 878, 892 BGB.? SaR 1 S. 84

Verfügungsmacht des Mannes über eingebrachtes Gut FamR 1 S. 427

— des Miterben ErbR 1 S. 417

Verfügungsrecht des Vaters über Kindesvermögen FamR 2 S. 154

Vergangenheit, Unterhalt für die — FamR 2 S. 133

Vergleich **SchR 8 S. 83—110**

—, Amtspflichtverletzung des Prozeßrichters bei Beurkundung eines —s durch Versäumung der Prüfung der Vollmacht des Vertreters SchR 11 S. 66

—, Anfechtung eines —s wegen rechtswidriger Drohung AllgT 3 S. 29

—, Außergerichtlicher — und Formzwang, § 313 BGB. SchR 2 S. 352

—, Außergerichtlicher —, Rücktritt von einem solchen SchR 3 S. 369

Vergleich, Rückgriff des Bürgen gegen den Hauptschuldner bei — mit Gläubiger **SchR 8 S. 14**
—, Erfüllung eines —s ErbR 2 S. 454
—, Formerfordernisse eines —s bzgl. Bestätigung eines Grundstücksveräußerungsvertrages SchR 1 S. 204
— zur Abwendung des Konkurses und Berufung des Bürgen darauf SchR 7 S. 379
— u. abstraktes Schuldanerkenntnis SchR 8 S. 112
—, Schwarzkauf eines Grundstücks und —, *§ 313 BGB*. SchR 2 S. 386
—, Verstoß gegen gute Sitten bei Auferlegung von Beschränkungen bzgl. künstlerischer Betätigung in einem — AllgT 2 S. 266
—, Sittenwidriges Handeln durch Erlangung eines Zahlungsversprechens nach — SchR 9 S. 175
—, Ein vor dem Zwangsvollstreckungsrichter geschlossener — über ein Grundstück und § 313 BGB. SchR 2 S. 418
Vergleichsverfahren, Beteiligung Absonderungsberechtigter im — SchR 8 S. 140
Vergütung für Rechtsverlust aus § 951 BGB. SaR 1 S. 379
—, Verjährung einer — für die Übertragung von Auflassungsrechten an Grundstücken AllgT 4 S. 201
—, Entschädigung wegen unterlassener Mitwirkung des Bestellers und vereinbarte — SchR 7 S. 149
Vergütungsanspruch der Ehefrau für im Geschäft des Mannes geleistete Dienste FamR 1 S. 361
— der Ehefrau für die Führung des Geschäfts ihres im Kriege befindlichen Ehemannes FamR 1 S. 334
— des Nachlaßpflegers ErbR 1 S. 400
Verhältnis des Bürgerlichen Gesetzbuchs zu den Landesgesetzen **AllgT 1 S. 196—208**
— des Bürgerlichen Rechts zu den Reichsgesetzen **AllgT 1 S. 190—195**
Verhältnis von Vorleistung und Gegenleistung bei einem gegenseitigen Vertrage SchR 3 S. 66
Verhandlungsgrundsatz, Anwendung AllgT 3 S. 339
Verheiratete Person, Nichtigkeit des Verlöbnisses einer —n — FamR 1 S. 11
Verhinderung, Schadensersatzpflicht des Anbietenden bei — der Annahme des Angebots durch denselben AllgT 2 S. 77
— des Eintritts einer aufschiebenden Bedingung AllgT 3 S. 376, 380
— des einen von zwei Testamentsvollstreckern an der Teilnahme an einem Rechtsgeschäft ErbR 2 S. 226
Verjährbarkeit einer Forderung nach deutschem und Unverjährbarkeit nach ausländischem Recht AllgT 1 S. 77
Verjährte Schuld, Schriftform bei Umwandlung einer —n — in eine Darlehnsschuld SchR 8 S. 122
Verjährter Anspruch, Vertragsmäßiges Anerkenntnis eines —n —s und Schriftform SchR 8 S. 122
Verjährung **AllgT 4 S. 120—274**
—, Unkenntnis der Staatshaftung für Amtspflichtverletzung eines Beamten und — nach § 852 BGB. SchR 10 S. 112
—, Einrede der Arglist gegen — SchR 1 S. 143, 353
— des Schadensersatzanspruchs aus § 945 ZPO. (Arrest) SchR 9 S. 135 SchR 10 S. 221
— des Auflassungsanspruchs SaR 2 S. 92
—, Einwand unzulässiger Rechtsausübung gegenüber der Einrede der — in einer verneinenden Feststellungsklage SchR 2 S. 96
— des Anspruchs aus Geschäftsführung SchR 9 S. 196
— einer Geschäftsschuld bei Geschäftsübernahme SchR 4 S. 304

Verjährung, Hemmung der — und Feststellungsklage oder Klage auf künftige Leistung SchR 6 S. 153
— des Wandlungsanspruchs, Hemmung AllgT 4 S. 214
— von Ansprüchen gegen Kassenärzte SchR 8 S. 89
— eines Schadensersatzanspruchs nach § 477 III BGB. SchR 5 S. 50, 125
—, Aufrechnung des Schadensersatzanspruchs wegen mangelhafter Lieferung beim Gattungskauf und — nach § 477 I BGB. SchR 4 S. 341
— des Ersatzlieferungsanspruchs des Käufers auf mangelfreie Ware SchR 5 S. 73
— der Gewährleistungsansprüche SchR 5 S. 193
— der Gewährleistungsansprüche bei Verpflichtung des Verkäufers zur Nachbesserung SchR 7 S. 147
— der Gewährleistungssprüche und eine vom Verkäufer nach Handelsgebrauch zu leistende sechsmonatige Garantie SchR 5 S. 44
— des Gewährleistungs- bzw. Schadensersatzanspruches bei einem formnichtigen, jedoch geheilten Grundstückskaufvertrag SchR 5 S. 187
— des Schadensersatzanspruchs des Käufers SchR 5 S. 125
— des Schadensersatzanspruchs eines Grundstückskaufes wegen Nichtbestehens einer zugesicherten Grunddienstbarkeit SchR 5 S. 47
— eines Schadensersatzanspruches wegen Nichterfüllung, weil nur ein Teil der bedungenen Ware geliefert wurde SchR 5 S. 124
— der Schadensersatzansprüche wegen Verschuldens beim Vertragsschluß SchR 5 S. 160
— der Ersatzansprüche des Vermieters SchR 6 S. 2
— des Verwendungsanspruchs des Pächters SchR 6 S. 182
— des Anspruchs des Pächters auf die Übertaxe des Pachtinventars SchR 6 S. 53

Verjährung des Anspruchs auf Zurückzahlung einer unter Vorbehalt zurückgegebenen Pachtsicherheit SchR 6 S. 153
— des Pflichtteilsanspruchs ErbR 2 S. 371, 416, 421, 431, 437
— des Anspruchs gegen Rechtsanwalt SchR 7 S. 140
— von Rentenansprüchen SchR 9 S. 147
— des Schadensersatzanspruchs aus unerlaubter Handlung AllgT 1 S. 427
— von im Ausland begangenen unerlaubten Handlungen AllgT 1 S. 84
— des Anspruchs aus § 829 BGB. SchR 9 S. 256
— nach § 852 I und § 839 I 2 BGB. SchR 11 S. 220
— des Ausgleichungsanspruchs SchR 9 S. 102
—, Bedeutung der — der Ansprüche des Verletzten für Ersatzanspruch der Berufsgenossenschaft NebenG 2 S 86
— des Ersatzanspruchs gegen Hehler SchR 9 S. 346
— des Ersatzanspruchs aus Werkvertrag, § 633 III BGB. SchR 7 S. 132
— der Minderungseinrede beim Werklieferungsvertrag SchR 7 S. 139
—, s. auch Unterbrechung der — und Kurze —

Verjährungsbeginn bei Schadensersatzansprüchen wegen Amtspflichtverletzung SchR 11 S. 87
— bei fortgesetzten Immissionen auf das Grundstück SchR 9 S. 310
— nach dem KFG. NebenG 1 S. 54
— nach dem RHpflG. NebenG 1 S. 201
— nach §§ 831, 836 BGB. SchR 10 S. 35
— nach § 852 BGB. SchR 10 S. 107, 253
— nach § 852 BGB. bei Übergang des Anspruchs auf Berufsgenossenschaft NebenG 2 S. 90
— wegen neu hervorgetretener Unfallfolgen SchR 9 S. 356

Verjährungsfrist, Auswirkung der Rückwirkung der Genehmigung auf Beginn der — AllgT 4 S. 92
—, Verlängerung der — des § 477 BGB. SchR 4 S. 373
— des § 638 BGB. und Schadensersatzansprüche des Bestellers SchR 7 S. 124
—, Einrechnung des Tages der Protesterhebung in die — des Art. 78 Nr. 1 WO. AllgT 4 S. 119

Verkauf, Verstoß gegen gute Sitten beim — einer Arztpraxis AllgT 2 S. 162
— der Praxis eines verstorbenen Arztes und Erfordernis der vormundschaftsgerichtlichen Genehmigung im Falle der Beteiligung Minderjähriger FamR 2 S. 321
— gefälschter Dollarnoten, Haftung dafür SchR 5 S. 110, 112
— einer zur Hinterlegung nicht geeigneten Sache bei Annahmeverzug des Gläubigers und Befreiung des Schuldners SchR 3 S. 406
— einer Erbschaft ErbR 2 S. 185
— des Erbanteils und Vorkaufsrecht der übrigen Miterben ErbR 2 S. 65
— eines Geschäfts, stillschweigendes Wettbewerbsverbot dabei AllgT 3 S. 360
— eines Nachlaßgrundstücks durch einen Testamentsvollstr. zwecks Erbteilung ErbR 2 S. 257
— eines nicht bestehenden Rechts, Haftung dafür SchR 4 S. 409
—, Haftung des zweiten Käufers bei zweimaligem — einer Sache auf Herausgabe oder Geldersatz SchR 9 S. 317
— eines fremden Vermögens und § 311 BGB. SchR 2 S. 283

Verkäufer, Lieferant als Erfüllungsgehilfe des —s gegenüber dem Käufer SchR 1 S. 330
—, Pflichten des —s eines Grundstücks SaR 1 S. 84
—, Vorleistungspflicht des —s und Rechte desselben wegen veränderter Umstände SchR 3 S. 35

Verkaufsangebot, Abtretung der Rechte aus einem wegen Formmangels nichtigen — SchR 4 S. 129
—, Geldversprechen für Bindung an ein — von Grundstücken und § 313 BGB. SchR 2 S. 261
—, Verfallabrede bei einem — und unverschuldete Unmöglichkeit der Annahme SchR 3 S. 346

Verkaufsberechtigter, Vormerkungsschutz des —n und behördliche Genehmigung des Kaufvertrages SchR 4 S. 247

Verkaufsräume, Vertragliche Haftung für Sicherheit der — eines gewerbsmäßigen Verkäufers SchR 4 S. 411

Verkaufsrecht eines Miterben bei Verpfändung eines Erbanteils SaR 3 S. 304

Verkehr, Haftung des Gastwirts für Personen, die zum — in Gaststube kommen SchR 7 S. 298
—, In den — bringen von Grundschuldbriefen auf den Inhaber SaR 3 S. 190
—, Haftung des Grundstückseigentümers gegenüber Dritten, wenn Mieter — in den Mieträumen eröffnet hat SchR 5 S. 372
—, Überwachungspflicht des Vermieters bzgl. —s im Hause SchR 6 S. 77

Verkehrsanstalt, Begriff der — i. S. d. § 978 BGB. SaR 1 S. 367

Verkehrsanwalt, Erfüllungsgehilfe des Berufungsanwalts? SchR 2 S. 104
—, Mitwirkendes Verschulden des —s SchR 2 S. 1

Verkehrshypothek, Irrtümliche Eintragung einer Sicherungshypothek statt einer — SaR 3 S. 50

Verkehrssicherheit, Haftung für — beim Beherbergungsvertrag SchR 6 S. 220
—, Pflicht des Dienstberechtigten zur — SchR 7 S. 99
—, Haftung des Hauseigentümers für — neben dem Mieter eines Ladens SchR 9 S. 258

Verkehrssicherheit, Haftung für — des Zugangs zu einem Mietshaus SchR 10 S. 279
—, Haftung für — des Zugangs zum Zug, Beweislast NebenG 1 S. 260
—, Haftung einer Gemeinde für — beim Seebadbetrieb SchR 10 S. 54
—, Haftung einer Stadtgemeinde für — der Straßen und Entlastungsbeweis nach § 831 BGB. SchR 8 S. 98
—, Haftung einer Verkehrsgesellschaft für — eines öffentlichen Platzes SchR 9 S. 349
Verkehrssorgfaltspflichten bei Straßenbauarbeiten NebenG 1 S. 68
Verkehrszeichen, Verantwortlichkeit für gefährliche Aufstellung eines —s SchR 11 S. 229
Verkündung der Verfügungen des überlebenden Teils bei einem gemeinschaftlich. Testament bzgl. Erbvertrag ErbR 2 S. 349
Verlagsrecht an allen Auflagen AllgT 3 S. 29, 136
Verlagsvertrag, Rücktritts- und Kündigungsrecht des Verfassers AllgT 3 S. 136
Verlängerung, Formbedürftigkeit der — der Auflassungsfrist SchR 2 S. 281
—, Haftung des Bürgen bei nachträglicher — des Kredits SchR 8 S. 29
— der Verjährungsfrist des § 477 BGB. SchR 4 S. 373
Verleger, Haftung des —s für ehrenkränkende Ausführungen des Schriftleiters seiner Zeitung SchR 10 S. 302
—, Verantwortlichkeit des —s eines Schriftwerks für üble Nachrede SchR 9 S. 327
—, Haftung des —s einer Zeitung für Falschmeldung über Vermögenslage eines Beziehers SchR 10 S. 140
Verleihung von Arbeitern und §§ 898, 899 RVO. NebenG 2 S. 157
Verleitung zum Vertragsbruch, § 826 BGB. SchR 9 S. 304
Verlesung der Vollmacht als Protokollanlage bei Beurkundung NebenG 3 S. 163
—, Feststellungsvermerk im Protokoll über — und Protokollanlage NebenG 3 S. 175
Verletzter, Begründung einer Amtspflicht der Staatsanwaltschaft gegenüber —m nach § 152 StPO.? SchR 11 S. 183
—, Umschulungspflicht des —n SchR 2 S. 129
Verletzung, Haftung des Meisters für — des Lehrlings bei der Arbeit SchR 7 S. 18
—, Haftung des Warenhausinhabers für — eines Kauflustigen beim Vorlegen von Waren SchR 1 S. 98
Verlöbnis **FamR 1 S. 1—20**
—, Bedingtes —, Schadensersatz bei Bruch des —ses FamR 1 S. 1
—, Beiwohnung vor dem — und Deflorationsanspruch FamR 1 S. 4
—, Rücktritt vom — FamR 1 S. 4
—, Rücktritt vom — als unerlaubte Handlung FamR 1 S. 284
— einer verheirateten Person, Nichtigkeit, Schadensersatzansprüche FamR 1 S. 11
Verlobte, Vorbeugende Unterlassungsklage gegen früheren —n bzgl. Zusendung von Briefen und dgl. SchR 10 S. 287
Verlust des Eigentums, Erwerb und — — — an Grundstücken **SaR 1 S. 303—333**
—, Erwerb und — — — an beweglichen Sachen **SaR 1 S. 333—399**
Vermächtnis, Änderung der Summenzahl eines Geld—ses in einem eigenhändigen Testament ErbR 2 S. 342
— bzgl. eines Grundstücks, das zu dem ungeteilten Nachlaß eines Dritten gehört, bei dem der Erblasser als Miterbe beteiligt ist ErbR 2 S. 252
— gemeinschaftlicher Nutznießung auf Lebenszeit ErbR 2 S. 141

Vermächtnis, Unterschied zwischen Anerkennung des kraft Gesetzes bestehenden Pflichtteilsanspruchs und Anordnung eines —ses ErbR 2 S. 428

Vermächtnisschuld, Erfüllung einer nicht bestehenden — durch Testamentsvollstrecker ErbR 2 S. 252

Vermehrung der Bedürfnisse, Schadensersatzanspruch nach § 3 a RHpflG. NebenG 1 S. 301

Vermeintliches Amt, Vertragsabschluß kraft —n —es und § 177 BGB. AllgT 4 S. 17

Vermengung, Rechte der einzelnen Eigentümer bei — von Getreide SchR 6 S. 310

Vermieter, Haftung für verkehrssicheren Zugang zum Mietshaus SchR 10 S. 279

—, Haftung aus unerlaubter Handlung SchR 9 S. 207

Vermieterpfandrecht und Alleineigentum des Mieters an den eingebrachten Sachen SchR 6 S. 161

—, Rechte des Vermieters SchR 6 S. 113

—, Ausübung des —s und Herausgabe der aus der verpfändeten Sache gezogenen Nutzungen SaR 3 S. 282

—, Erlöschen durch die im Wege der Zwangsvollstreckung erfolgende Entfernung der Sachen von dem Grundstück SchR 5 S. 374

Vermietung, Verantwortlichkeit des Eigentümers auch bei — SchR 9 S. 238

— und Gebrauchsüberlassung als Verfügung SaR 2 S. 180

— von Wohnungen als Gewerbebetrieb i. S. d. § 196 Nr. 1 BGB. AllgT 4 S. 182

Vermögen i. S. d. § 1836 BGB. FamR 2 S. 330

—, Bedeutung der Erklärung, mit dem — haften zu wollen SchR 8 S. 47

—, Verkauf eines fremden —s und § 311 BGB. AllgT 4 S. 15

Vermögen, Formvorschrift des § 311 BGB. bei der Übereignung sämtlicher Vermögensgegenstände einer Gesellschaft SchR 4 S. 201

—, Formzwang des § 311 BGB. für Übertragung einzelner das Vermögen ausmachenden Bestandteile SchR 2 S. 295

Vermögenssteuer, Verpflichtung zur Tragung der — beim Vermögensnießbrauch SaR 2 S. 211

Vermögensübernahme i. S. d. § 419 BGB. AllgT 4 S. 98
SchR 3 S. 242
SchR 4 S. 210, 219, 240, 253

—, Haftung des Übernehmers SchR 4 S. 245

— und öffentlicher Glaube des Grundbuchs SchR 4 S. 219

— und Schuldenhaftung SchR 4 S. 201, 224

—, Einrede der Unzulänglichkeit SchR 4 S. 229

—, Ausübung eines Vorkaufsrechts durch Landlieferungsverband und — SchR 4 S. 247

— und Vorwegbefriedigung des Übernehmers wegen eigner Forderungen SchR 4 S. 234

Vermögensübertragung durch einen Gütergemeinschaftsgenossen FamR 2 S. 36

— zu Sicherungszwecken SchR 4 S. 234

Vermögensverschiebung zwecks Vereitelung des Unterhaltsanspruchs SchR 9 S. 130

Vermutung der Vollständigkeit einer Urkunde AllgT 2 S. 178, 329

Verneinende Feststellungsklage, Unterbrechung der Verjährung durch Verteidigung gegen eine — — AllgT 4 S. 252

Veröffentlichung einer Falschmeldung in Tageszeitung, Haftung des Verlegers dafür SchR 10 S. 140

— wissenschaftlicher Untersuchungen und § 824 BGB. SchR 9 S. 191

Verpächterpfandrecht an auf dem Pachtgrundstück erzeugten Sachen SchR 6 S. 144
Verpfänder, Regreß des Bürgen oder dritten —s und Aufrechnung SchR 7 S. 340
—, Schadensersatzforderung des —s einer fremden Sache, wenn Pfand nicht mehr zurückgegeben werden kann SchR 1 S. 366
Verpfändung, Aufrechnung gegen eine zwecks — anerkannte Forderung SchR 4 S. 53
— des Erbanteils eines Miterben und Bedeutung des Vorkaufsrechts eines anderen Miterben ErbR 2 S. 65
— einer Hypothek in mehreren Urkunden SaR 3 S. 299
— einer Mündelhypothek mit vormundschaftsgerichtlicher Genehmigung FamR 2 S. 250
— des Rechts aus der Lebensversicherung und Folgen für den Dritten im Nachlaßkonkurs des Versicherungsnehmers SchR 3 S. 248
— durch Nichtberechtigte SaR 3 S. 299
— von Wertpapieren durch Nichtberechtigten SaR 1 S. 353
—, Verschleierte — oder Sicherheitskauf AllgT 2 S. 126
Verpfändungsanzeige nach § 1280 BGB. SaR 3 S. 258
Verpflegung, Verjährung von Ansprüchen aus gewerbs- oder berufsmäßiger —, § 196 Nr. 12 GBG. AllgT 4 S. 124
Verpflichtung zur Leistung **SchR 1 S. 1—Ende** **SchR 2 S. 1—241**
Verrichtung, Bestellung zu einer — i. S. d. § 831 BGB. SchR 9 S. 235
—, Leitung der — i. S. d. § 831 I 2 BGB. SchR 9 S. 181, 235
—, Zu einer — bestellte Person und verfassungsmäßig berufener Vertreter, Unterscheidung AllgT 1 S. 299
Verrichtungsgehilfe, Haftung des Geschäftsherrn für —n AllgT 1 S. 423
Verrichtungsgehilfe, Schrankenw ter, der für eine gemeinschaftl Anlage zweier Unterneh tätig, aber nur von einem Un nehmer angestellt, als — SchR 10 S.
Versailler Vertrag und Haftung Reichs für seine Beamten b Fremdstaaten SchR 11 S
Versäumung der Anfechtungsf wegen arglistiger Täuschung Arglisteinrede SchR 1 S.
— der Berufungsfrist, Haftung als Armenanwalt tätigen Rec anwalts dafür SchR 1 S.
Verschaffensvermächtnis, Begriff SaR 2 S. ErbR 2 S.
Verschiebung der Lieferzeit und möglichkeit der Leistung SchR 1 S.
Verschiedene Gesetze **NebenG 2 S. 297—**
Verschlechterung, Wesentliche — Vermögensverhältnisse i. S. § 775 BGB. SchR 8 S
Verschleierte Schenkung SchR 5 S.
Verschulden eines Armenanw bei Versäumung der Berufu frist SchR 1 S.
— eines richterlichen Beamten unrichtiger Gesetzesauslegung SchR 11 S
—, Berücksichtigung groben —s Schädigers bei Bemessung Schmerzensgeldes SchR 10 S
—, Eigenes — des Geschädigten gesetzwidrigem Vertrag (§ BGB.) SchR 2 S.
— durch Nichtzuziehung eines F mannes SchR 9 S.
— bei Übertragung einer Geschlec krankheit SchR 10 S
— des Gerichtsvollziehers bei zeitiger Pfändung SchR 11
— eines Minderjährigen i. S. § 254 BGB. SchR 1 S
— bei Vertragsverhandungen SchR 2 S
—, s. auch Mitwirkendes Verschulden

Verschulden beim Vertragsschluß AllgT 3 S. 45 SchR 2 S. 36, 342 SchR 5 S. 10, 26
— und Erfüllungsinteresse AllgT 3 S. 189
— beim Vorlegen von Waren anläßlich eines Kaufs SchR 1 S. 98
— und Gewährhaftung des Verkäufers SchR 5 S. 245
— und Anwendung der Vorschriften über mitwirkendes Verschulden SchR 1 S. 244
— und Offenbarungspflicht SchR 1 S. 236, 436
— und Sachmängelhaftung SchR 5 S. 195
—, Verjährung des Schadensersatzanspruches wegen —s — — SchR 5 S. 160
— des Vertreters, Haftung des Vertretenen AllgT 3 S. 406 SchR 1 S. 286, 432
— durch Beauftragung eines Notars und nachherige Weigerung, den Vertrag abzuschließen SchR 1 S. 430
— s. auch Vertragsabschluß

Verschuldensausgleich und Tierhalterhaftung SchR 1 S. 68

Verschweigen s. Arglistiges —

Verschwiegenheitspflicht des Sachverständigen SchR 9 S. 366

Versendungskauf und Eigentumsübergang SchR 9 S. 293
—, Gefahrtragung beim — SchR 5 S. 74
—, Gefahrtragung beim — bei Rücksendung der Kaufsache SchR 5 S. 104
— und Schadensersatz wegen Nichterfüllung SchR 5 S. 117
—, Spediteur als Erfüllungsgehilfe des Verkäufers beim — SchR 1 S. 363
—, Einfluß der Unmöglichkeit der Versendung beim — SchR 5 S. 24

Versicherer, Haftpflichtversicherung für fremde Rechnung und Übergang des Anspruchs auf den — SchR 2 S. 71

Versicherer, Verstoß gegen gute Sitten, wenn — des einen Ersatzpflichtigen sich die Rechte des Beschädigten gegen den Gesamtschuldner abtreten läßt, um diesem die Ausgleichungseinrede abzuschneiden SchR 4 S. 277

Versicherung eingebrachten Gutes durch den Ehemann FamR 1 S. 392
—, Klage des Fabrikunternehmers aus — gegen Gefahr aus § 2 RHpflG. NebenG 1 S. 209
—, Haftung für Unfall bei — im gewerblichen Betrieb, §§ 898, 899 RVO. NebenG 1 S. 11
—, Anrechnung der —s- und Ruhegeldansprüche auf Schadensersatzforderung Unterhaltsrente) SchR 2 S. 15
— s. Gebäudeversicherung und Feuerversicherung

Versicherungsanstalt, Verpflichtung des Geschäftsherrn einer — durch Handlungen von Angestellten AllgT 3 S. 103
—, Übergang des Anspruchs auf Invalidenrente gegen Dritte auf die — NebenG 2 S. 34

Versicherungsforderung, Hinterlegung einer den Hypothekengläubigern verhafteten —; Verzicht der Versicherungsanstalt auf die Rücknahme des Geldes, Folgen SaR 2 S. 341

Versicherungsgesellschaft, Kündigungsschreiben einer — verbunden mit Angebot zum Abschluß eines neuen Versicherungsverhältnisses zu erhöhten Prämien AllgT 3, S. 1
—, Wirkung des Konkurses einer — auf eine der Gesellschaft zustehende Hypothek SaR 3 S. 140

Versicherungspflicht, Ordentlicher Rechtsweg bei Streit über —? NebenG 2 S. 106

Versicherungsträger, Übergang von Ansprüchen Hinterbliebener des bei einer Lebensrettung tödlich Verunglückten auf — SchR 7 S. 279

Versicherungsvertrag und arglistige Täuschung beim Abschluß AllgT 2 S. 276
— und anderweitige Ersatzmöglichkeit i. S. d. § 839 I 2 BGB. SchR 11 S. 272, 286
—, Fristsetzung nach § 39 des Gesetzes über den — AllgT 3 S. 287
— s. auch Lebensversicherung

Verspätete Erfüllung, Vertragsstrafe wegen —r — und Nachweis, daß Gläubiger kein Schaden entstanden ist SchR 3 S. 335
— Geltendmachung der Käuferrechte und Befreiung von der Lieferpflicht SchRr 5 S. 70
— Leistung, Schadensersatz wegen —r — SchR 1 S. 54, 256
—s Zugehen einer telegraphischen Antragsannahme AllgT 3 S. 348

Verspätungsschaden, Eindeckung des Käufers wegen Verzugs des Verkäufers und Geltendmachung eines —s SchR 1 S. 303

Versprechen der Leistung an einen Dritten SchR 3 S. 236—311

Verstärkung, Nichtzustandekommen einer vom Gläubiger verlangten — der Bürgschaft, Folgen SchR 8 S. 42

Versteckter Dissens, Begriff AllgT 3 S. 372
—, Anwendungsgebiet AllgT 3 S. 329
—, Schadensersatz beim —n — AllgT 3 S. 344
—, wenn wesentliche Bestimmung abweichend vom verkehrsüblichen Sinn verstanden worden ist und Vertragspartner dies erkennen mußte AllgT 3 S. 325

Versteigerung der Kaufsache am unrechten Ort bei Annahmeverzug des Gläubigers SchR 3, S. 421
—, Abhalten vom Bieten bei einer — als Nichtigkeitsgrund AllgT 2, S. 111

Versteigerungserlös, Einwirkung einer außerhalb des geringsten Gebotes stehenden Auflassungsvormerkung bei der Verteilung des —es auf nacheingetragene Rechte SaR 1, S. 156

Versteigerungsgericht und Grundbuchamt, § 19 II ZVG. NebenG 3, S. 107

Verstoß gegen gesetzliches Verbot und § 817 Satz 2 BGB. SchR 8, S. 218, 256, 268
— **gegen gute Sitten** s. Gute Sitten

Verteidigung, Notwendigkeit der — bei Möglichkeit, sich dem Angriff durch Flucht zu entziehen, § 227 BGB. AllgT 4 S. 281

Verteilung von Gutslasten AllgT 1 S. 230
— der Zwangshypothek auf mehrere Grundstücke und § 29 GBO. NebenG 3 S. 38

Vertiefung, Eigentumsfreiheitsklage wegen — des Nachbargrundstücks SaR 2 S. 54

Vertrag AllgT 3, S. 291—376
—, Begründung und Inhalt des —es **SchR 2 S. 253—Ende**
—, Bedeutung des inneren Willens für das Zustandekommen eines —s AllgT 2 S. 179
— über Aufrechnung, Voraussetzungen SchR 4 S. 6
—, Behandlung von gegenseitigen —en im internationalen Verkehr AllgT 1 S. 36
— über Pflichtteil, § 312 II BGB. SchR 2 S. 311
—, Anspruch aus — und unerlaubter Handlung SchR 9 S. 203
—, Wegfall des Interesses an der Erfüllung des —s und Bestimmung einer Nachfrist SchR 3 S. 110

Vertrag zugunsten Dritter SchR 3 S. 269, 280, 282, 288, 291, 304
—, Rücktritt des Versprechensempfängers vom — — — SchR 3 S. 265
— und Schuldübernahme SchR 3 S. 285

Vertraglich festgelegte Unterhaltsverpflichtung und die Anwendung des § 1613 BGB. FamR 2 S. 133

Vertragliche Anerkennung eines nichtigen Testaments ErbR 2 S. 453

Vertragliche Bindung, Amtspflicht eines Notars und — — SchR 11 S. 10
— Preisbindungen der zweiten Hand AllgT 3 S. 96

Vertraglicher Ausschluß der Haftung für Flugzeugunfälle NebenG 1 S. 278

Vertragliches Güterrecht **FamR 2 S. 1—92**
— Pfandrecht des Hauptspediteurs SaR 3 S. 291

Vertrags- und Deliktshaftung des Vermieters SchR 9 S. 207

Vertragsabschluß, § 154 I, BGB. SchR 3, S. 114
— unter Abwesenden i. S. d. Art. 11 I EG. BGB. AllgT 1, S. 16
—, Notarieller — unter Abwesenden AllgT 3, S. 320
— ohne Erklärung der Annahme AllgT 3, S. 335
—, Bedingter — und Gegenbestätigung AllgT 3, S. 385
—, Zahlung des Mäklerlohns und ursächl. Zusammenhang zwischen Tätigkeit des Maklers u. — SchR 7, S. 213
— durch Quittung über den Empfang einer Anzahlung SchR 1, S. 327
—, Kenntnis der Unwirksamkeit eines Teiles des Vertrages bei — und § 139 BGB. AllgT 3, S. 59
—, der durch einen Bevollmächtigten des Vertreters namens des Vertretenen vorgenommen wird AllgT 4, S. 52
— kraft vermeintlichen Amtes und § 177 BGB. AllgT 4, S. 17
—, Arglistiges Verhalten des Vertreters beim — AllgT 3, S. 406 SchR 5, S. 10
—, siehe auch Verschulden beim —

Vertragsänderungen, Form von — bei Grundstückskauf SchR 2, S. 253

Vertragsangebot mit Fristsetzung AllgT 3, S. 291
—, Gewährleistung bei — SchR 5, S. 17
—, Erlöschen eines schriftlich übergebenen —s AllgT 3 S. 301

Vertragsangebot durch Fernsprecher, Erlöschen durch Unterbrechung der Verbindung AllgT 3, S. 343
—, Klageschrift als — AllgT 3, S. 330
—, Bedeutung der Klausel „freibleibend" bei —en AllgT 3 S. 332
—, Zugehen der Erklärung und Annahme des —s AllgT 3 S. 150
—, Verspätetes Zugehen einer telegraphischen Annahme des —s AllgT 3 S. 348
— und Annahme je von einem anderen Notar an verschiedenen Orten beurkundet AllgT 3 S. 320
— s. auch Annahme eines —s

Vertragsauslegung, Ergänzende — FamR 1 S. 454

Vertragsbruch, Arglistige Verleitung zum — SchR 9 S. 304

Vertragsfreiheit, Umfang der — bei Erlaß einer Darlehnsschuld SchR 4 S. 37

Vertragsklauseln, Auslegung typischer — nach Treu und Glauben AllgT 2 S. 371

Vertragsmäßige und einseitige Verfügungen in einem Erbvertrag ErbR 2 S. 114
— Gebrauch, Begriff des —n —s einer Mietsache SchR 9 S. 207

Vertragsobligationen, Örtliches Recht für — AllgT 1 S. 16

Vertragspflicht, Schuldhafte Verletzung der —, Folgen SchR 3 S. 177

Vertragsrechte auf wiederkehrende, wirtschaftlich einheitliche Leistungen und Verjährung des Gesamtanspruchs AllgT 4 S. 230

Vertragsstrafe, Draufgabe **SchR 3 S. 311—340**
—, Erfüllungsort für — SchR 1 S. 59
—, Festsetzung einer — nach Ausscheiden des Schuldners aus dem Vertragsverhältnis SchR 3 S. 336
— und Schadensersatz wegen nicht gehöriger Erfüllung SchR 3 S. 325

Vertragsstrafe bei Verstoß gegen Unterlassungspflicht SchR 3 S. 327
—, Verjährung von — AllgT 4 S. 160

Vertragsuntreue, Rücktritt vom Vertrage wegen Vertragswidrigkeiten des anderen Teils bei eigener — SchR 3 S. 192

Vertragsverhältnis und Haftung des Tierhalters SchR 9 S. 71

Vertragsverhandlungen, Schadensersatz- und Erfüllungsanspruch bei Verschulden bei — SchR 2 S. 87

Vertragsverletzung, Abtretung eines auf — gestützten Schadensersatzanspruches, wenn Anspruch zugleich aus unerlaubter Handlung begründet SchR 2 S. 71

Vertrauen, Positive Vertragsverletzung durch Zerstörung des —s SchR 3 S. 212

Vertrauensarzt, Haftung der Krankenkasse für Verschulden des —es NebenG 2 S. 121

Vertrauensinteresse, Ersatz des —s bei Mißbrauch der Vertretungsmacht durch gesetzlichen Vertreter AllgT 1 S. 398

Vertreter, Schuldnerschutz gemäß § 407 I BGB. und Kenntnis des —s von der Abtretung SchR 4 S. 142
—, Anfechtung wegen arglistiger Täuschung begangen durch einen — AllgT 2 S. 211, 229
—, Arglistiges Verhalten des —s bei Vertragsschluß AllgT 3 S. 406 SchR 5 S. 10
—, Haftung wegen Verschuldens der — beim Vertragsschluß SchR 1 S. 286, 432
—, Arglistiges Verhalten eines —s und Verstoß gegen gute Sitten AllgT 2 S. 254
—, Haftung des Anwalts für — SchR 7 S. 277
—, Besondere — i. S. d. §§ 30, 31 BGB. AllgT 1 S. 353, 427

Vertreter, Abtretung von Briefhypotheken und Nachweis der Vertretungsmacht des —s durch öffentlich beglaubigte Urkunde SaR 3 S. 165
—, Begriff des verfassungsmäßig berufenen —s i. S. d. § 31 BGB. bei Kapitalgesellschaften des Handelsrechts SchR 10 S. 254
—, Pflichten des durch die Gläubigerversammlung bestellten —s der Gläubiger von Teilschuldverschreibungen SchR 8 S. 171
—, Haftung für — juristischer Personen. Unterscheidung zwischen verfassungsmäßig berufenem — u. zu einer Verrichtung bestellten Person, §§ 31, 831 BGB. AllgT 1 S. 299
—, Haftung einer juristischen Person für einen — bei Gesamtvertretung AllgT 1 S. 373
— einer juristischen Person und Mißbrauch seiner Vertretungsmacht AllgT 1 S. 398
—, Haftung des Kraftfahrzeughalters und seines —s für Schwarzfahrt NebenG 1 S. 110
—, Kenntnis und Kennenmüssen des —s von bestimmten Umständen, Einfluß auf den Vertrag AllgT 3 S. 236
—, Haftung des nicht rechtsfähigen Vereins für Schadenzufügungen seiner — AllgT 1 S. 385
—, Abschluß eines Scheingeschäfts mit Wechseln durch — AllgT 3 S. 107
—, Rechtsgeschäft eines —s mit sich selbst AllgT 3 S. 398, 411
—, Genehmigungspflicht des Vertretenen bei Selbstkontrahieren des —s AllgT 4 S. 73
—, Selbstkontrahieren eines —s in familienrechtlichen Rechtsgeschäften AllgT 4 S. 15
—, Mitglieder der Generaldirektion der Preuß. Staatsbank als — i. S. d. § 30 BGB. SchR 10 S. 228
—, Haftung für — einer Stadtgemeinde AllgT 1 S. 322

Vertreter, Schadensersatzanspruch einer AG. gegen eine Bank aus einer von den beiderseitigen —n gemeinsam begangenen unerlaubten Handlung SchR 10 S. 10
— s. auch Besondere —
Vertreter ohne Vertretungsmacht, Übergang vom Erfüllungsanspruch gegen den — — — zum Schadensersatzanspruch AllgT 3 S. 45
—, Haftung AllgT 4 S. 58
—, Haftung bei Nichtigkeit des Vertrages AllgT 4 S. 79
—, Verjährung der Ansprüche gegen — — — aus § 179 BGB. AllgT 4 S. 79
—, Zur Frage der Wahlschuld bei Ansprüchen auf Erfüllung und Schadensersatz gegen den — — — AllgT 4 S. 82
Vertretung — Vollmacht **AllgT 3 S. 388—Ende, AllgT 4 S. 1—91**
—, Erfordernisse der Schriftform des § 126 BGB. bei — AllgT 2 S. 217
— mehrerer Mündel durch einen Vormund FamR 2 S. 259
Vertretungsmacht des Vaters im Falle des § 1795 BGB. FamR 2 S. 148
Veruntreuung von Geldern und Zusammenbruch der Bank SchR 2 S. 19
—, Haftung einer Gemeinde gegenüber einer Krankenkasse wegen — von Geldern in einer von der Gemeinde für die Kasse eingerichteten Zahlstelle SchR 11 S. 48
Verurteilung, Einwand der Unmöglichkeit der Leistung nach — zur Leistung SchR 1 S. 312
Verwahrung und Einbringung von Sachen bei Gastwirten **SchR 7 S. 285—321**
— von Wertpapieren und Amtspflicht des Notars NebenG 3 S. 212
Verwahrungsvertrag, Haftung für bei einer Garderobenaufbewahrung abgegebene Sachen SchR 1 S. 298
Verwahrungsvertrag, Irregulärer — und Schuldanerkenntnis SchR 8 S. 115
Verwaltung, Klage der Erben auf ordnungsmäßige — gegen Testamentsvollstrecker ErbR 2 S. 232
— und Nießbrauch eines Miteigentümers an einem Gut SaR 2 S. 163
Verwaltung und Nutznießung des Ehemannes bzgl. des eingebrachten Gutes und Auskunftsverlangen der Frau FamR 1 S. 437
—, Unkenntnis des Vertragsgegners von der Ausschließung der —, § 1435 BGB. FamR 2 S. 68
— an der Geldrente, die er seiner von ihm getrennt lebenden Frau zu gewähren hat FamR 1 S. 317
— an einem von der Frau zur Zeit der Eheschließung selbständig betriebenem Handelsgeschäft FamR 1 S. 378
— u. Konkurs über das Vermögen der Ehefrau FamR 1 S. 384
Verwaltungshandlungen, Eigenmächtige — des Vorerben ErbR 2 S. 211
—, Zustimmung des Nacherben zu — des Vorerben ErbR 2 S. 211
Verwaltungsmaßnahmen einer Erbengemeinschaft SchR 6 S. 361
Verwandten, Unterhaltspflicht der — der Ehefrau im Verhältnis zur Unterhaltspflicht des Ehemanns FamR 2 S. 131
Verwechslung, Eintragungsgrundsatz nach § 39 GBO. und — von Parzellen NebenG 3 S. 97
Verwechslungsgefahr durch gleichen Familiennamen in sonst unterscheidbaren Firmen AllgT 1 S. 291
Verweigerung, s. Weigerung
Verweisung im Prozeß auf die hinterlegte Sache nach § 379 I BGB. SchR 3 S. 402
— an den großen Senat SchR 9 S. 317
Verwendungen, Notwendige — auf ein Gastwirtschaftsgrundstück SaR 2 S. 67

Verwendungen, Zurückbehaltungsrecht wegen — gegenüber Berichtigungsanspruch SaR 2 S. 64, 128
Verwendungsanspruch des Besitzers SaR 2 S. 102
— des Pächters, Verjährung SchR 6 S. 182
Verwertung, Gesellschaftsvertrag zur — eines Grundstücks und § 313 BGB. SchR 2 S. 308
Verwirkung, Einwand der — SchR 2 S. 42, 98
— des Anspruchs auf Herausgabe der Bereicherung NebenG 2 S. 274
— des Rechts auf Aufhebung der Ehe FamR 1 S. 66
— des Scheidungsrechts u. Aufforderung zur Herstellung der ehelichen Gemeinschaft FamR 1 S. 370
— vertraglich geregelter Unterhaltsansprüche FamR 1 S. 293
Verzeichnis des Erben für die Berechnung des Pflichtteils ErbR 2 S. 369
—, Verpflichtung des Gewalthabers zur Einreichung des —ses des Kindesvermögens FamR 2 S. 145, 160
Verzeihung, Begriff FamR 1 S. 120
—, Bedeutung FamR 1 S. 111, 129
—, Bedeutung der — bei zerrütteter Ehe FamR 1 S. 218
—, Hinzuziehung verziehener Verfehlungen zur Unterstützung einer Ehescheidungsklage FamR 1 S. 142
Verzicht auf die dem Bürgen gesetzlich zustehenden Einreden SchR 8 S. 74
— des Ausstellers des Schuldversprechens auf Einreden im voraus SchR 8 S. 133
—, Grunddienstbarkeit, enthaltend — auf Bergschädenersatz SaR 2 S. 192
— des Eigentümers auf Vorlegung des Hypothekenbriefes bei Kündigung einer Hypothek SaR 2 S. 282
Verzicht, Begrenzung eines im Vergleichswege erklärten —s auf künftige Ansprüche aus Körperbeschädigung SchR 8 S. 89, 107
— auf den Pflichtteil ErbR 1 S. 381
— auf Rechtsbehelf des Formmangels aus § 313 BGB. SchR 2 S. 258
— auf Rechtsmittel ErbR 2 S. 200
— auf Rechtsmittel zwecks Erleichterung der Scheidung sittenwidrig? AllgT 3 S. 43
— der Versicherungsanstalt auf Rücknahme des Geldes bei Hinterlegung einer den Hypothekengläubigern verhafteten Versicherungsforderung, Bedeutung SaR 2 S. 341
— auf Übersendung beim C. & F.-Geschäft SchR 3 S. 120
— auf Unterhaltsansprüche FamR 2 S. 116
— auf die Wirkungen der Verjährung, Form AllgT 4 S. 152
— eines gemeinnützigen Siedlungsunternehmens auf Ausübung des Vorkaufsrechts gegen Entgelt sittenwidrig? AllgT 3 S. 49
— auf Widerruf beim Mäklervertrag und Zahlung des Mäklerlohns SchR 7 S. 210
Verzögerte Entscheidung über ein Armenrechtsgesuch und Hemmung der Verjährung AllgT 4 S. 171
Verzögerungsschaden oder Schadensersatz wegen Nichterfüllung nach §§ 286, 326 BGB. SchR 3 S. 90
Verzug des Gläubigers **SchR 2 S. 242—252**
—, Abtretung zur Einziehung und Schadensersatz wegen —s des Schuldners SchR 4 S. 125
—, Anfechtung wegen arglistiger Täuschung und in — setzen AllgT 2 S. 225
—, Voraussetzung des —s und kalendermäßige Berechnung SchR 1 S. 26, 282

Verzug, Zeitpunkt der Schadensberechnung beim gegenseitigen Vertrag bei Unmöglichwerden der Leistung während des —s SchR 1 S. 234
— bei gegenseitigen Verträgen SchR 1 S. 195
SchR 3 S. 24, 90
—, Fristsetzung nach § 326 BGB. vor Eintritt des —s SchR 3 S. 136
—, Voraussetzungen, wenn Bestimmung der Leistungszeit dem Schuldner überlassen ist SchR 3 S. 114
—, Schadensersatz auf Grund verspäteter Lieferung wegen —s oder nach *§ 276 BGB.?* SchR 1 S. 54
— wegen Unmöglichkeit der Leistung auf Grund Geldmangels SchR 1 S. 85
— beim Dienstvertrag, Rücktrittsrecht nach § 326 BGB.? SchR 7 S. 32
— des Erben und aufschiebende Einreden nach § 2014 ff. BGB. ErbR 1 S. 361
— des Erben während der Ausschlagungsfrist ErbR 1 S. 361
— des Herstellers eines Films bei Weigerung der Vorführung einer Kopie des Films SchR 1 S. 381
—, Ausschluß bei Rechtsirrtum SchR 1 S. 191
— in der Abnahme einer Kaufsache SchR 4 S. 328
—, Folgen des —s des Käufers beim Kauf von Kuxen SchR 1 S. 27
— des Verkäufers bei fortlaufenden Lieferungen SchR 1 S. 231
—, Eindecken des Käufers wegen —s des Verkäufers und Geltendmachung eines Verspätungsschadens SchR 1 S. 303
—, Kündigung des Vermieters wegen Zahlungs—s des Mieters SchR 6 S. 5
—, Räumungsklage bei — mit der Mietzinszahlung SchR 6 S. 62
—, Örtliches Recht bei Folgen des —s AllgT 1 S. 1
—, Rücktritt vom Vertrage wegen —s SchR 3 S. 21
— des Übernehmers gegenüber Gläubiger bei der Schuldübernahme SchR 4 S. 213

Verzug beim Sukzessivlieferungsvertrag SchR 3 S. 203
—, In —setzung bei Unterhaltszahlung ins Ausland SchR 2 S. 162
— s. auch Leistungs-, Ab- und Annahme—

Verzugschaden und Kursverlust SchR 4 S. 125

Verzugszinsen bei Nichteinhaltung eines Darlehnzusagevertrags SchR 1 S. 186
— bei öffentlich-rechtlichen Verbindlichkeiten SchR 1 S. 191
— und Prozeßzinsen SchR 1 S. 186

Viehkauf, Gewährleistung beim — SchR 5 S. 149
— als Bestandteil des Grundstückkaufvertrages und § 313 BGB. SchR 2 S. 327
—, Abstrakte Schadensberechnung beim — SchR 1 S. 271

Viehmängel, Gewährleistungsansprüche wegen — SchR 5 S. 95
—, Schadensersatz wegen Nichterfüllung SchR 4 S. 363

Vinkulationsgeschäft SchR 5 S. 93

Vinkulationskauf, Voraussetzungen eines —s AllgT 2 S. 377

Vollendung, Pflicht zur — einer begonnenen Geschäftsführung ohne Auftrag SchR 7 S. 226

Vollmacht — Vertretung **AllgT 3 S. 388—Ende**
AllgT 4 S. 1—91
— zur Aktienvertretung in Generalversammlungen AllgT 4 S. 55
—, Formfreiheit der Auflassungs— SchR 2 S. 336
—, Begriff der — und Einwilligung i. S. d. §§ 182 ff. BGB. AllgT 4 S. 55
—, Unterschied zwischen — und Einwilligung gem. § 185 I BGB. AllgT 4 S. 91
— zu einem Grundstücksangebot, Form SchR 1 S. 240
—, zum Abschluß eines Grundstückkaufvertrags und § 313 BGB. AllgT 4 S. 11
— beim Grundstückskauf und § 313 BGB. SchR 2 S. 367

Vollmacht, Nichtigkeit einer — in einem formlosen Grundstücksveräußerungsvertrag SchR 1 S. 204
—, Rechtswirksamkeit der in einem formnichtigen Grundstücksveräußerungsvertrag erteilten — SchR 2 S. 327
— Anzuwendendes Recht, wenn Vertreter im Ausland Hypotheken an deutschen Grundstücken verpfändet AllgT 1 S. 129
—, Beurteilung einer — im internationalen Verkehr AllgT 1 S. 48
—, Umfang der — eines kaufmännischen Angestellten AllgT 4 S. 1
—, Mißbrauch der — bei Schenkung AllgT 4 S. 88
—, Verlesung der — als Protokollanlage bei Beurkundung NebenG 3 S. 163
—, Verpflichtung des Treuhänders, dem Treugeber eine umfassende — auszustellen SchR 2 S. 50
— für den Todesfall u. Erfordernis der vormundschaftsgerichtlichen Genehmigung des betreffenden Rechtsgeschäfts FamR 2 S. 293
—, Widerruflichkeit der — AllgT 4 S. 71

Vollmachterteilung der Frau vor der Ehe und deren Gültigkeit nach Eheschließung FamR 1 S. 398
— zur Verfügung über Grundschulden durch Aushändigung von Grundschuldbriefen und unterschriebenen Abtretungsentwürfen AllgT 4 S. 19

Vollmachtsurkunde, Vorlegung einer — gemäß § 172 BGB. AllgT 3 S. 392
—, Vorlegung einer beglaubigten Abschrift der — und § 172 BGB. AllgT 4 S. 27
—, Privatschriftliche —, aus der die Unwiderruflichkeit der Vollmacht hervorgeht, beim Grundstückskauf AllgT 4 S. 64

Vollstreckung, Haftung für Schaden durch sofortige — des Urteils, weil Rechtsanwalt die beabsichtigte sachlich aussichtslose Berufung versehentlich nicht eingelegt hat SchR 10 S. 253

Vollstreckungsgefahr, Ablösungsrecht des Gläubigers bei — SchR 2 S. 53

Vollstreckungstitel, Änderung eines —s auf Unterhalt bei veränderter Gesetzgebung FamR 1 S. 292

Vollziehungsbeamte, Öffentlichrechtliche Bewahrungspflicht bei Sachen, die der — für Steuern gepfändet, aber nicht weggeschafft hat SchR 11 S. 92

Vorabeinklagen einzelner dringlicher Ansprüche gegen Mitgesellschafter nach Auflösung der Gesellschaft zur Vorbereitung der künftigen Auseinandersetzung SchR 6 S. 302

Vorabentscheidung über den Grund des Anspruchs auf eine Rente und Festlegung der Zeitdauer NebenG 2 S. 150

Voraus des Ehegatten und Auskunftspflicht des Erben gegenüber dem Pflichtteilsberechtigten ErbR 2 S. 369

Vorausklage, Einrede der — des Bürgen SchR 8 S. 53

Voraussetzung, Willenserklärung unter einer — AllgT 3 S. 298

Vorausvermächtnis, Ausschluß der Ausgleichungspflicht durch Zuwendung eines —ses? ErbR 2 S. 7

Vorauszahlung von Pachtzinsen SchR 6 S. 47

Vorbehalt, Annahme eines mangelhaften Werkes und frühere —e und Rügen SchR 7 S. 127
— der Preise, der Lieferungsmöglichkeit, der Lieferzeit, Bedeutung solcher Klauseln SchR 3 S. 354
— des Rechts auf Vertragsstrafe nach § 341 III BGB. SchR 3 S. 318
— des Rechts auf Vertragsstrafe und Annahme der Leistung als Erfüllung SchR 3 S. 311
— des Rechts auf Vertragsstrafe bei stillschweigender Annahme der verspäteten Leistung SchR 3 S. 316

Vorbehalt des Rechts auf Vertragsstrafe § 341 Abs. 3 BGB., wenn bei verspäteter Lieferung Preisnachlaß vereinbart ist SchR 3 S. 324
—, Beweislast bei Rückforderung des zur Erfüllung einer Verbindlichkeit angeblich unter — Geleisteten SchR 8 S. 329
Vorbehaltsgut und Anspruch aus Unfallversicherung FamR 1 S. 381
—, Bereicherungsanspruch einer im Grundbuch als Rechtsinhaberin eingetragenen Ehefrau gegen ihren Ehemann, wenn sie nach Grundbuchrecht nicht ohne seine Zustimmung darüber verfügen konnte, obwohl es — war FamR 1 S. 454
—, Bestimmung zum — FamR 1 S. 424
—, dingliche Surrogation FamR 1 S. 415
—, Erwerb durch unentgeltliche Zuwendung FamR 1 S. 396
Vorbeugende Unterlassungsklage SchR 9 S. 286
— und Erledigung des Rechtsstreits SchR 10 S. 213
Voreheliche Mutterschaft als Eheaufhebungsgrund FamR 1 S. 56
— Vollmachtserteilung der Frau und deren Gültigkeit nach Eheschließung FamR 1 S. 398
Vorenthaltung der Mietsache, Schadensersatz deswegen SchR 6 S. 65
—, Wirkung, wenn Vermieter zu erkennen gab, daß er Rückgabe nicht wünsche SchR 6 S. 82
Vorerbe, Begriff der Unentgeltlichkeit einer Verfügung des —n SaR 1 S. 103
—, Nacherbenvermerk bei Eintragung des —n NebenG 3 S. 101
— s. auch Nacherbe
Vorführung der Filmkopie als Hauptleistung des Verleihvertrages SchR 1 S. 381
Vorgedruckte Firma, Rechtswirksamkeit geschäftlicher Erklärungen eines kaufmännischen Angestellten ohne Handlungsvollmacht auf Postkarten mit —r — statt Unterschrift AllgT 4 S. 52
Vorkaufsrecht SaR 2 S. 149—159
—, Abtretung der aus der Ausübung des —s erwachsenen Ansprüche und Formvorschrift des § 313 BGB. SchR 5 S. 264
—, Wesen des Ankaufsrechts und seine Unterscheidung vom — und Wiederkaufsrecht SaR 1 S. 171
—, Ausübung des —s, rechtliche Folgen SchR 5 S. 141
—, Ausübung des —s vor Erteilung der Genehmigung eines Grundstückskaufvertrages SchR 5 S. 81
—, Ausübung eines —s durch Landlieferungsverband und Vermögensübernahme SchR 4 S. 247
—, Kondizierung der Erklärung über die Ausübung des —s SchR 5 S. 131
—, Bindung des Vorkaufsberechtigten an die Erklärung des —s SchR 5 S. 179
—, Bindung des Käufers eines Grundstücks an ein vereinbartes dingliches — SaR 1 S. 63
—, Dingliches —, Umdeutung in ein durch die Bestellung einer Auflassungsvormerkung zu sicherndes schuldrechtliches — AllgT 2 S. 407
—, Einigung über — AllgT 4 S. 95
— der Miterben ErbR 2 S. 54
— der Miterben und Verkauf eines Erbanteils ErbR 2 S. 65
— der Miterben und Befriedigungsrecht nach § 1249 BGB. ErbR 2 S. 65
— und Form des § 313 BGB. AllgemT 3 S. 4 SchR 2 S. 274 SchR 5 S. 238
—, Mietvertrag und — § 313 BGB. SchR 2 S. 404
—, Mäklerlohn in Ansehung eines Vertrages über ein Grundstück, das mit einem — belastet ist SchR 7 S. 219
—, Schuldrechtliches — und Änderungen des das — auslösenden Kaufvertrages SchR 5 S. 131
—, Ausübung gegenüber Tauschverträgen SaR 2 S. 150
— bei Teilung eines Grundstücks SaR 2 S. 149

Vorkaufsrecht, Übergang des —s nach Auflösung einer gemeindlichen Körperschaft auf den Rechtsnachfolger SchR 5 S. 286
—, Übertragbarkeit der durch Ausübung eines —s entstandenen Ansprüche SchR 5 S. 286
—, Unübertragbarkeit des —s SchR 5 S. 238, 264
—, Verzicht eines gemeinnützigen Siedlungsunternehmens auf Ausübung des —s gegen Entgelt sittenwidrig? AllgT 3 S. 49
Vorkriegspfandbriefe, Auftrag zur Lieferung von —n z. Z. stärkster Geldentwertung SchR 2 S. 98
Vorläufig Festgenommener, Pflicht der Polizei zur Vorführung eines — —n SchR 11 S. 79
Vorläufige Eigentümergrundschuld, Pfändung und Verzicht SaR 3 S. 19
— und Übergang in Gläubigerhypothek SaR 3 S. 178
Vorlegen, Haftung des Warenhausinhabers für Verletzung eines Kauflustigen beim — von Waren SchR 1 S. 98
Vorlegung von Sachen **SchR 8 S. 177—186**
— der Abtretungsurkunde und Unwirksamkeit der Abtretung, rechtliche Wirkung SchR 4 S. 131
—, Zulässigkeit der Verweigerung der Zahlung einer Schuld bis zur — eines Erbscheins ErbR 2 S. 443
— von privaten Aufzeichnungen auf Grund von § 810 BGB. SaR 3 S. 171
— einer Vollmachtsurkunde gemäß § 172 BGB. AllgT 3 S. 392
— des Hypothekenbriefes bei der Hypothekenklage SaR 2 S. 277
—, Verzicht des Eigentümers auf — des Hypothekenbriefs bei Kündigung einer Hypothek SaR 2 S. 282
Vorleistung und Gegenleistung bei einem gegenseitigen Vertrage SchR 3 S. 66
—, Anfechtung eines Vertrages, durch den mehrere gemeinschaftlich sich verpflichtet haben, und Haftung für Herausgabe der teilbaren — SchR 4 S. 263
Vorleistungspflicht des Verkäufers und Rechte desselben wegen veränderter Umstände SchR 3 S. 35
Vormerkung von Amts wegen, § 18 GBO. NebenG 3 S. 75
—, Wirkung der — aus § 18 GBO. NebenG 3 S. 27
— eines Auflassungsanspruchs für den jeweiligen Eigentümer eines anderen Grundstücks SaR 1 S. 112
— und stillschweigende Zustimmung des —sberechtigten zur Eintragung einer Hypothek SaR 1 S. 171
—, Auflassungs— zur Sicherung eines künftigen Anspruchs auf Grund eines formnichtigen Grundstückskaufvertrages SaR 1 S. 168
—, Vorrang einer Auflassungs— vor einer Grundschuld und Berufung auf den dieser zugrundeliegenden schuldrechtlichen Sachverhalt SaR 1 S. 149
— einer Bauhypothek als Belastungsbeschränkung gemäß § 77 Reichsversorgungsgesetz SchR 7 S. 173
—, Erlaß einer einstweiligen Verfügung zur Sicherung eines künftigen Anspruchs auf Eigentumsübertragung durch Eintragung einer — SaR 1 S. 61
—, Verpflichtung aus Feuerversicherung gegenüber Hypothekengläubiger, für dessen Hypothek erst eine — besteht SaR 3 S. 166
—, Sicherung des Rückgewährungsanspruchs aus § 7 Anfechtungsgesetz durch Eintragung einer — in das Grundbuch SaR 1 S. 46
— eine Verfügungsbeschränkung i. S. d. §§ 878, 892 BGB? SaR 1 S. 84
—, Zulässigkeit einer — zur Sicherung des Vorrangs vor einer künftigen Eigentümergrundschuld SaR 1 S. 73
—, Widerspruch gegen unrechtmäßige Löschung einer — im Grundbuch SaR 1 S. 128
Vormerkungsschutz des Vorkaufsberechtigten und behördliche Genehmigung des Kaufvertrages SchR 4 S. 247

Vormund, Haftung des —es für Hilfspersonen FamR 2 S. 267
—, Rechtshilfe bei Vernehmung des volljährig gewordenen Mündels über Entlastung des —es NebenG 3 S. 142
—, Selbstkontrahieren eines —s bei Vertretung mehrerer Mündel auf Ermächtigung des Vormundschaftsgerichts hin FamR 2 S. 259
—, Zurückweisung eines einseitigen Rechtsgeschäfts des —es und § 174 BGB. AllgT 4 S. 7
—, Zuwendungen Dritter als Vorteilsausgleichung gegenüber einem dem Mündel durch Untreue des —es entstandenen Schaden FamR 2 S. 281

Vormundschaft und Pflegschaft FamR 2 S. 246—337

Vormundschaftsgericht, Annahme eines Vertragsantrages und Genehmigung des —s AllgT 3 S. 299
—, Beschwerderecht Dritter gegen Beschluß des —s? NebenG 3 S. 223

Vormundschaftsgerichtliche Genehmigung betr. die Anlegung von Mündelgeld FamR 2 S. 301
—, Umfang FamR 2 S. 307
— betr. die Veräußerung des Anteils eines Erwerbsgeschäfts durch Minderjährige? FamR 2 S. 296
— betr. Praxisverkaufs eines verstorbenen Arztes im Falle der Beteiligung Minderjähriger FamR 2 S. 321
—, Anwendung des § 1829 II BGB. auf — — im Ausland FamR 2 S. 164
— und Gebundenheit an Vertragsantrag FamR 2 S. 268
— bei der Erbschaftsausschlagung ErbR 1 S. 387
— betr. die Veräußerung von Geschäftsanteilen einer GmbH. durch Minderjährige FamR 2 S. 313
— bei Grundstückserwerbsvertrag durch den Vater als gesetzlichen Vertreter seiner Kinder FamR 2 S. 164

Vormundschaftsgerichtliche Genehmigung eines Grundstücksveräußerungsvertrages mit mündlichen Nebenabreden FamR 2 S. 290
—, Veräußerung eines Mündelgrundstücks ohne — — und Bereicherung des Mündels SchR 8 S. 233
— eines vom Vater in einem gerichtlichen Vergleich ausgesprochenen Verzichts auf die Herausgabe von Grundstücken FamR 2 S. 173
— eines Vertrages und Unkenntnis von der Ausschließung der Verwaltung und Nutznießung des Mannes seitens des Vertragsgegners FamR 2 S. 68
—, Ungültigkeit eines Mietvertrages bei Fehlen der erforderlichen —n — für eine Einzelbestimmung AllgT 3 S. 200
— von Pachtverträgen, bei denen Minderjährige beteiligt sind FamR 2 S. 169
— betr. die Verpfändung einer Mündelhypothek FamR 2 S. 250
—, Wirkung des Fehlens der —n — bei der Prokuraerteilung FamR 2 S. 172
— von Schenkungen, wenn diese durch eine offene Handelsgesellschaft, zu der Minderjährige gehören, vorgenommen worden sind FamR 2 S. 298
— eines Rechtsgeschäfts und Vollmacht auf den Todesfall FamR 2 S. 293

Vormundschaftsrichter, Haftung FamR 2 S. 275, 281
—, Haftung für unrichtigen Rat in einer Pflegschaft SchR 11 S. 6
—, Verpflichtungen des —s bezügl. der mündelsicheren Anlegung von Mündelgeld FamR 2 S. 256 ErbR 1 S. 376

Vorpachtrecht, Ausübung SchR 6 S. 124
—, Eintritt der Befugnis zur Ausübung des —s und Verpflichtung zur Bestellung eines Nießbrauchs SchR 6 S. 128

Vorprozeß, Rechtskräftiges Urteil über den Grund des Anspruchs im — und Verjährung SchR 9 S. 346

Vorrang einer Auflassungsvormerkung vor einer Grundschuld und Berufung auf den dieser zugrundeliegenden Sachverhalt SaR 1 S. 149

—, Zulässigkeit einer Vormerkung zur Sicherung des —s vor einer künftigen Eigentümergrundschuld SaR 1 S. 73

Vorrangseinräumung einer Baugeldhypothek SaR 1 S. 67

— für die dem Eigentümer zustehende Eigentümergrundschuld, falls der betr. Sicherungshypothek für Baugelder der Vorrang eingeräumt worden ist SaR 2 S. 289

— für ein zum Hausbau bestimmtes Pfandbriefdarlehen vor Restkaufgeldhypothek SchR 3 S. 125

— und Hypothek für Zinsrückstände SaR 2 S. 375

Vorrechtseinräumungen, Entwertung einer Gesamtsicherungshypothek, auf die der zahlende Eigentümer eines Einzelgrundstücks nach § 1173 II BGB. Anspruch hat, durch — auf den anderen Grundstücken SaR 2 S. 344

Vorsatz der Schadenszufügung, § 826 BGB. SchR 9 S. 210

Vorspiegelung, Amtspflichtverletzung eines Grundbuchbeamten durch —, er sei für Hinterlegung von Geldern zuständig und diese unterschlägt SchR 11 S. 135

—, Wandelung und Minderung statt Schadensersatz wegen Nichterfüllung bei arglistiger — von Eigenschaften einer Kaufsache SchR 5 S. 46

— s. auch Arglistige —

Vorstand, Haftung der Mitglieder des —s einer AG. für Entwertung der Aktien SchR 9 S. 335

—, Schadensersatzpflicht des —es einer eingetragenen Genossenschaft für nicht rechtzeitige Aufkündigung eines Genossen SchR 9 S. 55

—, Haftung für vom — eingegangene Verbindlichkeiten beim nicht rechtsfähigen Verein AllgT 1 S. 350

Vorstand, Haftung der Gesamtheit der Mitglieder für Fahrlässigkeit des —es beim nicht rechtsfähigen Verein AllgT 1 S. 395

—, Pflichten des —s eines nicht rechtsfähigen Vereins AllgT 1 S. 327

—, Nichtanerkennung einer durch die Mitgliederversammlung erfolgten Wahl durch — AllgT 1 S. 329

Vorstandsbeschluß, Erfordernis der Mitteilung des —es der Berufsgenossenschaft wegen Rückanspruch an Ersatzpflichtigen NebenG 2 S. 66

Vorstrafen, Auskunft einer Auskunftei über erlittene — SchR 9 S. 342

Vorteilsanrechnung bei Schadensersatzanspruch der Witwe des Verunglückten SchR 9 S. 229

Vorteilsausgleichung, Zuwendungen Dritter als — gegenüber einem dem Mündel durch Untreue des Vormundes entstandenen Schaden FamR 2 S. 281

— und Pachtzinsermäßigung SchR 6 S. 40

— durch Anrechnung von Versicherungs- und Ruhegeldansprüchen auf Schadensersatzforderung (Unterhaltsrente) SchR 2 S. 15

— bei Schadensersatzansprüchen SchR 1 S. 295

— im Laufe einer Zwangsvollstrekkung SchR 1 S. 438

Vorübergehende Störung der Geistestätigkeit und Ausschluß der freien Willensbestimmung AllgT 2 S. 58

— als Ehenichtigkeitsgrund FamR 1 S. 20

Vorübergehender Zweck, Maschinen, die nur zu —m — eingefügt sind, als Bestandteile des Gebäudes AllgT 2 S. 31

Vorverhandlungen, Haftung für Erfüllungshilfen bei — SchR 1 S. 327

Vorvertrag zu einem langjährigen Grundstücksmietvertrag, Form SchR 6 S. 32

Vorwegbefriedigung, Vermögensübernahme und — des Übernehmers wegen eigner Forderungen SchR 4 S. 234
Vorwegnahme, Öffentlicher Glaube des Grundbuchs und — der Erbfolge SaR 1 S. 140
Vorzeitige Pfändung, Haftung des Gerichtsvollziehers für — — SchR 11 S. 6
Wahl, Nichtanerkennung einer durch die Mitgliederversammlung erfolgten — durch Vorstand AllgT 1 S. 329
Wahlrecht über Zahlung in inländischer oder ausländischer Währung SchR 2 S. 192
Wahlschuld bei Ansprüchen auf Erfüllung und Schadensersatz gegen den auftraglosen Vertreter AllgT 4 S. 82
— bei Darlehnsrückzahlung in holländischer oder deutscher Währung SchR 1 S. 442
— und Selbsthilfeverkauf SchR 1 S. 407
Wahrheitspflicht, Anfechtung des Prozeßvergleichs bei Verletzung der — im Rechtsstreit SchR 8 S. 163
Wahrnehmung berechtigter Interessen des Verlegers eines Schriftwerks SchR 9 S. 327
Wahrscheinlichkeit, Feststellung des Kausalzusammenhangs zwischen schädigender Handlung und Schaden bei hoher — SchR 1 S. 221
Währung, Aufrechnung mit fremder — SchR 2 S. 170
—, Begriff der auf fremder — lautenden Schuldverpflichtung SchR 2 S. 192
—, Wahlrecht über Zahlung in inländischer oder ausländischer — SchR 2 S. 192
Währungsschuld, Wertbeständige Hypothek und gleichzeitige Vereinbarung einer — SaR 3 S. 171
Waisengeld, Minderung von Ersatzansprüchen durch Witwen- und — SchR 9 S. 243 SchR 10 S. 157
Wandelung und falsa demonstratio AllgT 2 S. 388
— und Anfechtung des Vertrages AllgT 2 S. 120, 358
— und Erfüllungsverweigerung seitens des Käufers SchR 4 S. 324
— beim Gattungskauf SchR 3 S. 415
— beim Kauf eines unechten Gemäldes, das für echt gehalten wurde SchR 5 S. 122
—, Anwendung des § 326 BGB. auf Vereinbarung über — SchR 3 S. 133
— bei Grundstückskauf (§ 313 BGB.) SchR 2 S. 409
— wegen Fehlens zugesicherter Eigenschaften bei einem Grundstück SchR 4 S. 337
— nach § 463 BGB. und Nachbesserungsrecht des Verkäufers SchR 5 S. 21
— oder Minderung statt Schadensersatz wegen Nichterfüllung bei arglistiger Vorspiegelung von Eigenschaften einer Kaufsache SchR 5 S. 46
— und Schadensersatz wegen Nichterfüllung AllgT 1 S. 36 SchR 5 S. 39
—, Schadensersatz durch Naturalrestitution bei der — bzgl. eines Grundstücktausches SchR 1 S. 222
— und Unmöglichkeit der Rückgabe SchR 1 S. 18 SchR 4 S. 322
—, Unvermögen des Käufers zur Herausgabe des Kaufgegenstandes bei der — SchR 3 S. 350
—, Anwendung des § 351 BGB. auf — SchR 3 S. 341
— und Haftung des Käufers für die von ihm verschuldete Verschlechterung der Kaufsache SchR 3 S. 364
— s. auch Gewährleistung, Mangel und Sachmangel
Wandelungsanspruch, Hemmung der Verjährung des —s AllgT 4 S. 214
— bzgl. der vergleichsweise geleisteten Sache SchR 8 S. 83
—, Verjährter — und ungerechtfertigte Bereicherung SchR 5 S. 160

Wandelungseinrede des Bürgen SchR 7 S. 350

Wandelungsklage, Beweislast bei der — SchR 4 S. 357

—, Mängelanzeige durch Erhebung der — SchR 4 S. 359

Wandelungsurteil, Schadensersatz wegen Nichterfüllung nach Erlaß eines —s SchR 4 S. 380

Wappen- und Namensrecht, Kennzeichnung eines gewerblichen Erzeugnisses durch Stadtwappen AllgT 1 S. 265

Waren i. S. d. § 196 Nr. 1 BGB. AllgT 4 S. 143, 221

Warenlager, Sicherungsübereignung eines —s SaR 1 S. 382

Warenzeichen, Namen als —, Löschung AllgT 1 S. 257

Wasser, s. Gesundheitsschädigendes —.

Wassergefahr, Notstand bei — AllgT 4 S. 275

Wasserrecht und Straßenbau SchR 10 S. 314

Wasserschaden, Haftung für — infolge Straßenveränderung SchR 10 S. 124

Wechsel, Entstehung des Pfandrechts einer Bank an einem zur Diskontierung gegebenen — SaR 3 S. 295

—, Provision für vermitteltes Geschäft, wenn Käufer statt Kundenwechsel eigene — gibt SchR 7 S. 216

—, Abschluß eines Scheingeschäfts mit —n durch Vertreter AllgT 3 S. 107

Wechselakzept als Schenkung SchR 5 S. 312

Wechselanspruch, Verjährung eines —s, für den ausländisches Recht gilt AllgT 4 S. 242

— und Wuchereinwand AllgT 3 S. 259

Wechselbezügliche und selbständige Verfügungen in einem gemeinschaftlichen Testament ErbR 2 S. 112

Wechseldiskontspesen, Rücktritt vom Abzahlungsgeschäft und — NebenG 2 S. 314

Wechselerklärungen, Haftung einer Stadtgemeinde für satzungswidrige — ihrer Sparkassenbeamten SchR 1 S. 386

Wechselgeschäft, Überlassung von Bahnhofsräumen zu einem —: Miete oder gemischter Vertrag? SchR 6 S. 105

Wechselhingabe und Abzahlungsgeschäft SchR 5 S. 201

Wechselmäßige Schuldhilfe und Gesamtschuldverhältnis SchR 4 S. 299

Wechselseitiges Testament, Anfechtung eines —n —s durch zweite Ehefrau ErbR 2 S. 117, 118

Wechselverpflichtung und Übergang der Forderung auf den Bürgen, § 774 BGB. SchR 8 S. 1

Wegerecht, Ersessenes — und Veränderung der Verhältnisse SaR 2 S. 242

Wegfall, Verbotwidriges Rechtsgeschäft und — des Verbots vor dem vereinbarten Leistungstermin SchR 2 S. 338

Wegfall der Bereicherung SchR 8 S. 292

— gegenüber Herausgabeanspruch wegen Ungültigkeit des Börsentermingeschäfts SchR 8 S. 329

— bei Veräußerung mit anderen Sachen zu einem Gesamtpreis SchR 8 S. 224

— durch Zahlung an Dritten SchR 8 S. 260

Wegfall der Geschäftsgrundlage und Bürgschaft AllgT 1 S. 402
AllgT 3 S. 220

— bei der Pacht SchR 6 S. 205

—, Rücktrittsrecht wegen —s beim Kauf von Warenautomaten SchR 2 S. 232

—, Teilung des Schadens bei — SchR 2 S. 232

— bei Unterhaltsvereinbarung zwischen geschiedenen Eheleuten AllgT 3 S. 276

—, s. auch Geschäftsgrundlage und Veränderte Umstände

Wegfall des Interesses an der Erfüllung nach § 326 II BGB. SchR 3 S. 170
— an der Vertragserfüllung und Bestimmung einer Nachfrist SchR 3 S. 110

Wegnahmerecht aus §§ 951 II u. 997 BGB. im Verhältnis zum Rechte der Hypothekengläubiger AllgT 1 S. 440
— bei rückständiger Teilzahlung SaR 1 S. 32

Wegschaffen, Hypothekengefährdung durch — von zu wesentlichen Bestandteilen gewordenen Materialien SchR 1 S. 73

Weibliche Dauerangestellte, Kündigung bei Verheiratung SchR 7 S. 44
— Geschlechtsorgane, Abweichung der —n — von ihrer regelmäßigen Beschaffenheit als persönliche Eigenschaft i. S. d. § 1353 BGB. FamR 1 S. 40

Weigerung der Erfüllung bei langdauernden Verpflichtungen infolge Störung des guten Einvernehmens SchR 1 S. 104
—, einen Mangel zu beseitigen und Fristsetzung nach § 634 II BGB. SchR 7 S. 122
—, Weitervermietung zu gestatten SchR 5 S. 380

Weingutsbesitzer, Verjährung der Forderung eines —s aus Verkauf eigenen Wachstums AllgT 4 S. 224

Weisung, Abweichen von —en beim Akkreditivauftrag SchR 8 S. 158

Weiterbetrieb, Gewährleistung wegen Mängel beim Verkauf eines Geschäfts, wenn — verhindert wird SchR 4 S. 402

Weitere Beschwerde, Beschwerde und — — in Freiwilliger Gerichtsbarkeit **NebenG 3 S. 218—273**
— bzgl. Grundbucheintragung NebenG 3 S. 35, 70

Weitere Schuldübernahme und Genehmigung der ersten Schuldübernahme SchR 4 S. 216

Weiterveräußerung, Anfechtung des Kaufvertrages und Anspruch auf Herausgabe des durch — erzielten Erlöses SchR 8 S. 323
—, Mängelhaftung und — der mangelhaften Ware durch Käufer SchR 5 S. 88

Weiterverkauf wegen Mängel zur Verfügung gestellter Waren SchR 4 S. 334

Weitervermietung einzelner Räume eines im ganzen gemieteten Hauses durch Mieter als Gewerbebetrieb i. S. d. § 196 Nr. I BGB. AllgT 4 S. 142
—, Verantwortlichkeit des Eigentümers auch bei — SchR 9 S. 238
—, Verweigerung der Erlaubnis zur — SchR 5 S. 380

Weiterverpfändung von Wertpapieren durch Pfandgläubiger SaR 3 S. 285

Werk, Begriff des mit dem Grundstück verbundenen —es, § 836 BGB. SchR 9 S. 65

Werklieferungsvertrag u. Abnahmepflicht SchR 7 S. 202
—, Klage auf künftige Leistung aus — SchR 2 S. 195
—, Gewährsübernahme beim — SchR 7 S. 191
—, Mängelbeseitigung oder Neuherstellung eines mangelfreien Werkes SchR 7 S. 155
—, Verjährung der Minderungseinrede SchR 7 S. 139

Werklohnforderung, Abtretung von — vor Fertigstellung des Werkes SchR 7 S. 129
—, Geltendmachung von Schadensersatzansprüchen gegen Teil— SchR 7 S. 134
—, Umwandlung der — in eine Darlehnsforderung SchR 8 S. 9

Werkvertrag **SchR 7 S. 120—208**
—, Auslegung SchR 7 S. 165
—, Haftung des Unternehmers für mangelhafte Ausführung des Werkes gegenüber einem Dritten SchR 3 S. 291
— oder Platzmiete bei Motorradrennen? SchR 7 S. 170

Werkvertrag, Schenkung unter Auflage und mit einem — verbundene Schenkung, Unterschied SchR 5 S. 339
—, Kurze Verjährung der Forderungen aus — AllgT 4 S. 132

Wertersatz im Fall der ungerechtfertigten Bereicherung SchR 8 S. 292
— bei Unmöglichkeit der Herausgabe des Grundstücks, § 818 II BGB. SchR 8 S. 316
— bei Unwirksamkeit eines Darlehnsvertrages für genossene Kapitalnutzung nach Bereicherungsgrundsätzen SchR 8 S. 339

Wertbeständige Hypothek und gleichzeitige Vereinbarung einer Währungsschuld SchR 3 S. 171

Wertbestimmung nach § 9 ZPO. bei Übergang der Feststellungsklage zur Leistungsklage AllgT 4 S. 145

Wertminderung beim Rücktritt von einem Abzahlungskaufvertrag SchR 5 S. 237

Wertpapiere, Anfechtung wegen Irrtums über den Kurs von —n AllgT 2 S. 362
—, Eigentumserwerb an —n, für Kommittenten durch Kommissionär SaR 3 S. 284
—, Rechtsmangel beim Verkauf von —n SchR 5 S. 114
—, Über Schenkung von —n, die nach dem Tod des Schenkers durch dessen Boten dem Beschenkten überbracht werden SaR 1 S. 350
—, Verpfändung von —n SaR 3 S. 215
—, Verpfändung von —n durch Nichtberechtigten SaR 1 S. 353
—, Weiterverpfändung von —n durch Pfandgläubiger SaR 3 S. 285
— als Waren i. S. d. § 196 I BGB. AllgT 4 S. 143

Wertsachen, Haftung des Gastwirts für Diebstahl von — SchR 7 S. 294
—, Befugnis des Nachtpförtners zur Entgegennahme von — SchR 7 S. 302

Wertsendung, Ersatzpflicht der Post bei —en NebenG 2 S. 302

Wesentliche Bestandteile, Aufzüge eines Hotelgrundstücks AllgT 2 S. 13
— in Baumschulen AllgT 1 S. 446
—, Eigentumsvorbehalt an —n —n AllgT 1 S. 440
— eines Fabrikgrundstücks AllgT 1 S. 440
—, Hypothekengefährdung durch Wegschaffen von zu —n —n gewordenen Materialien SchR 1 S. 73
—, Maschinen eines Gebäudes und Eigentumsvorbehalt AllgT 2 S. 31
—, Motoren eines Schiffes AllgT 2 S. 23
— in einem Neubau AllgT 1 S. 337
— eines Grundstücks und Zuschlagsbescheid AllgT 2 S. 18

Westfalen, Eheliches Güterrecht in der Provinz — SaR 2 S. 110

Wettbewerb, Versprechen eines Angestellten, sich des —s zu enthalten gegen Ehrenwort, § 138 I BGB. AllgT 2 S. 222
—, Beschluß einer GmbH., wonach sich ein mit ihr in — stehender Gesellschafter durch einen anderen vertreten lassen muß, § 138 BGB. AllgT 2 S. 320
—, Verbreitung ehrenrühriger, aber wahrer Vorgänge über Konkurrent aus —sgründen SchR 9 S. 152
—, Vermietung von Geschäftsräumen und Fernhaltung von — SchR 6 S. 140

Wettbewerber, Beschwerderecht des —s bzgl. Firmenführung? NebenG 3 S. 238

Wettbewerbsbeschränkung SchR 9 S. 245

Wettbewerbsverbot, Nichtigkeit des —s als Teil eines Dienstvertrages und § 139 BGB. AllgT 3 S. 169
—, Rücktrittsrecht des Verkäufers eines Zeitungsunternehmens trotz Vereinbarung eines —s SchR 5 S. 183
—, Stillschweigendes — beim Verkauf eines Geschäfts AllgT 3 S. 360

Wettbewerbsverbot, Übertragbarkeit eines für den Verkäufer eines Geschäfts bestehenden —s SchR 3 S. 276
—, Gegenseitiges — bei Veräußerung eines von zwei in einer Hand befindlichen Geschäften SchR 3 S. 150
Wette und Spiel **SchR 7 S. 321—337**
—, Begriff SchR 7 S. 323
Wichtiger Grund, Einschränkung der Entlassung des Testamentsvollstreckers wegen —n —es ErbR 2 S. 270
—, Austritt aus einem Verein aus —m — AllgT 1 S. 380
— s. auch Kündigung
Widerklage gegen Scheidungsklage aus § 48 EheGes. FamR 1 S. 171
—, Zulässigkeit einer Widerklage aus § 48 EheGes. gegen eine auf Verschulden gestützte Ehescheidungsklage FamR 1 S. 147
—, Scheidung der Ehe auf — und Ausspruch der Mitschuld FamR 1 S. 118
— gegen Widerklage in einer Ehesache FamR 1 S. 109
Widerrechtlicher Eingriff, Schadensersatzanspruch aus —m — im Mietrecht SaR 1 S. 1
Widerrechtlichkeit, Begriff der — der Drohung i. S. d. § 123 BGB. AllgT 3 S. 14, 19, 276
Widerruf, Klage auf — einer Behauptung SchR 9 S. 273
— der Bezugsberechtigung einer Lebensversicherung SchR 3 S. 300
— der Bezugsberechtigung der Kinder aus einer Lebensversicherung zugunsten der zweiten Ehefrau AllgT 3 S. 150
—, Verzicht auf — beim Maklervertrag und Zahlung des Maklerlohns SchR 7 S. 210
— eines Prozeßvergleichs AllgT 3 S. 124, 248
— einer gemischten Schenkung SchR 5 S. 310
— einer Schenkung wegen groben Undanks SchR 5 S. 350, 353
Widerruf, Anfechtung des —s eines Testaments ErbR 2 S. 109
— eines gemeinschaftlichen Testaments ErbR 2 S. 77
— der in einem gemeinschaftlichen Testament getroffenen Verfügungen des zuerstverstorbenen Ehegatten durch den Überlebenden ErbR 2 S. 96
— eines Privattestaments ErbR 2 S. 317
— der Schenkung durch Testament AllgT 3 S. 288
—, Zum Begriff des —s nach § 178 BGB. AllgT 4 S. 50
— der im Kreditbrief liegenden Zahlungsanweisung SchR 8 S. 140
Widerruflichkeit, Zur Frage der — der Vollmacht AllgT 4 S. 71
Widerspruch, Eintragung eines —s im Grundbuch von Amts wegen NebenG 3 S. 30
— gegen unrechtmäßige Löschung einer Vormerkung im Grundbuch SaR 1 S. 128
—, Öffentlicher Glaube des Grundbuchs und — gegen das Eigentum des Hypothekenbestellers SaR 1 S. 116
— gegen die Scheidung FamR 1 S. 144, 189
— gegen die Scheidung und gleichzeitiger Schuldantrag FamR 1 S. 176
— nach § 48 EheGes. FamR 1 S. 157
—, Sofortiger — gegen einen Überbau SaR 1 S. 233
Widerspruchsklage der Ehefrau gegen eine Pfändung von früherem Gesamtgut aus einem nur gegen den Ehemann erwirkten Schuldtitel FamR 2 S. 5
Widmungserklärung des Stifters, Ersatz durch eine Erklärung der Stiftungsbehörde AllgT 1 S. 433
Wiedereinräumung des Zurückbehaltungsrechtes und Besitzverlust SchR 1 S. 59
Wiedereinstellungsklausel, Rechtliche Bedeutung der — in Gesamtvereinbarungen NebenG 2 S. 193

Wiederherstellung des früheren Zustandes gemäß § 249 BGB. SchR 1 S. 89

Wiederholung einer Scheidungsklage FamR 1 S. 229

Wiederholungsgefahr bei vorbeugender Unterlassungsklage SchR 10 S. 314

Wiederkauf und Wiederverkauf SchR 5 S. 152

Wiederkaufsrecht, Ausübung durch Eventualerklärung, Zulässigkeit SchR 5 S. 77

—, Wesen des Ankaufsrechts und seine Unterscheidung vom Vorkaufs- und — SaR 1 S. 171

Wiederkehrende Leistungen, Verjährung AllgT 4 S. 230, 252

Wiederverkauf einer Erbschaft ErbR 2 S. 185

— und Wiederkauf SchR 5 S. 152

Willenserklärung **AllgT 2 S. 70—Ende** **AllgT 3 S. 1—290**

—, Stillschweigende — SchR 4 S. 299

— unter einer Voraussetzung AllgT 3 S. 298

—, Haftung für das verspätete Zugehen von — SchR 1 S. 244

— s. auch Zugehen von —

Willensmangel, Teilanfechtung eines Rechtsgeschäftes wegen eines —s AllgT 3 S. 172

—, Wegen —s unwirksamer Vergleich und Erfüllung SchR 8 S. 85

Wirklicher Grundstückseigentümer, Klage auf Beseitigung einer Hypothek von —m — gegenüber Buchеigentümer SaR 2 S. 71, 110

— Wille i. S. d. § 133 BGB. AllgT 2 S. 179

Wirt, Haftung eines —s für abgelegte Garderobe AllgT 3 S. 355

Wirtschaftliche Freiheit, Zulässigkeit der Beschränkung der —n — AllgT 3 S. 260

Wirtschaftlicher Geschäftsbetrieb eines Vereins AllgT 1 S. 414

Wirtschaftlicher Zweck, Erlangung der Rechtsfähigkeit eines Vereins durch Eintragung im Vereinsregister trotz —n —s AllgT 1 S. 337

— Zusammenhang von Rechtsgeschäften und Nichtigkeit nach § 139 BGB. AllgT 2 S. 262

Wirtschaftsjahr i. S. d. § 998 BGB. SaR 2 S. 100

Witwe, Anrechnung des Erwerbs der — auf Schadensersatz aus § 844 BGB. SchR 10 S. 188

—, Anrechnung von ererbten Einkünften auf Schadensersatzanspruch der — des Getöteten NebenG 1 S. 254

—, Berechnung der Unterhaltsrente der — eines verunglückten Beamten nach § 3 II RHpflG. NebenG 1 S. 307

—, Anspruch der nachgeheirateten — gegen Eisenbahn NebenG 1 S. 201

Witwengeld, Anrechnung von — auf Geldrente nach § 844 BGB. SchR 10 S. 28, 157

—, Minderung von Ersatzansprüchen durch — SchR 9 S. 243

Wohnlaubenentgelt, Verpflichtung des Zwischenpächters zur Zahlung des —s an Landeigentümer NebenG 2 S. 246

Wohnsitz der Ehefrau AllgT 1 S. 257

Wohnung, Zur Frage des Besitzes an Sachen, die ohne Wissen des Wohnungsinhabers in die — gelangt sind SaR 1 S. 27

—, Kündigung einer — durch Mieter, wenn dieser gesundheitsgefährdenden Zustand selbst herbeigeführt hat SchR 5 S. 357

Wohnungsblatt, Bedeutung NebenG 3 S. 107

Wohnungsmiete und Grundstücksveräußerungsvertrag SchR 6 S. 86

Wohnungsnot, Enteignung des Erbbaurechts auf Grund der Verordnung zur Behebung der dringendsten — SaR 2 S. 147

Wohnungsrecht i. S. d. § 1093 BGB. und Mietrecht, Unterschied SaR 2 S. 159
Wohnungszwangswirtschaft und Gegenleistung NebenG 2 S. 241
Wucher, Durch Betrug erlangtes —darlehen, Schadensersatzklage des Wucherers und § 817 Satz 2 BGB. SchR 8 S. 237
—, Mitverschulden des Notars bei der Beurkundung eines wucherischen Darlehnsvertrags AllgT 3 S. 92
— und Nichtigkeit des dinglichen Rechtsgeschäfts AllgT 2 S. 89
—, Stille Gesellschaft als wucherisches Kreditgeschäft AllgT 2 S. 70
Wuchereinwand und Wechselanspruch AllgT 3 S. 259
Zahlung auf Bankkonto, Rechtswirksamkeit SchR 3 S. 393
— bei der Bank des Verkäufers genügt zur Wahrung einer Frist SchR 3 S. 390
— in ausländischer Währung nach § 244 I BGB. SchR 1 S. 320
—, Nachnahme durch Post und Aushändigung des Pakets ohne — SchR 3 S. 386
— einer nichtigen Schuld und Bereicherung SchR 8 S. 198
—, Zulässigkeit der Verweigerung der — einer Schuld bis zur Vorlegung eines Erbscheins ErbR 2 S. 443
— an Zedenten trotz Kenntnis der Abtretung SchR 4 S. 75
Zahlungsanspruch, Verwandlung des Befreiungsanspruchs des Bürgen in — SchR 8 S. 50
Zahlungsanweisung, Verpflichtung des Verkäufers zur sorgfältigen Aufbewahrung der von der Käuferin zur Begleichung des Kaufpreises überreichten — AllgT 4 S. 1
—, Widerruf der im Kreditbrief liegenden — SchR 8 S. 140
Zahlungsauftrag, Aufwendungen des Beauftragten beim — SchR 7 S. 248
—, Haftung der Bank bei Fälschung von —en SchR 2 S. 135
Zahlungssperre als Rechtsmangel bei Wertpapieren SchR 5 S. 114
Zahlungsunfähigkeit, Anfechtung wegen Irrtums über — des Käufers AllgT 2 S. 166
Zahlungsversprechen, Sittenwidriges Handeln des Gläubigers durch Erlangung eines —s nach Vergleich SchR 9 S. 175
Zahlungsverweigerung des Käufers wegen Mangels in Form einer Feststellungsklage SchR 5 S. 1
Zahnärzte, Verstoß gegen gute Sitten bei ehrenwörtlicher Verpflichtung von —n auf Einhaltung von Mindestgebührensätzen AllgT 2 S. 288
Zedent, Gewährleistung eines —en für Einbringlichkeit einer Forderung SchR 7 S. 354
Zeitbürgschaft und Stundungsvereinbarung SchR 8 S. 12
—, Gesetzliche Stundung der Hauptforderung bei — und Anzeige des Gläubigers gem. § 777 BGB. SchR 8 S. 69
Zeitliche Begrenzung einer Schuldübernahme bei einem Grundstückskauf SchR 4 S. 195
— Begrenzung einer Unfallrente aus § 843 BGB. SchR 9 S. 189
— Verschiebung der Lieferung und Unmöglichkeit der Leistung SchR 1 S. 184
Zeitpunkt der Kenntnis von der Abtretung einer Forderung SchR 4 S. 58
— der Schadensbemessung, Kaufabschluß oder Urteilsfällung? SchR 2 S. 23
— der Zustimmung des Gläubigers zur Schuldübernahme SchR 4 S. 181
Zeitungsverleger, Haftung des —s für ehrenkränkende Ausführungen des Schriftleiters SchR 10 S. 302
—, Haftung des —s für Falschmeldung über Vermögenslage eines Beziehers SchR 10 S. 140
—, Vertragsverletzung durch — bei Handeln gegen Willen des Hauptschriftleiters SchR 7 S. 49

Zeitweilige Unmöglichkeit der Leistung, Folgen SchR 3 S. 176

Zerrüttung der Ehe, Scheidung wegen — FamR 1 S. 191, 205, 232
— und sittliche Rechtfertigung des Scheidungsbegehrens FamR 1 S. 240
— und Verzeihung FamR 1 S. 218
—, s. auch Eheverfehlungen und Ehewidriges Verhalten

Zerstörung, Abnahmepflicht bzgl. Rohzucker bei — einer Fabrik SchR 1 S. 387

Zession s. Übertragung der Forderung

Zessionar, Aufrechnung gegen den — und Kenntnis des Schuldners von der Abtretung SchR 4 S. 8
—, Bereicherungseinrede gegenüber dem — eines selbständigen Schuldversprechens SchR 8 S. 127
—, Erfüllungsablehnung des —s bzgl. einer Forderung aus einem gegenseitigen Vertrag SchR 3 S. 38

Zeugin, Ehefrau als — in einem Rechtsstreit des gütergemeinschaftlichen Ehemanns FamR 2 S. 5

Zeugnisverweigerung, Nichtgebrauch des Rechts auf — gegen Entgelt sittenwidrig AllgT 2 S. 259

Zeugungsunfähigkeit als Eheaufhebungsgrund FamR 1 S. 24

Zins- und Erneuerungsscheine von Orderpapieren SchR 8 S. 119

Zinsen, Mängelrecht aus Kauf, § 479 BGB. und Rückforderung der bereits gezahlten — SchR 8 S. 336
—, Eintragung des Verzinsungsbeginns im Grundbuch SaR 3 S. 206

Zinsermäßigung bei einer Hypothek, Eintragungserfordernis SaR 2 S. 335

Zinsrückstände, Erlöschen der Hypothek wegen —n SaR 3 S. 128
—, Hypothek für — und Vorrangseinräumung SaR 2 S. 375

Zinssatz, Erhöhung des —es einer Hypothek und deren Rangstelle im Grundbuch SaR 1 S. 122

Zinssatz, Anwendungsbereich des Kündigungsrechts wegen zu hohen —es SchR 1 S. 139

Zivilkammer, Entscheidung der — an Stelle der Kammer für Handelssachen und weitere Beschwerde NebenG 3 S. 218

Zollbeamter, Amtspflichtverletzung eines —n wegen unrichtiger Auskunft über Zollpflichtigkeit von Waren SchR 11 S. 50

Zollfiskus, Eintrittsrecht des Pfandgläubigers gegenüber — SaR 3 S. 235

Zubehör einer Fabrik AllgT 1 S. 447
AllgT 2 S. 36
—, Sauerstoffanlage als — einer Röhrenfabrik? SchR 2 S. 108

Zubehör eines Grundstücks, Amortisationsfonds SaR 3 S. 28
—, Baumittelstücke AllgT 2 S. 1
—, Fernleitungen eines Elektrizitätswerks AllgT 2 S. 6
—, Grenzen der Haftung SaR 3 S. 61
—, Haftung des —s für Hypotheken SaR 3 S. 86
—, Hypothekarische Haftung an Bestandteilen u. — und Abtretung der Hypothek SaR 2 S. 334
—, Befreiung des —s von der Hypothekenhaftung beim Verkauf des Grundstücks SchR 4 S. 351

Zuckerraffinerie, Abnahmepflicht bzgl. Rohzucker bei Zerstörung der Fabrik SchR 1 S. 387

Zufall, Unabwendbarer äußerer — im Zugverkehr bei Unwetter NebenG 1 S. 268

Zuführungen, Unzulässige — von Rauch vom Nachbargrundstück, §§ 906, 1004 BGB. SaR 1 S. 198

Zug um Zug, Rechtskraft eines Urteils auf Leistung — — — SchR 3 S. 157

Zugang s. Verkehrsicherer —

Zugehen von Willenserklärungen AllgT 2 S. 377
AllgT 3 S. 17, 166, 287
— und Antragsannahme AllgT 2 S. 77
AllgT 3 S. 150

Zugehen von Willenserklärungen bei Abgabe an eine mit dem andern in häuslicher Gemeinschaft lebende Person AllgT 2 S. 115
— bei arglistiger Verhinderung des Empfangs durch Empfänger AllgT 2 S. 100
—, Haftung für Verspätung SchR 1 S. 244

Zugesicherte Eigenschaft, Fehlen der —n — und Annahme als Erfüllung, Beweislast SchR 3 S. 379
—, Arglistiges Verschweigen als Fehlen —r — SchR 4 S. 371
— völliger Brauereifreiheit der vermieteten Gastwirtschaft SchR 6 S. 51
— bei Angaben über Verwertbarkeit eines Grundstücks? SchR 5 S. 245
—, Formlos — — als Bestandteil des Grundstückskaufs SchR 2 S. 255
—, Gewährleistung beim Verkauf eines Handelsgeschäfts SchR 4 S. 375
—, Schadensersatz wegen Nichterfüllung beim Fehlen —r — beim Viehkauf SchR 4 S. 363
—, Wandelung wegen Fehlens —r — und Schadensersatz wegen Nichterfüllung SchR 5 S. 39

Zugverkehr bei Unwetter und höherer Gewalt NebenG 1 S. 268

Zukunft, Schadensersatzrente für die — SchR 10 S. 124
—, Schadensersatz für die — nach § 13 KFZ. NebenG 1 S. 106

Zukünftige Sachen, Spezieskauf bei —n — SchR 1 S. 188

Zulässigkeit der Klage der Berufsgenossenschaft, Prüfung von Amts wegen NebenG 2 S. 77

Zumutbarkeit einer Leistung bei einem Filmgeschäft AllgT 3 S. 368

Zurückbehaltungseinrede, Aufrechnung einer mit einer — behafteten Forderung und Annahmeverzug des Aufrechnungsgegners SchR 4 S. 16
— des Bürgen nach § 768 I BGB. SchR 8 S. 40

Zurückbehaltungsrecht nach § 273 BGB., Voraussetzungen SchR 1 S. 49 SchR 4 S. 351
—, Rechtlicher Zusammenhang AllgT 3 S. 230
—, Ausdehnung der Bestimmungen über — unter dem Gesichtspunkt der allgemeinen Arglist SchR 1 S. 404
—, Wiedereinräumung des —s bei Besitzverlust SchR 1 S. 59
—, Rechnungslegung des Dienstverpflichteten und — des Dienstberechtigten wegen eines ihm gegen den Dienstverpflichteten zustehenden Schadensersatzanspruchs SchR 7 S. 40
— bei dauernder Geschäftsverbindung SchR 1 S. 102
— eines geschäftsführenden Gesellschafters gegenüber Ansprüchen der übrigen Gesellschafter aus Geschäftsführung desselben SchR 1 S. 12
— bei einer Geldschuld und Aufrechnung SchR 1 S. 127
— wegen einer Geldforderung gegenüber einem Unterlassungsanspruch SchR 2 S. 90
— gegenüber Klage auf Berichtigung des Grundbuchs SaR 2 S. 64, 128
—, Klage auf Einräumung eines —s an einem Grundschuldbrief SaR 1 S. 4
—, Vertragliches — an einem Grundschuldbrief AllgT 3 S. 63
—, Klage auf Herausgabe eines Grundstücks an alle Miteigentümer und Sicherheitsleistung bei Geltendmachung des —s SchR 8 S. 294
— wegen Verwendungen für ein Grundstück SaR 2 S. 60
—, Vereinbartes — an einem Hypothekenbrief SchR 1 S. 41
— wegen bereits gezahlten Kaufpreises gegenüber Kondiktionsanspruch bzgl. Auflassungserklärung SaR 1 S. 318
— im Konkurse AllgT 1 S. 129
— an einer Lebensversicherungspolice SaR 1 S. 333

Zurückbehaltungsrecht des Mieters nach § 556 II und Anfechtung des Mietvertrages SchR 6 S. 26
— des Nachlaßschuldners gegenüber Grundstücksberichtigungsanspruch der Miterben ErbR 2 S. 30
— des Pächters SchR 6 S. 202
— des Pächters wegen einer ihm wegen vorzeitiger Kündigung zustehenden Entschädigung SchR 6 S. 103
—, Pfand- und — des Spediteurs AllgT 3 S. 31
—, Umdeutung eines Pfandvertrages in ein — SchR 1 S. 41
— beim Sukzessivlieferungsvertrag SchR 3 S. 203
— wegen verjährter Ansprüche SchR 10 S. 156

Zurückerhalten der Mieträume seitens des Vermieters, nachdem Mieter Sachen eingebaut hat SchR 6 S. 107
— i. S. d. § 558 II BGB. SchR 6 S. 153

Zurückfordern s. Rückforderung

Zurücknahme beanstandeter Gattungsware und Bedeutung für Lieferungsanspruch des Käufers SchR 5 S. 73
— der Klage und Ruhen des Verfahrens, § 1596 II BGB. AllgT 4 S. 259

Zurückverweisung an das Berufungsgericht AllgT 3 S. 189

Zurückweisung eines einseitigen Rechtsgeschäfts des Vormundes und § 174 BGB. AllgT 4 S. 7

Zusammenbruch, Veruntreuung von Geldern und — der Bank SchR 2 S. 19

Zusammenhängende Sachen, Mangelrüge beim Verkauf —r — SchR 5 S. 216

Zusammenstoß von Kraftfahrzeugen und Beweislast NebenG 1 S. 1, 50, 177
— von Kraftwagen, Verletzung der Ehefrau des Halters NebenG 1 S. 122

Zusammenstoß von Kraftwagen und Eisenbahn und Haftungsgrenze nach § 12 KFG. bei Mitverursachung des Schadens NebenG 1 S. 154
— von Fahrzeugen. Zur Klage des Ehemannes auf Schadensersatz der bei einem — verletzten Ehefrau kraft Abtretung bei Mitverschulden NebenG 1 S. 133
— zweier Schiffe auf hoher See und Schadensersatzansprüche AllgT 1 S. 121

Zusammentreffen der Haftung aus Vertrag und unerlaubter Handlung SchR 9 S. 203
— aus § 839 BGB. in Verb. m. d. Staatshaftungsges. und Haftung aus unerlaubter Handlung SchR 11 S. 164
— des Reichs als Kraftfahrzeughalter und aus Amtspflichtverletzung des das Kraftfahrzeug führenden Beamten SchR 11 S. 199

Zuschlagsbescheid und wesentliche Bestandteile eines Grundstücks AllgT 2 S. 18

Zuschüsse, Ausgleichungspflicht laufend gewährter — ErbR 1 S. 441

Zuständigkeit, Örtliche — für die Anfechtung der Ehelichkeit eines Kindes FamR 2 S. 93
—, Auslegung eines Vertrags bei fehlender Vereinbarung über — des Gerichts AllgT 3 S. 228
— des Erfüllungsortes bei Gattungskäufen SchR 1 S. 1
— des Erfüllungsortes bei entsprechendem Vermerk auf Rechnung SchR 1 S. 5

Zuständigkeit deutscher Gerichte für die Scheidung isländischer Staatsangehöriger AllgT 1 S. 141
— für die Scheidung von Ehen von Niederländern AllgT 1 S. 184
— für Ehescheidungsklage beim Besitz deutscher und ausländischer Staatsangehörigkeit AllgT 1 S. 134

Zuständigkeit des Reichsgerichts in Fürsorgeerziehungssache NebenG 3 S. 235
— in Grundbuchsachen gem. § 79 II GBO. SaR 1 S. 328
— bei Zusammentreffen von Handelsregister- und Grundbuchsache NebenG 3 S. 125
— in Handelsregistersache NebenG 3 S. 125, 261

Zustellung, Wirksamkeit der — eines Urteils bei Verschiedenheit der Richter in Eingangsvermerk und Unterschrift AllgT 1 S. 350

Zustimmung zum Ehebruch, Beweislast FamR 1 S. 122
— des Nacherben zu Verwaltungshandlungen des Vorerben ErbR 2 S. 211
— zur Verfügung eines Nichtberechtigten und § 816 BGB. SchR 8 S. 321
— des Gläubigers zur Schuldübernahme, Zeitpunkt SchR 4 S. 181
—, Schweigen bei mündlichen Verhandlungen als — AllgT 3 S. 356
— zu einem Testament AllgT 4 S. 110

Zuverlässigkeitsfahrt i. S. d. § 31 KFVo. und § 7 II KFG. NebenG 1 S. 93

Zuwachssteuergesetz, Amtspflichtverletzung des Notars durch Unterlassung der ihm nach dem — obliegenden Mitteilung an Steuerbehörde SchR 11 S. 76

Zuwendungen an unerzeugte Nachkommenschaft AllgT 1 S. 260
—, Berechnung des Pflichtteilsanspruchs unter Berücksichtigung von — aus dem Gesamtgut ErbR 2 S. 406
— Dritter als Vorteilsausgleichung gegenüber einem dem Mündel durch Untreue des Vormundes entstandenen Schaden FamR 2 S. 281

Zwangshypothek, Verteilung der — auf mehrere Grundstücke und § 29 GBO . NebenG 3 S. 38

Zwangsmieter, Haftung der Gemeinde für Zuweisung eines (zahlungsunfähigen) —s gegenüber Verfügungsberechtigten SchR 11 S. 96

Zwangsversteigerung, Altenteil und — SaR 2 S. 254
—, Auflassungsvormerkung in der — SaR 1 S. 156
—, Ausbietungspflicht in der — bzgl. einer für eine Forderung bestellten Hypothek, Berufung des Bürgen darauf SchR 7 S. 375
— zum Zwecke der Auseinandersetzung bei Miteigentümern ErbR 2 S. 19
— u. Bergbauschaden AllgT 1 S. 190
—, Bietungsabkommen SchR 9 S. 46
—, Nicht valutierte Grundschuld und — SaR 3 S. 196
—, Verstoß gegen gute Sitten beim Herbeiführen der — durch den Eigentümer zu bestimmten Zwekken AllgT 3 S. 230
— als Folge einer Körperverletzung, Schadensersatzleistung SchR 2 S. 12
—, Geltendmachung einer Löschungsvormerkung in der — SaR 3 S. 52
—, Beweislast bzgl. der Benachrichtigung des persönlichen Schuldners durch Hypothekengläubiger im Falle der — des Grundstücks SaR 2 S. 272
—, Versehen des Notars bei Bestellung einer Hypothek und Ausfall der Hypothek an der vereinbarten Rangstelle bei späterer — SchR 2 S. 44
— eines Grundstücks durch Sparkasse als Hypothekengläubigerin und Aufklärungspflicht gegenüber dem Schuldner SchR 11 S. 19
—, Nießbrauch an einer Hypothekenforderung und Ausfall derselben in der — SaR 2 S. 174
—, Widerstreit zwischen Pfändungspfandrecht und Hypothek in der — SaR 3 S. 119
—, Haftung des Untermieters im Falle der — des Grundstücks SchR 5 S. 367

Zwangsversteigerungsantrag d. Vorerben ErbR 2 S. 200

Zwangsversteigerungsgesetz § 128 SchR 11 S. 222

Zwangsversteigerungsrichter und Grundbuchamt, § 19 II ZVG. NebenG 3 S. 107

Zwangsversteigerungsverfahren, Eintragung einer Hypothek und Anmeldung im — bzgl. künftiger Nachkommenschaft SaR 2 S. 295

—, Rückgabe des Gegenwerts der Briefhypothek bei Erlöschen der Hypothek im — SchR 8 S. 214

—, Umwandlung einer Rentenschuld in eine Hypothek im — SaR 3 S. 216

—, Kündigung einer Rentenschuld im — SaR 3 S. 206

Zwangsvollstreckung, Ausgleichung von Vorteilen im Laufe einer — SchR 1 S. 438

— und Bereicherung bei irrtümlicher Zahlung des Gerichtsvollziehers SchR 8 S. 319

—, Erwerb einer beweglichen Sache in der — und Rechte des Eigentümers dieser Sache SchR 8 S. 360

— aus einer von befreiten Vorerben bestellten Hypothek ErbR 2 S. 196

Zwangsvollstreckung, Erlöschen des Pfandrechts des Vermieters durch die im Wege der — erfolgende Entfernung der Sachen von dem Grundstück SchR 5 S. 374

— in einen Schuldbefreiungsanspruch in Haftpflichtsachen SchR 4 S. 67

Zwangsvollstreckungsinstanz, Entscheidung über Haftungsbeschränkung der Erben in der — ErbR 1 S. 358

Zwangsvollstreckungsrichter, Ein vor dem — geschlossener Vergleich über ein Grundstück und § 313 BGB. SchR 2 S. 418

Zweckbestimmt, Kondiktion einer —en Bürgschaft SchR 8 S. 22

Zwischenpächter, Verpflichtung des —s zur Zahlung des Wohnlaubenentgelts als Landeigentümer NebenG 2 S. 246

Zwischenperson, Heilung des Formmangels nach § 313 Satz 2 bei Verträgen von —en SchR 2 S. 398

Zwischenstaatliche Verträge, Allgemeine Bedeutung der Rechtsschutzklausel bei —n —n SchR 11 S. 145

Zwischenurteil nach § 304 ZPO. NebenG 2 S. 15

Zwischenverfügung nach § 18 GBO. NebenG 3 S. 90

Berichtigungen

Allgemeiner Teil 2

S. VII: statt 75, 335 muß es heißen 75, 333
nach 62, 201 .... 136 sind einzufügen: 62, 273 140
62, 282 140

S. 225: statt RGZ 75, 335 muß es heißen 75, 333

Allgemeiner Teil 4

S. VII: statt 62, 128 muß es heißen 62, 178
statt 94, 162 .... 162 muß es heißen 94, 162 182

S. VIII: statt 164, 9 muß es heißen 163, 9

S. 263: statt RGZ 164, 9 muß es heißen 163, 9

Recht der Schuldverhältnisse 2

S. V nach Z. 6 v. o. sind als Z. 7 u. 8 einzufügen:
Verzug des Gläubigers 242
Begründung und Inhalt des Vertrages 253

S. VIII: vor 163, 62 ist einzufügen 162, 244 418
vor 165, 219 ist einzufügen 165, 161 418

Recht der Schuldverhältnisse 3

S. VII: vor 104, 27 ist einzufügen 103, 285 419

S. VIII: vor 114, 3 ist einzufügen 110, 268 421

Recht der Schuldverhältnisse 6

S. VII: statt 104, 272 .... 239 muß es heißen 104, 272 240
statt 106, 220 muß es heißen 106, 270

S. 242: Abs. 2 Z. 1 v. o.: statt „Nur" muß es heißen „Nun"

Recht der Schuldverhältnisse 7

S. VIII: statt 171, 292 muß es heißen 171, 297

S. 176: Z. 7 v. o.: statt DGZ muß es heißen RGZ
Z. 10 v. o.: statt Werklohnfrage muß es heißen Werklohnklage

S. 202: statt RGZ 171, 292 muß es heißen 171, 297

Recht der Schuldverhältnisse 8

S. VII: sind zu streichen: 50, 60 .... 370 50, 219 376
50, 236 381

S. VIII: statt 160, 134 .... 146 muß es heißen 160, 134 140

Recht der Schuldverhältnisse 9

S. VIII: statt 98, 24 muß es heißen 98, 74
statt 107, 386 .... 314 muß es heißen 107, 386 317

Recht der Schuldverhältnisse 11

S. VII: statt 146, 153 muß es heißen 146, 155

Sachenrecht 1

S. VII: statt 105, 213 .... 26 muß es heißen 105, 213 .... **23**

Sachenrecht 2

S. V: Z. 3 v. u. statt 154 muß es heißen 15**9**
Z. 4 v. u. statt Verkaufsrecht muß es heißen Vorkaufsrecht
Z. 5 v. u. statt Erbanrecht muß es heißen Erb**bau**recht

Familienrecht 2

S. V: statt 50, 196 muß es heißen 50, **96**
vor 85, 416 ist einzufügen 85, 1 18
statt 99, 72 .... 290 muß es heißen 99, 72 291
statt 105, 242 muß es heißen 10**6**, 242

S. 162: statt RGZ 97, 115 muß es heißen 97, 1**7**5

Erbrecht 2

S. V: statt 101, 185 .... 183 muß es heißen 101, 185 185

Nebengesetze 1

S. 106 Z. 7 v. o.: statt 150 RM muß es heißen 1500 RM

S. 154 Z. 20 v. o.: hinter „unter" ist einzufügen: „Bürgerliches Recht, Recht der Schuldverhältnisse"

Nebengesetze 2

S. 210: statt RGZ 114, 12 muß es heißen 114, **112**

Nebengesetze 3

S. IV Z. 3 v. u.: statt materielle muß es heißen **no**tarielle

S. 75 Z. 8 v. o.: statt BGO muß es heißen **GB**O

S. 138 Z. 2 v. u.: statt aber muß es heißen **ob er**

FSC
www.fsc.org
MIX
Papier | Fördert
gute Waldnutzung
FSC® C083411

Kolibri 360 GmbH
Ferdinand-Jühlke-Straße 7
99095 Erfurt, Deutschland
produktsicherheit@kolibri360.de